重金属冶金学

（第二版）

彭容秋　主编

中南大学出版社

内容提要

本书内容是在 1991 年版《重金属冶金学》的基础上，根据近年来科学技术的进展，对原书的基本原理、生产工艺以及某些具体生产设备和生产条件，都作了较大的修改与补充，从总结教学规律出发，内容编排也作了很大的调整。新版《重金属冶金学》包括硫化矿的焙烧与烧结、还原熔炼、造锍熔炼、硫化矿的直接熔炼、粗金属精炼与湿法冶金共六章，供冶金专业本科教学用，也可供从事重金属冶金生产和科研设计人员参考。

1991 年版重金属冶金学
编 者 的 话

　　重金属一般包括铜、镍、钴、锌、镉、铅、铋、锡、锑、汞等十种金属，它们的冶炼既有许多特性也有许多共性。根据多年来的教学实践，我们认为只有以共性为主、详细阐述共性、适当照顾特性，才能达到精简教学内容、突出教学重点的目的。对于有色冶金专业的学生来说，将来从事冶金的具体对象是非常广泛的，在校的有限学习时间内，不可能也完全没有必要把每个金属的具体生产知识学深学细。所以在校学习的目的，是在掌握基本知识的基础上，着重在发现问题，培养问题的分析能力。这本《重金属冶金学》就是根据这种教学实践，在原有讲稿的基础上综合编写的。全书共分三篇，第一篇为重金属造锍熔炼，主要包括铜、镍冶金。第二篇为重金属还原熔炼，主要包括锌、铅、锡、锑、铋冶金。第三篇为重金属湿法冶金，主要包括锌及其他金属的湿法冶金。

　　本教材由彭容秋主编，并编写第一篇；张训鹏编写第二篇；鲁君乐编写第三篇。

　　本教材虽然是在多年的教学讲稿基础上编写的，但它是按新的思路和方法编写而成，不可能完善，肯定有不少错误，欢迎批评与指教，至为感激。

编者于 1990 年 10 月

再 版 说 明

  1991 年版《重金属冶金学》已经使用一段时间了。在这段时间内，冶金工程技术有了许多进步，原版内容已不能适应这种发展的要求，从总结教学认识规律来说，内容的编排也应作适当的调整。所以，遵照原来精简教学内容，突出教学重点与培养发现问题与分析问题的能力的原则，对原版内容作了重大的修订。

  新版《重金属冶金学》共分为六章，依序为硫化矿的焙烧与烧结、还原熔炼、造锍熔炼、硫化精矿的直接熔炼、粗金属精炼与湿法冶金。在还原熔炼中加强了鼓风炉炼锌与锡精矿的熔池熔炼；造锍熔炼扩张了闪速熔炼与闪速吹炼以及铜炉渣处理的内容；在湿法冶金中对近年来发展的铜萃取－电积工艺作了较详细的介绍；硫化矿的直接熔炼是现代处理这类矿物原料最先进的方法，对降低能耗与改善环境污染具有重要意义，故单独辟章予以专门介绍。所以新版《重金属冶金学》的内容全面、结构新颖，为初学者开拓了一个崭新的学习境界。

  新版教材仍由彭容秋任主编，并编写第三章与第五章，张训鹏编写第一章、第二章与第四章，戴曦编写第六章。在编写过程中，我们认真总结了多年来的教学经验，也注意吸收国内外重金属冶金的新成果，但书中的内容与结构肯定还有许多不足甚至错误之处，敬请批评指正，竭诚感激。

编 者

2003 年

目　　录

1　硫化矿焙烧与烧结

1.1　焙烧与烧结焙烧的目的 ……………………………………… (1)

1.2　硫化矿氧化焙烧与烧结焙烧的理论基础 ……………………… (2)

　　1.2.1　ZnS 氧化的热力学 ……………………………………… (2)

　　1.2.2　PbS 氧化的热力学 ……………………………………… (5)

　　1.2.3　铁硫化物在焙烧过程中的变化 ………………………… (6)

　　1.2.4　SiO_2、CaO 等脉石矿物的行为 ……………………… (8)

1.3　硫化锌精矿的流态化焙烧 …………………………………… (11)

　　1.3.1　锌精矿的化学成分和一般特性 ……………………… (11)

　　1.3.2　锌精矿流态化焙烧的生产实践 ……………………… (11)

　　1.3.3　锌精矿焙烧的工艺技术指标分析 …………………… (14)

1.4　铅锌硫化精矿的烧结焙烧 …………………………………… (17)

　　1.4.1　烧结焙烧的炉料组成 ………………………………… (17)

　　1.4.2　带式烧结机 …………………………………………… (20)

　　1.4.3　硫化精矿烧结焙烧过程 ……………………………… (21)

　　1.4.4　烧结焙烧的物量、硫量、热量平衡及其经济技术指标 … (23)

2　重金属还原熔炼

2.1　概述 …………………………………………………………… (27)

2.2　鼓风炉炼铅 …………………………………………………… (28)

　　2.2.1　铅鼓风炉炉料组成 …………………………………… (28)

　　2.2.2　铅鼓风炉内的金属氧化还原反应 …………………… (29)

　　2.2.3　铅鼓风炉熔炼产物 …………………………………… (33)

　　2.2.4　炼铅鼓风炉的结构及其生产工艺 …………………… (36)

2.3　鼓风炉炼锌铅 ………………………………………………… (40)

　　2.3.1　氧化锌还原反应的热力学 …………………………… (42)

　　2.3.2　鼓风炉炼锌炉内主要反应分析 ……………………… (45)

　　2.3.3　锌蒸气的冷凝 ………………………………………… (50)

      2.3.4　鼓风炉炼锌的生产实践 ……………………………… (54)

    2.4　锡精矿的还原熔炼 ……………………………………… (59)

      2.4.1　炼锡原料及其冶炼方法 …………………………… (59)

      2.4.2　铁在锡中的溶解性能 ……………………………… (61)

      2.4.3　锡、铁氧化物还原的热力学 ……………………… (62)

      2.4.4　锡精矿还原熔炼的生产实践 ……………………… (65)

    2.5　还原熔炼炉渣的烟化处理 ……………………………… (74)

      2.5.1　铅锌炉渣的还原挥发 ……………………………… (74)

      2.5.2　炼锡炉渣的硫化挥发 ……………………………… (79)

3　重金属造锍熔炼

    3.1　造锍熔炼的原料及冶炼方法 …………………………… (82)

      3.1.1　造锍熔炼的原料 …………………………………… (82)

      3.1.2　铜镍矿物原料的冶炼方法 ………………………… (85)

    3.2　造锍熔炼的基本原理 …………………………………… (87)

      3.2.1　造锍熔炼的物料及产物 …………………………… (87)

      3.2.2　造锍熔炼过程中的物理化学变化 ………………… (89)

    3.3　重金属造锍熔炼的生产实践 …………………………… (117)

      3.3.1　闪速熔炼 …………………………………………… (118)

      3.3.2　熔池熔炼 …………………………………………… (129)

      3.3.3　其他造锍熔炼方法 ………………………………… (156)

    3.4　锍的吹炼 ………………………………………………… (160)

      3.4.1　锍吹炼目的 ………………………………………… (160)

      3.4.2　锍的吹炼反应 ……………………………………… (161)

      3.4.3　锍吹炼的生产实践 ………………………………… (166)

      3.4.4　锍的闪速吹炼 ……………………………………… (169)

    3.5　造锍熔炼炉渣的贫化处理 ……………………………… (172)

      3.5.1　还原贫化法 ………………………………………… (173)

      3.5.2　磨浮法处理炉渣 …………………………………… (174)

4　硫化矿的直接熔炼

    4.1　直接得到金属的冶炼方法 ……………………………… (178)

      4.1.1　置换还原法 ………………………………………… (178)

      4.1.2　利用氧化反应获得金属的方法 …………………… (179)

    4.2   硫化精矿的直接熔炼 ································· (180)

        4.2.1 硫化铅精矿直接熔炼的基本原理 ············· (181)

        4.2.2 基夫赛特(Kivcet)法 ························· (189)

        4.2.3 氧气底吹熔池熔炼(QSL 法) ··············· (196)

        4.2.4 顶吹熔池熔炼(Ausmelt 法、TBRC 法) ······· (203)

5   粗金属的精炼

    5.1   锌、镉的火法精炼——精馏 ···················· (207)

        5.1.1 精馏精炼的基本原理 ····················· (208)

        5.1.2 精馏精炼的生产工艺 ····················· (209)

    5.2   铅、锑、锡、铋的火法精炼 ···················· (214)

        5.2.1 粗铅的火法精炼流程 ····················· (214)

        5.2.2 除铜精炼 ······························· (215)

        5.2.3 碱性精炼除硒、碲、砷、锡、锑 ············· (220)

        5.2.4 加锌除银精炼 ··························· (224)

        5.2.5 加钙除铋精炼 ··························· (227)

    5.3   粗铜、粗铅的火法 - 电解精炼联合流程 ········ (228)

        5.3.1 粗铜的火法精炼 ························· (229)

        5.3.2 铜的电解精炼 ··························· (239)

        5.3.3 铅的电解精炼 ··························· (252)

6   重金属湿法冶金

    6.1   概述 ······································· (255)

    6.2   重金属湿法冶金的浸出过程 ·················· (257)

        6.2.1 锌焙砂的浸出 ··························· (257)

        6.2.2 硫化锌精矿高压氧浸 ····················· (285)

    6.3   浸出液的净化 ······························· (287)

        6.3.1 硫酸锌浸出溶液的成分及其净化方法 ······· (287)

        6.3.2 锌粉置换法的一般原理 ··················· (289)

        6.3.3 影响置换过程的因素 ····················· (290)

        6.3.4 锌粉置换除钴 ··························· (293)

        6.3.5 黄药除钴 ······························· (297)

        6.3.6 β - 萘酚除钴 ························· (298)

        6.3.7 硫酸锌溶液净化除氟、氯 ················· (299)

　　6.3.8　锌浸出液净化的设备及生产实践 ……………………（300）

　6.4　从水溶液中提取金属 ……………………………………（302）

　　6.4.1　锌电积的电极反应 ……………………………………（302）

　　6.4.2　杂质在电积过程中的行为 ……………………………（306）

　　6.4.3　电流效率、槽电压及电能消耗 ………………………（309）

　　6.4.4　锌电解车间的主要设备及生产实践 …………………（315）

　6.5　铜(镍)的湿法冶金 ………………………………………（321）

　　6.5.1　概述 ……………………………………………………（321）

　　6.5.2　细菌浸出 ………………………………………………（322）

　　6.5.3　碱浸 ……………………………………………………（329）

　　6.5.4　有机溶剂萃取 …………………………………………（338）

　　6.5.5　高压氢还原 ……………………………………………（344）

　　6.5.6　铜电积 …………………………………………………（347）

　　6.5.7　高镍锍阳极电解 ………………………………………（348）

主要参考文献 ……………………………………………………（354）

1　硫化矿焙烧与烧结

1.1　焙烧与烧结焙烧的目的

在提取冶金的矿物原料中,许多类矿石或精矿中的金属化合物的自然形态,并不是通过直接还原或稀酸浸出就可以很容易、很经济地从矿石或精矿中提取出来的,因此,首先将这些矿物原料中的金属化合物转变成有利于冶炼的另外形态的化合物就十分必要,焙烧就是通常采用的完成这类化合物形态转变的高温物理化学过程。即在适宜的气氛中,将矿石或精矿加热到一定的温度,使其中的矿物组成发生物理化学变化,以符合下一步冶金处理的工艺要求。因此,焙烧是矿物原料冶炼前的一种预处理作业。

焙烧过程按控制气氛的不同,可分为氧化焙烧、还原焙烧、硫酸化焙烧、氯化焙烧等。对于粉矿焙烧,如果同时要求焙烧产物凝结成块状,则为烧结焙烧。

在重金属提取冶金的矿物原料中 90% 为硫化矿物,如闪锌矿(ZnS)、方铅矿(PbS)、辉锑矿(Sb_2S_3)、辉镉矿(CdS)、辰砂(HgS)、辉铋矿(Bi_2S_3)等。对于这类化学形态的矿物原料的处理,在目前工业生产条件下从技术和经济方面考虑,无论是直接还原熔炼还是湿法浸出,都存在许多困难。

对于金属锌的生产,由于 ZnS 不能被廉价的、工业上最广泛应用的碳质还原剂还原,也不容易被廉价的、在浸出－电积湿法炼锌生产流程中可以再生的硫酸的水溶液(废电解液)浸出,因此对硫化锌精矿进行焙烧就很必要。在氧化性气氛下,将 ZnS 转变成 ZnO,以便下一步被碳还原或酸浸出。在焙烧过程中脱去的硫形成 SO_2 进入烟气,用于生产硫酸。这种硫化物焙烧所得产物中的主金属化合物形态是氧化物的焙烧过程称为氧化焙烧。硫化锌精矿的焙烧是典型的氧化焙烧过程。

对于金属铅的生产,由于目前工业上处理 PbS 精矿很难找到一种能满足技术与经济要求的还原剂或湿法冶金需要的浸出剂,因此从硫化铅精矿生产金属铅的方法目前只有火法,即先将细小的硫化铅精矿进行烧结焙烧,得到氧化铅烧结块,然后送往鼓风炉还原熔炼生产金属铅。可见,烧结焙烧的目的是使矿物原料中的金属硫化物氧化脱硫并烧结成坚实多孔的块状物,以适应于下一步用竖

1

式炉进行还原熔炼。

在铅锌生产中,烧结焙烧－鼓风炉还原熔炼的方法还用来处理硫化铅锌混合精矿,这种矿物原料中的 PbS 与 ZnS 矿物共生,且呈细颗粒浸染状,难于用选矿方法分离,只能得到 Pb－Zn 混合精矿送往冶炼厂。铅锌混合精矿的烧结焙烧原理和工艺基本上与硫化铅精矿烧结焙烧相同。

氧化焙烧在锑冶金和汞冶金中也广泛应用。在火法炼锑时,首先使硫化锑矿石或精矿中的锑全部氧化挥发为适合于用碳还原的三氧化二锑(俗称锑氧,主要成分为 Sb_2O_3),然后把收尘设备中收集到的锑氧用碳还原得到金属锑。用相同的氧化挥发焙烧方法处理硫化汞矿石生产金属汞更简单,焙烧过程将 HgS 分解氧化为金属汞和 SO_2,汞蒸气随炉气逸出,在冷凝系统内冷凝成液态金属汞。

锡冶金的矿物原料主要是氧化矿(锡石,SnO_2),直接用碳还原熔炼就可获得金属锡。但由于近年来资源日趋贫乏,品位高、含杂质少的合格锡精矿越来越少,含锡品位较低而含硫、砷、锑和铁等杂质的不合格锡精矿越来越多,需采用焙烧(或其他)的方法除杂质,提高锡精矿的品位。对于不合格锡精矿的炼前处理常采用氧化焙烧或氧化—还原焙烧。在这里,焙烧主要是为了除去精矿中的某些杂质,而没有改变主金属在精矿中的赋存状态。

思 考 题

硫化矿焙烧和烧结的目的是什么?在重金属提取冶金中有哪些具体应用?

1.2 硫化矿氧化焙烧与烧结焙烧的理论基础

硫化矿氧化焙烧温度通常选定低于矿石或精矿的熔化温度,对于铅、锌硫化精矿焙烧大多在 1000 ℃ 左右的温度下进行,因此焙烧反应主要是固体矿物原料与焙烧气相间进行的气－固反应。如何保证金属硫化物充分转变成氧化物,主要考察在一定温度下硫化物、焙烧产物与焙烧气相之间的化学平衡,从而确定焙烧的操作温度和合适的炉气成分。

1.2.1 ZnS 氧化的热力学

硫化锌精矿焙烧过程实质上是硫化物的氧化过程,参与焙烧反应的主要元素是锌、硫和氧,当处理含铁较高的精矿时,铁也是参与反应的主要元素,即讨论的主要问题是 Zn－S－O 系与 Zn－Fe－S－O 系的热力学性质。硫化锌焙烧发生的反应主要有以下几类:

1）硫化锌氧化生成氧化锌

$$2ZnS + 3O_2 \longrightarrow 2ZnO + 2SO_2 \qquad (1.1)$$

2）硫酸锌和三氧化硫的生成

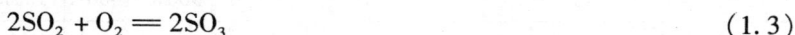

$$ZnS + 2O_2 = ZnSO_4 \qquad (1.2)$$

$$2SO_2 + O_2 = 2SO_3 \qquad (1.3)$$

3）氧化锌与三氧化二铁形成铁酸盐

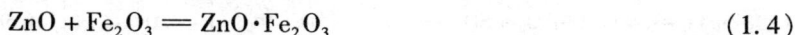

$$ZnO + Fe_2O_3 = ZnO \cdot Fe_2O_3 \qquad (1.4)$$

对 ZnS 而言，反应式（1.1）进行的趋势取决于温度和气相组成。但是在实际的焙烧温度下（1123～1373 K），反应式（1.1）只会向右进行，是不可逆的，并且反应时放出大量的热量。反应式（1.2）、（1.3）是可逆的放热反应，在低温下有利于反应向右进行，硫酸锌的生成反应是复杂的，最终的反应可能是

$$ZnO + SO_2 + \frac{1}{2}O_2 = ZnSO_4 \qquad (1.5)$$

但是许多研究者指出，反应还会生成一定组成的碱式硫酸锌，用热重分析与 X 射线分析法进行检测，已确定碱式硫酸锌的组成为 $ZnO \cdot 2ZnSO_4$。

在 Zn－S－O 系中已知的凝聚相有 Zn、ZnO、ZnS、$ZnSO_4$、$ZnO \cdot 2ZnSO_4$。该体系的化学势图所需的化学反应的平衡常数列于表 1－1。根据所列的化学平衡的热力学数据，作出以 $\lg p_{SO_2}$ －$\lg p_{O_2}$ 表示的等温（1100 K）化学势图如图 1－1 所示。

图 1－1 表明，在 1100 K 时，Zn－S－O 系平衡状态图的重要特性如下：

（1）金属锌的稳定区被限制在特别低的 p_{SO_2} 及 p_{O_2} 的数值范围内。这说明要从 ZnS 直接获得金属锌是比较困难的，很难像铅冶金那样直接熔炼得到金属铅，或像铜冶金那样从铜硫吹炼得到金属铜。

图 1－1　Zn－S－O 系 1100 K 的 $\lg p_{SO_2}$ －$\lg p_{O_2}$ 等温化学势图

（2）硫酸锌的稳定性比铅的硫酸盐小得多。硫酸锌分解反应不能错误地写成

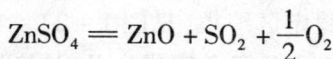

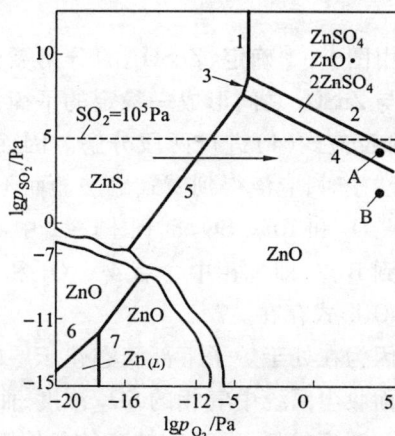

$$ZnSO_4 = ZnO + SO_2 + \frac{1}{2}O_2$$

表 1-1　Zn-S-O 系中各反应的平衡常数（lgK_P）

反　　　　应	K_P	各温度下的 lgK_P（$p_{tot}=10^2$ kPa）				
		900K	1000K	1100K	1200K	1300K
(1) $ZnS+2O_2 = ZnSO_4$	$p_{O_2}^{-2}$	26.9	22.2	18.6	15.7	13.2
(2) $3ZnSO_4 = ZnO\cdot2ZnSO_4+SO_2+\frac{1}{2}O_2$	$p_{SO_2}\cdot p_{O_2}^{1/2}$	-4.0	-2.1	-0.9	0.2	1.0
(3) $3ZnS+\frac{11}{2}O_2 = ZnO\cdot2ZnSO_4+SO_2$	$p_{SO_2}\cdot p_{O_2}^{-11/2}$	75.8	64.4	55.0	47.2	40.1
(4) $\frac{1}{2}(ZnS\cdot2ZnSO_4) = \frac{3}{2}ZnO+SO_2+\frac{1}{2}O_2$	$p_{SO_2}\cdot p_{O_2}^{1/2}$	-5.3	-3.4	-1.9	-0.6	0.4
(5) $ZnS+\frac{3}{2}O_2 = ZnO+SO_2$	$p_{SO_2}\cdot p_{O_2}^{-3/2}$	21.8	19.2	17.1	15.3	13.8
(6) $Zn(气、液)+SO_2 = ZnS+O_2$	$p_{O_2}\cdot p_{SO_2}^{-1}$	-6.9	-6.3	-5.9	-5.6	-5.3
(7) $2Zn(气、液)+O_2 = 2ZnO$	$p_{O_2}^{-1}$	29.8	25.7	22.4	19.4	16.3

　　由图 1-1 确定，$ZnSO_4$ 的分解要经过一个中间产物，即碱式硫酸盐，要在 ZnO 与 $ZnSO_4$ 之间形成一稳定的平衡是不可能的，它一定是按表 1-1 中的反应（2）和反应式（4）进行两段分解。因而，如果控制焙烧条件，在产物中只保持少量硫酸盐时，应该得到碱式硫酸盐而不是正硫酸盐。例如控制焙烧条件，如烟气中 4% O_2 和 10% SO_2 时（图 1-1 中 A 点）就是这样。如果气相中 SO_2 的浓度降低到 B 点，即气相中含有 4% O_2 和 4% SO_2 时，则焙烧产物中的锌应该完全以 ZnO 形式存在。

　　因为在处于炉子下部流态化床层的气相中的 SO_2 浓度低于炉子上部空间及其后面收尘系统中气相的 SO_2 浓度，而温度却相反，前处温度高，后处温度低，在这 SO_2 浓度较低，而温度较高的条件下形成的焙烧产物（焙砂）中的硫酸盐含量少。从图 1-1 还可看出，同样降低气相的 O_2 的浓度也能达到不产生硫酸锌的目的。但是应该指出，用降低 p_{SO_2}、p_{O_2} 来保证获得含 ZnO 高的焙烧产物，是生产中不能采用的，因为这样会降低焙烧设备和硫酸生产设备的能力。因此在生产实践中要获得含 ZnO 高的焙烧产物的主要措施是提高温度。

　　3）温度升高时，反应式（2）和反应式（4）的 lgK_P 值增大（见表 1-1），图 1-1 中线 2 和线 4 相应向上移动，硫酸锌稳定区缩小（见图 1-2）。在 927 ℃以上高温时，锌的硫酸盐会全部分解，要想使 ZnS 完全转化为 ZnO，焙烧的温度需要控制在 1000 ℃以上。因此,现在许多湿法炼锌厂已将锌精矿焙烧的温度从 850 ℃左右提高到 950 ℃以上,甚至达到 1200 ℃,以保证锌硫酸盐的彻底分解。

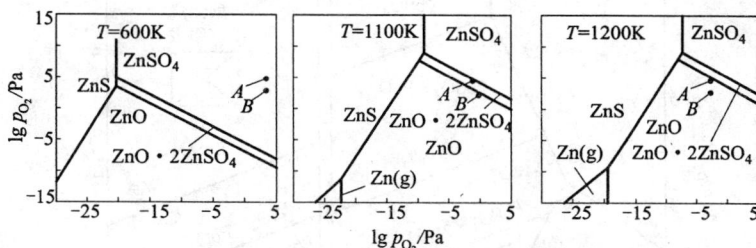

图 1 - 2　不同温度下 Zn - S - O 系化学势图

1.2.2　PbS 氧化的热力学

Pb - S - O 系可作为以 PbS 为主的铅精矿焙烧时的平衡体系来研究。在这个体系中可能存在的凝聚相有 $Pb_{(液)}$、$PbS_{(固)}$、$PbO_{(固)}$、$PbSO_{4(固)}$、$PbSO_4 \cdot PbO_{(固)}$、$PbSO_4 \cdot 2PbO_{(固)}$ 和 $PbSO_4 \cdot 4PbO_{(固)}$。PbO - PbSO$_4$ 系温度 - 组成图如图 1 - 3 所示。

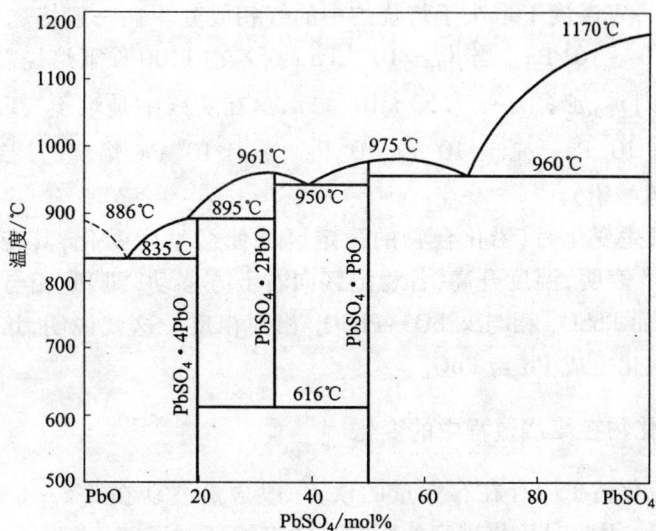

图 1 - 3　PbO - PbSO₄ 系温度 - 组成图

在铅精矿的焙烧条件下,气相中除了有 SO_2 存在之外,尚有 O_2 参与反应。根据 Pb - S - O 系可能发生的反应式的平衡数据,作出了 1100 K 的 Pb - S - O

系 $\lg p_{SO_2} \sim \lg p_{O_2}$ 的等温化学势图,即图 1-4。

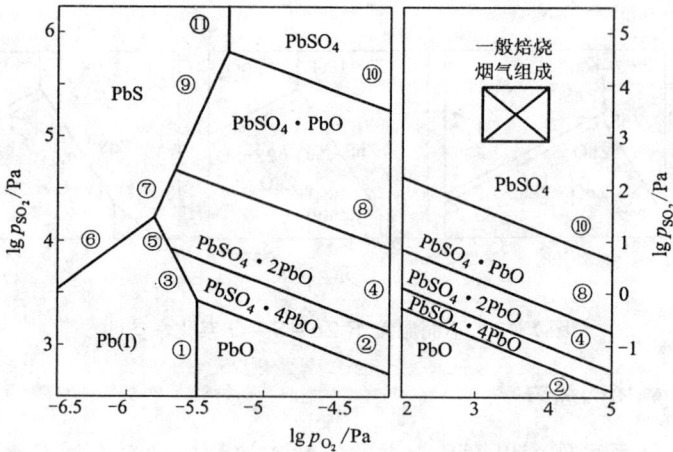

图 1-4 1100K 的 Pb-S-O 系化学势图

Pb-S-O 系化学势图表明,PbS 进行焙烧时,可以生成 PbO、$PbSO_4$ 和碱式硫酸铅,这在一定温度下取决于焙烧炉中的气相成分。在一般焙烧条件下,氧压波动范围为 $10^3 \sim 10^4$ Pa。当 $p_{O_2} = 10^{-3}$ Pa 时,若在 1100 K 下焙烧需要得到焙烧产物是 PbO,则 p_{SO_2} 必须小于 1.53×10^{-1} Pa,这在实践中是难于实现的。假如焙烧气氛控制在 10^3 Pa $< p_{SO_2} < 10^4$ Pa,10^3 Pa $< p_{O_2} < 10^4$ Pa,焙烧的最终产物是 $PbSO_4$(或碱式硫酸铅)。

当温度发生变化时,铅化合物的稳定区域便会发生变化,其变化规律见图 1-5。图 1-5 表明,温度升高,各稳定区向右上方移动,即 Pb 相与 PbO 相稳定区不断扩大,而 $PbSO_4$ 相与 $xPbO \cdot yPbSO_4$ 相则相反。这就说明,焙烧温度升高有利于 PbS 氧化生成 Pb 与 PbO。

1.2.3 铁硫化物在焙烧过程中的变化

在铅锌硫化精矿中存在有大量的铁,一般含量波动在 5% ~ 8% 之间,个别高达 10% 以上,因此对焙烧进行的影响必须有清楚的了解。

硫化精矿中的铁主要是以黄铁矿(FeS_2)的形态存在,它在焙烧的高温条件下容易发生分解反应,即 $FeS_2 \rightarrow FeS + \frac{1}{2} S_2$,然后会进一步与空气中的氧作用,铁被氧化产生 FeO、Fe_3O_4 和 Fe_2O_3。应用氧化反应的热力学数据,作出 Fe-S-O

6

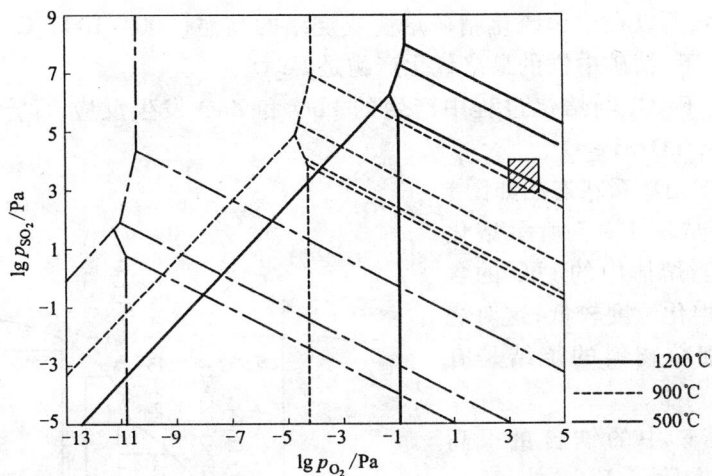

图 1 - 5 不同温度下 Pb - S - O 系化学势图(重叠图)

注:划阴影线的方框区为一般焙烧烟气组成范围

系化学势图 1 - 6。

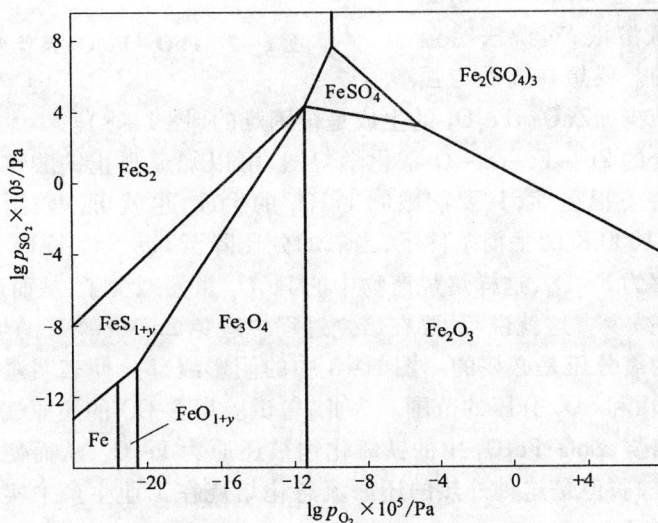

图 1 - 6 Fe - S - O 系化学势图(700 ℃)

图 1 - 6 表明,在一定温度下,随着氧压 p_{O_2} 的增大,铁的氧化产物从低价开始依次氧化,即 $FeO \rightarrow Fe_3O_4 \rightarrow Fe_2O_3$,随着温度的升高,平衡反应的稳定区逐步

向上方移动,其生成硫酸盐的区域缩小,与铅、锌比较,铁氧化生成硫酸盐的可能性要小得多,所以在铅锌硫化精矿焙烧或烧结的高温(900~1000 ℃)及强氧化气氛的条件下,精矿中铁的最终氧化产物是 Fe_2O_3。

生成的 Fe_2O_3 与焙烧过程中产生的 PbO 和 ZnO 发生反应,即产生 $xPbO \cdot yFe_2O_3$ 和 $mZnO \cdot nFe_2O_3$。

PbO - Fe_2O_3 系状态图如图 1 -7 所示。从图 1 -7 所示熔化温度看出,当熔体中的 PbO 的含量较高时,熔化温度较低,这对烧结过程的细粒物料的烧结是有利的。

当锌精矿中的铁含量很高时,铁的形态除了 FeS_2 外,还会有铁闪锌矿($mZnS \cdot nFeS$),由于它们紧密的结合,自然在焙烧过程中会生成更多的铁酸锌($mZnO \cdot nFe_2O_3$)。由于 $mZnO \cdot nFe_2O_3$ 难溶于稀硫酸溶液,对湿法冶金来说是不利的。要想在高温与强氧化气氛下减少 $mZnO \cdot nFe_2O_3$ 的生成是很困难的(图 1 -8)。

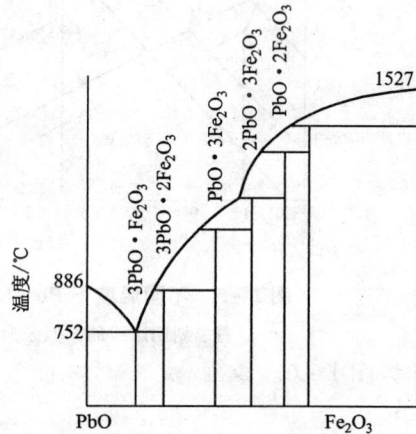

图 1 -7　PbO - Fe_2O_3 系状态图

根据重合的 Zn - Fe - S - O 系化学势图,可以知道阻止铁酸锌生成所要求的热力学条件。很显然,只要能限制 Fe_2O_3 的生成,也就可以限制铁酸锌的生成。例如,在 1000 K 的平衡条件下,当氧的分压降至 $\lg p_{O_2} < -5$ Pa 时,Fe_2O_3 便不稳定而分解为 Fe_3O_4,这样焙烧产物中的 Fe_2O_3 量便减少了,从而产生的 $ZnO \cdot Fe_2O_3$ 也就会减少。这就说明,要在焙烧过程中避免 $ZnO \cdot Fe_2O_3$ 的生成,维持焙烧气相中低的氧分压是必要的。图 1 -8 中的阴影线部分便表明避免铁酸锌生成所要求的 O_2 和 SO_2 分压的范围。为此,曾试验用含 CO 的还原气体对锌焙砂再进行还原焙烧,$ZnO \cdot Fe_2O_3$ 中的铁氧化物被还原为 Fe_3O_4,从而使焙砂中锌的可溶率明显提高,但是这种外热的还原流态化焙烧在工业生产中实践起来就显得有些复杂化了。

1.2.4　SiO_2、CaO 等脉石矿物的行为

在硫化精矿中,SiO_2 大都以游离石英矿物存在,而 CaO、MgO 大都以碳酸盐($CaCO_3$、$MgCO_3$)形态存在。

钙、镁碳酸盐在高温条件下会发生分解反应,生成 CaO、MgO。碳酸盐分解反应均为吸热反应,在烧结焙烧过程中可能消耗硫化物氧化放出的过剩热,起到一定的热量调节剂作用,防止过早烧结。

CaO(或 MgO)能与 PbS、ZnS 等发生互相置换反应,这有利于 PbS、ZnS 转换为 PbO、ZnO,但由于该反应生成的 CaS 是一种热稳定性好的硫化物,残存于焙烧产物之中,不利于焙烧脱硫;还因为 CaO 能与 SO_3 反应生成 $CaSO_4$,它在焙烧与烧结的温度下也很难分解完全。因此,在铅烧结焙烧中过多地加入钙熔剂对脱硫是无益的。

图 1-8 Zn-Fe-S-O 系
化学势图(1000 K)

精矿中游离的石英(SiO_2)在高温下易与金属氧化物 PbO、ZnO、FeO、CaO 等发生反应形成相应的硅酸盐($xMO \cdot ySiO_2$)。在湿法炼锌浸出过程中,游离 SiO_2 并不溶解于稀硫酸,但当它形成硅酸盐后便会溶解,并在一定温度和酸度条件下形成硅胶,致使矿浆的澄清与过滤发生困难,所以湿法炼锌希望处理含 SiO_2 较少的锌精矿。

SiO_2 - PbO 系形成许多低熔点的化合物与共晶熔体,反应式为

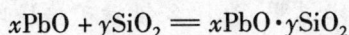

$$xPbO + ySiO_2 = xPbO \cdot ySiO_2$$

在 710 ℃时开始反应;当温度升高到 750 ℃以上,反应速度会迅速增加。从 SiO_2 - PbO 系状态图(1-9)看出,SiO_2 - PbO 系可以形成一系列低熔点的化合物和共晶,这些化合物和共晶的熔化温度大都在 770 ℃以下,比 PbO 的熔点(886 ℃)还要低。由于这些硅酸铅熔体的熔化温度低,在高温下流动性好,在冷却时便成为炉料的粘结剂,以保证获得性能优良的烧结块。

对于锌精矿流态化焙烧,硅酸铅等易熔物的生成是非常不希望的。在精矿的流态化焙烧炉中,精矿粒子的粘结是流态床不能均匀形成的主要原因,严重时可使流态床全部结死,不能继续进行正常流态化焙烧,而要被迫停炉处理。所以,许多工厂对流态化焙烧的入炉锌精矿都限制了铅与硅的含量。

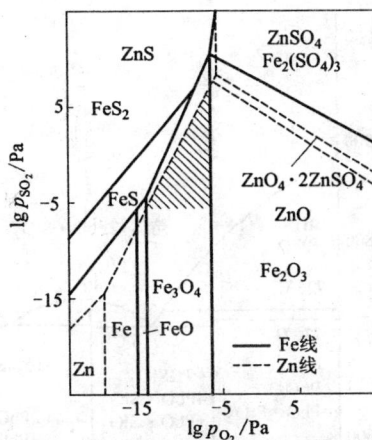

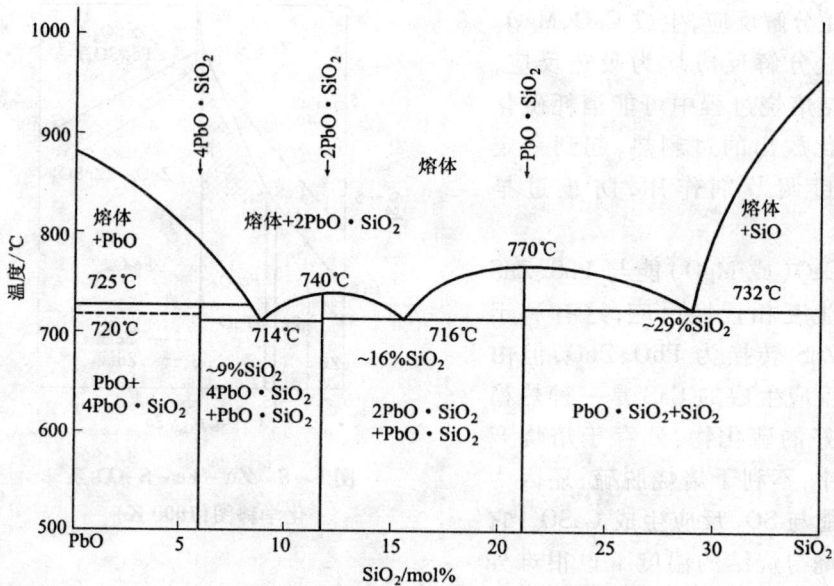

图 1-9 PbO-SiO₂ 系状态图

思 考 题

1. 在 ZnS 精矿焙烧时,焙烧产物中 ZnO 和 ZnSO₄ 的生成条件有何不同?请用 Zn-S-O 系化学势图分析说明。

2. 根据 M-S-O 系化学势图对比说明,为什么铅精矿焙烧比锌精矿焙烧容易生成金属相和硫酸盐相?

3. 锌焙烧时控制铁酸盐的生成对湿法炼锌有何意义?从热力学上分析应当如何减少它的生成。

4. 硫化精矿焙烧为什么会生成硅酸盐?硅酸盐的形成对湿法炼锌焙烧和浸出过程会有什么影响?对鼓风炉还原熔炼所需的烧结块质量又有什么影响?

1.3 硫化锌精矿的流态化焙烧

1.3.1 锌精矿的化学成分和一般特性

硫化锌精矿是生产锌的主要原料,化学成分一般为:Zn 45% ~60%,Fe 5% ~15%,S 的含量变化不大,为 30% ~33%。我国一些大型铅锌矿产出的锌精矿成分如表 1 -2 所示。

表 1 -2　典型硫化锌精矿成分(w/%)

精矿来源	Zn	Pb	S	Fe	Cu	Cd	As	Sb	SiO$_2$	Ag/(g·t^{-1})
湖南某矿山	44.83	0.98	32.43	15.60	0.64	0.20	<0.20	0.001	1.32	80
黑龙江某矿山	51.34	0.88	32.53	11.48	0.12	0.02	0.04	0.02	0.50	85
广东某矿山	51.92	1.40	32.69	7.03	0.20	0.14	<0.20	0.01	3.88	180
甘肃某矿山	55.00	1.09	30.35	4.40	0.04	0.12	0.01	0.011	3.05	33

从表 1 -2 可见,锌精矿的主要组分为 Zn、Fe 和 S,三者共占总量的 90% 左右。从经济价值来考虑,处理锌精矿首先应该回收锌和硫,因为两者加起来占精矿总量的 80% 左右。处理 1 t 锌精矿约可产生 1 t 浓硫酸,锌精矿脱硫并为硫酸生产提供质量好的制酸烟气是焙烧过程的重要任务。

硫化锌精矿的粒度细小,95% 以上小于 40 μm。堆密度为 1.7 ~2 g·cm^{-3}。在选用精矿氧化焙烧脱硫设备时,应当充分利用精矿粒度小、比表面大、活性高以及硫化物本身也是一种"燃料"的特点,既使硫化锌迅速氧化生成氧化锌,又能充分利用精矿的自身能量。

目前工业生产上普遍采用流态化焙烧炉焙烧硫化锌精矿。

1.3.2 锌精矿流态化焙烧的生产实践

硫化精矿的流态化焙烧是强化的冶金过程,氧化反应剧烈进行并放出大量热,可以维持炉内锌精矿焙烧的正常温度 900 ~1100 ℃。由于精矿粒子被气流强烈搅动而在炉内不停地翻动,整个炉内各部分的物理化学反应是比较均一的,从而可以保持炉内各部的温度很均匀,温差只有 10 ℃ 左右。而且可以设置活动的冷却水管,当温度上升时,随时将其插入流态化床以调节温度。所以采用流态化焙烧可以严格控制焙烧温度。

精矿加入流态化炉后立即进入高温焙烧室,在其中被气流连续翻动发生焙烧反应。一部分较粗的颗粒约在炉内停留几个小时,然后从设置在加料口对面处的溢流排放口排出,成为焙砂产品。另一部分较细的颗粒(约占一半左右)随气流带至炉子上部空间继续发生氧化反应。由于炉内气流速度大(一般线速度为 0.4~0.8 m/s),这些被气流挟带的粒子在炉内上空停留不到 1 min 就被带出炉外。气流速度愈大,停留的时间愈短,带出的细粒也愈多。但是由于温度高、气流速度大及粒子本身的表面积大,在这么短的时间内仍可保证硫化物发生充分的氧化反应。在收尘设备中收集下来的这部分产品是烟尘。由于烟尘比例大,所以流态化焙烧的收尘设备应十分完善。

锌精矿流态化焙烧主要设备连接图如图 1-10。

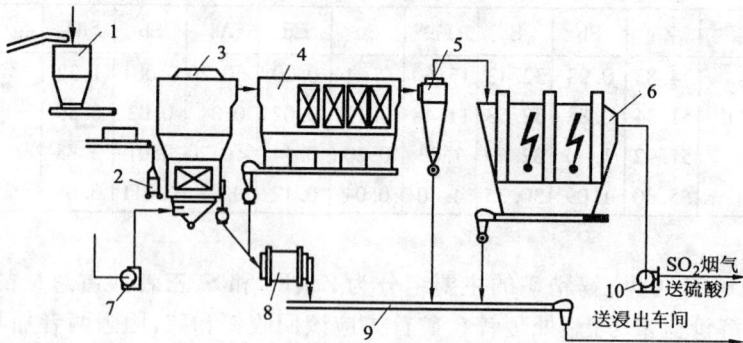

图 1-10　锌精矿流态化焙烧设备连接图
1—给料机　2—抛料机　3—流态化焙烧炉　4—余热锅炉　5—旋涡收尘器
6—电收尘器　7—鼓风机　8—焙砂冷却器　9—输送机　10—排烟机

目前国内外工厂广泛采用的流态化焙烧炉主要有两种类型,一种是带前室的直筒形炉,另一种是鲁奇(Lurgi)型上部扩大形炉。关于炉子的具体结构见图 1-11 和图 1-12。采用上部扩大形流态化炉,上部炉膛直径与下部床层处直径之比约为 1.4~1.6,炉腹角一般为 20°~30°。不同规格的鲁奇型炉的主要尺寸列于表 1-3。

表 1-3　不同规格鲁奇型炉的主要尺寸

炉床面积/m²	32	38	56	72
流态化床层处的直径/m	6.36	7	8.4	9.6
上部扩大处直径/m	9.5	10.3	11.3	12.8
空间高度/m	12.5	11	—	17

12

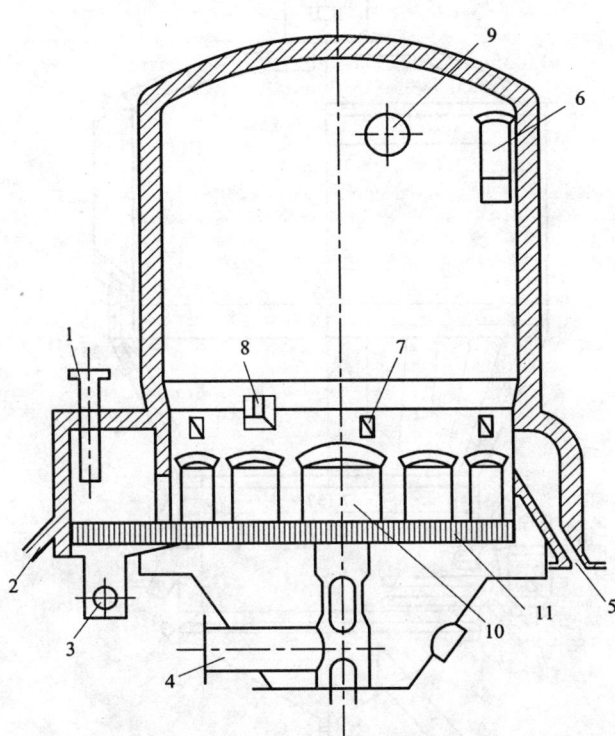

图 1-11 前室加料直筒形流态化焙烧炉

1—加料孔 2—事故排出口 3—前室进风口 4—炉底进风口
5—焙砂溢流口 6—排烟口 7—点火孔 8—操作门
9—开炉用排烟口 10—汽化冷却水套安装口 11—空气分布板

鲁奇型炉上部结构采用扩大段,造成烟气流速减慢和烟尘率降低,延长了烟气在炉内的停留时间,烟气中的烟尘得到充分的焙烧,从而使烟尘中的含硫量达到要求,烟尘质量得到保证。低的烟尘率相应提高了焙砂部分的产出率,减小了收尘系统的负担,因此新建的流态化焙烧炉多采用鲁奇型炉。

思　考　题

鲁奇型流态化焙烧炉在结构上有何特点？为什么说它更适宜于用来焙烧锌精矿？

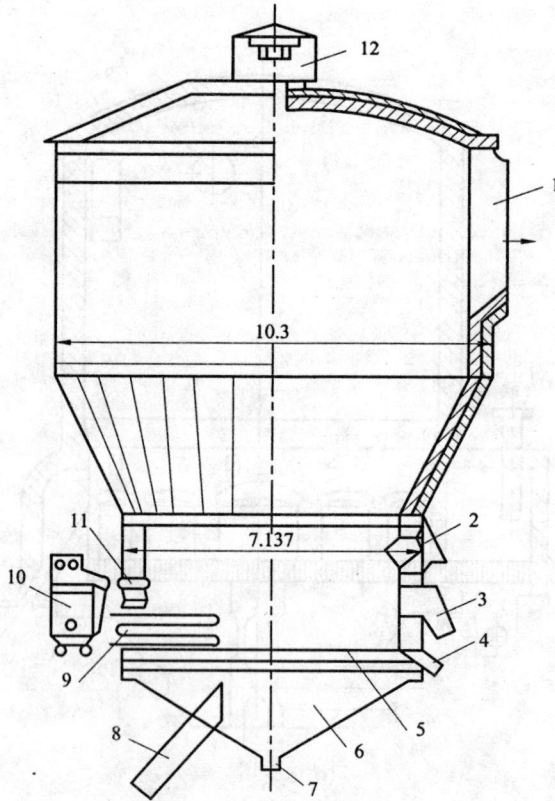

图1-12 上部扩大形流态化焙烧炉(鲁奇型炉)

1—排气道 2—点火烧油嘴 3—焙砂溢流口 4—粗底料卸料口
5—空气分布板 6—风斗 7—风斗残料排放口 8—进风管
9—活动冷却水管 10—抛料机 11—加料孔 12—安全罩

1.3.3 锌精矿焙烧的工艺技术指标分析

锌精矿流态化焙烧的脱硫率一般均在90%以上,有的已达95%~96%,故焙砂中的硫含量很低,烟尘中的硫含量则高一些。表1-4为国外某厂采用鲁奇炉焙烧锌精矿所得产品的分析结果实例。

在流态化焙烧系统中,以烟尘产出的焙烧产物颗粒细,在炉内空间停留时间较长,硫化物氧化更充分,烟尘中的硫化物硫(S_S)含量比溢流焙砂中的还低。出炉后的含尘和SO_2的高温烟气(~10% SO_2,900~1000℃),在收尘系统中沿排气方向逐渐冷却降温,致使烟尘中的硫酸盐硫(S_{SO_4})含量逐渐升高。相对来说,溢流焙砂中的S_{SO_4}是最少的(见表1-4)。

表1-4 国外某电锌厂焙烧产品的分析结果

项 目	硫含量/%		粒度比率/%		
	S_S	S_{SO_4}	+ 0.15 mm	+ 0.75 mm	- 0.075 mm
精矿	32.5	—	—	37	63
溢流焙砂	0.3	0.2	28	78	22
余热锅炉烟尘	0.2	0.8	3	23	77
旋涡烟尘	0.1	2.5	—	3	97
电收尘烟尘	0.1	5.5	1	2	98
混合产物	0.2	1.1	11	39	61

对于湿法炼锌厂,降低焙烧产物中的S_S,可以提高锌的浸出率;降低焙烧产物中的S_{SO_4},可以减少浸出—电解—浸出生产循环中的H_2SO_4的积累,有利于在维持全流程酸平衡的前提下可添加较多的浓硫酸进行高温高酸甚至超高酸浸出,以提高锌的浸出率。所以现在湿法炼锌厂流态化焙烧都维持高温(900 ℃以上)操作,以提高焙砂和烟尘的质量。但是,即使采用高温焙烧,所产烟尘总会含有少量S_{SO_4},这对于湿法炼锌工厂弥补在浸出过程因形成不溶硫酸盐,以及在电积过程硫酸挥发而造成的硫酸损失是有益的。

对于火法炼锌厂,为了获得高质量的产品和高的锌蒸气冷凝效率,要求在焙烧时尽可能除去精矿中的硫及铅、镉等,因此采取的焙烧温度较高,在1100 ℃左右,炉料在炉壁上易粘结,故采用的鲁奇型焙烧炉在流态化床层上的扩张段比较高,扩张角比较小。但由于烟尘中的S_S、S_{SO_4}和Pb、Cd含量都比较多,需要另行处理或返回焙烧后,才合乎火法冶炼的要求。

硫化锌精矿含硫30%以上,在氧化焙烧过程中放出大量的热能。不仅能够维持高温焙烧的进行,还会有大量的剩余热,可以用来生产高压蒸汽,除供生产用外,还可以发电。锌精矿流态化焙烧的热平衡实例如表1-5所示。

表1-5 锌精矿流态化焙烧的热平衡实例(以100 kg 精矿计)

热收入项目	kJ	%	热支出项目	kJ	%
精矿带入热	803	0.17	焙砂与烟尘带走热	61864	13.2
放热反应产生热	463148	98.81	烟气带走热	221540	47.3
空气带入热	4765	1.02	水分蒸发吸热	27066	5.76
			炉子的热损失	19771	4.2
			小 计	330241	
共 计	468716	100	热收入减热支出	138475	29.54
			共 计	468716	100

从热平衡表可以看出,焙烧反应放出大量的热,除维持焙烧过程一定的高温外,炉子的热收入将超过支出约30%,不采取相应措施排除这部分热量,炉内温度将要超过正常操作温度。为了维持流态化床层的正常作业温度,避免炉料熔结,需要不断从流态化床层处排除反应余热,这就是流态化焙烧炉都在流态化床层处安装有冷却水套(见图1-11)或插入强制循环水管(见图1-12)的缘故。活动水管的冷却效果较冷却水套要好,可以用来产生高压蒸汽用于发电。

热平衡计算结果(见表1-5)还表明,烟气带走的热几乎占锌精矿焙烧放出热量的50%,因此炼锌厂的流态化焙烧炉大都附设余热锅炉,利用烟气余热生产高压蒸汽。如果将流态化床层处的余热与出炉烟气显热综合利用,焙烧1t锌精矿,通过余热锅炉可生产压力为$3 \times 10^6 \sim 6 \times 10^6$ Pa的高压蒸汽约一吨。

流态化焙烧炉是一种比较理想的焙烧设备,因而得到广泛应用。与多膛炉、回转窑等非流态化床焙烧炉相比较,流态化焙烧炉有如下优点:

(1)设备生产率高,对于上部扩大型炉,按流态化床面积计,精矿处理能力可达$6 \sim 8$ t/m²·d;

(2)烟气体积小,SO_2浓度高达10%左右,有利于收尘和制酸;

(3)生产过程稳定,操作简单,可用电子计算机自动控制和调节生产;

(4)余热利用好,生产高压蒸汽,除供本厂消耗外,至少有一半可供发电。

一些炼锌厂锌精矿流态化焙烧炉的主要结构及生产技术数据列于表1-6,以供参考。

表1-6 锌精矿流态化焙烧炉主要结构及技术指标

项 目	株洲冶炼厂 I	株洲冶炼厂 II	西北铅锌冶炼厂	神冈冶炼厂(日)	Kokkola厂(芬)	Risdon厂(澳)
炉型	直筒型	扩大型	扩大型	扩大型	扩大型	扩大型
流态化床面积/m²	40	109	109	48	72	123
加料前室面积/m²	2					
流态化床直径/m	7.1	11.78	11.78	7.84	9.6	12.55
上部扩大区直径/m	—	—		11.84	12.8	16.05
流态化层高度/m	1	1	1~1.2	—	—	—
反应空间高度/m	9.913	12.3	12.3	14.4	17	—
床层温度/℃	840~860	880~930	950	1020	950~1000	920±20
烟气出口温度/℃	900~950	960~1000	950~1000	930	900~1100	
操作气流速度/(m·s⁻¹)	0.45~0.5	0.5~0.7	0.5~0.7			
烟尘率/%	45~50	60	60	—	—	—
烟气中SO_2浓度/%				10		10~11
单位生产率/t·m⁻²·d⁻¹	5~5.1	6~8	5~8	8.3	6.95	6.5

思 考 题

1. 为什么说锌精矿中的硫在焙烧产物中的形态及其 S_S、S_{SO_4} 的含量是影响焙烧产品质量的重要指标？为什么焙砂和烟尘中的 S_S、S_{SO_4} 含量不相同？

2. 锌精矿硫态化焙烧热平衡计算结果说明什么问题？

1.4 铅锌硫化精矿的烧结焙烧

硫化铅锌矿石是由含铅矿物、含锌矿物、铅锌复合矿物和脉石所组成。矿石经选矿分离，一般得锌精矿和铅精矿，而复合矿石中的铅、锌难以选别分离，只能以一种铅锌混合精矿产出。前已述及，锌精矿主要用氧化焙烧 - 湿法冶金方法处理，而铅精矿和铅锌混合精矿都用焙烧 - 还原熔炼的火法工艺生产铅或同时生产锌。铅精矿和铅锌混合精矿的特点是金属品位高，一般 Pb + Zn 含量范围在 50% ~75%；S 的含量为 15% ~30%，其中混合精矿含 S 高于铅精矿；Fe 5% ~10%。铅精矿主要含 Pb，但都含少量 Zn，一般为 2% ~8%；铅锌混合精矿含 Zn 多于 Pb，一般 Zn/Pb 比为(2.0 ~2.5):1。如同硫化锌精矿一样，铅精矿和铅锌混合精矿在氧化时，都具有很大的发热值。

1.4.1 烧结焙烧的炉料组成

现代铅锌工厂普遍采用带式烧结机进行烧结焙烧，可处理铅精矿，也可处理铅锌混合精矿。铅精矿烧结焙烧工艺流程如图 1 - 13 所示。表 1 - 7 列举了 10 个工厂烧结焙烧炉料组成的实例。

表 1 -7 一些铅厂烧结炉料的组成

炉料组成 /kg	工厂编号									
	1	2	3	4	5	6	7	8	9	10
铅精矿	100	100	100	100	100	100	100	100	100	100
石英砂	7.55	—	2.7	—	3.8	3.3	9.5		1.8	4
石灰石	15.46	15.4	4.7	8.3	7.7	3.4 ~10	0.5	12.5	10	10
铁矿石	7.8	9.9①	4.9	—	15.4	1.7 ~3.3	4.8	24①		
水淬渣	68.25	22②	45.1	79.2	57.3	38	—	29	46	10
返粉	119.6	289	192	—	192	—	165	250	243	365
锌浸出渣	—	—	—	10.4	—	13		12	10
烟尘	8.9	6.1	—	—	7.7			11	—
焦粉			—	4.2	—				1

①为黄铁矿烧渣。②为铜鼓风炉渣。

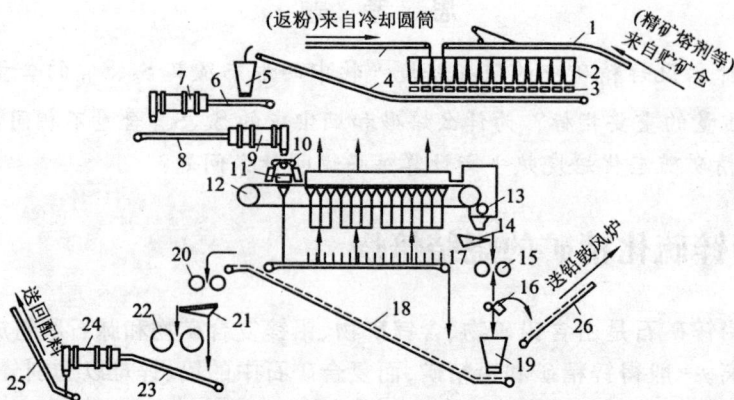

图 1-13 铅精矿烧结焙烧工艺流程

1—移动皮带运输机 2—配料仓 3—圆盘给料机 4—皮带运输机 5—中间仓 6—皮带运输机
7—混合圆筒 8—皮带运输机 9—制粒圆筒 10—分料皮带运输机 11—点火炉
12—鼓风烧结机 13—单轴破碎机 14—振动给料机 15—齿辊破碎机 16—ROSS 辊筛
17—皮带运输机 18—返粉链板运输机 19—中间仓 20—波纹辊破碎机 21—振动筛
22—光辊破碎机 23—皮带运输机 24—冷却圆筒 25—皮带运输机 26—烧结块链板运输机

表 1-7 列出的炉料组成表明,各工厂采用的物料种类及配比是不一样的,其共同点是要加入一定数量的熔剂(石英砂、石灰石和铁矿石),以适应鼓风炉熔炼的造渣要求。一般鼓风炉熔炼是处理自熔烧结块,所以在铅烧结炉料中是完全配好熔剂的。各种熔剂的配比波动较大,是根据各厂所选的渣型来计算。

铅烧结炉料组成的另一共同点是加入一定数量返粉。所谓返粉就是烧结产物中的碎料,往往还要将部分烧结块经专门工序(参见图 1-13 中的 13-25)破碎才有够数量的返粉,其配入量是根据炉料的含硫量来确定。炉料中硫含量过多,意味着要氧化的 MS 多,氧化反应放出的热量

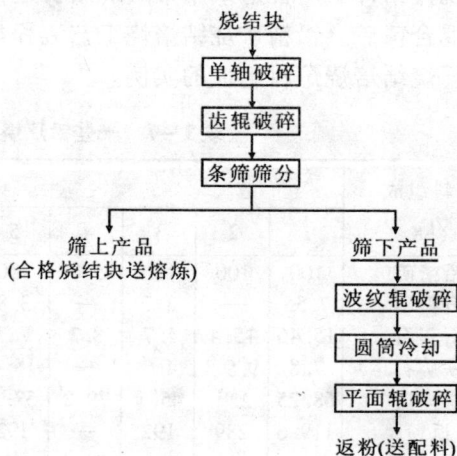

图 1-14 韶关冶炼厂返粉破碎流程

也就过多,自然会使料层温度升高而发生过早熔结的现象,达不到焙烧脱硫的目的。一次烧结焙烧的脱硫率为70%左右,炉料含硫过多则烧结块中残留的硫便会增多,达不到鼓风炉熔炼对烧结块含硫的要求。未加返粉的烧结炉料含硫,往往高于加在烧结机上维持正常作业的炉料含硫要求,因此必须加入精矿烧结脱硫后的返粉来冲稀炉料中的硫含量。经过配料混合后,加到烧结机上最终混合料含硫波动在5%~7%之间。因此烧结配料过程中的返粉用量须为精矿量的1~3倍之多(见表1-7)。此外,返粉的粒度组成还直接影响烧结焙烧炉料的粒度,是炉料透气性好坏的主要影响因素之一。由于烧结炉料中的返粉用量大,且对返粉的粒度范围(1~10 mm)和粒度分布都有严格要求,所以返粉破碎系统庞大(参见图1-14),机械设备多,动力消耗大,还有噪音和粉尘污染。

如前所述,铅烧结混合料在烧结过程中容易产生许多易熔的物质,并且铅含量愈高愈容易熔结。为了防止炉料过早熔结而造成MS氧化不完全,便需要控制混合料中的铅含量。表1-8表明,各工厂混合料含铅波动在40%~45%之间,若铅含量超过这一要求,则可配入鼓风炉熔炼排出的水淬渣稀释铅(参见表1-7)。必须指出,配入水淬渣总是不适宜的,因为它降低了鼓风炉熔炼的生产能力和铅产量。相比之下,鼓风炉炼锌厂烧结炉料含铅低,一般不超过20%,但应大于16%。

目前许多铅锌联合企业在火法炼铅厂往往大量搭配处理湿法炼锌厂产出的浸出渣(含Pb、Ag、Zn等有价金属),以实现资源合理综合利用和湿法冶金浸出渣无害化处理,这正是铅锌联合企业的优势所在,它为湿法炼锌浸出渣的处理提供了一个最好的方法。

表1-8 一些工厂烧结炉料(混合料)的化学成分(w/%)

工厂编号	Pb	S	SiO_2	CaO + MgO	Fe	Cu	Zn	备注
1	38.9~44.46	4.9~8.41	9.3~11.4	6.8~9.36	9.6~12.2	0.98~1.48	4.53~6.1	
2	30~60	7.8~9.4	—	—	—	0.7~1.5	4.05~8.93	
3	46.0	6.0	10.3	10.0	12.2	0.3	5.1	
4	43.0	5.1	10.6	7.1	11.3	1.0	5.4	
5	42.5	6.7	8.9	7.8	9.9		7.8	
6	16~19	5.5~7.5	3~4	4~6 (CaO)	8~10 (FeO)	—	38~42	为鼓风炉炼锌炉料

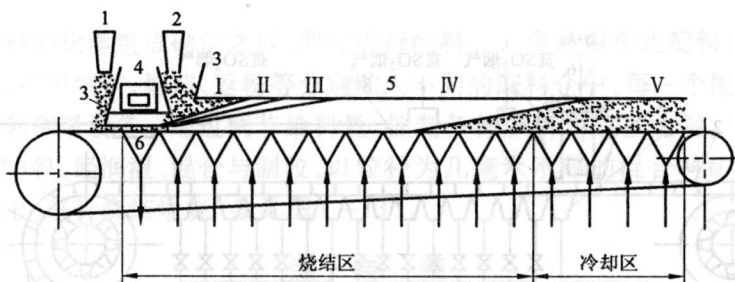

图 1-16 鼓风烧结料层内各区分布图

1—底料给料器 2—本料给料器 3—刮板 4—点火炉 5—料层 6—吸风箱 7—鼓风箱

I—脱水 II—干燥 III—预热 IV—烧结 V—冷却

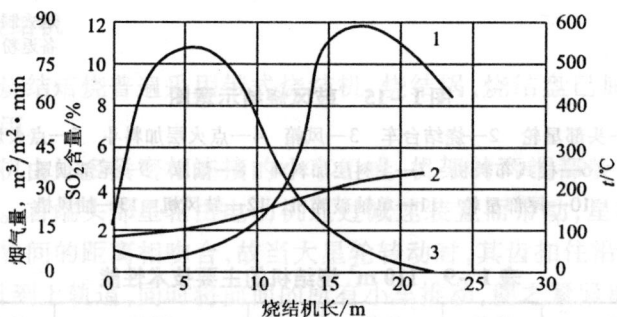

图 1-17 鼓风烧结时烟气温度、烟气量及 SO_2 浓度的变化

1—温度 2—烟气量(按标准状态计) 3—SO_2 浓度

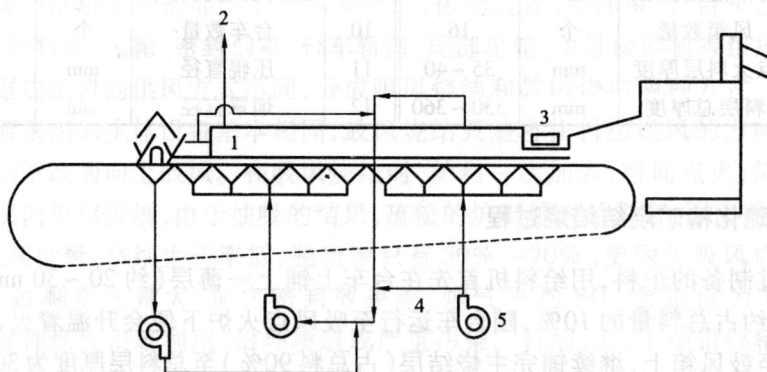

图 1-18 鼓风一次返烟烧结烟道配置

1—挡板 2—烟气送酸厂 3—移动式烟罩 4—冷空气副烟道 5—空气

22

图 1-17 为鼓风烧结烟气温度、烟气量和 SO_2 浓度的变化曲线。由图可见,能作为制酸的只有烧结机前半部的烟气。为使硫更好地利用,采用了鼓风返烟烧结的方法(图 1-18)即将烧结机首、尾两部分产生的贫烟气返回配入鼓风重用,以提高烟气的 SO_2 浓度。但是,返烟会使生产能力和脱硫能力都有所降低。为此,采用烟气冷却和返烟增氧的方法,可以改善生产能力、脱硫率和 SO_2 浓度等指标。

1.4.4 烧结焙烧的物量、硫量、热量平衡及其经济技术指标

为了防止烧结过程出现过早烧结,以保证一定的脱硫率和结块率,必须严格控制炉料的化学成分,因此炉料组成除新料(包括精矿和熔剂)外,还必须配入数倍于新料量的返粉(以限硫),有的还配入返渣(以限铅),此外还有返回的烟尘。烧结过程的固体产物除供鼓风炉所需的合格烧结块外,其余大部用作返粉,还有烧结烟尘。铅烧结焙烧的物料平衡实例于表 1-10 中。硫平衡关系如图 1-19 所示。

表 1-10 铅烧结物料平衡实例

收 入			产 出		
项 目	数量/kg	比例/%	项 目	数量/kg	比例/%
硫化铅精矿	80.00	14.96	烧结块	120.91	22.61
氧化铅精矿	22.00	3.74	烧结烟尘	2.45	0.46
鼓风炉烟尘	2.10	0.93	返粉	174.23	32.58
水淬渣	18.94	3.54	烟气	236.01	44.12
烧结烟尘	2.45	0.46	损失	1.25	0.23
返粉	174.23	32.58			
石英砂	3.46	0.65			
石灰石	7.71	1.44			
点火重油	1.24	0.23			
空气	203.25	38.00			
水分	21.47	4.01			
合计	534.85	100.00	合计	534.85	100.00

从铅烧结焙烧的物料平衡数据看出,整个烧结过程得到的实际烧结块,只占固体总产物(即烟气除外)的 40%,将近 60% 的产物用作返粉,即大量产物又要返回到下一烧结过程再处理,如此反复循环,使烧结焙烧过程是处在一个加工大量返粉条件下生产,无效耗费大。

从硫平衡图（图1-19）看出，精矿中的硫（含熔剂和鼓风炉返渣中的少量硫）氧化成 SO_2 进入烟气的不到85%，这种烧结烟气常有部分甚至全部因 SO_2 浓度达不到制酸要求而排入大气；精矿中的硫有15.5%还残留在烧结块中，到鼓风炉熔炼时，这部分硫有56%又随烟气排入大气中污染环境。这些都是目前采用的传统鼓风炉炼铅流程的又一大缺点。

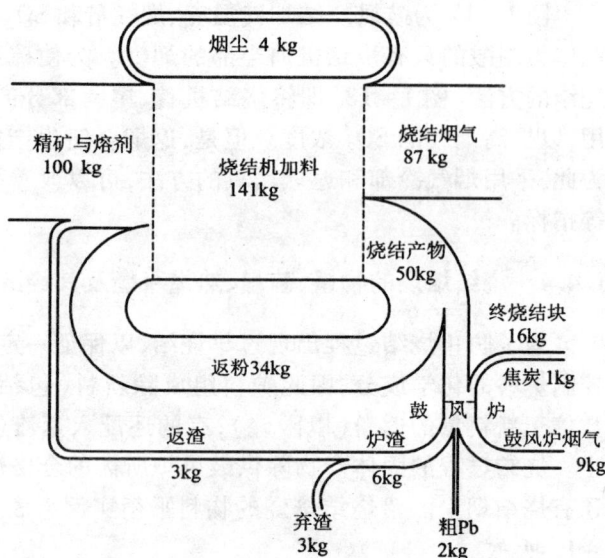

图1-19 铅鼓风烧结焙烧过程硫的平衡

表1-11 铅烧结焙烧的热平衡

收 入			支 出		
项目	kJ	%	项目	kJ	%
点火料的燃烧热	102089	5.87	水分蒸发热	318067	18.30
炉料显热	33262	1.91	吸热反应热	183342	10.54
水分显热	10292	0.59	富 SO_2 烟气带走热	226354	13.00
空气和氧带入热	85813	4.93	贫 SO_2 烟气带走热	458984	26.45
放热反应热	1506240	86.70	烧结块和返粉带走热	508356	29.25
			热损失	42593	2.46
共计	1737696	100.00	共计	1737696	100.00

硫化精矿烧结焙烧都是氧化焙烧，该作业过程释放出大量的热能。铅烧结焙烧的热平衡实例如表1-11所示。从热平衡数据可知，硫化物氧化放出的热占总热收入的87%，而主要被低温烟气和烧结块与返粉带走，不仅难以利用，反而要进行冷却。所以硫化铅精矿氧化放出的热，除了少部分用于维持烧结过程所需的温度外，大部分在冶炼过程中没有被利用。热能利用率低这也是传统鼓风炉炼铅法的又一大缺点。

铅精矿和铅锌混合精矿烧结焙烧的主要技术经济指标分别列于表1-12表1-13，以供参考。

表 1-12 国内外一些炼铅厂烧结焙烧技术经济指标

项目	株洲冶炼厂	皮里港（澳）	芒特－艾萨（澳）	希尔姑兰（美）	齐母肯特（哈）	乌斯基－卡敏诺戈尔斯克（哈）
精矿成分/%						
Pb	60.00	75.00	51.50	66~73	43.65	51.30
Zn	4.50	3.60	6.50	0.6~2	7.55	8.44
Cu	0.2	0.90	—	0.2~1.3	1.77	3.2
S	18.30	15.50	22.40	15~16	15~20	10~20
烧结机						
烧结方式	鼓风返烟	鼓风	鼓风	鼓风	富氧鼓风返粉	吸风
台数	1	3（一台备用）	1	1	2	3
每台有效面积/(m²·台⁻¹)	60	92	93	96.75	75	50(2) 75(1)
每台风箱个数	12	9	10	13	14	13
每个风箱面积/m²	5	10.2	9.3	7.45	5.36	1个2 12个4
主要技术条件						
炉料含 S/%	6~6.8	6.8	—	5.5~6	6.5~8	6~8
炉料含水/%	5~6	5~5.5	—	5~5.5	5.5~6	5~8
点火料层厚/mm	30	25	40	32	25	—
总料层厚/mm	300	250~300	460	250~300	300	200~300
台车速度/(m·min⁻¹)	0.75~0.9	0.9~1.5	0.8~1.8	1.14~1.4	1.1~1.3	1~1.6
鼓（吸）风压力/kPa	5~6	1.5~3.5	4.5~5	3.8~5.1	2.5~4	6~8
单位生产能力/(t·m⁻²·d⁻¹)						
按炉料计	22	—		35	41.4	28.2
按烧结块计	6~7	15.8~18.4	—	18.8	13.01	8.4
按脱硫量计	1.05~1.2	1.34~1.56	1.93~2.36	1.65~2.0	1.266	0.8
烟气 SO₂ 浓度/%	3.5~4.5	6	2~3	6~8	4.5~6	0.6~1.0
硫回收产物	硫酸	硫酸		硫酸	硫酸	—
铅回收率/%	99				99.1	97.2

表 1 –13 鼓风炉炼锌厂铅锌烧结焙烧的技术经济指标

项　　目	阿旺茅斯（英）	柯克克里克（澳）	杜伊斯堡（德）	努－高道特（法）	韦斯梅港（意）	八户（日本）	韶关冶炼厂
烧结机面积/m^2	120	77.5	67	80	70	90	102.5
新料成分*/%							
S	25.38	/	16.09	/	19.93	17.55	29.59
Pb	13.71	/	17.06	/	18.92	17.55	14.81
Zn	36.65	/	33.23	/	36.23	34.43	36.63
新料加入量/$(t \cdot d^{-1})$	935	877	625	710	740	873	920
返粉/新料	3.6	2.2	1.58	4.01	3.60	2.60	4.54
烧结块成分/%							
Pb	18.05	17.27	18.44	18.08	20.71	19.93	19.23
Zn	42.12	40.59	39.25	43.13	42.92	41.34	42.63
S	0.76	0.76	0.71	0.34	0.60	0.83	0.70
CaO/SiO_2	1.08	1.50	0.97	1.04	1.11	1.06	1.35
FeO	11.76	13.65	14.14	10.18	10.95	11.52	9.10
烧结块产量/$(t \cdot m^{-2} \cdot h^{-1})$	0.2688	0.3987	0.3140	0.3675	0.3569	0.3462	0.2803
作业小时产量/$(t \cdot h^{-1})$	32.25	30.90	21.04	29.40	24.98	31.16	28.73
烧结块块度（上限）/mm	150	150	100	/	100	100	120
烧结块块度（下限）/mm	12	12.5	25		25	50	40
SO_2 烟气浓度/%	5.54	5.08	5.45	/	6.10	7.13	6.2
烧结机脱硫率/$(t \cdot m^{-2} \cdot d^{-1})$	1.92	/	/	/	2.05	1.64	1.79

*新料指精矿和熔剂,不包括返粉、返尘等烧结过程的其他返回物料。

思　考　题

1. 何谓返烟烧结？铅烧结过程的硫平衡结果说明什么？

2. 硫化精矿在冶炼前进行烧结焙烧这种预处理作业方式存在哪些弊端？

2 重金属还原熔炼

2.1 概述

　　铅、锌、锡、锑、铋等重金属的还原熔炼是以氧化矿或硫化矿的焙烧矿为原料,以碳质还原剂兼作燃料,在高温炉内进行熔融和还原冶炼,呈液态(或气态冷凝后)产出金属,同时使脉石和杂质形成炉渣被分离出去。这些金属的还原熔炼的主要特征如表 2－1 所列。

表 2－1　重金属还原熔炼概要

金属		锌	铅	锡	锑	铋
密度×10³ /(kg·m⁻³)		7.13 6.58(500℃) 6.22(800℃)	11.34 10.56(400℃) 10.17(700℃)	7.31 6.92(300℃) 6.34(1200℃)	6.88	9.84 10.27(271℃)
熔点(℃)		419.5	327.4	232	630	271
沸点(℃)		907	1740	2270	1637	1420
原料特点	主要原料	锌焙砂	锌铅烧结块	铅烧结块	氧化锡精矿	锑氧	焙烧矿和混杂矿
	主要成分	ZnO	ZnO、PbO 及其硅酸盐	PbO 及其硅酸盐	SnO₂	Sb₂O₃	Bi₂O₃、Bi₂S₃
	杂质金属	Cd、Pb Fe	Cd、Cu、Fe As、Sb、Bi、Sn	Zn、Fe、Cu、As、Sb、Bi、Sn	Fe、Cu、Pb、As、Sb、Bi	As、Pb	Pb、Cu、As、Sb、Sn、Fe
金属还原	还原剂	还原煤	块焦	块焦	还原煤、焦粉	还原煤	还原煤、铁屑
	冶炼温度(℃)	1000～1100	1200～1400	1200～1300	1100～1300	800～1000	1100～1300
	冶炼设备	平罐、竖罐、电炉	密闭鼓风炉(ISF)	敞开式鼓风炉	反射炉、顶吹熔池熔炼炉	反射炉	反射炉、转炉

比较几种重金属还原熔炼的主要特征,可归纳出如下共同之处:

(1)还原熔炼都是采用固体碳质还原剂,而实质上是在高温条件下起还原作用的是气体还原剂 CO。因此,高温下的 C – O 系气相平衡成分(p_{CO_2}/p_{CO})和各种金属(包括杂质金属)氧化物本身的稳定性是讨论 MO 还原的热力学基础。

(2)还原熔炼原料中的金属成分,有的是游离的 MO,有的是以复杂化合物(主要是硅酸盐)形态存在。在高温熔融状态下,熔渣中也会溶解尚未被还原的金属氧化物,而被还原出来的杂质金属也可能进入主金属产品中,甚至形成合金。因此,还原温度、气氛和组分活度对金属回收率和纯度都有显著的影响,从而使 MO 的还原变得复杂化。

(3)还原熔炼获得的金属大多呈液态产出,对于低沸点的锌,由于蒸气压大而以气体状态得到金属。在工业生产上,要使还原反应进行完全,应当尽可能提高锌的蒸气压,然后将产生的锌蒸气随炉气一道排出还原体系之外,并选择合适的冷凝温度和冷凝方法高效率地冷凝成液态锌。因此,影响还原反应的热力学因素还制约着锌蒸气冷凝过程。

(4)鼓风炉熔炼主要用焦炭作燃料来得到高温,并兼作还原剂以造成适度的还原气氛。还原熔炼在保证主金属氧化物充分还原所需的气氛条件下,同时应尽可能地节省燃料消耗。

2.2 鼓风炉炼铅

2.2.1 铅鼓风炉炉料组成

炼铅鼓风炉处理的物料主要是自熔烧结块,还原熔炼所需的熔剂是在配备烧结炉料时加好了的,鼓风炉一般不再加熔剂和其他炉料,只有在烧结块残硫高、熔炼炉渣渣型改变以及炉况不正常时可能添加铁屑、返渣、萤石和其他含铅返料。加入鼓风炉的燃料通常为焦炭,其数量为上述炉料的 9% ~ 14%。焦炭是燃料,也是还原剂。

铅烧结块的一般化学成分(%): Pb 40 ~ 45,Zn 3 ~ 10,Cu 0.5 ~ 2,S 0.8 ~ 2.5,SiO_2 8 ~ 13,Fe 7 ~ 14,CaO 5 ~ 12。其中铅主要是以 PbO(包括结合型的硅酸铅和铁酸铅)和少量的 PbS、金属 Pb 及 $PbSO_4$ 形态存在。烧结块含硫率视块中铜、锌含量而定。铅精矿含锌高时,烧结焙烧应进行死烧,彻底脱硫;若含铜高于 1.5% 时,则应留少量的硫;若含铜、锌都高时,首先应进行死烧,在鼓风炉熔炼时,则加入少量黄铁矿使铜硫化而造锍。FeO、SiO_2、CaO、MgO、Al_2O_3 等成分的含量应符合选定的渣型。

铅鼓风炉还原熔炼的目的：

（1）把铅从烧结块中最大限度地还原出来并进入粗铅，同时将 Au、Ag、Bi 等贵金属富集其中；

（2）将铜还原进入粗铅，若烧结块中含 Cu、S 都高时，则使铜呈 Cu_2S 形态进入锍中，以便下一步回收；

（3）若炉料中含有 Ni、CO 时，则将 Ni、CO 还原进入黄渣；

（4）使脉石成分（SiO_2、FeO、CaO、MgO、Al_2O_3）造渣，锌也以 ZnO 形态入渣。

铅鼓风炉熔炼发生的主要过程包括碳质燃料燃烧、金属氧化物还原、脉石及氧化锌成分造渣等过程，同时还可能发生硫化物形成锍、砷化物形成黄渣的过程，以及上述熔体产物的沉淀分离过程。

2.2.2 铅鼓风炉内的金属氧化还原反应

鼓风炉还原熔炼以焦炭作还原剂时，固体 C 还原氧化物的固－固或固－液反应，与用 CO 还原的气－固或气－液反应相比，前者反应速度缓慢，因为固体 C 的还原反应一开始后，就被反应产物所隔开，固－固（液）之间的扩散几乎不再发生。对于烧结块和焦块的鼓风炉还原条件，相互接触更为有限，固体 C 的还原作用微弱，实际上是靠 CO 来起还原作用。在高温下，CO 比 CO_2 更稳定，在 $CO + CO_2$ 的混合气体中占有优势，随着温度升高这种优势更加增长，只要有固体 C 存在就可以提供大量的 CO 作为还原剂。

从氧化铅还原的热力学考察，由于炉内上下区域温度的差别有下述三种情况：

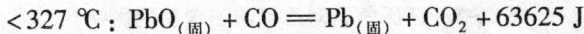

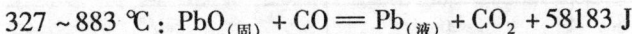

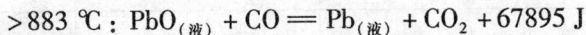

$$<327\ ℃：PbO_{(固)} + CO = Pb_{(固)} + CO_2 + 63625\ J$$

$$327 \sim 883\ ℃：PbO_{(固)} + CO = Pb_{(液)} + CO_2 + 58183\ J$$

$$>883\ ℃：PbO_{(液)} + CO = Pb_{(液)} + CO_2 + 67895\ J$$

上述三式均为放热反应，其反应的平衡常数方程式如下：

$$\lg K_p = \frac{3250}{T} + 0.417 \times 10^{-3}T + 0.3$$

按上述方程式计算结果见表 2－2。

由表 2－2 数据可知：PbO 还原所需 CO 浓度不大，在低于 1000 ℃ 的温度下为万分之几至千分之几，而在高于 1000 ℃ 的温度时，CO 的浓度为 3% ~ 5%。不管是固体氧化铅还是液体氧化铅都是易还原的氧化物。由于上述反应是放热反应，所以温度越高，还原所需 CO 浓度也越大。

表 2 – 2 用 CO 还原 PbO 的热力学计算结果

$t/\,℃$	T/K	$\lg K_p = \lg p_{CO_2}/p_{CO}$	平衡气相（CO + CO$_2$）中 CO 含量/%	$p = 0.1$ MPa 时的 p_{CO}/Pa
300	573	5.17	0.001	1.013
727	1000	– 2.87	0.13	11.99
1227	1500	– 1.24	5.10	5129.36

硅酸铅（xPbO·ySiO$_2$）是烧结块中最多的一种结合态氧化铅，熔化温度为720~800 ℃，熔融后的硅酸铅还原反应进行的程度是降低鼓风炉渣含铅的关键所在。还原反应进行的极限或以氧化物形态残留在炉渣中的金属铅量，可按下式的热力学计算加以判断

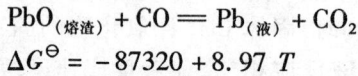

$$PbO_{(熔渣)} + CO = Pb_{(液)} + CO_2$$
$$\Delta G^{\ominus} = -87320 + 8.97\,T$$

若熔炼温度为 1200 ℃，则

$$K = \frac{a_{Pb} \cdot p_{CO_2}}{a_{PbO} \cdot p_{CO}} = \frac{p_{CO_2}}{\gamma_{PbO} \cdot \chi_{PbO} \cdot p_{CO}} = 425$$

因为金属相接近于纯铅，故可看做 $a_{Pb} = 1$。a_{PbO} 可用活度系数 γ_{PbO} 与摩尔分数 χ_{PbO} 之积表示。PbO 作为碱性较强的氧化物，在铁硅酸盐炉渣中的活度系数被认为是0.3，则计算 p_{CO_2}/p_{CO} 与 χ_{PbO} 和 w_{Pb}（炉渣中铅的百分含量）的关系如表 2 – 3 列：

表 2 – 3 还原气氛对炼铅渣渣含铅的影响

p_{CO_2}/p_{CO}	4	1	0.144
χ_{PbO}	0.031	0.0078	0.0011
w_{Pb}	9.7	2.4	0.35

从反应平衡常数表达式可知，熔渣中 a_{PbO}（χ_{Pb}）愈小，气相成分中 p_{CO_2}/p_{CO} 平衡值愈低。因此，要想提高结合态 PbO 的还原程度，降低渣含铅，混合气体（CO + CO$_2$ = 100%）中的 CO 浓度必须比游离 PbO（$a_{PbO} = 1$）还原愈来愈高，这表明结合态氧化物被 CO 还原比游离 PbO 要困难得多。随着 a_{PbO} 活度的降低，其气相平衡组成可由一组曲线来表示（如图 2 – 1）。

铅鼓风炉熔炼炉渣中 CaO 的含量比一般造锍熔炼铜炉渣高，因为强碱性的CaO 可置换硅酸铅中的 PbO，增大 a_{PbO}（γ_{PbO}），有利于熔渣中的 PbO 还原。因

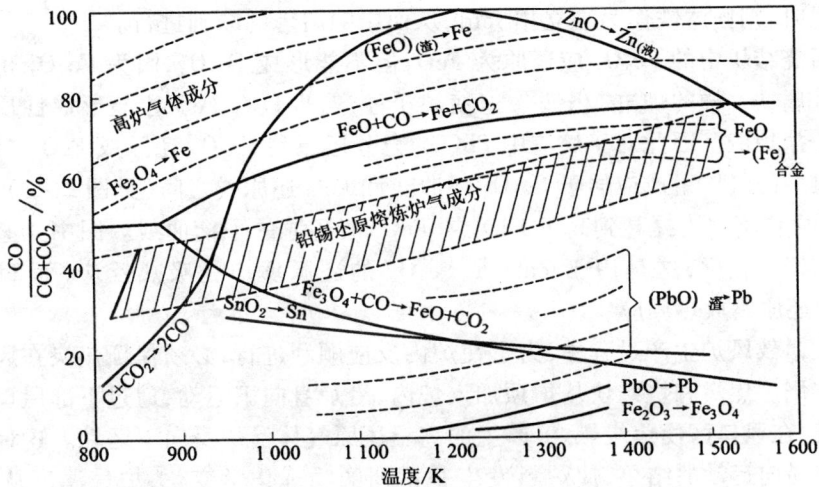

图 2-1 铅、锌、锡和铁的氧化物用 CO 还原的平衡图

此,从降低鼓风炉熔炼的渣含铅损失以及提高含锌炉渣烟化处理时的金属回收率出发,要求选用高钙渣型是合理的。但在鼓风炉炼铅时,这一措施与提高烧结脱硫率和降低冶炼成本有矛盾,因而有很大的局限性。从上面计算可以看出,当采用强还原气氛时,有利于降低渣含铅。但是,强还原气氛除在热的利用上不经济外,还受到铁的还原反应的制约:

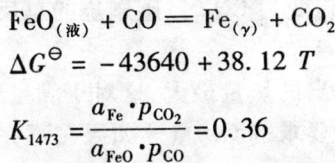

$$FeO_{(液)} + CO = Fe_{(\gamma)} + CO_2$$

$$\Delta G^{\ominus} = -43640 + 38.12\,T$$

$$K_{1473} = \frac{a_{Fe} \cdot p_{CO_2}}{a_{FeO} \cdot p_{CO}} = 0.36$$

一般认为硅酸盐炉渣中的 FeO 活度接近于它的摩尔分数,故取 $a_{FeO} = 0.4$,则 p_{CO_2}/p_{CO} 与 $Fe_{(\gamma)}$ 的活度关系如表 2-4 所示。

表 2-4 还原气氛对炉渣中的铁还原的影响

p_{CO_2}/p_{CO}	10	4	1.44	1.0	0.29	0.144
a_{Fe}	0.0144	0.036	0.1	0.144	0.5	1.0

通常铁按上述活度值相应地溶入主金属中,并形成合金。但在铅冶炼中,铅铁是完全不互溶的,所以金属铅几乎不含铁。为有足够的还原气氛以降低渣含

铅,局部的很少量的铁还原是很难避免的,对熔炼过程也无多大妨碍。但当还原气氛强时,则固体铁作为独立相析出,从而影响熔炼的顺利进行。

铅烧结块中的 Fe_2O_3 应还原为 FeO,但不能形成 Fe_3O_4,因为 Fe_3O_4 也会导致像金属铁一样的炉缸"积铁",迫使炉子停产,也只有 FeO 才能形成性质很好的硅酸盐炉渣。因此对于熔渣中 PbO 的充分还原和 Fe_3O_4 还原成 FeO 来说,炼铅鼓风炉的气体组成应居于 Fe_3O_4 还原线和 FeO 还原线之间(见图 2-1),炉气中 CO 含量不应当提高到高于 FeO 或 (FeO) 渣还原的平衡曲线。图中某些曲线斜率的符号相反,这是由于 ZnO 及 Fe_3O_4 的还原反应是吸热反应,而 PbO 及 FeO 的还原是放热反应。

在铅鼓风炉生产过程中,为了使炉内反应顺利进行,必须保证焦炭在风口区正常燃烧。焦炭和烧结块从炉顶加入炉内,沿炉身向下运动,通过下部风口鼓入的空气,在风口区使焦炭燃烧,产生的高温还原气体沿炉身向下运动。这种炉料与炉气逆向运动的结果,使炉料发生一系列的物理化学变化,炉气温度从 1300 ℃左右逐渐降至 200 ℃左右,CO 含量也不断降低,然后从炉顶排出。烧结块与焦炭在下降过程中,则被高温炉气所加热,其中铅的氧化物则被炉气中 CO 还原为金属,没有被还原的氧化物则互相熔合成液体炉渣。焦炭是炉料熔化造渣和发生吸热反应的供热燃料,又是还原剂的来源。焦炭在风口区先后发生完全燃烧反应和碳的气化反应,其反应式分别是:

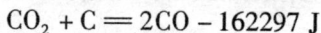

$$C + O_2 = CO_2 + 408568 \text{ J}$$
$$CO_2 + C = 2CO - 162297 \text{ J}$$

假如焦炭燃烧后产生的 CO_2 完全转变为 CO 时,碳燃烧的总反应式为:

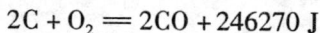

$$2C + O_2 = 2CO + 246270 \text{ J}$$

如果焦炭在风口区完全燃烧,则放出的热量最大,这对于满足炉内所需的热量是理想的,但却不能满足还原反应所要求的 CO 量。如果按不完全燃烧进行,虽可以得到充足的还原剂 CO,但对于相同质量的焦炭而言,发热量仅为完全燃烧的 30% 左右,大大降低了焦炭的热量利用率,燃料的浪费大。另外,得到的强还原气氛(100% CO)也为铅冶炼过程所不容许。因此铅鼓风炉焦炭的正常燃烧条件应该是:在保证还原所需要的 CO 条件下,尽量使焦炭完全燃烧,以降低熔炼过程的焦炭消耗。炉气中 CO 与 CO_2 之比的调节办法是:对于加入炉内的一定炉料和燃料,要求在单位时间内鼓入恒定的风量。在生产实践中,通常是按照焦炭中的 C 量的 50% ~ 55% 燃烧成 CO,另外 50% ~ 45% 的 C 燃烧成 CO_2 的比例来计算风量的。由于碳的燃烧反应是在扩散区进行,炉内反应没有达到平衡的结果。对炉顶和风口水平的烟气进行测定(如表 2-5)结果表明,烟气中出现有少量的氧,说明空气的不完全燃烧。

32

表 2-5　国外某铅厂鼓风炉烟气分析

体积(%)	CO	CO_2	O_2	N_2
炉顶烟气	5.1	17.2	4.0	73.7
风口炉气	13.8	10.5	3.9	71.8

重金属还原熔炼鼓风炉风口区温度比炼铁高炉低,只有 1300 ℃ 而不是 1600~1800 ℃,焦炭与空气的反应更不可能达到气—固平衡,也不可能使炉渣的含铅量达到像高炉炼铁炉渣中 FeO 含量那样低,通常炼铅渣含 Pb 约 1%,低于此值的情况很少。

思 考 题

1. 铅烧结块中的铁、铜、铅、锌等金属氧化物在铅鼓风炉熔炼条件下可能发生什么反应?主要进入鼓风炉何种产物之中?

2. 炼铅鼓风炉焦炭的合理燃烧应当遵循的原则是什么?

2.2.3　铅鼓风炉熔炼产物

铅鼓风炉还原熔炼得到的熔体产物主要是粗铅和炉渣,但因原料成分和熔炼条件的不同,还可能产出铅锍和黄渣。

2.2.3.1　粗铅

在烧结块中除含铅化合物外,还有锌、铁、铜、砷、锑、铋、锡、镍、镉等杂质化合物。在铅鼓风炉还原熔炼条件下,上述金属元素中的 Cu、Bi 对氧亲和力很小,Cu_2O、Bi_2O_3 大部分被还原进入粗铅;As、Sb、Sn 对氧的亲和力虽大于铅,但它们在铅中的溶解度很大,所以也容易还原进入粗铅。因此,Cu、Bi、As、Sb、Sn 等元素是粗铅中最常见的杂质金属。

熔融态的粗铅是金、银的良好捕集剂,在熔炼过程中,几乎全部进入粗铅。

因原料成分和熔炼条件不同,粗铅成分变化很大,一般含铅 97%~98%。如果处理大量铅的二次原料,则含铅降至 92%~95%。这些粗铅都需要进行精炼之后,才能得到满足用户要求的精铅。

2.2.3.2　炉渣

炼铅原料中的脉石氧化物以及在烧结—还原熔炼过程中炉料发生物理化学变化而生成的铁、锌氧化物是铅鼓风炉炉渣的主要来源。因此,炼铅炉渣的成分包括 SiO_2、CaO、FeO、ZnO、Al_2O_3、MgO 等。

炼铅原料一般都含百分之几的锌。锌对氧的亲和力大,难被碳还原,故大部

33

原气氛强时,Fe 则更容易进入黄渣。这与锍的情况相同,Fe 也是黄渣的重要组分。但象 Pb 这样的金属,对砷、硫、氧的亲和力都小,因此它可作为粗铅而构成独立相存在。

思 考 题

1. 炼铅炉渣的主要成分是哪些?为什么 MO 还原熔炼一般都倾向于采用高钙渣?

2. 何谓锍和黄渣?在什么情况下鼓风炉炼铅会产出铅锍和黄渣?

3. 为什么在处理含锌高的原料时炼铅鼓风炉更要严格限制烧结块中的残硫量?

2.2.4 炼铅鼓风炉的结构及其生产工艺

现代大型炼铅厂均采用水套式矩形鼓风炉,它主要由炉缸、炉身和炉顶三部分构成。

炉身是炉料下降并发生主要反应的重要部分,一般由两节水套或三节水套围成称全水套鼓风炉;也有用两节水套和上部砌筑耐火砖构成的半水套鼓风炉。矩形炉的两端墙是垂直的,但两长边的侧壁一般做成向下收缩的倾斜形,形成所谓炉腹。若干个风口就安装在炉腹下部的侧壁水套上。这种上壁垂直、下部向风口区收缩的炉型,使热量在风口区集中,炉气上升逐渐减慢,延长了化学反应和热交换的时间,减少了炉气上升速度和烟尘量,缺点是容易产生悬料和炉结。

全水套矩形炼铅鼓风炉的结构如图 2-2。

国外炼铅厂较多采用双排风口椅形水套炉,也称皮里港式鼓风炉(见图 2-3)。它是由澳大利亚 Port-Pirie 炼铅厂在 20 世纪中叶发展起来的,使燃料燃烧更趋于合理化。皮里港式鼓风炉的特点是:

(1)采用双排风口。下排风口的鼓风量可保证焦炭的强烈燃烧,使气体 CO_2/CO 比值接近于 1 左右;上排风口供给附加风量,使上升气流中对还原过程多余的 CO 燃烧为 CO_2。这样既保证了还原能力,又提高了燃料热量的利用率和风口区的温度,使炉子生产能力大大提高。单位面积熔炼量增加到 80 $t/m^2 \cdot d$,比一般上大下小的普通鼓风炉提高 50% ~60%。

(2)采用椅形水套。上排风口区宽度比下排扩大一倍左右,两排风口相距约 1 m,上部气流速度大为降低,热交换充分,焦点区更为集中,同一水平炉温均衡、炉况稳定,炉结形成及其危害大为减轻。

鼓风炉下部是炉缸,供储存液体产物及其澄清分层用。熔炼产物在炉缸按密度分层后,沉积在炉缸底部的粗铅通过虹吸道连续排放,而炉渣较轻从咽喉连

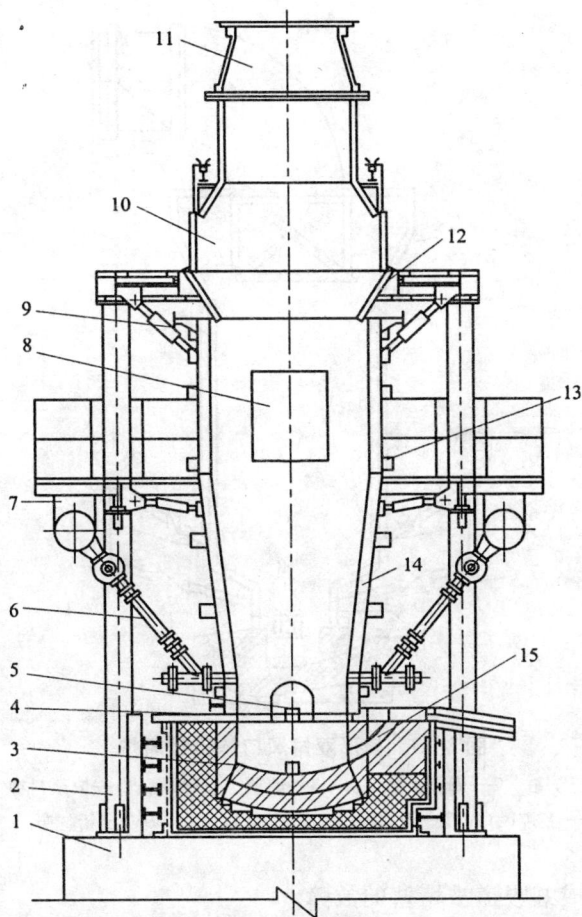

图 2-2 全水套矩形炼铅鼓风炉

1—炉基 2—支架 3—炉缸 4—水套压板 5—咽喉口 6—支风管及风口
7—环形风管 8—打炉结工作门 9—千斤顶 10—加料门 11—烟罩
12—下料板 13—上侧水套 14—下侧水套 15—虹吸道及虹吸口

续放出。产物在炉缸内的停留时间短暂,澄清分离很不充分,因此,鼓风炉大多
设有电热前床,使铅渣进一步澄清分离,同时又为炉渣转送烟化处理起保温、加
热和贮存作用。

有些大型炼铅厂鼓风炉粗铅不是由虹吸道单独放出,而是采用铅渣混合连
续排放入前床分离。这样在炉缸处,就没有必要开设放铅孔或虹吸道,炉虹的深
度也小得多,只是将鼓风炉底做成向放出口倾斜状,从而避免了因高熔点物质从

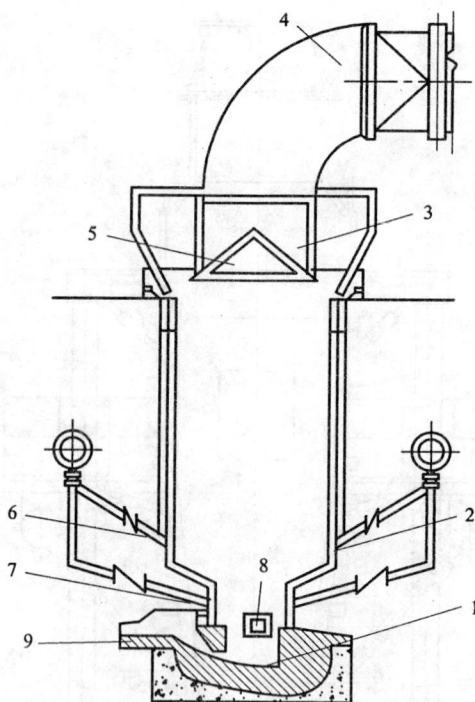

图 2-3 椅形双排风口炼铅鼓风炉

1—炉缸 2—椅形水套炉身 3—炉顶 4—烟道 5—炉顶料钟
6—上排风口 7—下排风口 8—放渣咽喉口 9—出铅虹吸口

熔体中析出而造成虹吸道被堵塞的故障。

常见的铅鼓风炉故障是形成炉结。炉结分为炉身炉结和炉缸炉结两类。其成因是多方面的,如入炉粉料过多、炉料含硫过高、炉况经常波动、操作条件不稳定等。其中 ZnS 是形成炉结的主要根源,因此鼓风炉熔炼对烧结块残硫有严格的要求。

由于熔炼反应进行的速度和完全程度主要取决于炉内的温度和气相成分,而温度和气相成分又与焦炭在风口区的燃烧密切相关,因此,熔炼反应既要焦炭燃烧获得最大限度的发热效率,以提高炉子生产率,又要求获得过程所必需的还原气氛,以提高金属回收率。根据鼓风炉处理量的大小,选择好并稳定风量与风压,对熔炼作业具有重大意义。增大风量可提高产量,但增大风量必须与焦炭消耗量相适应。若焦炭量一定,风量增加过多,风口区因缺炭而温度下降,熔化速度减慢,熔炼产物得不到过热,还原反应不完全,渣铅澄清分离就不好。提高风压,加强了空气向炉子中心的渗透能力,并有利于风口区燃料燃烧过程的加速,可以强化熔炼过程,但有可能使更多的炉料被吹跑。可见提高风量与风压,都可强化熔炼过程,但都有一定的限度。强化熔炼的途径有两个方面,一个方面是对供风制度而言,可鼓富氧空气和预热风;另一方面是对炉子结构而言,可推广采用双排风口椅形炉。

一般矩形炼铅鼓风炉和椅形炉炼铅的生产数据如表2-7所示。

表2-7 铅鼓风炉规格和生产指标实例

工 厂	国内某厂	Trail(加)	Herculaneum(美)	Port-Pirie(澳)
炉型规格	一般矩形	一般矩形双排风口富氧热风	椅形双排风口	椅形双排风口富氧鼓风
风口区面积/m^2	8.65	13.36	12.4	16.2
水平断面长度/m	6.4	7.3	7.3	10.67
风口区宽度/m	1.34	1.83	1.67	1.52
上排风口区炉宽/m	—	—	3.20	3.05
炉身高度/m	6.0	5.5	5.1	5.25
风口个数	34			
上排风口个数/个		—	38	46
下排风口个数/个			38	46
单位熔炼量/($t \cdot m^{-2} \cdot d^{-1}$)	50~65	97.8	64~76	60
单位鼓风量/($m^3 \cdot m^{-2} \cdot min^{-1}$)	30~35	23.3	21~25	14.5~22.2
鼓风压力/kPa	10.7~17.3	23.5	17.3	13.5~15.6
料柱高度/m	4~5		5.3	
焦率/%	10.6~12	10~11	10.2	10
焦炭燃烧强度/($t \cdot m^{-2} \cdot d^{-1}$)	5.5	5.9	5.95	5.5
粗铅产率/($t \cdot m^{-2} \cdot d^{-1}$)	20.84	19.5~21	23~31	24
烧结块含Pb/%	43~47	42~45	45~52	45~52
渣含Pb/%	1.0~2.5	2.5	1.8~3.5	1.5~2.3
铅回收率/%	95~97.5	—		97.98

思 考 题

用椅形双排风口鼓风炉炼铅为什么比普通鼓风炉要好?

2.3 鼓风炉炼锌铅

鼓风炉炼锌是 20 世纪火法冶金中的一项重大技术进步。在 20 世纪初,火法冶炼锌的惟一方法还是平罐蒸馏,后来发展了竖罐蒸馏和电炉炼锌。蒸馏法炼锌采用间接加热,燃料的热利用率低,设备的产量受传热的限制而很小;同时蒸馏法炼锌受温度(罐内温度仅 1000 ~ 1100 ℃)限制不能将原料中的脉石以液态炉渣形态除去,不利于处理贫矿及复杂矿。因此,人们试图用高炉炼铁和鼓风炉炼铅的办法来生产锌。但是,鼓风炉炼锌试验一个接一个地遭遇到挫折。

20 世纪 30 年代,冶金工作者对火法炼锌的问题进行了热力学研究,结果发现,要想在鼓风炉炉缸内形成液态锌,就必须采用高温高压手段,但所需的高压鼓风炉是难于实现的,于是人们认为应该集中突破含 CO_2 高、锌蒸气浓度低的炉气中锌冷凝的问题,走从炉气中获得金属的道路。

1939 年,英国帝国熔炼公司阿旺茅斯(Avonmouth)炼锌厂开始鼓风炉试验,经过多年的探索,用铅雨冷凝器代替一般的冷凝设备获得成功,克服了从含 CO_2 高含锌低的炉气中冷凝锌的技术难关。第一座炼锌鼓风炉在 1950 年投入生产,使化学还原反应和焦炭燃烧热交换在同一设备内进行,为提高火法炼锌生产率和降低燃料消耗创造了条件。

鼓风炉炼锌法简称 ISP(Imperial Smelting Process),在 60 年代曾一度有很大的发展。ISP 法的最大优点是在一座炉内同时生产锌和铅,从而不需要用费用高昂的泡沫浮选法来分选那些由于细颗粒浸染所形成的 ZnS 和 PbS 复合矿。ISP 法炼锌的原料可以是各种等级的锌精矿、铅精矿或锌铅混合精矿,还能处理各种含锌氧化物料。

ISP 法采用烧结焙烧—鼓风炉还原熔炼的火法流程生产金属锌,由于日趋严峻的环保要求和能源危机的制约,从而限制了 ISP 法炼锌的发展。但目前世界上仍有 12 个国家 14 座鼓风炉在运转,生产了世界产量 14% 的锌。

ISP 法炼锌主要由烧结焙烧、烧结块还原熔炼、锌蒸气冷凝和粗锌精炼四个过程组成,其设备联接如图 2 - 4 所示。

如同铅鼓风炉熔炼一样,炼锌鼓风炉对烧结块的质量有更严格的要求。在化学成分上,除了满足熔炼过程造渣要求外,对其中锌铅含量比有一定的规定,硫的含量比铅烧结块要更低(S < 1%),但就烧结焙烧过程发生的物理化学变化及其工艺和设备而言,锌铅硫化精矿的烧结焙烧与铅精矿烧结焙烧基本相同。

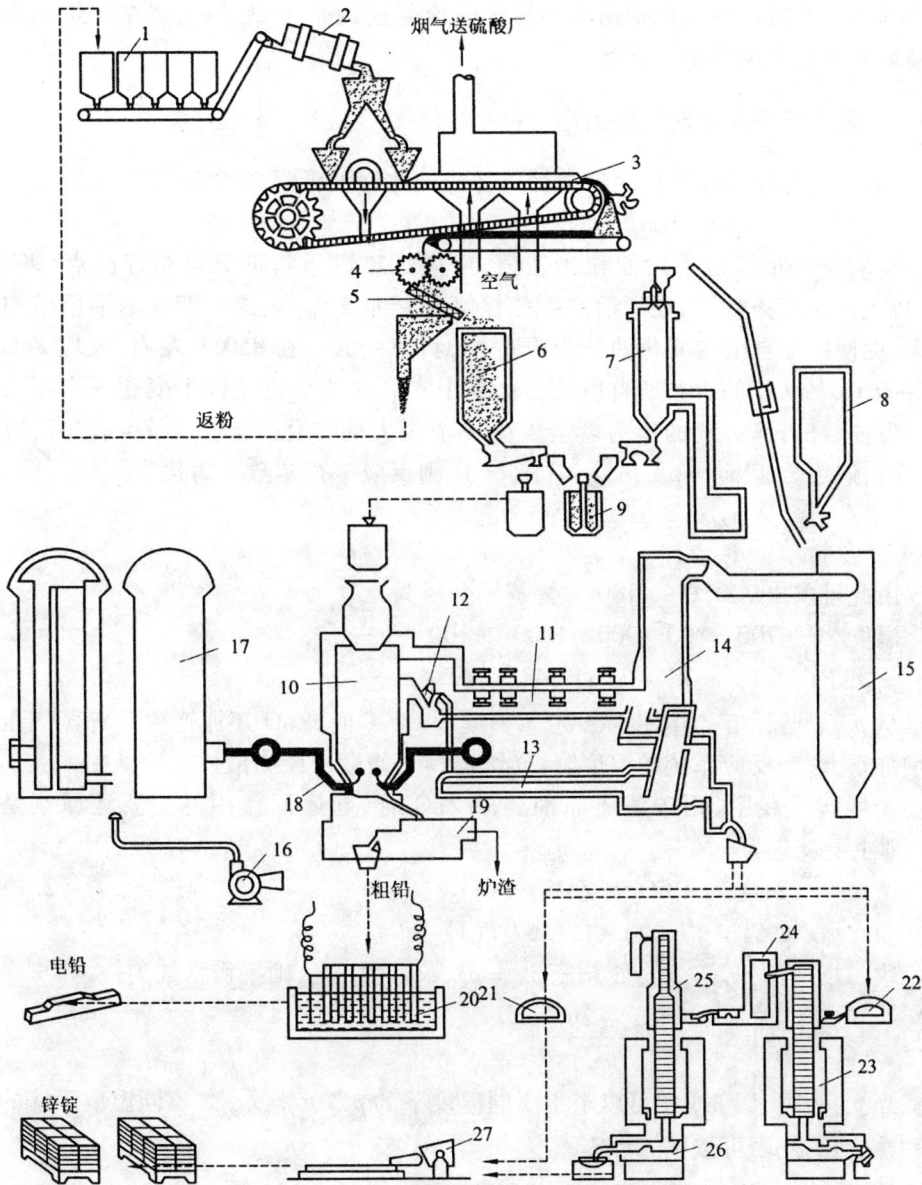

图 2-4 ISP 锌铅冶炼厂主要设备连接图

1—铅锌硫化精矿、熔剂及返粉仓 2—圆筒混合机 3—鼓风烧结机 4—破碎机 5—筛子
6—热烧结块贮仓 7—焦炭预热炉 8—焦炭贮仓 9—加料钟 10—密闭鼓风炉 11—铅雨冷凝器
12—铅液泵池 13—铅锌分离槽 14—冷凝废气净化系统 15—低热值煤气罐 16—鼓风机
17—热风炉 18—鼓风炉风口 19—电热前床 20—粗铅电解精炼 21—粗锌浇铸炉
22—粗锌装入炉 23—铅塔 24—冷凝器 25—镉塔 26—保温炉 27—精锌铸锭机

本节主要讨论锌鼓风炉熔炼和锌蒸气冷凝这两个主要过程,烧结焙烧和粗锌精炼在其他有关章节中叙述。

2.3.1　氧化锌还原反应的热力学

ZnO 被固体碳还原时,在产生固体锌或液体锌的低温条件下,还原反应为

$$ZnO + C \rightarrow Zn_{(固,液)} + CO$$

这一反应的吉布斯自由焓变化为正值,反应是难以进行的。当在锌沸点(907 ℃)以上的温度条件下,还原后产生的锌便会变为气体锌,这一变化的熵值增加很大,促使标准自由焓变化曲线上升更快,斜率变大。在 950 ℃ 左右,反应 ZnO + C → Zn$_{(气)}$ + CO 的吉布斯自由焓变化等于零。在这个温度以上变化一个相当小的温度数值,锌蒸气的压力就会发生一个很大的变化。当产生 Zn$_{(气)}$ 的反应进行时,假定分压 $p_{Zn} = p_{CO}$,$a_{ZnO} = 1$,$a_C = 1$,则反应平衡常数可简化为

$$K = \frac{p_{Zn} \cdot p_{CO}}{a_{ZnO} \cdot a_C} = p_{Zn}^2$$

由此可求出 700 ℃ ~ 1100 ℃ 锌蒸气分压为

温度/℃	700	800	900	1000	1100
p_{Zn}/kPa	1	7	37	148	495

从 p_{Zn} 数据看出,当温度从 900 ℃ 升至 1100 ℃ 时,ZnO 还原产生的锌蒸气压力增加很大,当反应系统的温度降低时,锌蒸气便会冷凝为液体。

在生产实践中,用碳质还原剂还原 ZnO 时,起还原作用的主要还原剂是 CO,则主要反应为

$$ZnO_{(固)} + CO = Zn_{(气)} + CO_2 \tag{2.1}$$
$$\Delta G_1^{\ominus} = 178020 - 111.67\ T(J)$$

这一反应的 $p_{CO_2} = p_{Zn}$,而总压 $p_{tot} = p_{CO} + p_{CO_2} + p_{Zn}$,则平衡常数为

$$-\lg K_1 = \lg \frac{p_{tot} - 2p_{Zn}}{p_{Zn}^2}$$

当 $p_{tot} = 10^5$ Pa 时,便可以求出不同温度下的 p_{Zn}、p_{CO}、p_{CO_2}。不同温度下锌的饱和蒸气压强 $p_{Zn}^{\ominus}$ 可按下式计算

$$\lg p_{Zn}^{\ominus} = -\frac{685}{T} - 0.1255\lg T + 0.945$$

将上述计算的结果列于表 2 - 8 中。

表 2 - 8 反应式(2.1)在不同温度下的各平衡分压值

项目	973 K	1173 K	1373 K	1573 K
$p_{CO_2} = p_{Zn}$/MPa	0.00166	0.01145	0.0327	0.0460
p_{CO}/MPa	0.09668	0.0771	0.0344	0.0077
$p_{Zn}^{\ominus}$/MPa	0.0047	0.059	0.341	1.2361

表 2 - 8 中的数据说明,固体 ZnO 用 CO 还原时,在反应器中得到的仍然是气体锌,必须降温至 $p_{Zn} = p_{Zn}^{\ominus}$ 时,才能使锌蒸气冷凝得到液体锌。

表 2 - 8 的数据还说明,平衡气相中的 $CO_2 : CO$ 的比值随温度升高而增大。在一般还原温度(1000 ~ 1100 ℃)下,ZnO 被 CO 还原反应体系的平衡气相中,$CO_2 : CO$ 的比值接近 1;但温度若降低 100 ℃时,这个比值将显著降低。所以在高温下产生的锌蒸气在降温冷凝过程中会被气相中的 CO_2 所氧化,因此在生产过程中必须加入过量的碳,以保证以下反应的充分进行:

$$CO_2 + C_{(固)} == 2CO \qquad (2.2)$$
$$\Delta G_2 = 170460 - 174.43\,T$$

由上可见,要使固体碳不断还原 ZnO,必须同时满足平衡反应式(2.1)与(2.2)的要求。

分析反应式(2.1)可知,在被还原的 ZnO 中,Zn 与 O 的原子个数是相等的,如果用 N 来表示气相中各成分的原子数或分子数,它们之间的化学量关系如下:

$$N_{ZnO} = N_{Zn} = N_O = N_{CO} + 2N_{CO_2}$$

用分压表示为

$$p_{Zn} = p_{CO} + 2p_{CO_2} \qquad (2.3)$$

反应式(2.1)的

$$\lg K_1 = \lg \frac{p_{CO_2} \cdot p_{Zn}}{p_{CO}} = -\frac{17315}{T} - 3.51\,\lg T + 22.93 \qquad (2.4)$$

反应式(2.2)的

$$\lg K_2 = \lg \frac{p_{CO}^2}{p_{CO_2}} = -\frac{8920}{T} + 9.12 \qquad (2.5)$$

联立求解式(2.3)、(2.4)、(2.5)三个方程得到:

$$2p_{CO}^3 + K_2 p_{CO}^2 - K_2^2 \cdot K_1 = 0$$

当温度为 1200、1300、1400 K 时,平衡的饱和锌蒸气压 $p_{Zn}^{\ominus}$ 及反应的平衡常数 K_1、K_2 列于表 2 - 9。由此计算出 p_{CO}、p_{CO_2} 及 p_{Zn} 亦列于表 2 - 9 中。p_{Zn}、$p_{Zn}^{\ominus}$ 及

p_{tot} 与温度的关系曲线见图 2-5。从图 2-5 看出,平衡计算出的 p_{Zn} 与 ZnO 和 C 平衡,从 1280 K 开始,$p_{Zn} > p_{Zn}^{\ominus}$,这在物理学上是不可能的,锌蒸气应开始冷凝为液体锌,平衡气相组成发生了变化,直到 $p_{Zn} = p_{Zn}^{\ominus}$ 为止,故表中 1300 K 和 1400 K 温度下的计算值应以 $p_{Zn}^{\ominus}$ 代 p_{Zn} 标准。于是 1300 K 和 1400 K 下的

$$p_{tot} = p_{Zn}^{\ominus} + p_{CO(校)} + p_{CO2(校)}$$

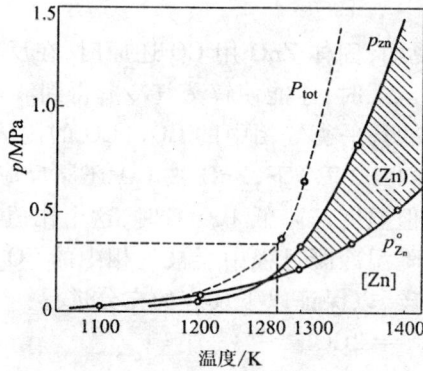

图 2-5 ZnO 用固体碳还原得出液体锌所必须的温度与压力

表 2-9 各温度下 ZnO 还原的平衡数据

压力/MPa	1200 K	1300 K	1400 K
$p_{Zn}^{\ominus}$	0.0772	0.192	0.415
K_2	4.84	18	55.6
K_1	4.96×10^{-4}	4.8×10^{-3}	0.0331
p_{CO}	0.049	0.29	1.293
p_{CO_2}	5.0×10^{-4}	0.0048	0.0328
p_{Zn}	0.04925	0.2954	1.3664
$p_{CO(校)}$	—	0.453	4.44
$p_{CO2(校)}$	—	0.0114	0.355
p_{tot}	0.0928	0.656	5.21

从表 2-9 的数据看出,当在常压(10^5 Pa)下使 ZnO 还原的平衡温度约为 1200 K,即为 ZnO 被碳开始还原的温度。当体系的 p_{tot} 降低时(即小于 10^5 Pa),这个开始还原温度便可降低。当前火法炼锌的炉内的总压通常维持 10^5 Pa 左

右,所以要使 ZnO 被碳还原反应不断进行,必须保持 900 ℃ 以上的高温,并且要大大超过这一温度,如 1000 ℃ 以上,才能保证反应在工业生产要求的速度下进行。如果要求在低温下如 500 ℃ 下进行,必须使 p_{tot} 在小于 10^2 Pa 下进行,要在大工业火法冶金设备中维持这样的负压条件,是很难实现的。

图 2 - 5 及表 2 - 9 的数据表明,当 ZnO 在 920 ℃ 左右进行还原时,反应产生的平衡混合气体中,锌的分压 $p_{Zn} \approx 0.4295 \times 10^5$ Pa,比纯液体锌的饱和蒸压 $p_{Zn}^{\ominus}$($= 0.772 \times 10^5$ Pa)小很多,即还原产生的锌蒸气为未饱和的,因此就不能得到液体锌。但是当温度升高且压力增大时,还原反应产生的锌蒸气压力 p_{Zn} 比纯液体锌的饱和蒸气压力 $p_{Zn}^{\ominus}$ 的增加更为迅速。当温度达到 1010 ℃ 时,两曲线相交,相交点的 $p_{Zn} \approx p_{Zn}^{\ominus} \approx 2 \times 10^5$ Pa, $p_{tot} \approx 3.5 \times 10^5$ Pa。这个相交点的高温与压力条件,便可以使 ZnO 直接被碳还原得液体锌。但是要在生产实践中满足这种高温高压是有困难的,即使能够满足,要使锌蒸气完全转化为液体锌是不可能的,仍然还应该有一个更为有利的过程来收集这些锌气体。

假如 ZnO 用碳还原时,有另一种不挥发的金属(如铜)同时被还原,它又能溶解锌,这样便能形成 Cu - Zn 液体合金,这样合金中锌的活度小于 1,那么 ZnO 开始还原的温度也可以降低。这一热力学性质,是 Cu - Zn 矿直接还原产生黄铜的基础。

2.3.2 鼓风炉炼锌炉内主要反应分析

在炼锌鼓风炉中发生的主要化学反应有:

$$C + O_2 = CO_2 + 408 \text{ kJ} \tag{2.6}$$

$$2C + O_2 = 2CO + 246 \text{ kJ} \tag{2.7}$$

$$ZnO + CO = Zn_{(气)} + CO_2 - 188 \text{ kJ} \tag{2.8}$$

$$CO_2 + C = 2CO - 162 \text{ kJ} \tag{2.9}$$

$$PbO + CO = Pb_{液} + CO_2 + 67 \text{ kJ} \tag{2.10}$$

为了方便,按炉子高度划分为四个带来叙述。炉内各带的温度变化情况如图 2 - 6 所示。

2.3.2.1 炉料加热带

加入炉内的烧结块温度为 400 ℃ 左右,在此带内烧结块从炉气中吸收热量,而被迅速加热到 1000 ℃,从料面逸出的炉气温度则被降低 800 ~ 900 ℃。在这种温度变化的范围内,炉气中的锌有部分重新被氧化,即发生上述反应式(2.8)的逆反应,这个氧化反应放出热量给予炉气。所以在此带加热炉料所需的热是来自炉气的显热和锌蒸气重新被氧化时放出的热。

为了保证进入冷凝器的含锌炉气具有足够高的温度,即超过反应式(2.8)

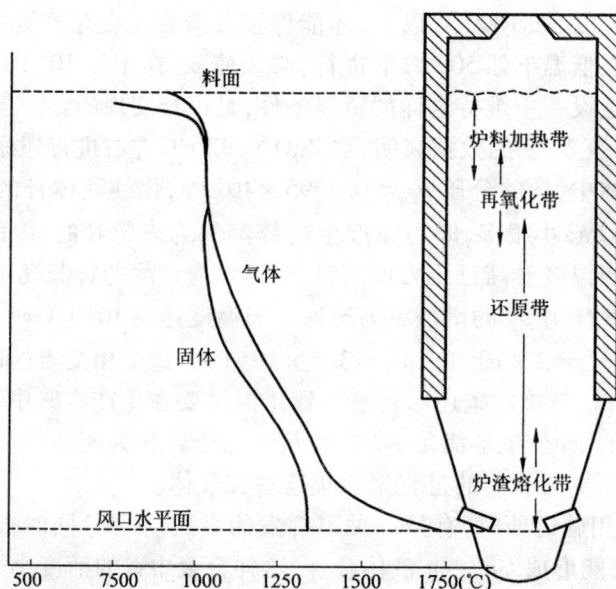

图 2-6 鼓风炉炼锌炉内各带划分示意图

平衡时的温度 20 ℃左右,必须使被炉料降低了的炉气温度再升高,这就需要将空气从炉顶鼓入料面上部空间,使从料面逸出的炉气中的 CO 有一部分被燃烧,放出热量来补偿加热炉料所消耗的热量。所以炉料在此带被炉气加热,并不影响炉内主要反应的平衡。实践证明,将炉料加热到 1000 ℃所需的大部分热量是依靠炉顶吸入空气燃烧炉气中的 CO 放出的热量,只有少量是来自锌蒸气的再氧化。氧化反应产生的 ZnO,随固体炉料下降至高温区时,又需要消耗焦炭的燃烧来还原挥发。所以这部分锌的还原与氧化,只起着热量的传递作用。

这一带的温度较低,除了上述反应外,只有烧结块中的 PbO 开始被还原,即发生反应式(2.10),因为该反应为放热反应,不需要外加热量。而反应式(2.9)的进行只占次要地位。

2.3.2.2 再氧化带

在此带,炉内炉料与炉气的温度相等,主要发生的化学反应是炉料从炉气中吸收热量后进行的反应式(2.9),炉气中部分锌蒸气按反应式(2.8)逆向进行而被氧化,放出热量给炉气。因此,在这一带炉气与炉料的温度几乎保持不变,维持在 1000 ℃左右。

在再氧化带内,炉料中的 PbO 大量被还原。

2.3.2.3 还原带

这一带的温度范围在 $1000 \sim 1300\ ℃$ 之间,是炉料中的 ZnO 与炉气中的 CO 和 CO_2 保持平衡的区域。炉气中的锌的浓度达到最大值,因为许多 ZnO 在此带按反应式(2-8)被还原。上升炉气中的 CO_2 少部分被固体碳按反应式(2-9)被还原。此带发生的这两个主要反应均为吸热反应,主要靠炉气的显热来供给。因此炉气通过此带后,温度降低 $300\ ℃$ 左右。希望 ZnO 在此带以固体状态还原愈多愈好,因为通过此带后的炉料将熔化造渣,ZnO 会溶于渣中。

由于渣中 ZnO 的活度数值变小,还原变得更加困难(见图2-7),致使渣含锌增加。ZnO 在此带能否以固体状态尽量被还原,主要取决于炉渣的熔点。易熔炉渣通过高温带时将会很快熔化,便会使 ZnO 不能完全从渣中还原出来,所以鼓风炉炼锌希望造高熔点渣。

大量被还原的铅在此带溶解其他被还原的金属,如 Cu、As、Sb、Bi,同时还捕集了 Au 和 Ag,最后从炉底放出粗铅。

2.3.2.4 炉渣熔化带

此带温度在 $1200\ ℃$ 以上。炉渣在此带完全熔化,熔于炉渣中的 ZnO 在此带还原,焦炭则按反应式(2.6)和反应式(2.7)在这一带燃烧。

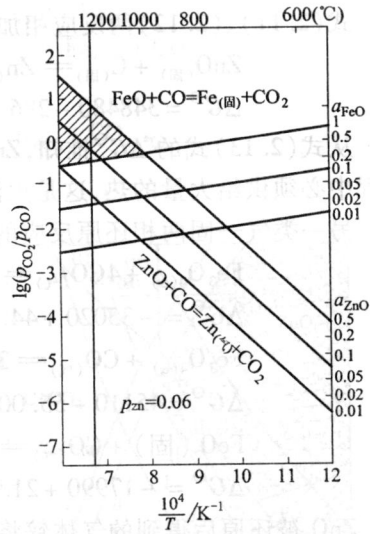

图2-7 ZnO 与 FeO 在不同活度下的还原平衡曲线

有人推算,约有 60% 的 ZnO 是在这一带从液态炉渣中被还原的,因而要消耗大量的热;同时炉渣完全熔化也要消耗大量的热。所以炉料通过这一带消耗的热最多,这些热量主要靠焦炭燃烧放出的热量来供给,并在此带造成 $1400\ ℃$ 的高温来保证炉渣熔化与过热。

比较反应式(2.6)和(2.7)的热效应可以看出,鼓风炉炼锌应尽可能从反应式(2.6)获得热量,以降低焦炭的消耗。但是炉渣中的 ZnO 还原又需要炉气中有较高的 CO 浓度(见图2-7),这就希望提高炉料中的炭锌比。这样不仅要消耗更多的焦炭,也是防止 FeO 还原所不允许的。这一矛盾的解决有赖于在生产实践中不断总结,确定适当的炭锌比与鼓风量。预热鼓风是解决鼓风炉炼锌这一矛盾的重要措施。在生产上,鼓入炉内的空气已预热到 $800\ ℃$ 以上,甚至高达 $1160\ ℃$。

在鼓风炉炼锌中,约 40% 的 ZnO 是从固态烧结块中还原的,其余部分是从

作水平来说,炉气中 CO_2 含量超过14%时,冷凝效果变差。

采取上述两项措施以后,包括铅锌分离系统在内的冷凝效率为87% ~ 90%,其余4%未被铅雨吸收进入气体净化系统,以蓝粉形态产出。约6% ~ 9% 的锌是以冷凝器的清除物和冷凝分离系统的浮渣产出。

思 考 题

1. 炼锌鼓风炉能像鼓风炉炼铅和高炉炼铁一样直接从炉缸产出金属锌吗? 为什么?

2. 扼要说明ISP炉内各带炉料中发生的主要物理化学变化?

3. 如何控制ISP炉内的还原条件来实现锌、铁氧化物的选择性还原?

4. 鼓风炉炼锌产出的炉气成分与蒸馏(如竖罐)法的炉气成分有何区别? 为什么会不相同?

5. ISP炼锌法从低锌、高 CO_2 炉气成分中获得液态锌的主要技术措施是什么? 为什么需要采取这些措施?

2.3.4　鼓风炉炼锌的生产实践

铅锌混合精矿经过烧结焙烧产出的烧结块、氧化物料经压团后产出的团块和一定配比的焦炭,加入鼓风炉内后,受风口区焦炭燃烧产生的高温还原气体的作用,便会发生复杂的还原熔炼反应,使铅、锌等有价金属氧化还原成金属;铁的氧化物则还原为FeO,再与原料中的其他脉石以及加入的熔剂等化合造渣。还原得到的铅与炉渣呈液态,从炉子下部渣口放出,一起进入前床内进行分离,分别得到粗铅和炉渣。粗铅转下一道工序精炼,炉渣经烟化处理以回收其中的锌与铅。还原产生的锌蒸气随烟气一道逸出料面,然后引入铅雨冷凝器,炉气中的锌被铅雨所吸收形成 Pb – Zn 合金熔体,再用铅泵将合金熔体泵出,流经冷却溜槽,便分离得到粗锌,进一步送去精馏精炼。从冷凝排出的含CO的炉气,经洗涤与升压后用来预热空气和焦炭。鼓风炉炼锌原则工艺流程见前面的设备连接图(图2-4)。

2.3.4.1　鼓风炉炼锌原料

鼓风炉炼锌可以处理各种含铅和锌的物料,原料来源比较广泛,有各种等级的硫化锌精矿和铅精矿或锌铅混合精矿;锌、铅块矿和含锌、铅的氧化物料,如有色冶金厂回收的氧化锌烟尘,钢铁厂回收的含锌烟尘镀锌渣,湿法炼锌厂的浸出渣等。

锌、铅硫化矿先经烧结焙烧成烧结块入炉。鼓风炉炼锌的烧结焙烧,就其物理化学反应、设备和烧结块质量要求等方面,基本上与硫化铅精矿的烧结焙烧相同(第1章1.4节),只是对烧结块的强度与脱硫程度(含硫小于1%)要求更高,脱硫率为97%左右。因为硫和粉料都会降低锌的冷凝效率,增加冷凝过程的浮渣量。

氧化物料经压团(不需烧结焙烧)后直接加入鼓风炉。压团工艺分冷压团和热压团。目前工业生产大多用热压团。热压团是在高温高压下,使粉料产生塑性变形并部分熔化和凝固,将粉料压实成块的方法。热压团与其他方法相比,团块强度高,被处理的物料成分及粒度范围广,团块大小均匀,从而加入鼓风炉内后透气性好。对生产同样强度的团块而言,热压团比烧结焙烧简单,生产成本低,所以有许多鼓风炉炼锌厂采用。

各工厂根据原料来源和生产工艺,将硫化物烧结矿与氧化物团块按一定的比例搭配入 ISP 炉。两种物料的主要化学成分如表 2 - 11 所示。

表 2 - 11　炼锌鼓风炉的硫化物烧结矿与氧化物团块成分实例($w/\%$)

炼锌工厂	原料	Zn	Pb	FeO	CaO	SiO$_2$	S
韶关冶炼厂	烧结块	41.35	19.19	12.05	5.7	3.75	0.77
Cockle Creek (澳)	烧结块	36.72	19	16.96	5.81	3.61	0.57
	团块	25.57	34.02		1.4	3.0	1.0
Duisburg (德)	烧结块	35.01	18.52	15.09	3.8	3.43	0.51
	团块	55.10	11.74	2.4	2.3	2.6	1.0
Port Vesme (意)	烧结块	41.93	19.67				0.6
	团块	55.97	12.83				

炼锌鼓风炉需要优质冶金焦作燃烧和还原剂。对焦炭的质量要求是:①固定碳含量不低于80%,以保证发热值高;②焦炭的灰分应少,含硫要低(S < 1%);③焦炭的反应性能应小,以免在炉子上部发生 $C + CO_2 \rightarrow 2CO$ 反应;④块度适当,以 40 ~ 100 mm 为好;⑤具有较大的强度,转鼓率 M_{40} +75。

2.3.4.2　炼锌鼓风炉

锌鼓风炉炼锌同时炼铅,是 ISP 法的主体设备,简称 ISF(Imperial Smelting Furnace)。

ISF 结构比炼铅鼓风炉较为复杂,它由炉基、炉缸、炉腹、炉身、炉顶、料钟及炉身两侧水冷风嘴组成。炉体横截面为矩形,两端为半圆形。其结构见图 2 -10。

初期的锌鼓风炉炉身和炉腹采用与炼铅鼓风炉相似的水套结构,由于水套缝漏渣漏气的现象时有发生,甚至发生冷却水渗入炉缸的事故,现在各工厂都将水套式鼓风炉改成喷淋式冷却炉壳鼓风炉。整体式的喷淋炉壳用锅炉钢板制作,内壁用铝镁砖砌筑。

由于需要保持高温炉顶,钢板围成的炉身内衬用高铝砖砌筑。炉顶中央采用密封料钟加料。在炉顶一侧或两侧开设排气孔(炉喉)与铅雨冷凝器相通。在炉顶还开设有数个炉顶风口,必要时鼓入热风,燃烧炉气的部分 CO,以维持炉顶高温。

风口线以下的内壁用铝铬渣块砌筑。设置在炉腹部的风口是活动的,由于鼓入炉内的空气已预热到 800 ℃以上,供风管用水冷却。

所谓 17.2 m² 的标准锌鼓风炉,是指炉身上部的断面积为 17.2 m²,其主要参数如下:

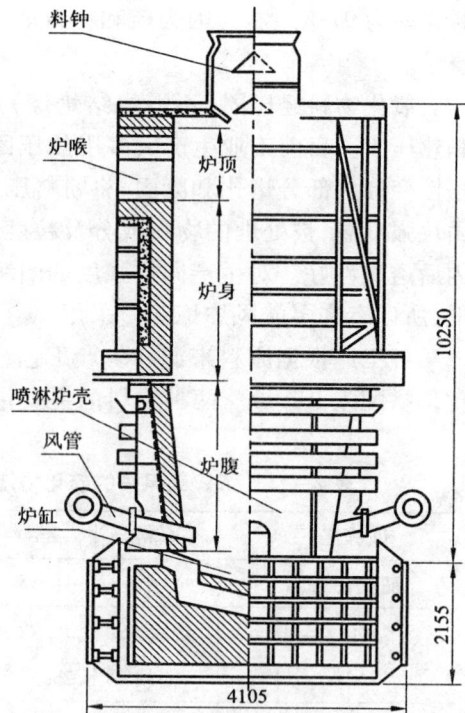

图 2-10 ISF 炼锌鼓风炉

风口断面积	10 m²	风口总面积	0.203 m²
风口区宽度	1595 mm	风口比	2%
风口区最大长度	6065 mm	风口斜度	1°
端部圆半径	1345 mm	相邻风口距	784 mm
风口直径	127 mm	炉缸深度	395 mm

为了提高产量,许多鼓风炉炼锌厂对标准炉的尺寸扩大了,最大炉的上部断面积已达 27 m²,单炉铅和锌的年产量分别达到 110 kt 与 160 kt 以上。

2.3.4.3 铅雨冷凝器

铅雨冷凝器是鼓风炉炼锌的特别设备,其作用是将含锌的高温炉气冷却下来,并用铅雨将炉气中的锌吸收,然后进一步从铅液冷凝分离出液体锌。铅雨冷凝器分为锌蒸气冷凝与铅锌分离两个系统。

冷凝系统包括冷凝器、转子、铅池、回铅槽及直升烟道等设备;分离系统包括铅泵、冷却流槽、熔剂槽、分离槽和贮锌槽等。冷凝器与鼓风炉炉喉连接,泵池

（通过铅泵）和回铅槽把冷凝器和分离系统首尾连接起来,使用作冷凝锌蒸气的铅液在冷凝系统和分离系统中进行闭路循环(见图2-11)。

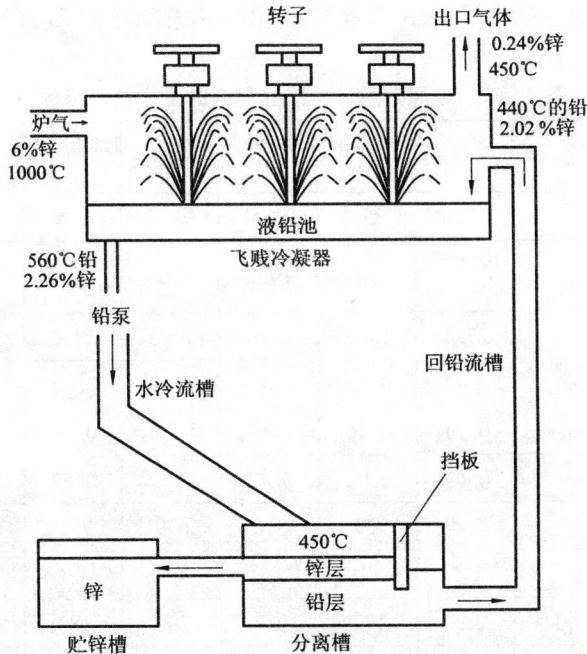

图2-11　铅雨冷凝器锌回收系统示意图

转子是冷凝器的关键设备,它把熔融铅液扬起,造成铅雨,充满冷凝器内,起冷凝和吸收锌蒸气的作用。另外,转子还起着搅拌作用,使铅珠表面可能生成的氧化锌熔膜剥裂并使铅液温度分布均匀。

冷凝器共设3~4对转子。转子的叶片和轴等主要部件用耐热 Cr - Ni - Ti 合金钢制成。转子轴心通水冷却。

用铅泵从泵池将高温含锌铅液泵至冷却流槽,使其温度降低,然后进入熔剂槽。熔剂槽加入氯化铵作熔剂。在这里,熔融氯化铵与铅液渣中的氧化锌起反应,破坏包裹在金属珠表面的氧化膜,促使其汇合而进入金属熔体。

从熔剂槽流出的液态金属,进入矩形分离槽中。分离后的富铅相从底流口流入回铅流槽,富锌相从溢流口流入熔析槽或贮锌槽中,进一步分离粗锌中的铅、铁杂质,以提高粗锌的质量。

从冷凝器出来的炉气,其中未冷凝的锌应减少到进入冷凝器时的总锌量的5%以下,经淋洗塔冷却后,再经洗涤器洗净,这种净化后的炉气即为低热值煤气,可用来预热炉料和空气,余下的用来发电。冷凝系统和炉气净化系统所产生的浮渣、蓝粉均返回烧结。

2.3.4.4 鼓风炉炼锌的技术经济指标

某些鼓风炉炼锌厂前些年来的生产技术指标总结于表2-12。

表 2 - 12 鼓风炉炼锌厂前些年来的生产技术指标

工厂名称	Avonmouth	Kockle Creek	Noyelles Godault	Duisburg	Hachinoht (八户)	Porto Vesme	韶冶
所属国家	英国	澳大利亚	法国	德国	日本	意大利	中国
投产年份	1951/* 1967	1961	1962	1966	1969	1972	1975/* 1996
炉身截面积/m²	27.1	17.2	24.6	17.2	17.2	17.2	17.2
炉料成分:(Pb:Zn)	0.46	0.53	0.41	0.45	0.43	0.45	0.45~0.50
(C:Zn)	0.77	0.76	0.67	0.74	0.76	0.82	0.75
渣量:锌锭	0.67	0.90	0.73	0.67	0.57	0.66	—
炉渣含锌/%	8.4	7.2	8.5	6.9	7.1	6.9	6.33
锌入渣率/%	5.5	6.4	6.0	4.4	4.1	4.6	—
燃炭量(满负荷鼓风)/(t·d⁻¹)	292	177	224	206	188	179	210
产金属量(满负荷生产)							
锌量/(t·d⁻¹)	334	211	283	245	227	194	150.4
铅量/(t·d⁻¹)	144	103	108	115	105	79	69.4
冷凝分离效率/%	87.5	90.6	87.7	89.9	92.3	88.7	90~92
耗炭(占热平衡)/%	73.5	67.3	66.1	69.4	73.8	78.4	—
锌的回收率/%	93.0	92.1	93.5	93.9	94.7	94.0	93.94
1989年的产量							
锌×10⁴(t·a⁻¹)	8.50	7.12	10.41	8.60	9.17	7.55	5.74
铅×10⁴(t·a⁻¹)	3.36	2.89	4.34	3.58	3.65	3.38	2.65
近年来炉子扩大以后 炉身截面积/m²	27.2	24.2	24.6	19.3	27.3	19.0	18.7(2台)
最大锌产量×10⁴/(t·a⁻¹)	10.57	9.73	11.57	9.74	11.44	8.46	8.15,7.09
最大铅产量×10⁴/(t·a⁻¹)	5.12	4.07	4.83	4.51	5.21	3.60	3.48,3.19

*有两座炼锌鼓风炉的工厂

表 2 - 12 所列指标是多年前的总结,近年来许多厂都将鼓风炉尺寸增大了许多,产量也大大提高了。例如,日本八户厂的鼓风炉从标准炉 17.2 m² 扩大至目前 27.3 m²,炉子锌产量和铅产量分别由 227 t/d 和 105 t/d 提高到 335 t/d 和 172 t/d,炉子的总产量和单位面积产量都有了很大提高。

ISP 烧结焙烧 – 密闭鼓风炉炼锌法,它与传统火法炼铅流程一样,存在硫化精矿中的硫和氧化反应热利用程度差、烧结配料需数倍于精矿量的大量返粉等缺点(见 1.4.4 节),更因鼓风炉炼锌比炼铅要求温度更高,还原气氛更强,因而焦炭消耗更大。生产 1 t 锌需 1 t 左右的优质冶金焦,从而使锌鼓风炉熔炼的能耗成本高,有的工厂能耗费用占直接生产成本的 45%。为了克服这些弊端,日本八户、德国 Duisburg 等 ISP 厂家,在改善鼓风、利用余热和寻找能源代用品等方面进行了大量的研究工作,并取得明显效果。

(1)充分利用从冷凝废气洗涤系统排出的低热值(LCV)煤气,改进热风炉设备,以提高热风温度,如 Duisburg 厂热风温度已达 1160 ℃;

(2)用含浸氯化锂的活性炭作脱湿剂,对鼓风中的空气预先脱除水分,八户厂的生产实践表明,鼓风脱湿使焦炭用量下降 2.6%,锌冷凝效率提高 1.2%;

(3)利用余热发电

a. 利用冷凝器循环铅液(从 560 ℃ 降至 440 ℃)潜热发电;

b. 低热值煤气用于预热空气和焦炭后的余热再用来发电。

(4)寻找更适合鼓风炉熔炼要求的能源代用品,如从风口喷粉焦代块焦,喷重油以及富氧鼓风等。

思 考 题

1. 铅雨冷凝器是如何从 ISF 产出的低锌炉气中冷凝得到金属锌的?

2. ISP 流程炼锌有何优缺点?你认为今后它的发展前景如何?应作何改进?

2.4 锡精矿的还原熔炼

2.4.1 炼锡原料及其冶炼方法

炼锡原料主要是锡精矿。锡精矿中的锡矿物几乎都以天然氧化物即被称为锡石的二氧化锡(SnO_2)存在。根据锡精矿含锡品位高低不同,目前有三种冶炼工艺:

(1)处理含铁低的高品位(Sn 60% 以上)锡精矿,用传统的"两段熔炼法";

(2)处理含铁较高(Fe 20% ~ 30%)、含锡中等品位(Sn 40% ~ 50%)的锡

精矿,用还原熔炼—硫化挥发法;

（3）处理低品位（Sn 30%以下）锡精矿及（Sn 3%～10%）锡中矿,用硫化挥发—还原熔炼法。

铁是影响锡精矿品位的主要杂质。锡精矿品位越低,则含铁量越高。国内外几家炼锡厂所使用的不同品位锡精矿的锡铁含量如表2-13所示。

在锡精矿还原熔炼条件下,铁的高价氧化物逐级还原成铁的低价氧化物FeO。Fe_3O_4的标准生成自由焓与SnO_2的很靠近,它们的硅酸盐的标准生成的自由焓也很接近,因此当还原熔炼力求更多地还原出锡时,铁也被还原出来;当使FeO造渣时,SnO也有一些随之造渣。这就使锡和铁的分离比较困难,锡冶金传统方法采用"两段还原熔炼法",而目前大量处理的中、低品位精矿则用"熔炼和烟化组合流程"都是这个缘故。

表 2 – 13 典型锡精矿的锡、铁含量

精矿品位	使用的厂家	Sn/%	Fe/%
高品位锡精矿	马来西亚巴特沃思冶炼厂	75.25	0.67
	印度尼西亚佩尔蒂姆炼锡厂	69.01～74.32	0.86～2.4
	江西赣州有色金属冶炼厂	69.51～71.09	1～1.5
	广西栗木锡矿选炼厂	63～66	0.6～2.7
中等品位锡精矿	广西柳州华锡集团来宾冶炼厂	51.92	8.91
	云南锡业公司第一冶炼厂	40～45	16.3～25
	玻利维亚文托炼锡厂	42.16	12.44
低品位锡精矿	玻利维亚文托低品位锡精矿冶炼厂	26	19.9
	云南锡业公司第三冶炼厂（铅锡混合精矿）	15～25	13.58

两段熔炼是将锡精矿先在弱还原气氛下控制较低的温度还原,得到较纯的粗锡和含锡较高的富渣,然后将高锡富渣在更高的温度和更强的还原气氛下再还原,产出硬头（$Sn-Fe$合金）和含锡较低的贫渣,硬头返回一次熔炼。两段熔炼法处理高品位精矿不仅可得到较纯的锡（含$Fe<1\%$）,而且冶炼回收率较高（98%～99%）。

近年来,由于原矿品位逐年降低,易选矿石逐渐减少,为提高资源利用率,许多锡选矿厂大量产出锡品位较低（40%～50%）、铁含量较高（10%以上）的锡精矿。锡铁在过程中循环已成为两段熔炼法的沉重负担,为了彻底摆脱锡铁分离的困难,国内外锡厂广泛应用富渣硫化挥发代替富渣的再熔炼。富渣硫化挥发得到含锡较低的（Sn 0.1%以下）可废弃渣和含锡很高（Sn 45%～50%）的烟尘,

高锡烟尘再返回一次熔炼。与富渣的处理方法一样,硫化挥发也适合于处理低品位锡精矿和锡中矿,即先将锡富集于烟尘后再进行还原熔炼。锡冶炼原则工艺流程如图2－12所示。

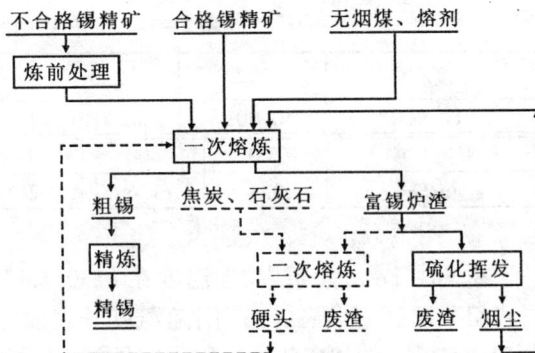

图 2－12 锡冶炼的两种原则工艺流程

注:1. 两段熔炼流程 2. 熔炼－硫化挥发流程

本节主要内容为锡精矿的还原熔炼,硫化挥发将在炉渣烟化(2.5节)中叙述。

2.4.2 铁在锡中的溶解性能

还原熔炼生成的铁溶于优先还原出来的锡中成为液态合金。铁在锡中的溶解度随温度升高而增加(见图2－13)。232~1130 ℃铁的溶解度列于表2－14。

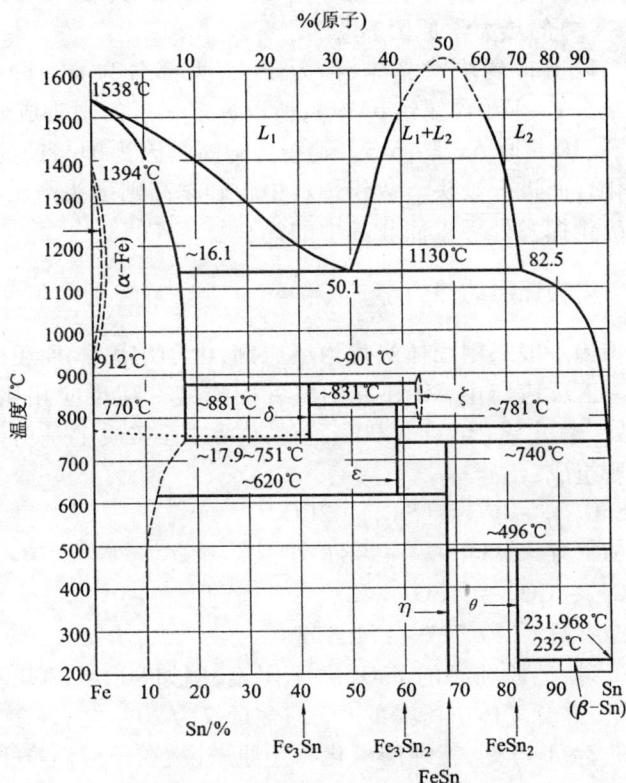

图 2－13 锡－铁二元系相图

表 2 – 14　铁在锡中的溶解度

温度/℃	232	300	400	500	600
Fe/%	0.001	0.0046	0.024	0.082	0.22
温度/℃	700	800	900	1000	1100	1130
Fe/%	0.8	1.6	2.8	5.0	8.0	17.5

在 Sn – Fe 二元系中,当温度在 1130 ℃ 以上,铁的溶解度超过 20% 时,出现二液相分层区,分层区的范围随温度升高而缩小。在 1200 ℃ 时,分层区的下层含 51.1% Fe 和 48.9% Sn,称为富铁层;上层含 20.4% Fe 和 79.6% Sn,称为富锡层。

在 Sn – Fe 液态合金逐渐冷却时,铁的溶解度降低。在图 2 – 13 中,温度由 1130 ℃ 降至 232 ℃ 时,分别析出 α – Fe(含 Sn 16.1% ~ 17.9%)、ζ 相(含 Sn 约 63%)、ε 相(含 Sn 约 58.5% 的 Fe_3Sn_2)、η 相(FeSn)和 θ 相($FeSn_2$)。这就是含铁的锡精矿还原熔炼时产生所谓甲锡(Fe < 1%)和乙锡(含铁 2% ~ 12%)以及出现硬头(α-Fe + ζ)的热力学原因。

一般 900 ℃ 以上得到块状晶体,称为硬头,大部分为 α – Fe(含锡 15% ~ 20%),并有少部分 ζ – Fe(含锡约 63%),所以许多工厂的硬头成分(%)为 35 ~ 39 Sn,35 ~ 50 Fe,10 ~ 20 As,1 ~ 5 S。硬头含砷高是因为砷与铁的亲和力大,还原出来砷与铁化合而进入硬头。故锡炉料中含砷越高则硬头产出率越高。硬头须再熔炼或经硫化挥发处理以回收其中的锡。

2.4.3　锡、铁氧化物还原的热力学

工业生产炼锡一般采用固体炭作为还原剂,由于用固体 C 还原金属氧化物的固 – 固或固 – 液反应与用 CO 还原的气 – 固或气 – 液反应相比,前者的反应速度小得多,故二氧化锡(熔点 2000 ℃)的还原过程实质上是由下面两个连续的气 – 固反应所组成:

$$SnO_{2(s)} + 2CO = Sn_{(L)} + 2CO_2 \qquad (2-20)$$
$$\Delta G^\ominus / J = 5484.97 - 4.98T$$
$$C_{(s)} + CO_2 = 2CO$$
$$\Delta G^\ominus / J = 170.707 - 174.47T \qquad (2-21)$$

从热力学上说,还原纯净的 SnO_2 并不困难,例如 800 ~ 1300 ℃ 的还原温度下,还原反应平衡混合气体中所需的 CO 的含量仅为 20% 左右(参见 2 – 2 – 2 节图 2 – 1)。从图 2 – 1 可见,就纯的氧化物还原来说,在任何温度下,FeO 的还原远比 SnO_2 的还原所需的 CO 量大得多,因此 SnO_2 还原成金属时,铁仍以 Fe_3O_4 或 FeO 存在。

在实际的还原熔炼中,锡和铁的还原都是从高价至低价分阶段进行的,对锡来说则是 $SnO_2 \rightarrow SnO \rightarrow Sn$。低价态的 SnO 在高温下呈碱性而与酸性氧化物造渣。因此,SnO 和 FeO 都溶于硅酸盐炉渣中,使锡的还原变得困难;而铁的还原因锡与铁互溶生成合金而变得容易。

在比纯 SnO_2 还原平衡浓度 CO 更高的条件下,渣中的 SnO 和 FeO 还原成 Sn 和 Fe 而进入粗锡或 Sn - Fe 合金中,当生产上力图还原出较多的锡时,铁也还原较多;当控制铁少还原为金属而让其造渣时,SnO 也随之造渣。这时,还原反应就与金属(粗锡)中和氧化物(炉渣)中的活度有关。

以锡的氧化物来说

$$(SnO) + CO = [Sn] + CO_2 \qquad\qquad (2-22)$$
$$\Delta G^{\ominus}/J = -11510 - 4.21T$$

$$K_{Sn} = \frac{p_{CO_2}}{p_{CO}} \cdot \frac{a_{Su}}{a_{SuO}}$$

$$\frac{p_{CO_2}}{p_{CO}} = K_{Sn} \cdot \frac{a_{SnO}}{a_{Sn}}$$

可见,当炉渣中 SnO 愈少、a_{SnO} 愈小时,还原 SnO 所需的 CO% 增加,也就是 SnO 变得愈难还原了。这样,当力求降低渣含锡(SnO)时,也导致了铁的还原增加,其反应为:

$$(FeO) + CO = [Fe] + CO_2 \qquad\qquad (2-23)$$
$$\Delta G^{\ominus}/J = -34770 + 32.25T$$

$$K_{Fe} = \frac{p_{CO_2}}{p_{CO\cdot}} \cdot \frac{a_{Fe}}{a_{FeO}}$$

$$\frac{p_{CO_2}}{p_{CO}} = K_{Fe} \cdot \frac{a_{FeO}}{a_{Fe}}$$

当粗锡中含铁愈少,即 a_{Fe} 愈小时,还原 FeO 所需的 CO% 降低了,也就是 FeO 变得愈容易还原了,因此铁的还原是不可避免的。

锡、铁氧化物造渣后用碳还原生成 Sn - Fe 合金时的还原平衡曲线如图 2 - 14 所示。

由于 Sn 和 Fe 形成非理想溶液,当铁在粗锡中的含量小于 4% 时,其中 $a_{Fe} = 0.41$, $a_{Sn} = 0.92$,若渣中 $a_{FeO} = 0.65$, $a_{SnO} = 0.1$,则(FeO)还原的平衡曲线在(SnO)线的下方,即(FeO)优先还原直到 a_{FeO} 下降到一定程度和 a_{Fe} 升高到一定程度后。显然,在一定温度条件下,要把渣中(SnO)更多地还原,不可避免(FeO)也被还原;渣中的(SnO)还原愈多,进入粗锡中的 Fe 也愈多。粗锡含铁与渣中 FeO% 与 SnO% 的平衡关系如图 2 - 15 所示。

图 2 - 15 是 1200 ℃ 时粗锡和炉渣的平衡,它表明:①在一定还原条件下,

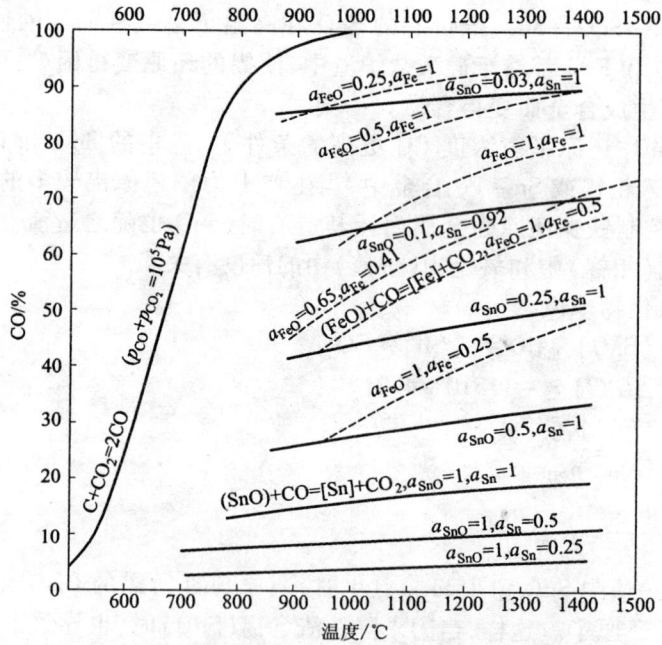

图 2 – 14 熔渣中的 a_{SnO}、a_{FeO} 和还原产物锡 – 铁合金中的 a_{Sn}、a_{Fe} 发生变化时的锡、铁氧化物还原平衡曲线

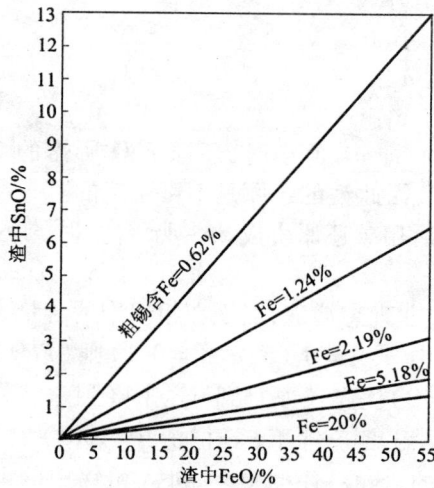

图 2 – 15 熔炼过程锡铁平衡关系 (1200 ℃)

特别当粗锡中含铁较少时,炉渣含 SnO 和 FeO 成正比例;②在高铁质炉渣中,要使炉渣含 SnO 降低,例如小于 1%,就一定会得到含铁高(20%)的粗锡;相反,要得到比较纯的粗锡(Fe < 0.62%),则炉渣含 SnO 剧烈增加,因此锡还原熔炼采用两段法是合理的。

思　考　题

1. 火法炼锡的原则流程分哪几类?为什么说锡精矿还原熔炼的困难主要在于如何控制锡、铁氧化物的选择性还原?

2. 还原熔炼产出不同含铁量的锡 – 铁合金时,对炉渣含锡有怎样的影响?

2.4.4　锡精矿还原熔炼的生产实践

锡精矿还原熔炼的传统方法是反射炉熔炼,已经有 200 多年的历史,目前世界上的锡一半以上还是用反射炉生产的。反射炉熔炼可以处理细粉物料和使用任何种类的燃料,炉况容易调整,炉内气氛易于控制,因而获得广泛应用,它的缺点是熔炼强度小,热效率低,劳动强度大,操作环境差。近年来,反射炉炼锡已经开始被顶吹熔池熔炼方法所取代。

顶吹熔池熔炼目前用于锡冶炼的有两种类型,一种是可转动的顶吹转炉,其结构与卡尔多(Kaldo)炉相似;另一种是固定式的顶吹竖式炉,即澳斯麦特(Ausmelt)炉。熔池熔炼由于喷吹的作用,使熔池强烈搅动,燃料燃烧、炉料熔化和化学反应都以很快的速度进行,因而熔炼速度高,单位处理量大,是一项强化熔炼的新技术。澳斯麦特技术采用独特的顶吹喷枪结构,不用旋转炉体就可完成炉料的混合和熔体的搅动,且延长了炉衬的使用期,因而比顶吹转炉发展快。在我国,澳斯麦特技术取代反射炉炼锡已获成功。

除此之外,电炉炼锡还有应用,但因电能消耗大,且过程为强还原气氛,不宜处理目前越来越多的高铁物料,其应用越来越少。短窑炼锡曾一度被推广应用,但因炉温和气氛不易控制,且锡的挥发损失,窑衬损坏快,使用短窑的也不多了。鼓风炉炼锡只有个别工厂采用。

本节主要介绍目前应用较多的反射炉炼锡和近年来推广应用较快的澳斯麦特技术炼锡。

2.4.4.1　反射炉炼锡

炼锡反射炉与粗铜精炼反射炉相似。燃烧室燃烧的炼锡反射炉如图 2 – 16 所示。

锡的熔点低(232 ℃),流动性好,液态锡在高温下渗透性极强,因此炼锡的反射炉应特别注意炉底结构。炉底以下总是用钢壳包起来,钢壳外面借助空气

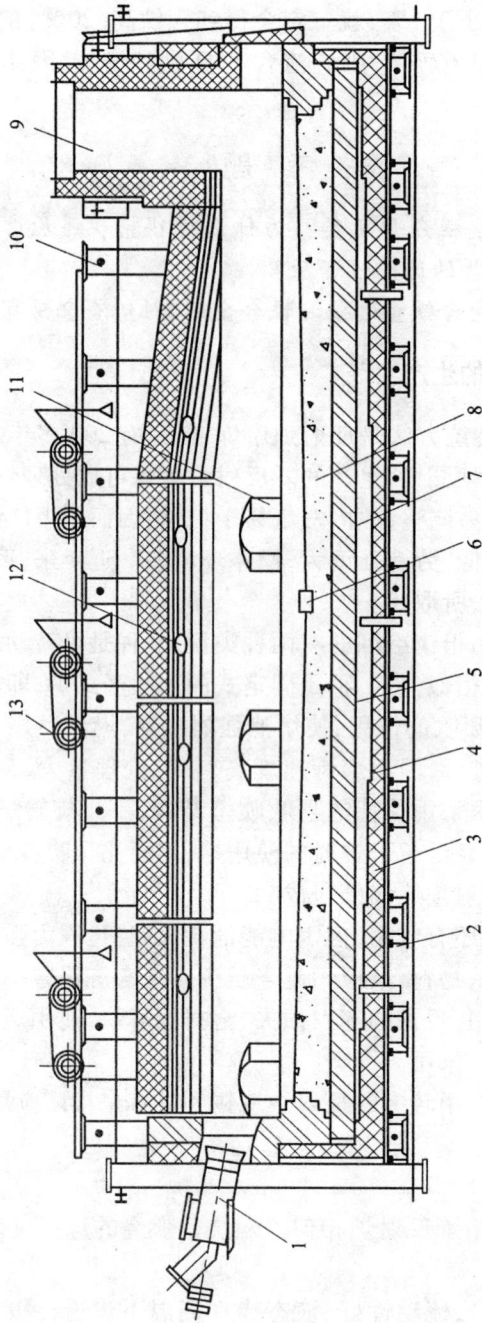

图2-16 锡精矿还原熔炼反射炉

1—粉煤燃烧器 2—炉底工字钢 3—炉底钢板 4—粘土砖层 5—填料层 6—放锡口 7—镁铝砖层 8—烧结层 9—上升烟道 10—钢梁立柱 11—操作门 12—加料口 13—炉门提升机构

冷却保护。

我国炼锡反射炉的炉床面积为 5~50 m³，国外炼锡反射炉的炉床面积一般也不超过 50 m²。

炼锡反射炉炉床的长宽比，一般为 (2~4):1，内高 1.2~1.5 m。

反射炉可用气体、液体和固体燃料加热，总的要求是燃料含硫和灰分要小。炉温为 1200~1350 ℃。为了保证炉内中性或微氧化性气氛和降低燃料燃烧的过剩空气量，采用固体或气体燃料时，空气必须预热。

反射炉炼锡为周期性作业，分备料、加料、还原熔炼、放锡、放渣等几步。

备料包括配料和混料。配料是将各种原料按造渣要求和进厂比例搭配，并加入还原剂(约 5 mm 粒度的无烟煤或烟煤)和熔剂(粒度 <3 mm)。还原剂用量按锡和铁的氧化物还原为金属锡和氧化亚铁的理论量 110%~120% 计算。熔剂的使用量以产出最少渣量而又达到熔炼要求为准。混合均匀的炉料经炉顶料仓通过装料口加入炉内。

还原熔炼操作的关键是迅速提高炉温。锡石的还原是靠配料中的还原煤不完全燃烧产生 CO 在料层内部进行反应，而与炉膛空间的燃料燃烧气氛关系不大。由于锡的氧化物 SnO_2 和 SnO 分别呈酸性和碱性，因此无论是造酸性渣或碱性渣，锡的氧化物造渣是不可避免的，这也是炼锡初渣(富渣)必须再处理的原因。

放锡的操作多采用间断放锡，锡流入贮锡锅降温至 800~900 ℃，除去少量硬头后，再降至 400~450 ℃ 捞乙锡(含 2%~12% Fe)。乙锡送熔析炉除铁后送往火法精炼。留在贮锡锅内的锡含铁较低(Fe<1%)，称为甲锡，它被用锡泵直接送往精炼。放出熔渣送烟化炉挥发处理或进行再熔炼。

(1)反射炉炼锡的的炉渣

反射炉炼锡采用的炉渣有两种类型：以 $FeO-SiO_2$ 为主的高铁质炉渣，以 $FeO-CaO-SiO_2$ 为主的低铁质炉渣。前者用于冶炼含铁 15%~20% 或更高的锡精矿，后者用于冶炼含铁不很高的高硅质锡精矿或富渣再熔炼。

$FeO-SiO_2$ 二元系有两个共晶，含 SiO_2 分别为 38% 和 24%，共晶温度都接近 1180 ℃，故此类炉渣含 SiO_2 以不超过 38% 为限。由于此类炉渣含 SiO 较高，实际成为 $SnO-FeO-SiO_2$ 系炉渣，其熔点为 970 ℃ 和 990 ℃。

由 $FeO-CaO-SiO_2$ 三元组成的炉渣是锡冶金中常见的。图 2-17 是该三元系状态图的一部分。图中点①和②是由高品位精矿两段熔炼中典型的一次渣和二次渣在一年内的平均成分计算出的，它们合理地处于正硅酸盐 $2(CaO+FeO)\cdot SiO_2$ 线的附近。这类渣的真实液化温度比纯系统的等温线所指示的温度至少要低 200 ℃。图中点ⓧ表示在二次熔炼中不再加 CaO 时二次渣将会达到的成分,它相当于熔点接近1250℃的高硅质炉渣;点Ⓨ表示用CaO化学计量地取代(从渣中除去)FeO的效应,在反射炉能达到的任何合理温度下,这种渣只能是2CaO·SiO₂固体在流体中的糊状物。这显然不符合现场操作要求的流动性。某些工厂反射炉炼锡炉渣的成分和硅酸度K值见表2-15。

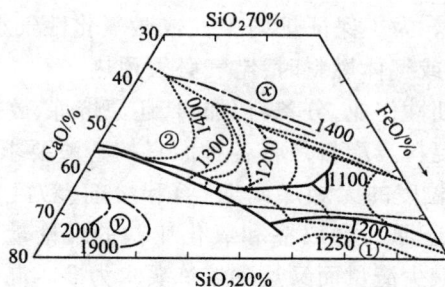

图 2-17 FeO-CaO-SiO₂ 三元系状态图

①—一次渣 ②—二次渣 Ⓧ—未加 CaO 的二次渣

Ⓨ—用 CaO 化学计量地取代 FeO 的二次渣 ········—2CaO·SiO₂-2FeO·SiO₂ 线

表2-15 某些工厂反射炉炼锡炉渣的成分和硅酸度 K 值

工　厂	炉渣成分 w/%						硅酸度 K 值	精矿含铁 /%
	Sn	SiO₂	FeO	CaO	Al₂O₃	其他		
云锡一冶 (中国云南)	7~13	19~23	45~50	1.4~2.1	8.1~9.3		1.0~1.2	16.3~25
来宾冶炼厂 (中国广西)	7.9	26	37	8.31			1.34	8.91
文托炼锡厂 (玻利维亚)	9~12	30	30	14	11		1.5	12.44
巴特沃思 炼锡厂 (马来西亚)	15.9~ 17.6	10~12	20~25	5~9	6~7	12.6~ 19.9	2.0~19.9	0.009
新西伯利亚 炼锡厂 (俄罗斯)	4~12	22~30	17~22	14~15	12~14		1.2~1.6	4.8~7.5

（2）炼锡炉渣的再熔炼

锡精矿还原熔炼时只回收了其中的大部分锡，还有少部分锡留在富渣中（见表 2 – 15）。为了回收这少部分锡，同时产出弃渣，传统方法炼锡是将富渣再熔炼（二次熔炼），又称炼渣。炼渣的方法很多，较多采用加石灰石再熔炼法。

加入石灰石或石灰再熔炼富渣，其实质是在还原能力更强和温度更高的情况下，CaO 将炉渣中的锡置换出来，提高了渣中 SnO 活度，有利于 SnO 还原成金属或合金：

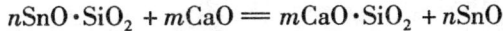

$$nSnO \cdot SiO_2 + mCaO = mCaO \cdot SiO_2 + nSnO$$

硅酸钙的标准生成自由焓（$\Delta G^{\ominus} = -1498.7$ kJ）比硅酸亚锡要小得多（$\Delta G^{\ominus} = -49.9$ kJ），而 CaO 的碱性又比 SnO 大。但在加 CaO 时，FeO 在渣中的活度也相应增加，这样，铁的还原可能性会增大，使还原熔炼获得粗锡和硬头。

高钙熔炼的炉渣过渡到 $SiO_2 - CaO - Al_2O_3$ 系，熔点较高，用电炉熔炼可获得更好的指标，也有用反射炉进行熔炼。电炉熔炼的弃渣含锡可低于 1%，反射炉熔炼的弃渣含锡在 1% 左右。炼渣产出硬头返回一次熔炼，造成部分铁在冶炼过程中循环。为了进一步降低弃渣含锡（Sn < 0.1%），避免铁的循环，许多工厂的富渣再熔炼已经用烟化炉硫化挥发法所取代。

思 考 题

用传统方法炼锡时，二次熔炼条件与一次熔炼有何不同？为什么要改变这些还原条件？

2.4.4.2 澳斯麦特熔炼炼锡

澳斯麦特技术（Ausmelt technology）是从澳大利亚联邦科学工业研究组织（Commonwealth Scientific and Industrial Research Organisation 简称 CSIRO）在 20 世纪 70 年代初开始研究开发的顶吹浸没喷枪技术（Top Submerged Lancing，简称 TSL）衍生出来的一种强化熔炼方法，广泛用于处理有色金属和贵金属物料。第一座工业化工厂是从反射炉炼锡渣中回收金属锡，于 1978 年在澳大利亚悉尼建成。在当初一段时期，该技术被称之为赛罗熔炼（Sirosmelt）法。

在 80 年代初，TSL 技术发明人组建澳斯麦特公司，该项顶吹熔池熔炼技术被正式命名为澳斯麦特法（Ausmelt technology），并在顶插浸没套筒喷枪技术和熔池上空设炉气后燃烧装置等方面有了新的发展，也对许多新的应用领域进行了开发和完善。近 10 多年来，Ausmelt 公司用 TSL 技术在许多国家设计建厂，其应用领域包括锡精矿熔炼、铜精矿熔炼和吹炼、铅精矿熔炼以及从各种二次物料中回收多种有价金属。

澳斯麦特熔炼技术的基本过程是将一根喷枪由炉子顶部插入圆筒形竖炉内的熔池中,该工艺的核心技术是采用了特殊设计的浸没式顶吹燃烧喷枪,利用可控制的冷却过程使喷枪表面外部的渣固化,以保护喷枪免受高温腐蚀环境的侵蚀。熔炼过程所需的空气(或富氧空气)和燃料(油、天然气或粉煤)从喷枪末喷入熔池,从而造成熔体的剧烈翻腾,形成强烈搅动状态的熔池;精矿、熔剂、返料、还原剂等炉料从炉顶加料口加入炉内,直接落入处于剧烈翻腾的熔池,炉料被快速卷入熔体,迅速熔化,并与喷入的氧迅速进行反应。氧化和还原程度是通过调节燃料与氧的比例来控制。

澳斯麦特炉是顶吹熔池熔炼的主体设备(图2-18),主要由炉体、喷枪、喷枪夹持架及升降装置、后燃烧器、排烟口、加料装置及产品放出口等组成。

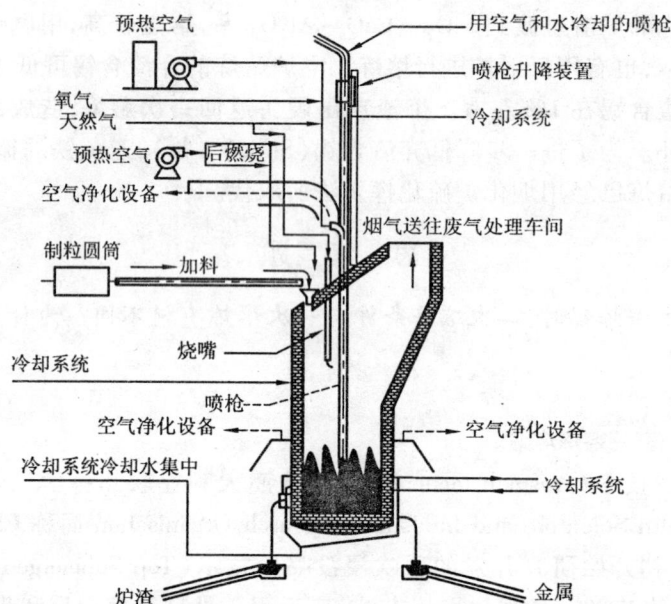

图2-18 顶吹熔池熔炼主体设备(Ausmelt炉)示意图

澳斯麦特熔炼过程大致分四个阶段:

(1)准备阶段。由于是喷吹熔池熔炼,故熔炼过程开始前必须形成一个有一定深度的熔体熔池。在正常作业情况下,可以是上一个作业周期留下的熔体。若是初次开炉则需要预先加入一定量的干渣,然后插入喷枪,在炉料表面加热使之熔化,形成一定深度的熔池,并使炉内温度升高到1150 ℃左右即可开始进入熔炼阶段。

（2）熔炼阶段(图2-19①~⑥)。将喷枪插入熔体,控制一定的插入深度和压缩空气量及燃料量,形成剧烈翻腾的熔池表面。然后由顶部加料孔连续加入炉料,熔炼反应随即开始。

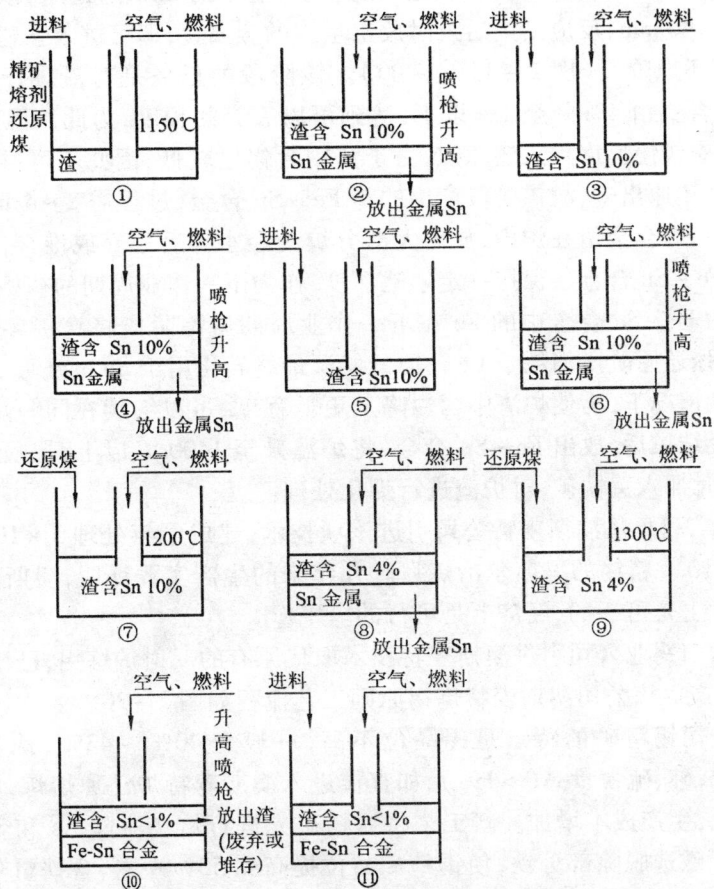

图2-19 澳斯麦特炉熔炼过程示意图

随着熔炼反应的进行,还原产出的金属锡在炉底部聚集,形成金属锡层。由于喷枪作业时保持在上部渣层表面下一定深度(约200 mm),主要是引起渣层的搅动,故可以形成相对平静的底部金属锡层,当金属锡层达到一定深度时,适当提高喷枪位置,开口放出金属锡,而熔炼过程可以不间断地进行。

如此反复,当炉渣层达到一定厚度时,停止进料,打开放锡口将金属锡全部放完后,进入渣还原阶段。

71

(3)弱还原阶段(图 2 – 19⑦ ~ ⑧)。该阶段作业的主要目的是对渣进行弱还原,在生成合格粗锡的条件下,使炉渣含锡由熔炼阶段的 10% 左右降到 4% 左右,为此,该阶段作业温度要升至 1200 ℃ 左右,并使喷枪提升到熔池静止表面之上;同时以足够快的速度加入粒状还原煤,促进渣中的 SnO 的还原,该阶段作业时间约 20 ~ 40 min,反应结束后及时放出生成的金属锡,即可进入强还原阶段。

(4)强还原阶段(图 2 – 19⑨ ~ ⑩)。该阶段的任务是对渣进行进一步还原,使渣中含锡由 4% 降至 1% 以下,达到可以丢弃的程度,为此炉温升至 1300 ℃,并以相对较慢速度加入还原煤,由于渣中含锡已较低,因此不可避免地有大量铁被同时还原出来,故该阶段产出的是 Fe – Sn 合金,过程需 2 ~ 4 h。反应结束后让 Fe – Sn 合金留在炉内,放出大部分炉渣经水淬后丢弃或堆存,留下部分渣与炉底 Fe – Sn 合金层保持一定熔池深度,作为下一作业周期的初始熔池。残留在炉内的 Fe – Sn 合金中的 Fe 在下一作业周期熔炼阶段将直接参与还原反应,因此在强还原阶段消耗于 Fe 还原的能源最终转化用于 Sn 的还原。

在特殊情况下,为使炉渣中含锡降至更低程度,可以继续在同一炉内,在强化还原阶段结束后,放出 Fe – Sn 合金,将炉温升至 1400 ℃ 以上,把喷枪深深插入渣池,同时加入黄铁矿,对炉渣进行烟化处理。

1996 年,秘鲁从澳斯麦特公司引进该项技术,建成了年处理 3×10^4 t 精矿、生产 1.5×10^4 t 精锡的冯苏尔冶炼厂。几年来的生产实践证明,澳斯麦特技术炼锡在技术上是可靠的,经济上是可行的。

我国云南锡业公司引进澳斯麦特技术取代原有的反射炉炼锡,已于 2002 年 4 月建成投产。该公司澳斯麦特炼锡原则工艺流程如图 2 – 20。

云锡公司锡精矿的特点是锡品位不高,一般为 40% ~ 43%,铁含量高达 18% ~ 20%,砷、硫含量高(>1%),如直接进入澳斯麦特炉还原熔炼,将导致冶炼直收率低,生产成本增加。新工艺将锡精矿先进行焙烧脱除 As 和 S,然后对焙砂再进行磁选脱除部分铁,使锡精矿品位提高到 50% 左右,含铁量降至 12% ~ 14%。

该设计生产规模为年处理 50000 t 锡精矿和生产过程产出的返料,年产粗锡 24136 t。选用 1 台 $\phi_内$ 4.4 m 的澳斯麦特炉。采用空气熔炼。年工作日 280 d。产出的粗锡含 Fe ≤ 0.5%,排出的炉渣含 Sn 4% ~ 6%,炉渣送现有的烟化炉处理,最终弃渣含 Sn ≤ 0.2%。

云锡公司澳斯麦特炉的操作为周期作业。每周期为 8.6 h,(其中熔炼 6.1 h、还原 1.0 h、放锡 0.5 h、放渣 1.0 h),分熔炼和还原两个阶段(见图 2 – 19)。第一段熔炼产出粗锡产品和含锡 15% 左右的炉渣;第二段对渣进行还原处理,使渣含锡达到 4% ~ 6% 后,从炉内放出运至烟化炉处理。这不同于秘鲁冯苏尔

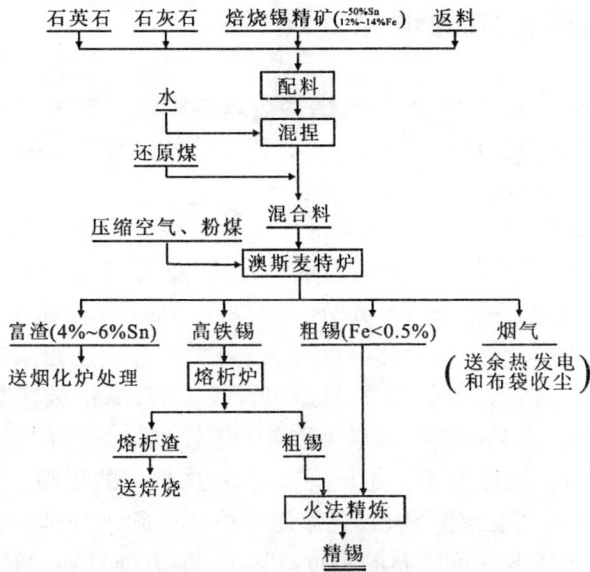

石英石　石灰石　焙烧锡精矿($^{\sim50\%Sn}_{12\%\sim14\%Fe}$)　返料

配料

水 → 混捏

还原煤

混合料

压缩空气、粉煤

澳斯麦特炉

富渣(4%~6%Sn)　高铁锡　粗锡(Fe<0.5%)　烟气

送烟化炉处理　熔析炉　　　　　　　(送余热发电和布袋收尘)

熔析渣　　粗锡

送焙烧

火法精炼

精锡

图 2 - 20　云锡公司澳斯麦特炼锡原则工艺流程

冶炼厂的三段熔炼工艺,即不再进行强还原阶段(图 2 - 19)。第三段强还原虽然可使终渣降至 Sn≤1%,但需花费时间 1.5~2 h,且将炉温提高到 1300 ℃,这对炉衬寿命和炉子熔炼能力的影响都是很不利的。云锡公司烟化炉生产已多年,工艺成熟,弃渣含 Sn <0.2%,可见,新工艺采用还原熔炼——硫化挥发(烟化)流程更具有优越性。

云锡公司用一台澳斯麦特炉(∅内4.4 m)取代原有 7 台反射炉(炉床面积总计为 190 m²)炼锡,其熔池熔炼强度高,处理量大,炉床能力达 18~20 t/(m²·d),比反射炉提高 10 倍以上,粗锡产量由 2.3 万吨提高到 3 万吨;由于只用 1 台炉子生产,简化了生产环节,烟气集中排放,有利于烟气治理和余热利用,烟气余热日发电能力预计可达 14 × 10⁴ kWh;操作过程由计算机自动控制,劳动生产率高,操作工人由过去 500 余人减少到 180 多人。新工艺与原反射炉熔炼相比较,粗锡含锡量升高 12%,可达 95% Sn;一段熔炼炉渣含锡量下降 5%,仅为 4%~6% Sn;金属回收率提高 2%;能耗降低,预计每年可节约 1.1 万吨标准煤。

思　考　题

熔池熔炼方法炼锡比反射炉炼锡有哪些优点? 为什么会有这些优点?

2.5 还原熔炼炉渣的烟化处理

还原熔炼炉渣不能当作废渣弃之,因为这类炉渣一般都含有 8% ~20% 的金属量,其中除含有主金属成分外,还含有伴生的其他有价金属。如果不处理回收,不仅是一种资源浪费,还会污染环境。

金属在还原熔炼炉渣中的损失大的原因主要是由于受熔炼设备及其工艺条件的局限,可能导致:①炉内还原能力不足;②炉温低,熔体过热程度不高;③炉料与炉气接触时间短,还原反应不充分;④炉料中 CaO 含量低,CaO 对有价金属硅酸盐的置换作用弱;⑤炉料软化温度低,鼓风炉熔炼速度过大;⑥炉内外分离澄清时间短,等等。例如,由于上述①②④⑤等原因,炼铅鼓风炉渣含铅、锌量(含 Pb 1.5% ~5% 含 Zn 8% ~20%)远高于炼锌鼓风炉渣的铅、锌含量(Pb < 1%,Zn 6% ~7%)。同样由于上述一些原因,一次熔炼的炼锡炉渣含 Sn 一般高达 8% ~13%。由此可见,铅、锌、锡还原熔炼炉渣必须再处理以回收金属,并使其有价金属的含量降低到可废弃的程度。因此,炉渣处理在火法冶金工艺中是必不可少的工序。对于铅、锌、锡炉渣的处理,工业生产上广泛采用烟化法。

所谓烟化法是利用铅、锌、锡等金属、金属氧化物或金属硫化物的沸点较低、蒸气压大的特点,在液态熔渣或熔融矿物状态下,吹入燃料与空气的混合物(对于锡烟化还需加硫化剂),在强烈搅拌条件下发生还原或硫化反应,使金属以蒸气、氧化物或硫化物等形态挥发,而后在烟尘中收集。

烟化法目前采用的设备主要是烟化炉,还有少量使用回转窑。近年来,还有使用澳斯麦特炉的。传统的烟化炉烟化和新开发的澳斯麦特炉烟化都属于熔池熔炼范畴。

2.5.1 铅锌炉渣的还原挥发

2.5.1.1 回转窑烟化法

回转窑烟化法即 Waeltz 法,该法早在 1926 年就在波兰被首次采用,主要用来处理低品位含锌氧化矿和采矿废石。后来人们又用此法处理铅鼓风炉高锌炉渣(即水淬渣)、湿法炼锌厂的浸出渣和炼钢厂的含锌烟尘。

回转窑处理铅锌渣是一个用碳还原挥发的火法过程。将铅鼓风炉水淬渣混以焦粉,通过一根加料管从窑尾部加入到具有一定倾斜度的回转窑内。窑长一般为 32 ~90 m,直径 1.9 ~3.5 m。回转窑的窑头部设燃料烧嘴,靠燃烧重油或煤气供热,使窑温达到 1100 ~1200 ℃。炉料在窑内的充填系数约占窑内空间的 15% 左右。当窑体缓慢转动时,炉料翻转滚动,在向窑头高温端运动过程中,锌、铅、铁等金属氧化物被 CO 还原，形成锌、铅蒸气和部分金属铁珠。Zn 蒸气、Pb 和 PbS 等挥发物被炉气中的 O_2 和 CO_2 氧化成 ZnO、PbO 固体细颗粒，随炉气带到与窑尾部紧相连接的废热锅炉和布袋收尘器中，收集得到粗氧化锌。铅炉渣中的铁被还原成 FeO 或海绵铁，分散于窑渣中，这种高温窑渣从窑头落入水池，再次成为水淬渣。此时的渣含锌、铅都很低，成分稳成，便于堆存，对环境无污染。图 2-21 为回转窑烟化过程示意图。

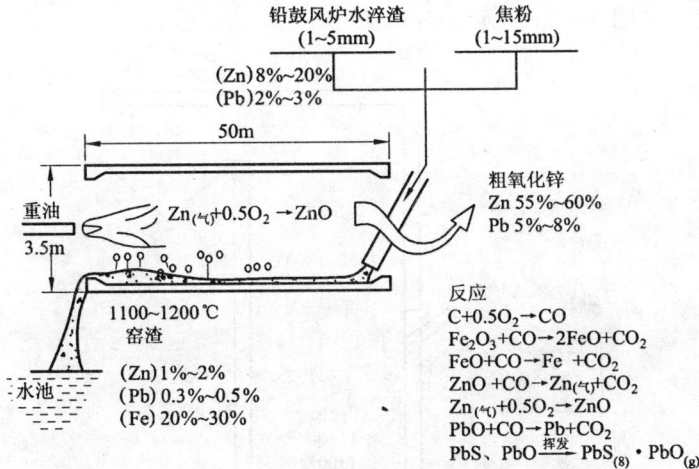

图 2-21　回转窑烟化过程示意图

粗氧化锌是烟化过程的主要产物，含 Zn 55%～60%，Pb 5%～8%，其次还有少量铟、锗等有价金属氧化物，可用作生产金属锌或锌系列化工产品的原料。表 2-16 是 $\varnothing 1.9 \times 32(m)$ 回转窑处理铅鼓风炉堆存炉渣的技术经济指标实例。

表 2-16　回转窑烟化处理铅炉渣的技术经济指标实例

项目	单位生产率	锌回收率	铅回收率	焦粉率	焦粉单耗	重油单耗	高铝砖单耗	电力单耗
单位	$/(t \cdot m^{-3} \cdot d^{-1})$	/%	/%	/%	$/(t \cdot t_{ZnO}^{-1})$	$/(kg \cdot t_{ZnO}^{-1})$	$/(kg \cdot t_{ZnO}^{-1})$	$/(kWh \cdot t_{ZnO}^{-1})$
指标	1.5～2	80～85	75～82	35～45	3.5～4	60～110	100～140	150～300

回转窑烟化法的最大缺点是炉料在窑壁粘结造成窑龄短，耐火材料消耗大。因处理冷的固体渣料，燃料消耗也大，成本高。随着烟化炉在炉渣烟化中的广泛应用，使用回转窑处理炼铅炉渣的工厂已不多。

2.5.1.2 烟化炉烟化法

用烟化炉处理铅锌炉渣的烟化过程实质也是还原挥发过程,即把粉煤(或其他还原剂)和空气(或富氧空气)的混合物鼓入称为烟化炉的水套竖炉内的液体炉渣中,使熔渣中的铅、锌氧化物还原成铅、锌蒸气,蒸气压比较高的氧化铅、硫化铅还可能以化合物形态直接挥发,金属蒸气、金属硫化物和氧化物随烟气一道进入上部空间和烟道系统,被专门补入的空气(三次空气)或炉气再次氧化成PbO或ZnO,并被捕集于收尘设备中,以粗氧化锌产物回收。炼铅炉渣烟化炉烟化过程示意图如图2-22所示。

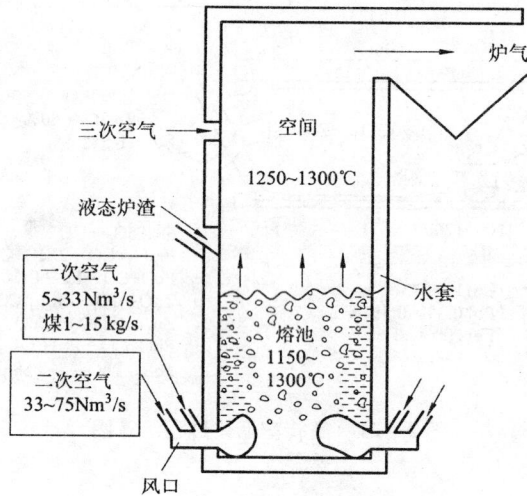

图 2-22 烟化炉烟化过程示意图

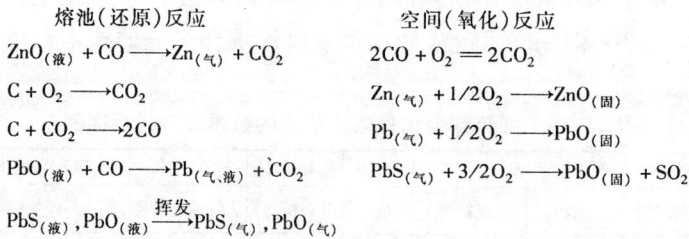

熔池(还原)反应

$$ZnO_{(液)} + CO \longrightarrow Zn_{(气)} + CO_2$$

$$C + O_2 \longrightarrow CO_2$$

$$C + CO_2 \longrightarrow 2CO$$

$$PbO_{(液)} + CO \longrightarrow Pb_{(气,液)} + CO_2$$

$$PbS_{(液)},PbO_{(液)} \xrightarrow{挥发} PbS_{(气)},PbO_{(气)}$$

空间(氧化)反应

$$2CO + O_2 = 2CO_2$$

$$Zn_{(气)} + 1/2O_2 \longrightarrow ZnO_{(固)}$$

$$Pb_{(气)} + 1/2O_2 \longrightarrow PbO_{(固)}$$

$$PbS_{(气)} + 3/2O_2 \longrightarrow PbO_{(固)} + SO_2$$

烟化炉是一种类似鼓风炉的竖式冶金炉,炉子断面上下一致大小,均为矩形。炉的两侧、两端和炉底及炉顶均由水套拼装而成。主要部件有风口装置、熔渣注入流槽、放渣口、排烟口、水套烟道等。新型的烟化炉还与后面的余热锅炉成一体化结构。

图2-22还示出了发生在烟化炉熔池中的金属氧化物还原反应和碳的燃烧

反应与碳的气化反应,以及发生在熔池上空的金属蒸气的氧化反应和 CO 的燃烧反应。

与回转窑的方法不同,烟化炉烟化法属于熔池熔炼,其特征是:在该反应体系中,液态铅锌炉渣为连续相,粉煤颗粒和空气泡为分散相,煤粒和空气泡在熔渣中呈高度分散状。图 2-23 为在烟化炉熔池中夹带炭粒的气泡与熔渣之间发生反应的模型。由于鼓入熔池的气体给高温熔体输入了很大的搅拌功,使熔池强烈搅动,强化了气-液-固之间的传质传热过程,加速了燃料燃烧和金属氧化物的还原反应和挥发过程。气体喷射搅拌熔池引起的混合现象是熔池熔炼反应器内的重要现象。

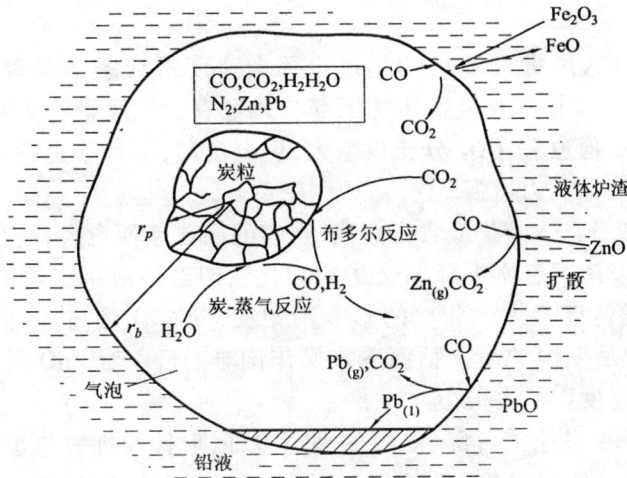

图 2-23 夹带炭粒的气泡与熔渣发生反应的模型

热力学研究表明,当温度在 1200 ℃以上时,ZnO 和 ZnO·Fe_2O_3 的还原已进行得相当完全,硅酸锌也大部分还原。ZnO 还原动力学的研究表明,当炉渣中碳、氧化锌摩尔比(C/ZnO) ≥0.75 时,ZnO 的还原程度达到 99.98% ~ 99.99%,当 C/ZnO 降至 0.5 时,ZnO 的还原程度只有 72.9%。由此可见,ZnO 的还原必须有足够的还原气氛。从图 2-24 可

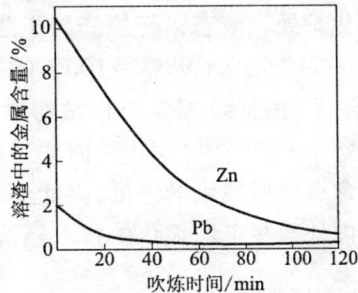

图 2-24 吹炼时间对渣含 Zn、Pb 的影响

知,铅化合物的还原比锌化合物容易,铅的挥发速度比锌大,所在满足锌挥发的条件下,铅的挥发已相当彻底了。

烟化炉熔池温度和还原气氛靠调整粉煤和空气量的比例来实现。烟化过程是周期性作业,每一周期分提温和还原两个阶段。提温阶段的空气过剩系数 α =0.8~1.0,使碳几乎完全燃料,以提高熔渣的温度;还原阶段的 α =0.6~0.7,以提高炉内的还原气氛。

影响烟化过程的因素有:

(1)温度。升高温度可提高铅锌的挥发率。但温度过高(如高于1350 ℃),可能会形成 Zn – Fe 或 Sn – Fe 合金积铁,造成操作故障;温度过低则还原速度和挥发速度都低,熔渣发粘甚至结炉。一般保持烟化温度1150~1300 ℃ 比较合适。

(2)风量。送风量是影响烟化过程挥发速度最活跃的因素。因为炉温、CO_2/CO 比值、气体总量及金属蒸气压都与风量有关。风量的大小决定于燃料消耗和 α 值。α 值愈大,CO_2 分压也愈大,炉温愈高,生产率也愈大。反之则是 CO 分压增大,还原能力增强。

(3)炉渣成分。入炉炉渣含锌愈高,则锌的回收率便愈大,渣含锌不宜低于6%,否则因挥发速度急剧下降而会影响烟化法的经济效果。炉渣中 CaO 含量增加,锌的挥发速度增大。SiO_2 的影响则相反,SiO_2 含量高,降低锌的挥发速度,甚至在烟化后期因炉渣发粘而造成操作困难。FeO 对 ZnO 活度影响不大,故对锌的挥发速度影响也很小。

(4)熔池深度。渣池愈深,粉煤的利用愈好,但锌的挥发速度相对减小,吹炼时间增长,甚至使均匀送入粉媒发生困难,熔渣流态化状态变坏。实践采用风口区以上的渣层厚度为700~1000 mm。

(5)预热空气和富氧空气。预热空气和富氧空气的采用都能提高吹炼生产率和锌的挥发速度。

烟化炉处理液态铅锌炉渣属于强化熔炼的还原挥发过程。铅炉渣烟化时,有85%~94%的 Zn、98%~100%的 Pb 和几乎100%的 Cd 挥发,In、Ge、Tl 可挥发75,Se、Te 挥发约95%。挥发物含锌60%~70%,含铅5%~20%,废渣含锌<3%,含铅<0.2%。烟化炉同样适宜于用来处理 ISP 的锌炉渣,但因为 ISP 炉渣铅锌含量比铅鼓风炉渣低,因此经济效果不明显。

国内外某些工厂烟化炉技术经济指标如表2–17所示。

表 2-17 国内外某些工厂烟化炉技术经济指标

指　　标	原沈阳冶炼厂	株洲冶炼厂	Trail 厂（加）	Kellogg 厂（美）	East Helena 厂（美）
烟化炉风口区面积/m^2	6.0	7.0	22.3	11	8.9
长/m	2.985	3.44	7.3	4.6	3.66
宽/m	1.992	2.116	3.05	2.4	2.44
高/m	7.415	6.85	3.05	1.6	4.57
风口直径/mm	38	40	38	37	38
风口个数/个	24	24	72	28	22
烟化炉生产率/($t \cdot m^{-2} \cdot d^{-1}$)	33.3	30~35	22~26	45.5	37.7
每周期处理渣量/t	19~22	22~27	60	38	35
燃料率/%	15~20	20~23	29	17.5	20
烟尘率/%	12	10~15	29	23	18.5
空气消耗/($m^3 \cdot t_{(渣)}^{-1}$)	750~1000	1100~1200	1300	1020	
挥发率/%：					
Zn	>72	75~85	86.5	92.8~93.5	86~90
Pb	>80	85~95	99	98	约100
初渣含/%：					
Zn	7.43	11.7	18	15~22	15.0
Pb	1.47	2.02	2.5	1.8	1.0
终渣含/%：					
Zn	<2.5	1.92	2.9	1.4	1.2
Pb	<0.7	0.12	0.03	0.05	微
ZnO 产品含/%：					
Zn	46~51	55~62	60~70	63	70~75
Pb	15~25	11~13	9	10	6

思 考 题

为什么说用烟化炉处理铅锌炉渣的方法比用回转窑要好？这两种烟化过程发生了哪些主要化学反应？

2.5.2　炼锡炉渣的硫化挥发

炼锡炉渣的硫化挥发也称之为烟化法，它是在烟化炉内的液态炉渣中鼓入燃料（粉煤或燃料油）空气混合物与硫化剂（黄铁矿粉末），并造成强烈搅拌，使渣中锡变成 SnS 挥发，部分锡呈 SnO 挥发，在气流中最后变为 SnO_2 烟尘，收集后返回与锡精矿一起熔炼。

烟化炉硫化挥发法被广泛用来处理炼锡富渣、低品位锡精矿、锡中矿等含锡二次物料。

含锡物料中锡可能存在的形态为：锡的氧化物（SnO_2、SnO）、锡硫化物（SnS）和金属锡（Sn）。

锡的沸点很高，为2623 ℃，在作业温度（1150～1250 ℃）条件下，其饱和蒸气压很小，约为0.29～1.05 Pa。二氧化锡的沸点也很高，约为2500 ℃。因此，在挥发过程中锡和二氧化锡的挥发甚微。只有氧化亚锡（SnO）和硫化亚锡（SnS）的沸点较低，在作业温度下其饱和蒸气压较大，它们在锡的挥发过程中起到重要作用。

氧化亚锡沸点为1425 ℃，蒸气压力按下式计算：

$$\lg p_{SnO} = \frac{-13160}{T} + 10.775$$

硫化亚锡沸点为1230 ℃，在663～811 ℃温度范围内的蒸气压为：

$$\lg p_{SnS} = \frac{-10470}{T} + 7.088$$

其近似计算值如下：

温度/℃	800	900	1000	1100	1200	1300
p_{SnS}/Pa	81.33	1526.51	7465.92	31130.22	99590	277306

由此可见，SnO 和 SnS 的挥发能力都很大，但 SnO 会参与造渣反应，使它的挥发速度越来越小，且挥发不彻底，所以烟化时需加硫化剂。

常用的硫化剂是黄铁矿，它分解生成的 S_2 和 FeS 都能参与反应。原则上渣中的 Sn、SnO 和 SnO_2 都可能被硫化，但 SnO_2 硫化须在还原气氛下进行。

高温硫化的反应如下：

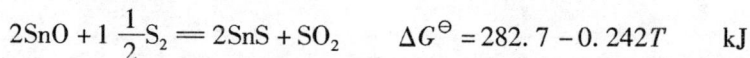

$$SnO + FeS = FeO + SnS \qquad \Delta G^{\ominus} = 212.8 - 0.146T \qquad kJ$$

$$2SnO + 1\frac{1}{2}S_2 = 2SnS + SO_2 \qquad \Delta G^{\ominus} = 282.7 - 0.242T \qquad kJ$$

$$Sn + \frac{1}{2}S_2 = SnS \qquad \Delta G^{\ominus}/kJ = 32.6 - 0.048T$$

在硫化剂、还原剂和空气一起送入熔渣时，既产生 CO、CO_2 和 S_2 气体，也有 FeS_2、FeS 和 C 固体颗粒，还有 FeS 熔体，它们与熔融炉渣发生了复杂的固－液－气相之间的反应。在鼓风形成的大量空气泡中，充满着 $CO-CO_2$ 和硫蒸气；在悬浮于炉渣中的黄铁矿和粉煤颗粒周围形成气体层，此气体也是由 $S_{2(气)}$ 或 $CO-CO_2$ 组成；分解后的 FeS 则可少量溶解在炉渣中，或与 SnS 形成锡硫（FeS－SnS）。这些含有还原剂、硫化剂的气泡，表面积非常大，可以使炉渣和还原剂、硫化剂充分作用,同时,溶解的 FeS 在渣中也被搅动,加速硫化反应。生成的 SnS 由于蒸气压力大,又不断被搅动,因此整个硫化挥发过程是相当充分的。

锡渣的硫化发过程要求控制黄铁矿的加入量和炉内气氛。过量的 FeS 会与 SnS 形成锡锍,降低了 SnS 的蒸气压,而且锡锍还原溶解一定量的金属锡,也降低了锡的挥发能力。在生产实践中是力求避免锡锍的生成,此时除了控制不让过量的黄铁矿加入外,还采用氧化气氛操作的措施,使过量的 FeS 氧化造渣。

烟化过程加入的粉煤实际上不仅是作还原剂,而且还是维持熔池反应所需温度的源热。在炉子升温加热和锡锍氧化时,控制粉煤燃烧空气过剩系数 $\alpha > 1$ 的氧化气氛;而当还原和硫化时,$\alpha < 1$(常用 $\alpha = 0.7 \sim 0.9$),但以不出现金属铁为限。

用于锡渣处理的烟化炉与铅渣烟化炉相似,炉子全为水套结构。我国某厂采用的烟化炉炉床面积 2.6 m²,炉身为矩形(1.2 × 2.15 m),内部高度 5.44 m。炉底和烟道靠炉子部分为内插 38 mm 直径的无缝钢管的耐热铸铁铸成,其余水套用钢板焊成。在距炉底约 100 mm 的炉子侧面有直径约 100 mm 的放出口,距炉底约 2 m 的侧水套上有液体炉渣注入口,在注入口上方设有 500 × 500 mm 的冷料加入口。距炉底 200 mm 处,炉子两端水套上还装有直径 40 mm 的风口,每边 4 个,风口为带球阀的转炉型风口,它有两个入口套管,第一个供粉煤和一次空气用,第二个供二次空气用。并附有熔化固体物料和炉渣过热的熔化炉、粉煤制造和供送系统、空气压缩机以及烟气冷却和收尘系统等附属设备。

锡渣烟化炉为间歇作业,每一周期耗时 120 ~ 160 min。周期的时间长短视进料炉渣和出料废渣的含锡量以及渣温控制、供煤强度等条件而定。烟化也分两个阶段,每个阶段控制的空气过剩系数 α 不同,氧化期 $\alpha = 1.0 \sim 1.1$,还原期 $\alpha = 0.6 \sim 0.9$。

烟化时,渣熔池深度一般为 0.6 ~ 0.8 m。进料量一般为 6 ~ 7 t/炉。送粉煤的一次风风压 60 ~ 70 kPa;二次风风压 70 ~ 100 kPa。粉煤粒度 –100 目(0.147 mm)的占 100%,–150 目(0.104 mm)的占 70%,水分小于 3%。

烟化炉对锡渣的处理能力为 20 ~ 30 t/m²·d,废渣含 0.07% ~ 0.1% 的 Sn,有价金属挥发率(%)为:Sn 98 ~ 99,Pb > 95,Zn 60 ~ 65,Cd > 95,As 65 ~ 82,In 86 ~ 88,Ge 80 ~ 90。烟尘成分(%):Sn 45 ~ 52,Fe 1 ~ 3,SiO₂ 8 ~ 10。

锡渣烟化炉硫化挥发的优点是:①可以获得含锡低的废渣,提高了冶炼回收率;②避免了铁在冶炼过程中的循环,从而使锡冶金可以使用高铁精矿;③生产能力大,可利用液态炉渣的显热。这些优点相对于传统的两段熔炼来说无疑是一项重大的进步。

思 考 题

炼锡炉渣的烟化与铅锌炉渣的烟化有何异同?

3 重金属造锍熔炼

3.1 造锍熔炼的原料及冶炼方法

3.1.1 造锍熔炼的原料

重金属造锍熔炼的原料主要有含重金属的硫化矿物和氧化矿物。重金属硫化矿物主要包括有铜、镍、铅、锑、锌等金属的硫化矿物。由于造锍熔炼这部分内容主要涉及铜和镍,下面重点叙述铜、镍硫化矿物原料。

铜、镍硫化矿物主要有:黄铜矿($CuFeS_2$)、斑铜矿(Cu_3FeS_3)、辉铜矿(Cu_2S)、镍黄铁矿$[(Fe,Ni)_9S_8]$、镍磁黄铁矿$[(Ni,Fe)_7S_8]$、钴镍黄铁矿$[(Ni,Co)_3S_4]$。

目前世界上约90%的铜和60%的镍是从硫化矿中提炼的。最常见的是黄铜矿、镍黄铁矿和镍磁黄铁矿。

现在工业上开采的铜镍硫化矿床,大都是多金属复合矿床,由许多矿物共生在一起,其中铜矿石的最低品位为0.4%~0.5% Cu,镍矿石的最低品位为0.5% Ni。伴生的硫化矿物有黄铁矿、闪锌矿、辉钼矿等,其含量往往达到必须综合利用的程度,有的还可称为铜镍矿、铜锌矿。铜、镍矿石中一般含有 Au、Ag、Pt 及铂族元素等贵金属和 Se、Te 等稀有金属。

目前,开采品位愈来愈低,能够进行直接熔炼的富矿很少。开采出来的贫矿,在冶炼之前,一般应进行选矿富集并分选出几种富精矿。一些铜、镍硫化精矿的化学成分列于表3-1中。

从精矿化学成分分析中知道,主金属 Cu 与 Ni 的含量不很高,而铁和硫的含量往往大于主金属含量。所以在铜镍硫化精矿的冶金过程中,首先应考虑提取 Cu、Ni 和回收 S,同时应该考虑很好地分离 Fe。

精矿中的脉石矿物主要有石英、石灰石、云母等。这些脉石矿物中的主要成分是 SiO_2、CaO、MgO 和 Al_2O_8。在镍精矿中难熔脉石的含量很高,因此在选择冶炼方法时应特别注意。

表3-1　铜镍硫化精矿的化学成分（w/%）

化学成分	Cu	Ni	Co	Fe	S	Zn	Pb	As
铜精矿 1	25.9	—	—	24.5	33.2	6.1	2.25	1.33
2	28.8	—	—	2.5	10.0	0.5	1.0	0.12
3	17.72	—	—	32.75	29.70	—	—	—
4	21~22	—	—	28~29	32~33	0.6~1.2	0.4~0.5	—
镍精矿 1	2.5~3	5~6	0.12	31~33	~25	—	—	—
2	0.45	14.50	0.34	33.4	32.3	—	—	—
3	0.5	7.5		40	28	—	—	—

化学成分	Sb	Bi	Ag	MgO	Al$_2$O$_3$	CaO	SiO$_2$
铜精矿 1	0.84	0.27	0.01	—	—	0.9	4.7
2	—	—	—	4.9	5.8	7.9	16.9
3	—	—	—	0.04	—	4.19	3.77
4	—	—	—	—	—	—	6~6.5
镍精矿 1	—	—	—	~8	1	~1.5	~12
2	—	—	—	5.0	—	0.81	7.6
3	—	—	—	2	4~5	—	12

　　金、银、铂族元素及硒、碲等稀贵金属是精矿中一定伴生的元素,在冶炼厂中如何富集回收,是需要高度重视的。铜镍冶炼厂应该又是贵金属冶炼厂。许多工厂不仅从精矿中回收 Au、Ag、Pt,往往还同时通过处理金精矿或含金石英矿和含贵金属的废料来提高金银的产量。

　　硫化精矿的粒度都很小,比表面积很大,具有很大的化学反应能量,与氧发生氧化反应迅速,同时可以放出大量的热能。表3-2 所示为某铜精矿和镍精矿在氧化和造渣时的发热值。

表3-2　硫化精矿和几种燃料的发热值

硫　化　精　矿、燃　料	发热值/（10^{6}J/kg）
1. 烟　煤	27.9
2. 重　油	43.0
3. 高炉煤气	2.67
4. 铜精矿（29.5% Cu,26.0% Fe,31.0% S） 　冶炼产生:①51% Cu 的铜锍、炉渣、SO$_2$	1.67
②80% Cu 的白铜锍、炉渣、SO$_2$	2.79
③粗铜、炉渣、SO$_2$	3.29
5. 镍精矿（7.5% Ni,41.0% Fe,27.8% S） 　冶炼产出: 34% Ni 的镍锍,炉渣,SO$_2$	3.03

从表 3-2 中看出,铜精矿或镍精矿进行氧化熔炼,得到适当产品时,放出的热量比高炉煤气的热值还高。因此充分利用精矿本身的这种热能,对降低冶炼过程的燃料消耗有很大的意义。同时,也是保护环境和改善劳动条件所必须注意的。

含有氧化矿物的原料也可以进行造锍熔炼,特别是氧化镍矿物。氧化矿石很难用选矿方法加以富集,一般直接送冶炼厂处理。氧化镍矿通常不含铜、硫、砷和金、银、铂族元素,但往往含有钴。几种氧化镍矿的成分列在表3-3中。

表 3-3　几种氧化镍矿的化学成分(w/%)

	Ni + CO	Fe	Cu	Cr$_2$O$_3$	SiO$_2$	Al$_2$O$_3$	MgO	CaO
硅镁镍矿	3.0 ~ 3.2	12 ~ 15	微 ~ 0.01	0.7 ~ 0.9	37 ~ 41	0.5 ~ 1.4	22 ~ 23.6	0.1 ~ 0.8
暗镍蛇纹石	1.63	–	1.80	35.3	1.39	29.00	–	
红土矿	1.0	40 ~ 48	0.01 ~ 0.05	5.12	10 ~ 17	3 ~ 5	3 ~ 5	1.5 ~ 3

据估计,氧化镍矿中仅红土矿一类便占世界镍储量的 75% 以上,有相当大的发展前途。目前由氧化镍矿生产的镍约占世界产镍量的 30%,随着冶炼技术的提高,此比例还将逐渐增大。

在选择氧化镍矿的冶炼方法时,主要是看原矿中的镍含量及脉石成分。含镍高的硅镁镍矿仍以火法处理较为普遍,而含镍较低的红土矿,则以湿法冶金更为有利。

氧化矿物除了氧化镍矿物外,比较重要的还有氧化铜矿。氧化铜矿目前也是难选的矿物原料,大都直接进行湿法冶金。几种氧化铜矿的化学成分列于表3-4 中。

表 3-4　氧化铜矿的化学成分(w/%)

编号	Cu	Fe	SiO$_2$	CaO	MgO	Al$_2$O$_3$	Pb	Au	Ag
1	2.3	28.4	39.68	1.29	2.13	5.24	0.09	0.12	9.47
2	1.180	28.0	7.79	16.0	2.98	2.71	0.24	–	–
3	0.714	47.9	17.44	3.77	1.52	–	微	0.5	4.4

注:Au、Ag 克/吨

3.1.2 铜镍矿物原料的冶炼方法

铜镍矿物原料的冶炼方法可分为两大类：火法冶金与湿法冶金。目前世界上的精铜年产量约为 1500×10^4 t,其中80%是用火法冶金从硫化铜精矿和再生铜中生产的,湿法冶金生产的精铜量只占20%。目前镍的年产量约为 100×10^4 t,采用火法冶金生产的约占总产量的60%。

根据火法炼铜的现状,其原则工艺流程如图3－1所示

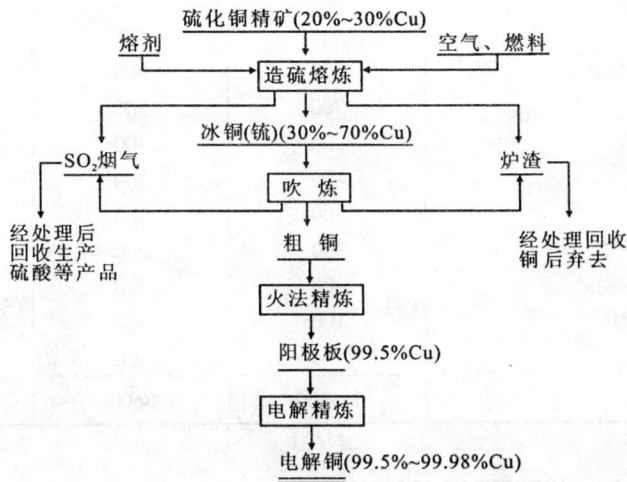

图3－1 火法炼铜原则工艺流程

从图3－1看出,含铜硫化矿经浮选后产出的硫化铜精矿含铜为20%～30%,经过造锍熔炼,只是产出一种冶金半产品——冰铜,冰铜含铜达到30%～70%,这种冰铜简称锍,其熔炼过程就称为铜精矿的造锍熔炼。造锍熔炼可在多种冶金炉设备中进行,从而导出各种炼铜方法。以1995年为例,世界上各种炼铜方法的情况见表3－5。

造锍熔炼的目的,是将精矿中铜以 Cu_2S 的形态富集到铜锍中,一部分硫被氧化以 SO_2 烟气而分离,使一部分FeS氧化为FeO,并与炉料中的全部脉石造渣,产出的炉渣含铜应低于0.5%,从而弃去或作其他用途。

铜锍除了含铜以外,其他成分主要为铁和硫,下一步处理便是用转炉吹炼使铁与硫完全氧化而与铜分离。经过吹炼可以得到含铜达98%左右的粗铜。吹炼时加入石英熔剂,使氧化了的铁造渣。这种吹炼转炉渣含铜为2%左右,需返回造锍熔炼过程或单独处理回收铜以后才能弃去。

表3-5 1995年世界各火法炼铜方法的生产能力和铜产量

火法炼铜方法	生产能力/kt	产铜量/kt	冶炼厂数量/个
奥托昆普闪速熔炼			
富氧浓度<30%	300	300	5
富氧浓度30%~50%	1600	150	10
富氧浓度50%~90%	1700	1400	8
直接生产粗铜	200	200	2
闪速熔炼-闪速吹炼	300	100	1
INCO闪速熔炼	500	400	3
反射炉熔炼	2800	1800	27
特尼恩特转炉炼铜	900	800	7
电炉熔炼	700	500	5
鼓风炉熔炼	600	400	8
三菱法炼铜	400	300	2
瓦纽柯夫法	400	300	2
澳斯麦特/艾萨法	300	300	2
诺兰达法	300	300	2
旋涡顶吹熔炼法	100	100	1
白银炼铜法	100	100	1
合　　计	11 200	8600	86

造锍熔炼与吹炼两过程中产生的 SO_2 烟气,一般用于生产硫酸或其他硫产品,使烟气中的 SO_2 浓度降到200 ppm以下才能排入大气中。

粗铜质量满足不了工业用铜的要求,必须精炼提高品位之后才能销售。精炼后得到的精铜含铜要求在99.95%以上,在精炼的同时可以回收原料中的Au、Ag、Se、Te、Bi、Ni、Co等有价金属。

炼铜原料亦可采用湿法冶金,见第六章。

镍的冶炼方法很多,比较通用的方法概括如图3-2所示。

由于镍矿具有品位低、成分复杂、伴生脉石多、属难熔物等特点,因而使镍的生产方法比较复杂。根据矿石的种类、品位和用户要求的不同,可以生产多种不同形态的产品,通常有纯镍类:电镍、镍丸、镍块、镍锭、镍粉;非纯镍类:烧结氧化镍与镍铁等。近年来,由于合金钢冶炼技术的进步,原来大多数采用纯镍类原料冶炼合金钢和不锈钢的钢厂,已改用非纯镍类,因为这样较为经济。目前国外非纯镍类的消耗量占总消耗量的30%以上。

铜和镍的各种冶炼方法,虽然各有特点而主要的火法冶炼过程是相同的,这里有:

$$\text{(1) 硫化镍精矿} \begin{cases} \text{火法：造锍熔炼—吹炼—镍铜分离精炼} \\ \text{湿法：} \begin{cases} \text{高压氨浸—氢还原—镍粉} \\ \text{常压氨浸(预氧化焙烧—选择还原—氨浸)} \\ \text{硫酸化焙烧—浸出} \\ \text{氧压酸浸—置换—浮选} \end{cases} \end{cases}$$

$$\text{(2) 氧化镍矿} \begin{cases} \text{火法：} \begin{cases} \text{还原造锍熔炼—吹炼—高镍锍精炼} \\ \text{还原镍铁熔炼—吹炼} \begin{cases} \text{镍铁} \\ \text{精炼—电镍} \end{cases} \end{cases} \\ \text{湿法：} \begin{cases} \text{常压氨浸—选择性还原熔烧—氨浸} \\ \text{高压酸浸} \end{cases} \end{cases}$$

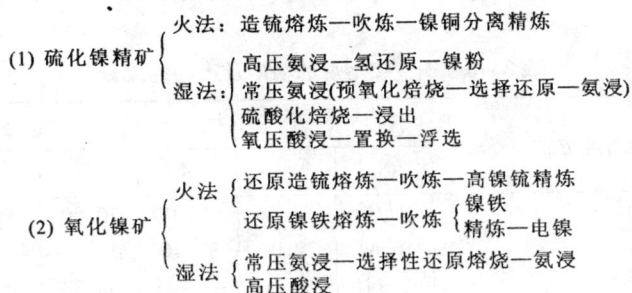

图 3-2 现行镍冶金方法略图

(1)硫化精矿包括部分富氧化镍矿可直接入炉熔炼,产出金属硫化物共熔体——锍,通称造锍熔炼。由于锍中的主体金属含量不同,因而名称亦各异。如含铜高的锍称为铜锍,含镍高者称为镍锍,铜镍含量均高时则称铜镍锍。

(2)造锍熔炼所得的主产品——锍均送转炉吹炼,进一步分离铁与硫。这个过程通称吹炼过程。铜锍的吹炼得金属铜,但是镍锍或铜镍锍的吹炼只能得到高镍锍或高铜镍锍。

除了铜镍矿物原料主要进行造锍熔炼以外,在其他重金属熔炼过程中,也会发生一些造锍熔炼反应,如铅的鼓风炉熔炼高铜原料时会产出铅锍,硫化锑精矿的鼓风炉挥发熔炼也会产出锑锍。因此在重金属矿物原料的火法熔炼过程中,造锍反应过程是一个非常有代表性的冶金方法。下面将以铜的造锍熔炼为主来叙述重金属造锍熔炼的基本原理与生产实践。

思 考 题

铜镍冶金的主要原料是什么? 其中的主要矿物是哪一些? 在选择冶炼方法时应注意些什么问题?

3.2 造锍熔炼的基本原理

3.2.1 造锍熔炼的物料及产物

造锍熔炼的物料主要包括硫化精矿和造渣用的熔剂。对于铜的造锍熔炼,熔炼的物料包括铜精矿及造渣熔剂。经过造锍熔炼,物料中除了硫氧化成 SO_2 从烟气中排出以外,其他元素,有少量的被挥发,大部分则分别进入铜锍和炉渣两种产物中。熔炼所用的精矿和产物的成分举例列于表3-6中。

表3-6 铜造锍熔炼的精矿及产物的成分

工厂及熔炼方法	精矿成分/%			铜锍成分/%		
	Cu	Fe	S	Cu	Fe	S
大冶诺兰达炉熔炼	21.0	26.0	24.0	70.00	5.00	22.00
大冶反射炉熔炼	16.44	32.04	39.10	19～28	43～49	25～25.5
白银法炼铜	10～16	29～35	33～37	32.83	33.85	25.06
哈贾瓦尔塔闪速熔炼	21.9	30.3	32.0	64.1	10.6	21.5
贵溪闪速熔炼	14.3	32.7	34.2	45	26.4	23.8
直岛三菱法连续炼铜	26.7	25.2	28.5	65.7	9.2	21.9

工厂及熔炼方法	炉渣成分(%)			
	Cu	SiO$_2$	Fe	CaO
大冶诺兰达炉熔炼	5	23.4	40.95	—
大冶反射炉熔炼	0.25～0.45	35～42	30～40	9～13
白银法炼铜	0.5		33.97	10.58
哈贾瓦尔塔闪速熔炼	1.5	26.6	44.4	—
贵溪闪速熔炼	0.8	32.7	37.6	—
直岛三菱法连续炼铜	0.5	32.3	37.1	7.8

造锍熔炼属于氧化熔炼,精矿中的FeS被部分氧化,产生了SO$_2$烟气,氧化得到的FeO则与SiO$_2$等脉石成分造渣。没有被氧化的FeS则与高温下稳定的Cu$_2$S结合形成铜锍。熔炼所用精矿和熔炼产物成分如表3-6所示。

除了铜精矿的造锍熔炼以外,镍的造锍熔炼产出镍锍或铜镍锍,在铅的还原熔炼过程产出的铅锍,硫化锑精矿的鼓风炉挥发熔炼产出的锑锍,这些产物的成分举例列于表3-7中。

表3-7 各种锍产物的成分(%)

产物	Cu	Ni	Pb	Fe	S	Zn	Sb
铜镍锍(铜冰镍)	4.0	9.4	—	54.2	24.7	—	—
镍锍(冰镍)	—	15～18	—	60～63	16～20	—	—
铅锍	40.0	—	16.0	7.0	19.3	3.5	—
锑锍	—		—	50	20	—	5

造锍熔炼得到的主要产物锍(冰铜、冰镍或铜冰镍等),一般要经过吹炼过程,使其进一步氧化及其他处理步骤才能得到金属。吹炼仍然是 MS 的氧化,使铁完全氧化造渣,硫完全氧化得 SO_2 烟气。因此有色金属的硫化物熔炼,实质是MS 矿物的氧化熔炼过程。在熔炼高温(1200~1300 ℃)下,产出液态金属、液态炉渣和 SO_2 烟气,锍只是熔炼过程的中间产物,但是它对熔炼过程的顺利进行有很大影响,必须重视。

3.2.2 造锍熔炼过程中的物理化学变化

硫化物的熔炼可认为是有色金属硫化精矿的直接熔炼和吹炼,目的是使精矿中的有价金属熔融成锍相,然后进行吹炼使锍相中的不需要组分优先氧化分离,而有价金属硫化物还原为金属。这是过去和不远的将来从硫化精矿中生产铜和镍的主要方法。过去铅的反应熔炼,以及近来发展的硫化铅精矿的直接熔炼得金属铅,也是属于硫化物冶炼的类型。

硫化物熔炼是氧化过程,熔炼的主要目的是使硫化物氧化得到金属。以硫化铜精矿熔炼为例,熔炼是使其中的黄铜矿氧化得金属铜、二氧化硫和含铁硅酸盐弃渣,总的化学反应式可概括为:

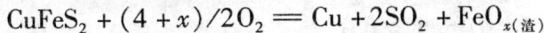

$$CuFeS_2 + (4+x)/2O_2 = Cu + 2SO_2 + FeO_{x(渣)}$$

熔炼过程中遇到的主要困难是:①主金属在渣中有一定的损失;②有高熔点的磁性氧化铁(Fe_3O_4)或其他化合物生成。为了减少这些困难的程度,可将熔炼分成几个阶段进行,使物料(半产品)与过程进行逆向运动,同时还需采取加入适当的熔剂来造渣、选择适当的冶炼方法和控制好温度等措施。

硫化物原料的氧化熔炼过程是放热反应,放出的热量可以抵偿熔炼所需总热量的一部分。充分利用这种热量便能降低熔炼过程的能耗。硫被氧化后以SO_2 烟气加以回收,回收的程度对环境保护影响较大。所以 70 年代以来,硫化矿物原料的熔炼遇到的新问题,是如何利用精矿本身的热能和满足环境保护的要求。为适应这种新的要求,发展了许多新的冶炼方法。这些方法可分为闪速熔炼与熔池熔炼两大类型。其设想都是强化反应过程以缩短冶炼时间,充分利用硫化物本身的能量和应用富氧空气甚至工业氧来降低能耗,同时可以提高硫的利用程度,以减少对环境的污染。

不管是一直沿用的还是近来发展的造锍熔炼方法,都是在较高的温度(1200~1300 ℃)下进行的,化学反应的速率很大,可认为在瞬间内即可达到平衡。加入的冷炉料与炉内火焰、熔体之间的温度差别很大,为加快传热速度提供了条件。在许多新的熔炼方法中,硫化矿物料是与高氧势的气氛接触,质传递速度也很快。所以反应的动力学因素一般不是熔炼过程的控制步骤,而热力学的研究却是十分重要的,并成为熔炼过程的决定性因素。下面详细介绍硫化物熔炼的物理化学变化。

3.2.2.1 氧化熔炼高温下的离解与氧化反应

在 1200 ℃以上的熔炼温度下,所有高价化合物均会发生离解反应。精矿中常见的高价硫化物的离解反应有:

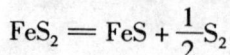

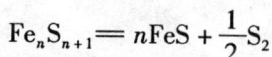

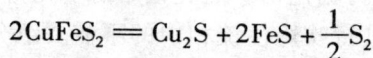

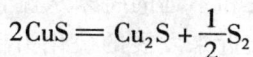

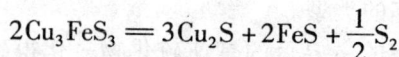

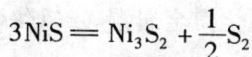

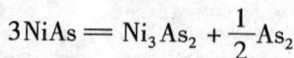

$$FeS_2 = FeS + \frac{1}{2}S_2$$

$$Fe_nS_{n+1} = nFeS + \frac{1}{2}S_2$$

$$2CuFeS_2 = Cu_2S + 2FeS + \frac{1}{2}S_2$$

$$2CuS = Cu_2S + \frac{1}{2}S_2$$

$$2Cu_3FeS_3 = 3Cu_2S + 2FeS + \frac{1}{2}S_2$$

$$3NiS = Ni_3S_2 + \frac{1}{2}S_2$$

$$3NiAs = Ni_3As_2 + \frac{1}{2}As_2$$

常见氧化物或碳酸盐等的离解反应有:

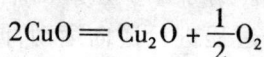

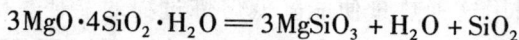

$$2CuO = Cu_2O + \frac{1}{2}O_2$$

$$CaCO_3 = CaO + CO_2$$

$$MgCO_3 = MgO + CO_2$$

$$3MgO \cdot 4SiO_2 \cdot H_2O = 3MgSiO_3 + H_2O + SiO_2$$

$$CaSO_4 = CaO + SO_3$$

所有上述离解反应均为吸热反应。在氧化气氛下,离解反应产生的 S_2 会被氧化为 SO_2;高价硫化矿物也会被直接氧化,如:

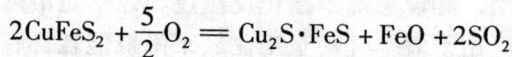

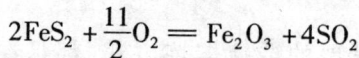

$$2CuFeS_2 + \frac{5}{2}O_2 = Cu_2S \cdot FeS + FeO + 2SO_2$$

$$2FeS_2 + \frac{11}{2}O_2 = Fe_2O_3 + 4SO_2$$

$$2CuS + O_2 = CuS + SO_2$$

$$2NiS + 3O_2 = 2NiO + 2SO_2$$

离解反应产生的低价硫化物会发生氧化反应,如:

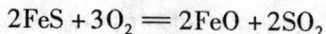

$$2FeS + 3O_2 = 2FeO + 2SO_2$$

90

$$2Cu_2S + 3O_2 =\!\!= 2Cu_2O + 2SO_2$$

$$2Ni_3S_2 + 7O_2 =\!\!= 6NiO + 4SO_2$$

在硫化铜、镍精矿的氧化造锍熔炼过程中,稳定的铜化合物是 Cu_2S 与 Cu_2O,铁化合物是 FeO 与 FeS,镍化合物是 Ni_3S_2 和 NiO,这些稳定的化合物会进一步相互反应或与精矿中其他组分反应,形成熔炼的最终产物——锍与炉渣。

3.2.2.2 锍的形成及其特性

在高温熔炼的条件下控制一定的氧化气氛或者说控制一定的氧料比,即可控制使一部分铁的硫化物不被氧化,仍以 FeS 的形态存在。这样一来即使有一些铜的硫化物被氧化为 Cu_2O,仍可被 FeS 硫化转变为 Cu_2S,其反应式为:

$$[FeS] + (Cu_2O) =\!\!= (FeO) + [Cu_2S]$$

$$\Delta G^\ominus = -144750 + 13.05T \qquad J$$

$$K = \frac{a_{(FeO)} \cdot a_{Cu_2S}}{a_{[FeS]} \cdot a_{Cu_2O}}$$

该反应的平衡常数在 1250 ℃ 的 $\lg K$ 为 9.86,说明反应在熔炼温度下急剧地向右进行。一般来说只要体系中有 FeS 存在,Cu_2O 就将转变为 Cu_2S,而 Cu_2S 和 FeS 便会互溶形成铜锍($FeS_{1.08}$ – Cu_2S)。这一反应可视为造锍熔炼过程的代表反应。

铁的硫化物 FeS 在高温下能与许多重金属硫化物形成共熔体——锍,如 FeS – Cu_2S 假二元系(图 3 – 3)。该二元系在熔炼高温下(1200 ℃),两种硫化物均为液相,完全互溶为均质溶液,并且是稳定的,不会进一步分解产生金属铜与铁并析出硫蒸气。

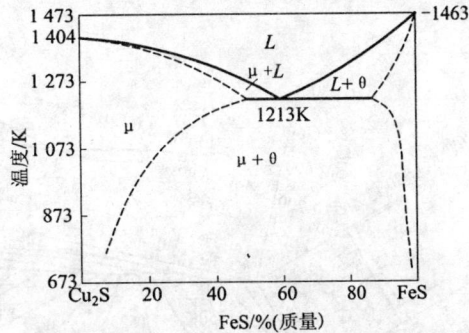

图 3 – 3 Cu_2S – FeS 二元系

FeS 能与许多金属硫化物形成共熔体的重叠液相线,其简图见图 3 – 4。FeS – MS 共熔的这种特性,就是重金属矿物原料造锍熔炼的重要依据。

铜锍的组成主要是 Cu – Fe – S(Cu_2S – FeS)系。由于硫化镍原料往往含有铜,所以镍锍应为 Cu_2S – Ni_3S_2 – FeS 系即 Ni – Cu – Fe – S 系。氧化镍矿(含铜少)进行还原硫化熔炼所产生的镍锍才是 Fe – Ni – S 系(FeS – Ni_3S_2)。

图 3 – 5 为 Cu – Cu_2S – $FeS_{1.08}$ – Fe 系状态图。理论的铜锍成分应在图中

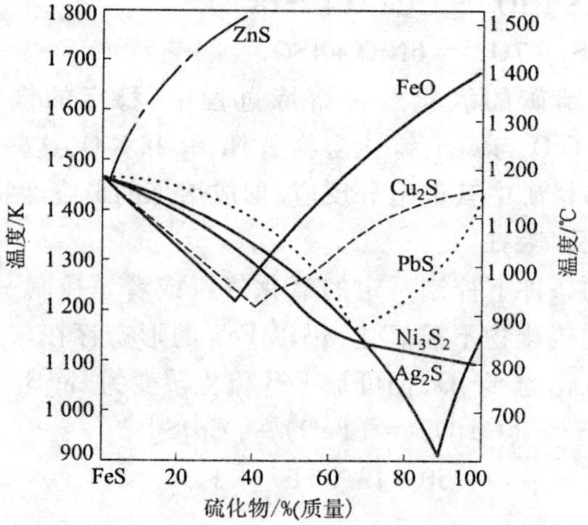

图 3-4 FeS-MS 二元系的液相线

$Cu_2S-FeS_{1.08}$ 线上波动。在工业熔炼的条件下高于此线的过多的硫会分解出来，而且铜锍中一定溶解有金属和氧化物，所以其中的硫含量比 $Cu_2S-FeS_{1.08}$ 系化学计量的要少。因此实际上的铜锍成分是在 $Cu_2S-FeS_{1.08}$ 线与 2 液相分层区

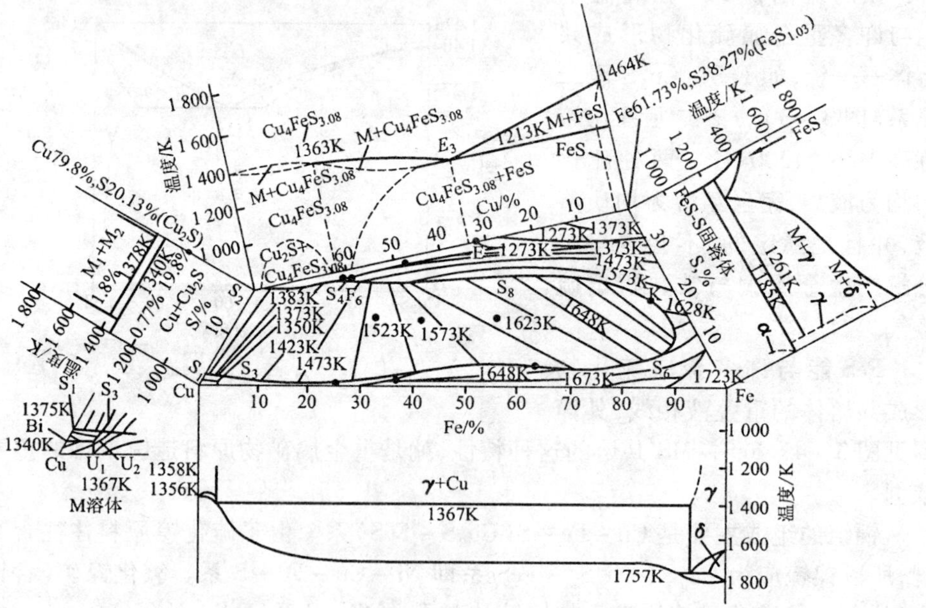

图 3-5 $Cu-Cu_2S-FeS_{1.08}-Fe$ 系状态图

之间,即在还原硫化熔炼的条件下,铜锍中溶解有金属,在氧化熔炼的条件下,铜锍与液态炉渣或固体 Fe_3O_4 接触,其中便溶解有铁的氧化物(FeO, Fe_3O_4)。从 FeS-FeO 系可知,在高温下它们完全互溶,所以 Cu_2S-FeS 系就溶解有 FeO。图 3-6 说明了这种变化,铜锍中 Cu_2S 含量增加,含氧量就减少,纯 Cu_2S 中的含氧量趋近于零。若铜锍与炉渣共存时,由于 SiO_2 增加,FeO 的活度减少,铜锍中溶解的氧量就会减少。

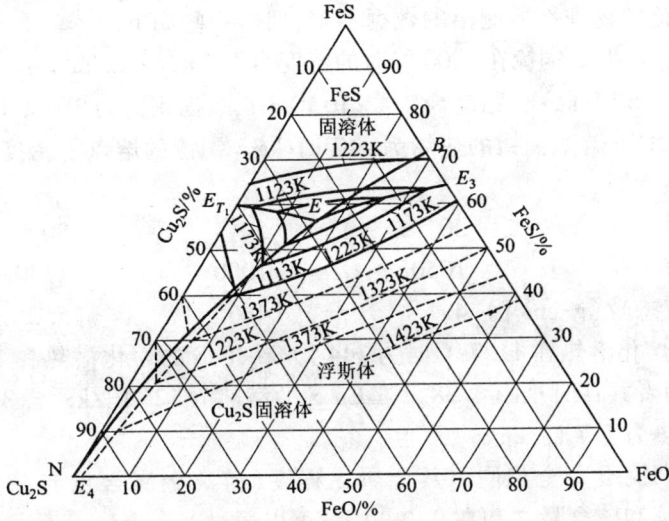

(a) Cu_2S-FeS-FeO系等熔度图

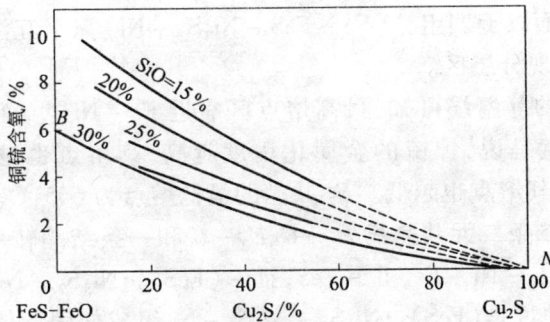

(b) 铜锍中的含量与共存的渣相中SiO_2含量的关系,
BN线为SiO_2饱和的FeO-SiO炉渣

图 3-6 FeO 溶入 Cu_2S-FeS 系中

Cu-Fe-S 系低熔区的温度约为 1223 K,其成分波动范围为:Cu 25% ～

40%，Fe 30% ~40%，S 约 30%。实际铜锍成分的波动范围为：Cu 25% ~65%，Fe 10% ~45%，S 22% ~25%。随着选矿与冶炼技术的进步，铜锍品位逐年提高。已从 50 年代的 30% ~45% 提高到到 70 年代的 50% ~65%，个别已达到 70% 以上。

铜锍中除含有 Cu_2S 和 FeS 以及铁的氧化物以外，还含有 PbS、ZnS、Co_3S_2 等金属硫化物。原料中的 Au、Ag 及铂族等贵金属在熔炼过程中，差不多全部进入铜锍中，Se、Te、As、Sb 等元素也部分溶解在铜锍中。所以实际的铜锍成分是很复杂的。

关于铜锍的物理性质测出的数据不多，列出一些如下。

60% Cu_2S – FeS 铜锍在 1200 ℃ 时的密度为 4.7×10^3 kg/m^3，导电率为 3×10^4 S/m，比热为 0.6 kJ/kg·K，粘度为 2.4×10^{-3} Pa·s，表面张力为 360×10^{-3} N/m。

在 1000 ℃ 下熔融铜锍的热焓为 840 kJ/kg。铜锍的熔点与密度随品位变化如下：

品位/%	30	50	80
熔点/℃	1050	1000	1130
密度(液态)/(g·cm^{-3})	4.1	4.6	5.2

Cu_2S 的熔化潜热在 1127 ℃ 时为 144 kJ/kg，FeS 的熔化潜热在 1195 ℃ 时为 238 kJ/kg，两者共存时推断含 58.2% Cu_2S 的潜热为 126 kJ/kg，含 32% Cu_2S 的共晶点的潜热为 117 kJ/kg。

镍锍与铜锍不完全相同。其金属化程度(游离金属含量与总金量含量之比)高。铁、镍和硫含量之和在 95% 以上，可以通过 Fe – Ni – S 系相图来研究镍锍。Fe – Ni – S 系相图与冶金有关的部分如图 3 – 7 所示。由图 3 – 7 可知：

(1)在液相面以上四组分(Fe – FeS – Ni_3S_2 – Ni)完全互溶，不存在像 Fe – Cu – S 系那样出现分层区。

(2)从相图的等温线可知，最高熔点区靠近 Fe – Ni 边，而最低熔点区则靠近 E_2 附近。也就是说，镍锍的金属化程度越高，其熔点也越高。反之镍锍中 Ni_3S_2 含量越高，其熔点也越低。E_2 共晶的最低熔点为 645 ℃。

(3)相图被二条二元共晶线 E_1 – G、E_2 – G 和一条结晶转变线 V – G 分成三个初晶面区：即 I – Ni – Fe，II – FeS，III – $(FeS)_2 \cdot Ni_3S_2$ – Ni_3S_2 – $Ni_3S_2 \cdot$ Ni 的固溶体，更确切地说是 $(FeS)_2 \cdot Ni_3S_2$ – Ni_3S_2 – Ni 组成的固溶体。I 区占据此相图的绝大部分。镍锍的品位比铜锍低，一般为 16% ~20%，故正好落在 I 区内。因为镍锍的熔点比铜锍高，故熔炼时炉温也要求较高。不然，当本床温度稍下降时，便有可能引起 Ni – Fe 析出形成炉结。

铜镍锍是 Cu – Ni 硫化矿造锍熔炼的产物，其主要组分是 Ni_3S_2、Cu_2S、FeS，属 Ni – Cu – Fe – S 四元系。另外还含有一些钴的硫化物，少量游离金属和微量

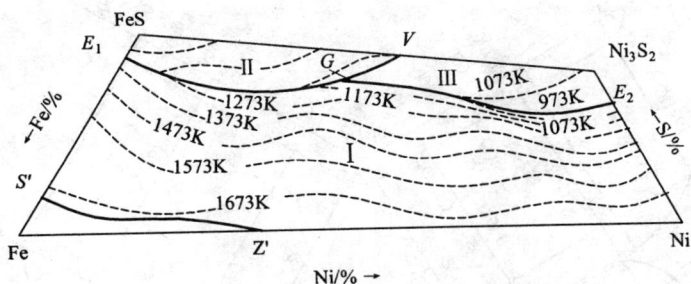

图 3 - 7　Ni - Ni₃S₂ - FeS - Fe 相图

铂族元素等,当然也溶解有 Fe_3O_4 和极微量其他造渣组成。

电炉熔炼得到的铜镍锍,其中铜和镍的总含量大都在 13% ~ 25% 之间,其含硫量为 22% ~ 27%。此硫含量不足以使全部金属形成硫化物。硫量不足的原因是由于有一部分金属(主要为铁)以元素状态或以氧化物(Fe_3O_4)状态溶解于铜镍锍的缘故。

固体铜镍锍的密度约为 4.6 ~ 5.0。熔点在 1273 ~ 1323 K 之间变化。固体铜镍锍的比电导为 50 $\Omega^{-1} \cdot cm^{-1}$。

思 考 题

1. 铜锍、镍锍和铜镍锍三种造锍熔炼产物有何异同?
2. 铜、镍氧化物料能进行造锍熔炼吗? 为什么?

3.2.2.3　造锍熔炼的炉渣及其特性

在造锍熔炼的过程中,炉料中的脉石主要有石英(SiO_2)、石灰石($CaCO_3$)等,它们将与氧化后产生的 FeO 进行反应,便形成复杂的铁硅酸盐炉渣。某些铜造锍熔炼炉渣成分参见表 3 - 6。这种炉渣一般属于 $FeO - SiO_2$ 系和 $FeO - SiO_2 - CaO$ 或 MgO 系,个别情况下可得到 $FeO - SiO_2 - Al_2O_3$ 系炉渣。$FeO - SiO_2 - CaO$ 系状态图见图 3 - 8。

从图 3 - 8 可以确定一定组成的炉渣的熔化温度是多少。利用这些氧化物的共晶组成,可以得到熔点最低的炉渣组成。例如 $FeO - SiO$ 系中 Fe_2SiO_4 铁橄榄石附近的熔点比较低,约为 1200 ℃。加入 CaO 后,熔点有所降低,降至图 3 - 8 中的 $S - K$ 点附近,熔化温度降至 1373 K 左右。在铜精矿的造锍熔炼过程中,必须注意 Fe_3O_4 的变化,所以需要研究 $FeO - Fe_2O_3 - SiO_2$ 渣系,如图 3 - 9 所

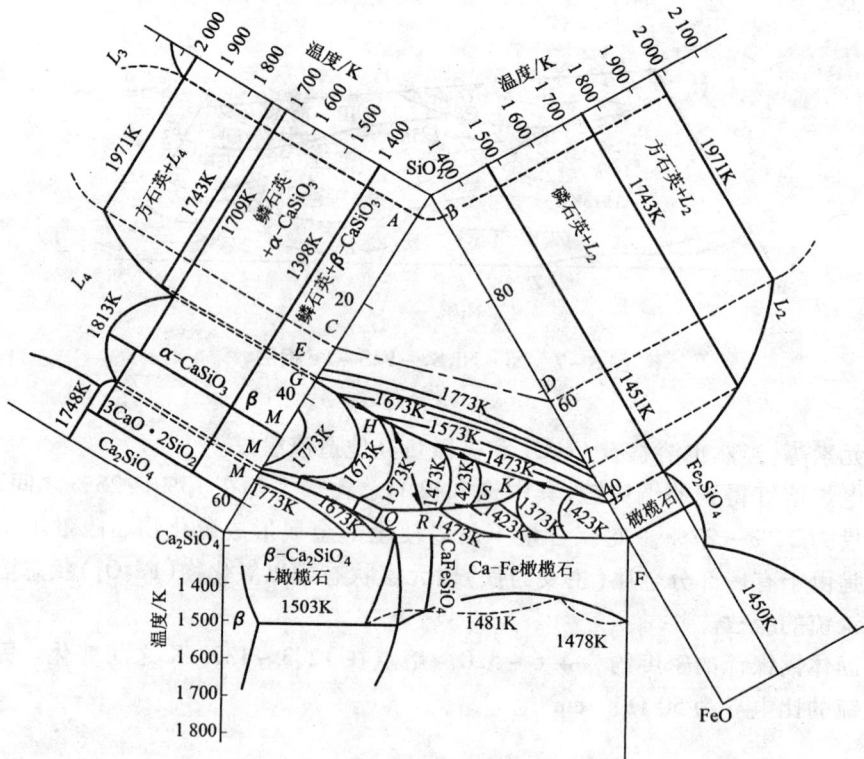

图 3 - 8 FeO - SiO₂ - CaO 系状态图

示。这种渣系具有 4 个初晶面,即 Fe 相、FeO 浮斯体相、Fe_3O_4 相和 SiO_2 相。在一定温度下的熔体区域呈四边形,为 $FeO - SiO_2$ 系渣中溶解了一定数量的 Fe_3O_4 的炉渣。这个熔体区随温度升高而扩大。在熔炼温度 1200 ~ 1300 ℃下,Fe_3O_4 的饱和溶解度为 10% ~ 20%。铜锍和镍锍吹炼所产生的炉渣,可以认为是一种为 Fe_3O_4 饱和的 $FeO - SiO_2$ 系炉渣。

三菱法连续炼铜的吹炼过程采用的是一种特殊组成的炉渣,是几乎不含 SiO_2 的 $CaO - Fe_3O_4 - Cu_2O$ 系炉渣,能溶解大量的磁性氧化铁(Fe_3O_4),并具有良好的流动性(见图 3 - 10)。这种炉渣成分的一例为:59% Fe_3O_4,15% CaO,17% Cu_2O。

图 3 - 10 表明,在 1300 ℃熔炼温度下,$FeO - Fe_2O_3 - CaO$ 系的均匀液相区($PQRR'Z'ZVP$ 实线)保持在很宽的氧分压($p_{O_2} = 10^{-6} \sim 10^5 Pa$)范围内;而 $FeO - Fe_2O_3 - SiO_2$ 系的均匀液相区只能保在 $p_{O_2} = 10^{-6} \sim 10^{-1} Pa$ 的范围内($abcd$ 虚线)。可见 $FeO - Fe_2O_3 - CaO$ 渣系具有很大的容纳铁氧化物的能力,从而可避

96

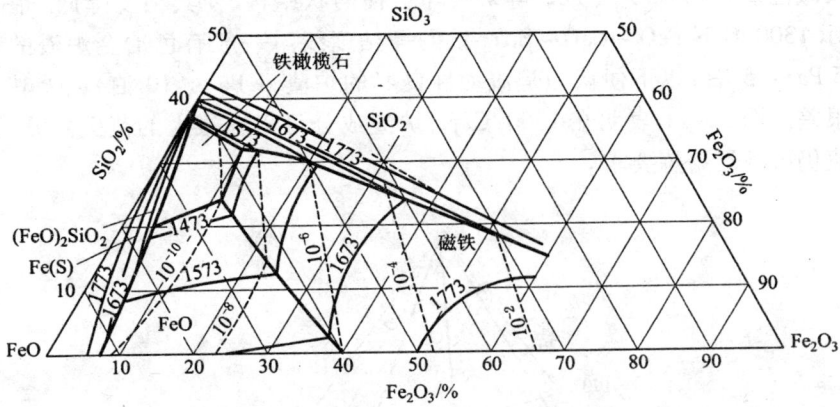

图 3 – 9   FeO – Fe₂O₃ – SiO₂ 系液相面

说明:粗实线为液相界线,细实线为等液相线,破折线为等氧压线,温度为 K

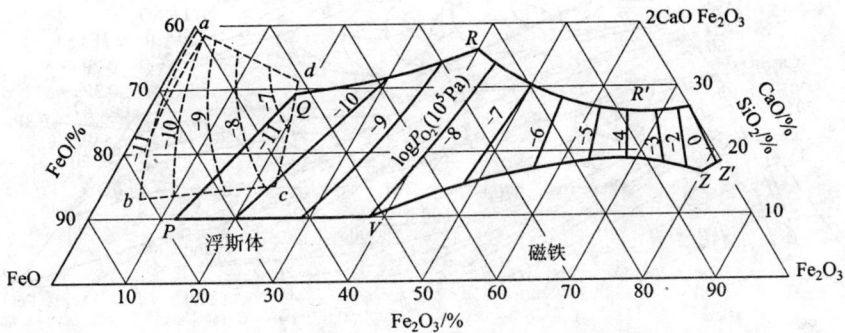

图 3 – 10   1300 ℃下 FeO – Fe₂O₃ – CaO 系(实线)与
FeO – Fe₂O₃ – SiO₂ 系(虚线)等氧压线及均液相区

免高氧势下 Fe₃O₄ 的麻烦问题。这种渣系对闪速吹炼更为合适。

由于镍矿原料往往含有较高的 MgO,所产炉渣含 MgO 也就较高,金川公司电炉熔炼所产炉渣成分(%)为:0.15 ~ 0.24 Ni,0.095 ~ 0.12 Cu,0.07 ~ 0.079 Co,22 ~ 27 Fe,41 ~ 45 SiO₂,18 ~ 20 MgO,2.45 CaO。

关于炉渣的组织结构及其一般的物理性质参阅冶金原理的有关资料。

炉渣的性质对熔炼作业的进行有着十分重要的意义。在一般熔炼过程中都希望得到流动性好即粘度小的炉渣。炉渣中的 SiO₂ 以络阴离子的形态存在,它的最小单位为四面体结构的 SiO_4^{4-}。随着炉渣中 SiO₂ 含量的增加,四面体连接增大形成 $Si_2O_7^{6-}$ 甚至 $Si_xO_{3x}^{2x-}$ 等复杂的网状结构。炉渣的粘度也显著增大,因此应加入碱性氧化物 CaO 及 FeO 等来破坏这种网状结构,使其粘度降低。图 3 – 11 表示 1300 ℃下 FeO – CaO – SiO$_2$ 系的等粘度线。一般有色冶金炉渣的粘度在 0.5 Pa·s(5 泊)以下便认为是流动性良好的炉渣,1 Pa·s(10 泊)以上其流动性便很差。图 3 – 11 表明在 1300 ℃下,炉渣成分可以在很大的范围内波动,其粘度值仍可满足熔炼要求。

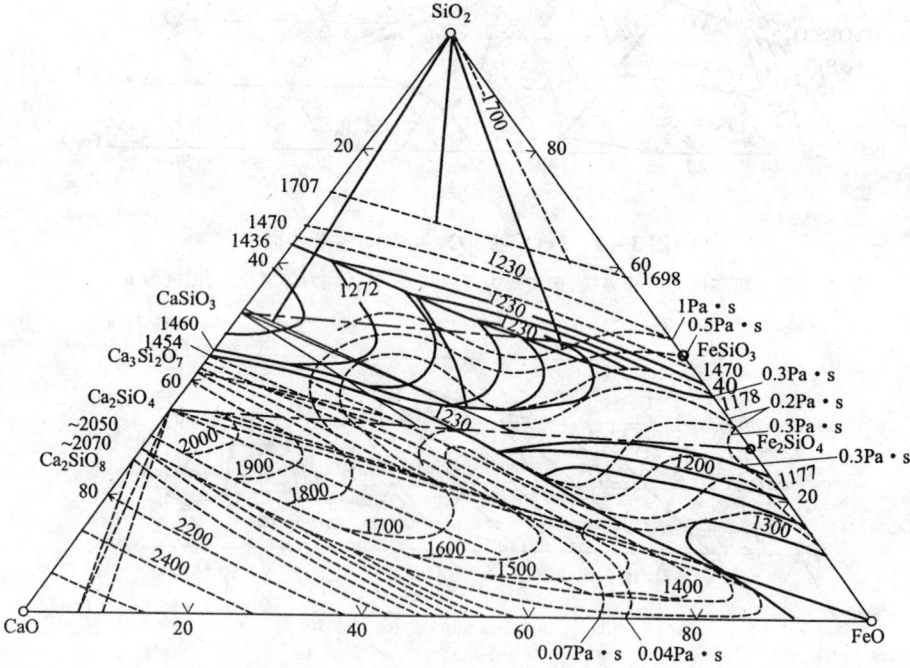

图 3 – 11　CaO – FeO – SiO$_2$ 系 1300 ℃下的等粘度线(图中温度数据为 ℃)

结合炉渣的熔度与粘度来分析,FeO·SiO$_2$ – 2FeO·SiO$_2$ 组成附近的炉渣具有较低熔点和较小的粘度。在此基础上增加过多的 FeO 量,虽然还可以降低粘度,但熔点升高了。再提高 SiO$_2$ 的含量更是不利,不仅熔点升高,粘度也增大了。炉渣的粘度是随固相组分的析出而显著增大。所以应该调整炉渣的组分以得到低熔点的炉渣,使其在熔炼温度下得到均一的熔体。Al$_2$O$_3$ 作为酸性氧化物存在于炉渣中则增加粘度。CaF$_2$(萤石)是作为降低粘度的熔剂加入的,有较大的效果。MgO 及 ZnS 在炉渣中的含量虽然不高,但也升高熔点,增大粘度。少量的 ZnO 和 Fe$_2$O$_3$(Fe$_3$O$_4$)存在于炉渣中有降低粘度的趋势,过多的含量便显著提高粘度。

炉渣的导电率对电炉熔炼有很大的意义。炉渣的导电率与粘度有关。一般来说,粘度小的炉渣便具有良好的导电性。含 FeO 高的炉渣除了离子传导以外,还有电子传电而具有很好的导电性。

炉渣的表面张力,或者炉渣与铜锍或金属之间的界面张力,对于铜锍或金属粒子悬浮于炉渣中有很大影响。与炉渣的密度和粘度一样,影响金属入渣的损失。关于金属入渣的损失将在后面叙述。

一般硅酸盐炉渣熔体的比热为:1.2 kJ/kg·K(酸性炉渣)或1.0 kJ/kg·K(碱性炉渣)。熔融炉渣的热熔为:1250(1373 K)~1800(1673 K)kJ/kg。熔化热约为420 kJ/kg。

炉渣自炉中放出经处理回收金属后,一般废弃,但近来固化炉渣已用于水泥建材、化肥等工业上。如何回收熔融炉渣的热含量也应值得重视。

思 考 题

1. 造锍熔炼的炉渣有何特点?
2. 分析铜锍一般吹炼的炉渣与三菱法连续吹炼渣的优缺点。

3.2.2.4 造锍熔炼过程中硫化物的优先氧化反应

下面两个一般的热力学平衡反应,对硫化物熔炼有很大的意义:

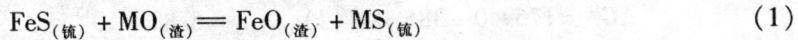

$$FeS_{(锍)} + MO_{(渣)} = FeO_{(渣)} + MS_{(锍)} \tag{1}$$

$$2MO + MS = 3M + SO_2 \tag{2}$$

反应式中的 M 代表 Cu、Ni、Pb 等金属。反应(1)和(2)从左向右进行的完全程度,取决于熔炼的温度和熔体的组成。反应(1)可看作是锍中 FeS 的优先氧化。反应(2)可认为是 MS 中的 S 作为 MO 的还原剂,是硫化物优先氧化生产金属的基本反应。

几种金属的反应(1)在熔炼温度 1227 ℃下的热力学数据列于表 3-8。反应前后所有物质均为液态。表 1-7 中所列反应均为放热反应,在标准条件下反应都是从左向右自发进行,对于多数情况来说,这些特性是由于 FeO 的热力学稳定性要比 FeS 大得多所致。

表 3-8 MS-MO 相互反应的热力学特性(1500 K)

反　　应	$\Delta H^{\ominus}$ /(kJ·mol^{-1})	$\Delta G^{\ominus}$ /(kJ·mol^{-1})	$K_{平}$
$FeS_{(液)} + Cu_2O_{(液)} = Cu_2S_{(液)} + FeO_{(液)}$	-141.944	-132.77	41800
$FeS_{(液)} + PbO_{(液)} = PbS_{(液)} + FeO_{(液)}$	-76.831	-58.74	111
$FeS_{(液)} + NiO_{(液)} = NiS_{(液)} + FeO_{(液)}$	-48.44	-54.64	79.6

表 3-8 所列反应的每一个组分不是溶解在锍中,便是溶解在渣中,这样它们的活度均小于1。为了减少金属随渣的损失,渣中 MO 的活度应尽可能小,渣中 MO 的活度表示为:

$$a_{MO(渣)} = \frac{a_{MS(锍)}}{a_{FeS(锍)}} \cdot \frac{a_{FeO(渣)}}{K_平}$$

$a_{MO(渣)}$ 的表示式说明,为了使 MO 不溶于渣中以减少金属随渣的损失,应该做到:①使 $K_平$ 很大;②使锍中应富含 FeS,少含 MS,即降低 a_{MS}/a_{FeS} 比值;③使炉渣中 a_{FeO} 应该小一些。但是冰铜与炉渣特别是炉渣都不是理想溶液,要想用平衡概念来判断金属在锍中和炉渣中的定量分配,就必须注意研究这种非理想溶液的规律。

下面具体计算一下铜锍与镍锍吹炼时,铜与镍进入渣中的含量。利用热力学数据,可求得下列反应的平衡常数如下:

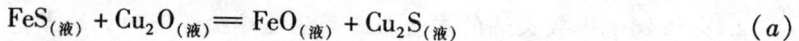

$$FeS_{(液)} + Cu_2O_{(液)} = FeO_{(液)} + Cu_2S_{(液)} \qquad (a)$$
$$\Delta G^\ominus = -144570 + 13.05T(J), K_{1473} = 2.78 \times 10^4$$
$$7FeS_{(液)} + 9NiO_{(固)} = 3Ni_3S_{2(液)}$$
$$\qquad\qquad + 7FeO_{(液)} + SO_2 \qquad (b)$$
$$\Delta G^\ominus = 176940 - 385.04T(J), K_{1473} = 6.82 \times 10^{13}$$
$$2FeS_{(液)} + 3NiO_{(固)} + Fe_{(\gamma)} = Ni_3S_{2(液)} + 3FeO_{(液)} \qquad (c)$$
$$\Delta G^\ominus = -18720 - 109.25T(J), K_{1473} = 2.34 \times 10^6$$

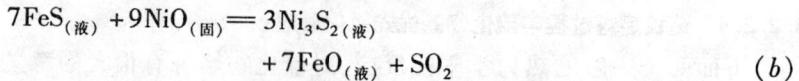

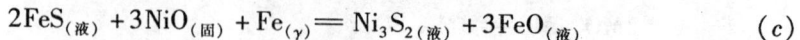

假定 $a_{FeO} = 0.4$,$a_{FeS} = 0.4$,$a_{Cu_2S} = 0.5$(铜锍中的 MS 和炉渣中的 FeO 的活度接近于它们的摩尔分数),可求出 1200 ℃ 下反应 (a) 的 $a_{Cu_2O} = 1.8 \times 10^{-5}$,则渣中铜的质量百分含量 $\omega_{Cu} = 0.13\%$。这就说明以 Cu_2O 形式存在的渣铜损失是很少的,只要有 FeS 存在,铜就主要进入铜锍中。从 (b)、(c) 两式的 K 值来看,两反应均向右进行,FeS 比 Ni_3S_2 容易氧化。假定 $a_{Ni_3S_2} = 0.5$,$a_{FeS} = 0.4$,$a_{FeO} = 0.4$,$\gamma_{NiO} = 2.5$,在 $p_{SO_2} = 0.1$,利用反应 (b) 的平衡常数值,可求出 $x_{NiO} = 0.0071$,$w_{Ni} = 0.16\%$。从这些计算结果看出,由于 FeS 的还原作用,铜、镍入渣的量应该不多,而主要进入铜锍。但是 NiO 要比 Cu_2O 稳定。锍中 Cu 与 Ni 的品位上升时,由于 a_{FeS} 减小,在一定平衡常数下,a_{Cu_2O} 或 a_{NiO} 必然增大,致使渣中铜镍损失升高。

几种有色金属的硫化物和氧化物相互反应(2)的热力学数据列于表 3-9 中。

表 3 - 9　几种有色金属的 MO + MS 反应(2)的热力学特性

反　　　　应	$\Delta H^{\ominus}$	$\Delta G^{\ominus}$	$\Delta H^{\ominus}$	$\Delta G^{\ominus}$
	/(J·mol^{-1})(1227℃)		/(J·mol^{-1})(1527℃)	
$Cu_2S_{(液)} + 2Cu_2O_{(液)} = 6Cu_{(液)} + SO_2$	30439	-53908	-	-
$PbS_{(液)} + 2PbO_{(液)} = 3Pb_{(液)} + SO_2$	145289	-60795	-	-
$Ni_3S_{2(液)} + 4NiO_{(固)} = 7Ni_{(固液)} + 2SO_2$	218477	33203	269852	-5610
$ZnS_{(固)} + 2ZnO_{(固)} = 2Zn_{(气)} + SO_2$	940944	168484	-	-

表 3 - 9 中的 MO + MS 的反应均为吸热反应,当温度升高时,平衡更加向右移动。在 1227℃,当 SO_2 分压接近于 101 kPa 时,铜、铅硫化物熔炼可以按表所列反应生产铜和铅。但是镍的硫化物熔炼则要求在更高的温度下才能进行,如 1527℃,Ni_3S_2 才会还原 NiO 得到金属镍。

为了使 MS 优先氧化产生 M 而不是 MO,必须使反应(2)向右进行。以铜熔炼为例,如果将空气鼓入温度为 1500 K 的硫化铜熔体,下述反应(3)和(4)将强烈地自发从左向右进行,便会产生 Cu_2O 和 Cu:

$$2Cu_2S + 3O_2 \longrightarrow 2Cu_2O + 2SO_2 \tag{3}$$

$$Cu_2S + O_2 \longrightarrow 2Cu + SO_2 \tag{4}$$

反应(3)进行后产生的 Cu_2O 便会按反应(2)与 Cu_2S 发生反应产生 Cu。只要体系中的 Cu_2S 还有较大的活度,反应(3)和(2)便相继发生而产出金属铜。

应该指出,反应(2)只是硫化物熔炼优先氧化生产金属的最简单的化学规律。为了更清楚地说明熔炼的反应本质必须研究 M - S - O 三元系,以及硫化物、氧化物和金属熔融相中和组分的非理想的变化。

图 3 - 12 表示纯黄铜矿精矿熔炼的一般情况,说明应如何控制优先氧化来确定造锍熔炼和吹炼的措施。

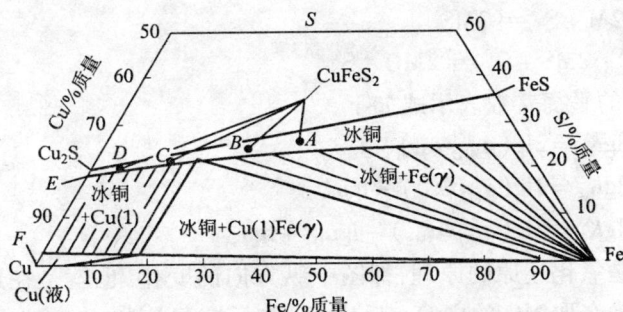

图 3 - 12　1200℃的 Cu - Fe - S 系

在一般的造锍熔炼过程中,只有 Fe 和 S 被氧化,因为反应(1)限制了 Cu_2S 的氧化。如反射炉熔炼生精矿时,黄铜矿首先发生离解反应:

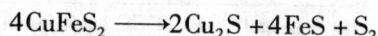

$$4CuFeS_2 \longrightarrow 2Cu_2S + 4FeS + S_2$$

析出的 S 被氧化以 SO_2 烟气排出,少量 FeS 被氧化,产出低品位(<40%)的铜锍,即图 3 – 12 中的 A 点。新的闪速熔炼和熔池熔炼则使大部分 FeS 氧化而产出高品位铜锍,如 Inco 氧气闪速熔炼产出品位为 50% 的铜锍(图 3 – 12 中的 B 点),Outokumpu 闪速熔炼和三菱法连续炼铜产出的铜锍品位为 65%(图 3 – 12 的 C 点);Noranda 熔池熔炼能炼出品位为 75% 的铜锍(图 3 – 12 的 D 点)并能较完全氧化炼出含硫高的粗铜来(图 3 – 12 的 E 点)。

各种品位的铜锍吹炼是沿着 A – B – C – D – E 的途径,使铜锍中的 FeS 优先氧化后造硅酸盐炉渣的,这是反应(1)的自发反应并不会使 Cu_2S 氧化。只有当铜锍中 FeS 的活度很小,接近白铜锍组成(图 3 – 12 的 E 点)时,铜才被氧化而造成大量的铜入渣损失。从 E 到 F 的途径是按反应(2)自发进行,使 Cu_2S 中的硫优先氧化而得到金属铜。

思 考 题

用图 3 – 12 说明铜精矿造锍熔炼的反应过程并写出反应式。

3.2.2.5 用硫氧势图说明多种硫化物的氧化反应

在硫化矿的实际熔炼过程中,金属对氧与硫两者的亲和力必须同时讨论。为此作出以 $\lg p_{O_2}$ 与 $\lg p_{S_2}$ 为纵横坐标的硫—氧势图(图 3 – 13)。图中各区域表示在 1027 ℃下,金属 M、氧化物 MO 和硫化物 MS 的稳定区域,是由下面三个反应式来区分的:

$$2M + O_2 = 2MO \tag{1}$$
$$2M + S_2 = 2MS \tag{2}$$
$$(1) - (2): 2MS + O_2 = 2MO + S_2 \tag{3}$$

这些反应的平衡常数表示式如下:

$$\lg K_1 = 2\lg(a_{MO}/a_M) - \lg p_{O_2}$$
$$\lg K_2 = 2\lg(a_{MS}/a_M) - \lg p_{S_2}$$
$$\lg K_3 = 2\lg(a_{MO}/a_{MS}) - \lg p_{O_2} + \lg p_{S_2}$$

反应(1)是氧化还原的原理,即图中纵方向的变化,也就是在还原熔炼过程中用 C 或 H_2 来夺取 MO 的中 O。反应(2)与反应(1)是一样的作用原理,即图 3 – 13 中横方向的变化,当熔炼条件从左向右变化时,MS 亦被还原得金属。与 MO 还原一样,需要选择一种还原剂来夺取 MS 中的 S。从图 3 – 13 中的上部坐

标 H_2S/H_2 看出,Ni_3S_2 若用 H_2 还原得到 Ni 时,p_{H_2S}/p_{H_2} 应小于 0.01,即 H_2 的分压应为 H_2S 分压的 100 倍。以 CO 或或 H_2 作为还原剂来还原 MO 或 MS 时生成物的标准自由焓变化分别为:

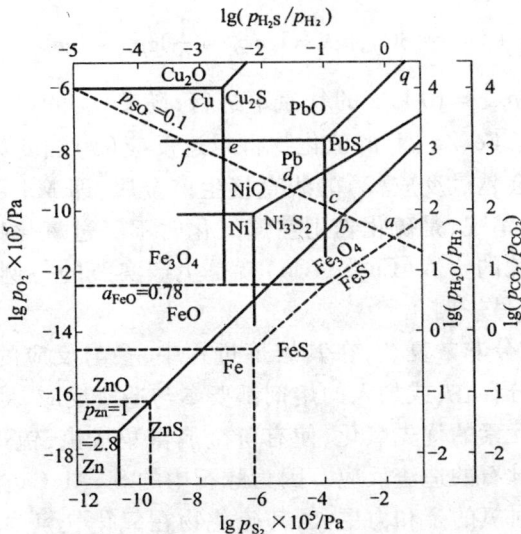

图 3-13 1300 ℃ M-S-O 系硫—氧势图

$$\Delta G_{H_2O}^{\ominus} = -175.2 \text{ kJ/mol}$$
$$\Delta G_{CO_2}^{\ominus} = -169.8 \text{ kJ/mol}$$
$$\Delta G_{H_2S}^{\ominus} = -26.1 \text{ kJ/mol}$$
$$\Delta G_{COS}^{\ominus} = 8.4 \text{ kJ/mol}$$

从这些数据也明显看出,选择 CO 或 H_2 来作为 MS 的还原剂进行 $MS + H_2$ ——→ $M + H_2S$、$MS + CO$ ——→ $M + COS$ 的反应,得到的产物 H_2S 和 COS 远没有 H_2O 和 CO_2 稳定,从这一点也就说明 MS 选择 H_2 和 CO 来作还原剂的实际意义,比 MO 以 H_2 和 CO 来还原小得多。但是硫—氧势图却表明,从横向的角度看,可以选择对 S 亲和力大的元素来作为另一 MS 的还原剂,如 $\lg p_S = (-4) \sim (-5)$ 左右时,Pb 和 FeS 都是稳定的相,即可发生:$PbS + Fe$ ——→ $Pb + FeS$。这种置换过程称为沉淀熔炼。

由于硫化物的还原不能选择一种适合的工业还原剂,所以从前硫化矿的处理,一般是采用空气氧化脱硫以后再进行还原熔炼得金属的方法,目前铅锌硫化矿仍采用这种冶炼方法来处理。用图 3-13 的概念来说明,即是通过反应(3)

103

（图中的斜线）使 MS→MO，再用还原剂脱氧使 p_{O_2} 降低而获得金属，这种方法通称为还原熔炼。

反应（3）产生的 S_2 易被 O_2 氧化，图中的 SO_2 等压线 $p_{SO_2}=0.1\times10^5$ Pa 是按下反应式的平衡常数的关系式绘制：

$$\frac{1}{2}S_2 + O_2 = SO_2, \quad \lg K = \lg p_{SO_1} - \frac{1}{2}\lg p_{S_2} - \lg p_{O_2}$$

MS 如果是在 $p_{SO_2}=10$ kPa 的气氛下进行，随着 p_{O_2} 的增大将沿图 3-13 中 p_{SO_2} 线的方向发展。Fe、Zn、Ni 的硫化物将越过反应（3）线变为 MO（MS→MO），对于 Cu 和 Pb，则会越过反应（2）的线直接生产金属，即 MS + O_2→M + SO_2。这后一种生产金属的情况，是硫化物用空气氧化时不经过氧化物阶段而直接产出金属的可能性，铜锍的吹炼（Cu_2S→Cu）就是生产实践的一例，已开始工业应用铅的直接熔炼又是另一例。

硫化精矿的成分非常复杂，在其熔炼过程中，参与反应的物质除了 M、S、O 以外，尚有脉石成分存在，或加入的熔剂都要参与造渣反应。因此在硫化精矿的熔炼过程中，除了元素的优先氧化，使有价金属富集成锍，锍进一步吹炼得金属以外，同时还发生脉石的造渣反应。因为脉石中的 Si、Al、Ca 这些元素虽然对硫的亲和力很大，但对氧的亲和力更大，其硫化物在氧化气氛中容易被 O_2 氧化为氧化物。在自然矿石中，它们均以氧化物的形态存在，而在熔炼时进入渣中，很容易与金属硫化物分离。炉渣的形成也给熔炼过程带来困难，必须研究这种更为复杂的体系才能使熔炼过程顺利进行。

3.2.2.6 Cu-Fe-S-O-SiO₂ 系化学势图

应用相律和热力学计算可以作出硫化精矿氧化熔炼过程的 S-O 化学势图。铜精矿的主要成分是铜、铁、硫，一般还含有大量脉石成分 SiO_2 或者是加入的石英熔剂。这种物料的熔炼方法都是氧化熔炼性质，空气中的氧或工业 O_2 参与了反应。所以作出 Cu-Fe-S-O-SiO₂ 系化学势图（图 3-14），可以说明铜造锍熔炼过程中发生的所有主要反应及熔炼过程中产生的许多现象（如 Fe_3O_4 的麻烦、渣中损失的铜等）。

图 3-14 表明，在左边的低硫区域内，随着氧势 $\lg p_{O_2}$ 的增加，铁的稳定相由 γ-Fe 先变为 FeO 再变为 Fe_3O_4；铜则由 Cu 变为 Cu_2O。随着硫势 $\lg p_{S_2}$ 的增大，这些铜、铁的稳定相都会转变为硫化物相，图中的 st 线相当于铁硅酸炉渣为 SiO_2 和 Fe_3O_4 两者所饱和，其中 FeO 的活度为 0.31。高于此线，铁硅酸盐炉渣不再是稳定的，便会析出固体的 Fe_3O_4 来。

pq 线相当于 SiO_2 饱和的炉渣与不含铜的 FeS-FeO 锍平衡，一般的平衡式为：

104

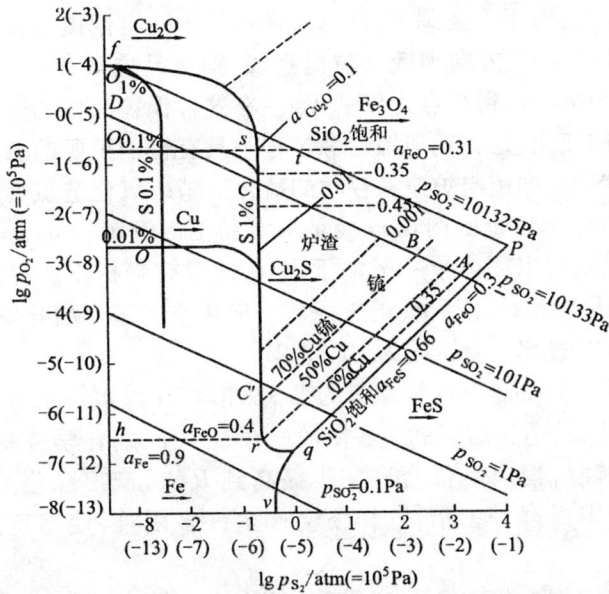

图 3-14 Cu-Fe-S-O-SiO$_2$ 系 1250 ℃ lgp_{O_2}-lgp_{S_2}图（各组分的活度均不为1）

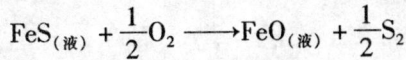

$$FeS_{(液)} + \frac{1}{2}O_2 \longrightarrow FeO_{(液)} + \frac{1}{2}S_2$$

由 Cu_2S 和 FeS 组成的铜锍稳定区位于 Cu_2S 和 FeS 稳定区之间。低于 pq 线铜锍和炉渣便不能共存在。提高体系中 FeO 的活度或铜含量，pq 线将向图的左上方移动，如图中表示的不同品位的铜锍线。这种移动表示氧化反应的进行。或者表示铜锍的脱硫。

qr 线表示铜锍、炉渣与 SiO_2 和 γ-Fe 的平衡，相当于造锍熔炼的极限情况，是在低的 p_{S_2}、p_{O_2} 和 p_{SO_2} 还原条件下进行的，可以看作是炉渣的贫化过程。在 r 点，铜锍品位为 55% ~60% Cu，是 γ-Fe 和液体铜——炉渣的平衡。与炉渣平衡的高品位铜锍，沿 rc 线也能与液态铜共存。

rs 线表示 Cu_2S 脱硫转变为液体铜，即硫化铜精矿熔炼的吹炼阶段，渣层上氧压的变化范围很大，从与 γ-Fe 平衡的 r 点 $p_{O_2} = 10^{-6.6}$ Pa 变化到 s 点的 $p_{O_2} = 10^{-0.8}$ Pa，同时渣中则饱和了磁性氧化铁。

图 3-14 的左上部分分为 $Cu-Cu_2S-Cu_2O$ 的相平衡关系，在熔融金属铜区域绘有等硫含量和等氧含量线。右下部分为 $Fe-FeS-FeO$ 的相平衡区，但是熔融的铜锍与含有 SiO_2 的炉渣系以 pq 斜线表示，它是由 FeS-FeO 系的活度值确定的。炉渣中 FeO 的活度变化范围为 0.3~0.45，FeS 的活度变化范围为由 Cu_2S 含量为 0%（图 3-14A 点）的 FeS 锍变到 Cu_2S 锍（图 3-14C 点）为止，

105

即 FeS 的活度由近似于 1 变到零。因此，便可作出一定铜锍品位的许多 pq 平行线，即沿图中 $A \rightarrow B \rightarrow C$ 方向铜锍品位提高线，铜锍品位从 A 点的 0% 变到 50% Cu，到 B 点为 70% Cu，到 C 点为 80% Cu。在这种铜锍品位的变化过程中，化学势也发生很大的变化，这在铜造锍熔炼过程中具有特别重要的意义。

在一般情况下，铜锍与炉渣共存时的硫化铜精矿氧化造锍熔炼热力学条件，被限制在图中的 $pqrstp$ 范围内。pq 线是一定品位的铜锍与 $a_{FeO} = 0.3$ 的炉渣共存的下限，qr 线是析出固体 $\gamma - Fe$ 的下限，rs 线是熔铜析出的界限，st 线是氧势气相中 SO_2 分压等于 101325 Pa 的极限。一般用空气进行硫化铜精矿的氧化造锍熔炼时，气相中的 SO_2 分压约为 10133 Pa。

沿 $p_{SO_2} = 10133$ Pa 进行的铜熔炼过程，从精矿开始熔炼的 A 点到产出含铜 50% 的铜锍为止，是造锍熔炼的第一阶段。在这个阶段，化学势变化不大。将这种铜锍送去吹炼时，铜锍品位会进一步提高到 B 点，产出品位为 75% Cu 的铜锍，熔炼的氧势则提高许多倍，这样便会产生许多困难，使熔炼过程难以顺利进行。

下面将用 $Cu - Fe - S - O - SiO_2$ 系化学势图来叙述铜精矿的传统熔炼方法和新的连续炼铜法以及其他问题。

思 考 题

1. 如何利用硫—氧势图说明多金属硫化矿在造锍熔炼中发生的化学变化？
2. 某冶炼厂所用铜精矿的化学成分(%)如下：

Cu	Fe	SiO_2	CaO	S
20 ~ 26	4 ~ 6.5	24 ~ 30	10 ~ 12	6 ~ 8

铜主要以辉铜矿形态存在，还含有少量氧化矿物，进行造锍熔炼时应注意什么问题？

应用图 3-14 硫氧势图来分析铜熔炼过程的热力学是简明的。但是用它来分析一些实际生产现象时也遇到了一些难以说清楚的问题。例如各炼铜厂进行熔炼时，虽然硫的分压变化很大，而产出的铜锍品位相同，其中硫含量应该不同，但在生产实际中，硫含量差别不大。又如图 3-14 表示当氧势相同时，可以产出不同品位的锍，这就意味着产出的平衡炉渣相中 Fe_3O_4 含量相同时，可以产出相同品位的锍；可是生产数据表明，锍的品位不同时，渣含 Fe_3O_4 的量也不同。鉴于这些问题，R. Sridhar 等人对世界上 42 家炼铜厂的生产数据，铜锍中铁含量与硫含量、铁含量与氧势、炉渣中 Fe_3O_4 含量与氧势以及渣含铜与铜锍含铁的关系，并结合有关热力学数据与实验室测定数据的分析整理，提出了一种新型的比较实用的硫-氧势图,又称 STS 图(图 3-15)。

图 3-15 表示了各冶炼厂进行铜精矿造铳熔炼生产时,产出的铜铳品位与过程进行的硫势、氧势的关系,以及产出相应的炉渣中 Fe_3O_4、Cu、S 的含量。图中标示的熔炼区,硫势的变化范围很窄,$\lg p_{S_2}$ 值为 2.5~3.0 Pa,而氧势的变化范围很大,$\lg p_{O_2}$ 值为 -5.2~-4.2 Pa。熔炼区中的符号标示了几种熔炼方法所处的硫势与氧势的位置。利用此图可以方便且较准确地预测和评价造铳熔

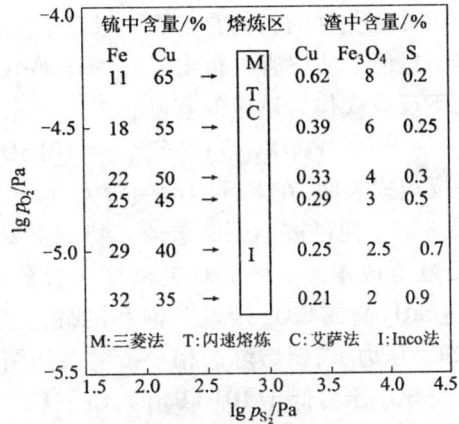

图 3-15　铜熔炼的氧势-硫势图(STS)($T=1300\ ℃$)

炼过程。在应用这个图来评估生产结果时,其偏差仍在工业应用允许的范围内。某些炼铜厂的实际生产数据与 STS 图预测的数据列于表 3-10 中。

表 3-10　某些炼铜厂的实际数据与 STS 图预测数据之比较

厂名与冶炼方法	Sridhar 状态图数值/%						工厂实际数值/%				比较
	Cu	S	[Fe]	(Fe_3O_4)	(Cu)	(S)	[Fe]	(Fe_3O_4)	(Cu)	(S)	
玉野闪速炉	60	23	14.5	7	0.51	0.23	15	6	0.55	0.8	基本吻合
Pholps 闪速炉	62	24	18.9	7.4	0.54	0.22	14		1.0	0.33 /1.3	夹杂 Cu 为 1-0.54=0.46
Chino 闪速炉	55	24.2	18	6	0.39	0.25	18		0.7		夹杂 Cu 为 0.7-0.39=0.31
Inco 闪速炉	45	25	26	3	0.29	0.5	26	8	0.57		夹杂 Cu 为 0.28,分析为 0.25
直岛三菱炉	65.7	21.9	<11	~8	0.52	0.2	9.2		0.6	0.3	基本吻合
Miami 艾萨炉	58	23.8[①]	14.5	~7	0.51	0.23	15.9		0.6	0.3	基本吻合
Anaconda 电炉	52	24.2[①]	20	5	0.36	0.27	20		0.75		夹杂 Cu 为 0.39
Teniente 反射炉	50.3	24.8[①]	22	4	0.33	0.3	21	0	0.88	1.2	夹杂 Cu 为 0.55
四坂岛鼓风炉	46	<25[①]	<25	3	0.30	0.5	24		0.4		夹杂 Cu 为 0.10

① 按 $(S\%)=28.0-0.00125\times[Cu\%]^2$ 算出。

3.2.2.7 造锍熔炼过程中 Fe_3O_4 的形成

磁性氧化铁的行为是炼铜的主要问题之一。在较高氧势和较低温度下,固体 Fe_3O_4 便会从炉渣中析出。在固体 Fe_3O_4、铜锍和炉渣三相之间的平衡关系,可用下反应式作为讨论的基础:

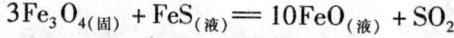

$$3Fe_3O_{4(固)} + FeS_{(液)} = 10FeO_{(液)} + SO_2$$

这一反应式表明,在 FeS 的活度较大、FeO 的活度较小以及 SO_2 的分压较低的条件下,Fe_3O_4 便可被还原而造渣。特别重要的是 FeO 的活度,因为平衡常数是与其 10 次方成正比。而 FeO 的活度一般是加入 SiO_2 来调整。所以在铜熔炼过程中,造 SiO_2 高或 SiO_2 接近于饱和的硅酸盐炉渣是合适的。在 SiO_2 饱和与 101 kPa SO_2 压力下,铜熔炼的相平衡关系如图 3-16 所示。

当 SO_2 压力低于 101 kPa 时,$Cu-Cu_2S$ 的平衡线②以及铜锍中的 FeS 的活度 a_{FeS} 曲线,将向低氧势方向移动。当熔炼在 SiO_2 不饱和的炉渣下进行时,Fe_3O_4 析出的曲线①将向高温方向移动。在低氧势下,析出的 Fe_3O_4 是较纯的,当氧势提高以后,特别是有金属铜相平衡的条件下,析出的 Fe_3O_4 将含有大量的铜,即析出了 $Cu_2O \cdot Fe_2O_3$ 固相。

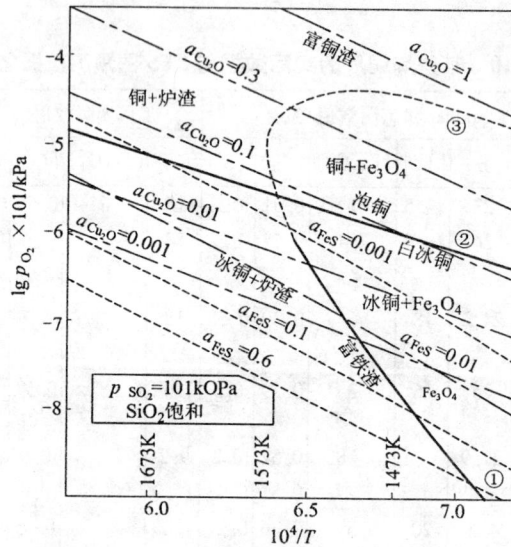

图 3-16 在 SiO_2 饱和与 101 kPa SO_2 压力下铜熔炼的关系

在锍的吹炼过程中,其中的 FeS 会优先发生氧化反应转变为 FeO,由于氧压的升高,FeO 会进一步氧化为 Fe_3O_4。发生的反应为:

108

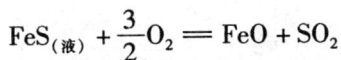

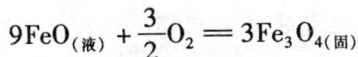

$$FeS_{(液)} + \frac{3}{2}O_2 = FeO + SO_2$$

$$9FeO_{(液)} + \frac{3}{2}O_2 = 3Fe_3O_{4(固)}$$

两式相减即得：$3Fe_3O_{4(固)} + FeS_{(液)} = 10FeO_{(液)} + SO_2$

$$\Delta G^{\ominus} = 654720 - 381.95T(J)$$

$$K = \frac{a_{FeO} \cdot p_{SO_2}}{a_{FeS} \cdot a_{Fe_3O_4}}, \quad K_{1473} = 5.43 \times 10^{-4},$$

$$K_{1573} = 1.62 \times 10^{-2}$$

为了进一步了解 Fe_3O_4 生成的条件，设吹炼下气相中的 $p_{SO_2} \approx 20\ kPa$，$a_{FeO} = 0.4$ 或 0.5，可以作出 a_{FeS} 与 $a_{Fe_3O_4}$ 的关系图（3-17）。从图 3-17 看出：温度降低，铜锍品位升高，炉渣中 SiO_2 添加太少均有利于 Fe_3O_4 的生成。

在造锍熔炼中和锍的吹炼转炉中，由于 Fe_3O_4 固相的析出，难熔结垢物的产生便是常见的现象。如反射炉炉底的积铁，转炉口和闪速炉上升烟道的结疤，炉渣的粘度增大和熔点升高、渣含铜升高等许多冶炼问题，都可以采取上述措施通过降低 Fe_3O_4 的活度，来消除或减少这许多故障。

图 3-17　铜锍中的 a_{FeS} 与炉渣中的 $a_{Fe_3O_4}$ 的关系

图 3-17 表明，当铜锍品位提高到近于白铜锍（80% Cu）时，$a_{Fe_3O_4}$ 显著升高。S-O 化学势图上也已表明，这是平衡氧压显著升高所致。所以在常规熔炼方法中，造锍熔炼阶段只产出含 Cu 40% ~60% 的铜锍，最高不宜超过 70%（见图 3-17），这样可以得到 Fe_3O_4 和铜含量均低的炉渣。在铜锍吹炼阶段，由于氧压显著升高，进入转炉渣的铜和 Fe_3O_4 的含量就会显著增加。

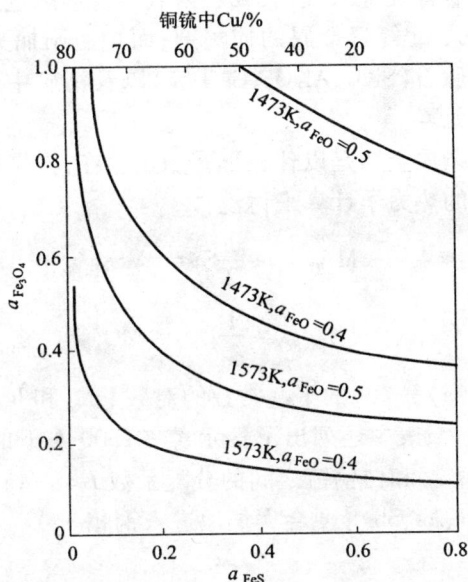

思 考 题

1. 在造锍熔炼过程中减少 Fe_3O_4 生成的措施有哪一些?
2. 转炉渣 Fe_3O_4 含量高,返回反射炉造锍熔炼过程中有何利弊?

3.2.2.8 造锍熔炼过程中杂质的行为

铜镍原料进行造锍熔炼时,除了铁与硫以外,其他伴生的元素还有 Co、Pb、Zn、As、Sb、Bi、Se、Te、Au、Ag 和铂族元素等,其中的贵金属总是富集在铜镍金属相中,然后从电解精炼过程中来回收。其他的元素应该在熔炼过程中,不同程度地或者挥发进入气相,或者以氧化物形态进入炉渣。换句话说,锍和金属铜或镍是 Au、Ag 等贵金属的捕集剂;而炉渣则捕集了优先氧化后的 FeO、精矿和溶剂中的脉石(SiO_2、Al_2O_3、CaO 等)以及精矿中的少量杂质元素。烟尘中则富集了挥发元素。

杂质金属是以什么形态稳定存在,根据硫化物的氧化熔炼来说,可用下列两反应的热力学计算来讨论:

$$M_{(固、液)} + \frac{1}{2}S_2 = MS_{(固、液)} \tag{a}$$

$$M_{(固、液)} + \frac{1}{2}O_2 = MO_{(固、液)} \tag{b}$$

反应(a)和(b)的平衡常数的对数 $\lg K_a$ 和 $\lg K_b$ 在 1300 ℃下的计算结果列入表 3-11 中,表中还列出了各元素在 1300 ℃下的无限稀铜溶液中的活度系数、各元素在熔铜和白铜锍之间的分配系数 $L = [M]_{(铜)}/(M)_{白铜锍}$。当有金属铜出现后,Pb、Bi、As、Sb 等便会大量地进入铜相。

表 3-11　各元素的反应(a)和(b)平衡常数以及其他数据

元　　素	Cu	Au	Ag	Pb	Bi	As	Sb
$\lg K_{(a)}$	2.88		0.74	1.12	-1.32	-	-0.22
$\lg K_{(b)}$	2.61	-4.62	<2.25	2.42	1.63	3.525	3.49
$r^0 M$	1	0.36	2.9	5.1	2.5	0.0008	0.017
$[M]/(M)$	-	172	2.4	11.5	3.1	9.0	13.6
元　　素	Sn	Ni	Co	Fe	Zn	Se	Te
$\lg K_{(a)}$	1.35	1.34	1.15	2.39	3.27		
$\lg K_{(b)}$	4.00	3.18	3.90	5.40	6.16	-1.235	0.829
$r^0 M$	0.13	2.6	3.6	12.6	0.18	0.00344	0.040
$[M]/(M)$	9.3	3.1	1.12	0.20	0.97	0.74	0.113

根据 $\lg K_a$、$\lg K_b$ 的数据，假定在 1300 ℃下 $a_M = a_{MS} = a_{MO}$，便可作出各元素稳定态化学势图，如图 3–18 所示。由此可估计出这些元素在冶炼过程中的变化趋势。在 $p_{SO_2} = 10\ kPa$ 的熔炼条件下，锌和铁趋向于变为氧化物入渣。钴则要在更高的氧势下才氧化，然后再富集在吹炼的转炉渣中。铋、银、铅、镍、锑等可能以金属态存在。假定 $a_{FeO} = 0.35$，$a_M + a_{MS} + a_{MO} = 100\%$，沿 $p_{SO_2} = 10\ kPa$ 的等 p_{SO_2} 线可推导出它们的活度。对于铜锍品位为 25% ~ 70% Cu 时的热力学推算结

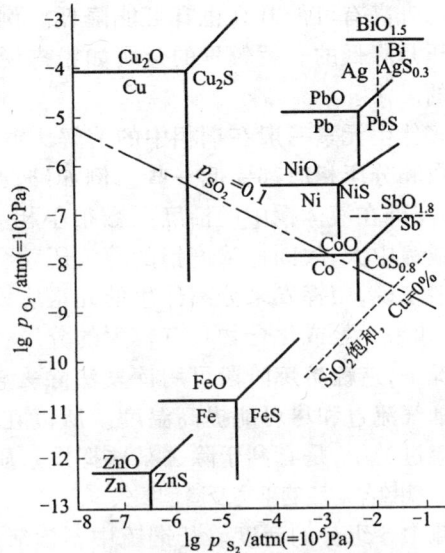

图 3–18　1300 ℃下各种 M–S–O 系的硫氧势图

果表明，硫化亚铜是最稳定的。这也是提出铜精矿造锍熔炼的根据。铜锍品位稍高一些，镍和铅、钴可以硫化物形态入铜锍，铋、锑、银、铅和镍以金属形态溶于铜锍中。Sb、Pb、Bi 是精炼过程中的有害元素，想用氧化作用使它们造渣分离，是有较大困难的。Ni 希望富集在铜锍中回收，Sn 和 Co 亦如此，但趋向于氧化而随渣损失掉。锌和铁几乎全部氧化入渣。

各元素与铜分离的程度，即它们入渣的总量，取决于它们的热力学稳定性，氧化物在渣中的活度系数以及产出的渣量。在熔炼的过程中，产出大量的炉渣（即提高铜锍铜品位），虽有利于铅和锑等杂质更多地氧化入渣，但 Cu 和 Ni 随渣的损失也就增多。所以通过炼出更高品位的铜锍来脱杂也是不适宜的。由于富氧空气的应用，强化了熔炼过程，炼出了更高品位的铜锍或含硫高的粗铜，也就改变了常规炼铜中杂质变化的一般规律，特别是 As、Sb、Bi 的脱除就比常规熔炼脱除得少。

精矿中的伴生元素在熔炼的高温下也可能以金属、硫化物或氧化物的形态挥发除去。硫化物在熔炼过程中挥发的热力学已有许多研究者讨论过，无疑还有许多物质的挥发热力学数据不知道。况且常见的金属元素 As、Sb、Bi 它们可以形成多种挥发物质，如单原子或多原子元素、硫化物和氧化物，这就造成计算中的不可靠性。所以研究的结论是不一致的。一般来说可以这样认为，随着熔炼所产铜锍品位的升高，硫化物挥发的分压是降低的，氧化物挥发的分压则是升

高的。这是由于体系的氧势升高和硫势降低所致。至于元素挥发的分压则随铜锍品位的升高有可能升高也有可能降低。例如砷随铜锍品位升高时，以元素挥发的分压是降低的。就较贵的金属如铅来说，其挥发的分压是随铜锍品位升高而升高的。

许多伴生元素一般在铜相中的溶解比铜锍相要大，对于给定的浓度来说，其活度系数和分压相应都要低一些。例如砷，当形成金属铜相后。其分压显著降低，这是与砷在液体铜中的活度系数很小相一致的。由于铅在液体铜中的溶解度比在铜锍中大，故同样浓度铅的蒸气压就会降低。

一般来说，用挥发来分离伴生的元素应该在铜熔炼中的各个阶段进行，在某一阶段，如果元素或化合物具有较大的分压，就可以在此阶段使其挥发出来。在多数情况下，造锍熔炼阶段可用挥发法除去较多的杂质。这就要求在熔炼时有大量的烟气流过和尽可能提高温度。所以在某种情况下，用大量惰性气体如循环烟气流过炉中，是有利于除去某些挥发杂质的。

3.2.2.9 铜锍与炉渣的平衡及渣铜损失

铜锍中各组分的活度。若铜锍中不含氧可看作假二元系 Cu_2S-FeS 的混合体，其中的 Cu_2S 和 FeS 的活度，根据不同研究者的测量结果，随铜锍成分的变化规律如图 3-19 所示。在实际的造锍熔炼过程中，铜锍中是含有氧的，这种铜锍中各组成的活度随铜锍成分的变化如图 3-20 所示。

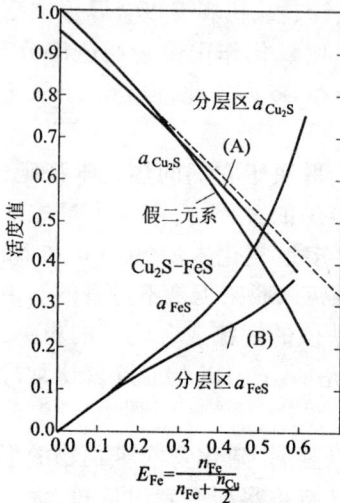

图 3-19　熔锍中 Cu_2S 和
FeS 的活度(1350 ℃)

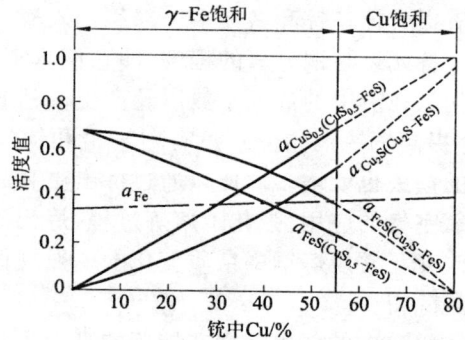

图 3-20　与饱和 SiO_2 的铁橄榄石炉渣平衡
的 Cu_2S-FeS 系熔锍中组分的活度

渣铜损失。火法炼铜生产过程的铜损失分为两方面:一是随烟气带走,二是随渣损失。随烟气带走的铜经过收尘系统,可以回收98%~99%,最终随烟气损失的铜约占加入铜量的1%。随渣损失的铜是主要的。废渣含铜为0.2%~0.5%,个别的高达1%。生产1吨铜随精矿品位的变化,产废渣量约2~3 t,有时达到5~6 t。随废渣含铜及废渣量的变化,渣铜损失的数量为产出铜量的1%~3%。若以2%计,一个年产10万吨的铜厂,每年损失的铜量为2000吨,其价值是可观的。所以对渣铜损失应予以高度重视。

渣铜损失的形态有两种:一是机械夹杂在渣中的铜锍粒子,二是化学溶解在渣中的铜(见表3-12)。延长熔炼过程放出的熔体澄清时间,降低炉渣的粘度和密度,便可以减少渣中机械夹杂的铜锍粒子。这部分内容已在冶金原理课程中叙述过了。下面只讨论化学溶解在渣中的铜损失。

表3-12 造锍熔炼渣中铜的存在形式

工厂编号	炉渣组成/%					渣含铜/%		铜损失/%	
	SiO_2	Al_2O_3	CaO	FeO	Fe_3O_4	原渣	分离后渣	机械夹带	化学溶解
1	反射炉					0.9	0.32	0.58	0.32
	31.8	3.2	5.4	40.8	10.5				
2	44.7	9.7	12.8	19.6	7.5	0.31	0.15	0.16	0.15
3	32.7	4.6	4.3	37.5	9.0	0.23	0.23	0.21	0.23
1	电炉					0.47	0.20	0.27	0.20
	42.8	7.8	14.8	16.6	8.0				
1	氧焰熔炼					1.40	0.85	0.55	0.85
	32.8	3.4	3.9	38.7	1.0				

虽然在低硫势和高氧势的条件下,炉渣中有一些中性铜原子和高价铜离子(Cu^{2+})存在,但根据液态炉渣的离子理论,可以认为化学溶解在渣中的铜是以一价铜离子(Cu^+)的形态存在。这种炉渣具有一定氧化亚铜的活度,其平衡反应为:

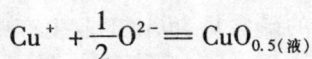

$$2Cu^+ + O^{2-} = Cu_2O_{(液)}$$

$$Cu^+ + \frac{1}{2}O^{2-} = CuO_{0.5(液)}$$

对于组成基本一定的炉渣,其中O^{2-}的浓度或活度也就基本一定,于是Cu^+的浓度便正比于渣中铜的浓度。因此可推出渣中的铜含量为：

$$\text{铜含量的百分比} = A(a_{Cu_2O})^{1/2} = A \times a_{CuO_{0.5}}$$

这个关系已为许多实验证实。系数 A 被称为炉渣的铜率，它与炉渣的组成有关。对于 SiO_2 饱和的炉渣与液态铜或铜合金（不存在硫）平衡时，以前许多研究者在 $1200 \sim 1300\ ^\circ\!C$ 情况下的研究结果是一致的，铜率的平均值 $A = 35 \pm 3$。

当炉渣与铜锍平衡时，渣中 a_{Cu_2O} 为下列平衡式所约束：

$$Cu_2S_{(液)} + FeO_{(液)} = FeS_{(液)} + Cu_2O_{(液)}$$

$$\Delta G^\ominus = +128951 - 1.85T(J)$$

对 SiO_2 饱和炉渣假定 $a_{FeO} = 0.35$，不同温度下的 a_{Cu_2O} 为：

在 1473 K：$a_{Cu_2O} = 1.32 \times 10^{-5} a_{Cu_2S}/a_{FeS}$

在 1573 K：$a_{Cu_2O} = 2.57 \times 10^{-5} a_{Cu_2S}/a_{FeS}$

取铜率 $A = 35$，并根据图 3 - 19 与 3 - 20 查出 a_{Cu_2S} 和 a_{FeS}，便求出渣中铜含量表示图 3 - 21 中，图中也列出了某些研究者的实验数据。图 3 - 21 表明，铜锍品位愈高，渣含铜也愈高。

上述计算没有考虑铜锍存在时炉渣中溶解有一些硫，而硫的存在会增加渣含铜，也就是说会提高铜率 A（与不含硫炉渣比较）。这是由于渣中的亚铜离子与硫离子强烈的相互反应所致。因此，当硫存在时，修正的铜率 $A_{rev} = A_0 \exp K(\%\ s)$。式中 A_0 为炉渣中不含硫时的铜率，K 为常数。

可惜关于铜熔炼炉渣中的硫含量的数据较少，图 3 - 22 所示的研究结果又有很大的差别，不过其总的趋势是渣中的硫含量是随锍品位的升高而降低。

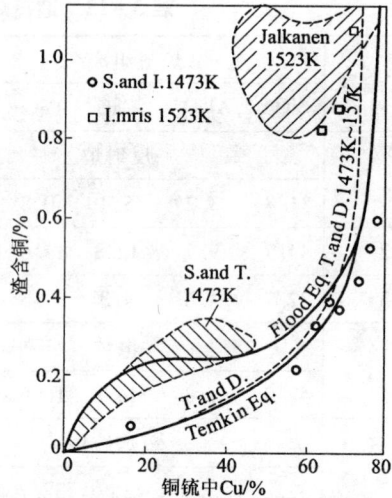

图 3 - 21　硅饱和炉渣的渣含铜

（$p_{SO_2} = 10^{-1} \sim 101\ kPa$，

各种曲线代表不同的研究结果）

因为炉渣中的大部分硫是以 FeS 形态存在，相应有较多的 Cu_2S 溶于渣中。当熔炼高品位铜锍时，FeS 便会减少，炉渣中的 Cu_2S 也就减少，而氧化态的铜便会增加。当炉渣与 $1 \sim 101\ kPa\ SO_2$ 平衡时（$A \sim C$ 线）其中的硫含量高于为金属饱和的炉渣（$E \sim C$ 中）。纯的铁硅酸盐炉渣中的硫含量，也比工业生产中所产的含有 CaO、Al_2O_3 等组分的炉渣高。

关于炉渣中的铜与硫含量的关系，研究得很不充分，还有待进一步探讨。

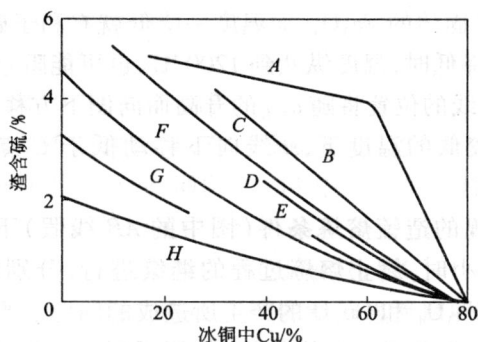

图3-22 硅饱和炉渣的硫含量

A~H 代表不同研究条件

A—Imrs 等(0.01~0.1)×101 kPa SO_2

B—Tavera 等(0.1~1)×101 kPa SO_2

C—Kaiura 等(0.01~0.1)×101 kPa $SO_2$1300 ℃

D—Jalkanen(10^{-4}~1)×101 kPa SO_2,1250 ℃

E—Geveci 等 Cu 饱和,1250 ℃

F—Kaiuro 等金属饱和 1300 ℃

G—Nagamari(1974),Fe 饱和,1200 ℃

H—Nagamari(1974),工业炉渣

思 考 题

为什么铜锍品位愈高渣含铜愈高?

3.2.2.10 常规法炼铜的原则

上面所讨论的 Cu-Fe-S-O-SiO_2 系,其炼铜过程发生的主要反应是:(1)FeS 氧化为 FeO 或 Fe_3O_4,然后与 SiO_2 造渣;(2)Cu_2S 氧化转变为 Cu。在造锍熔炼过程中是铜锍与炉渣共存,位于图3-14 中 pqrstp 区域内。在这个区域内 SO_2 的分压变化较大,从 pt 线上的 101 kPa 变到 qr 线上小于 1 Pa。用空气作氧化剂的一般造锍熔炼中,气相中 SO_2 的分压接近于 10 kPa,即熔炼过程是沿着图3-14 中的 ABCD 线进行。一般造锍熔炼的铜锍品位于 0~70% 范围内变化,相当于图中的 AB 线段,在 1250 ℃下此线段间的平衡 p_{O_2} 约为 -3.5 Pa。在这种熔炼条件下相应的 Fe_3O_4 和 Cu_2O 的活度都较小,当渣中的 $a_{FeO}<0.35$ 时,不会产生析出固体 Fe_3O_4 的麻烦问题。

如果要使铜锍品位进一步提高达到 C 点程度,使 Cu_2S 转变为含硫 1% 的粗铜时,那么在 1523 K 下的相应氧压应为 $p_{O_2}=-1.5$ Pa。这种吹炼阶段的氧压约比造锍熔炼的氧压大 100 倍。在 C 点是三种液相(铜、白铜锍和炉渣)共存。由 B 点的两液相(铜锍和炉渣)共存到 C 点的三液相共存阶段之间氧压变化很大,

这是反射炉与电炉熔炼所不及的。

由于大量金属硫化物的氧化反应,使烟气中的 SO_2 浓度提高到 10% 以上,有利于硫的回收与环境保护。氧化反应迅速,单位时间内放出的热量多,加快了炉料的熔化速度,使熔炼的生产率提高到 $8 \sim 12 \ t/m^2 \cdot d$,为反射炉与电炉熔炼的两倍以上。

闪速熔炼根据不同炉型的工作原理可分为两种类型:

(1)奥托昆普(Outokumpu)闪速熔炼

此类闪速熔炼是采用热风或富氧空气,将干精矿垂直喷入靠闪速炉一端的反应塔中进行氧化,熔体落于沉淀池中完成最终造渣与造锍反应,然后澄清分层分别放出,烟气从沉淀池的另一端的上升烟道排出。此种类型的炉子结构在许多工厂中已作了许多改进,但炉体的基本部分仍然差别不大。我国贵溪冶炼厂的炼铜闪速炉结构(图 3 – 24),即为此类闪速熔炼方式。

(2)Inco 闪速熔炼

此类闪速熔炼是用工业氧将干精矿和熔剂从熔池两端的喷枪喷在熔池上的空间进行氧化反应,烟气从靠近炉子中央的烟道排出。过程完全是自热进行。加拿大国际镍公司 Inco 工业氧气闪速炉的结构如图 3 – 25 所示。

下面分别介绍奥托昆普闪速熔炼与 Inco 闪速熔炼。

3. 3. 1. 1 奥托昆普闪速熔炼

奥托昆普闪速熔炼是采用富氧空气和 $450 \sim 1000$ ℃的热风作为氧化气体。设计了下喷型的喷枪,装在靠闪速炉一端的反应塔的顶部。精矿和熔剂粒子向下运动,被气流包围进行氧化反应,放出大量的热,使反应塔中的温度维持在 1400 ℃以上,炉料被迅速熔化,有很大一部分氧化反应还以液态进行。由于液滴内的温度差与浓度差造成液滴内部的强烈循环,氧化反应进行的速度比固态要大得多。虽然炉料在反应塔内只停留 $2 \sim 3 \ s$,反应的高速度仍能保证反应进行到需要控制的任何程度。为了创造一个加速反应的条件,将精矿彻底干燥到含水小于 1% 是必要的。许多工厂实际控制干燥后精矿含水在 0.3% 左右。目前采用的精矿干燥方法有回转窑干操法、气流干燥法和蒸汽干燥法。由于后者的优越性,许多新建工厂均纷纷采用。

液滴随烟气向下运动,当烟气掠过沉淀池渣面时,借重力作用落于熔池中,微小的液滴则被烟气带走。所以闪速熔炼的烟尘率较反射炉与电炉熔炼大得多,为炉料重量的 10% 左右,需要设置有效的收尘系统。

Outokumpu 型闪速炉的主要尺寸,沉淀池部分长为 20 m,宽为 7 m,熔池至炉拱高为 3 m,反应塔的内径为 6 m,从沉淀池炉拱至反应塔顶部高 6 m。上升烟道的长度等于沉淀池的宽度,长 3 m,高为 6 m。这种炉子每天可处理 1200 t

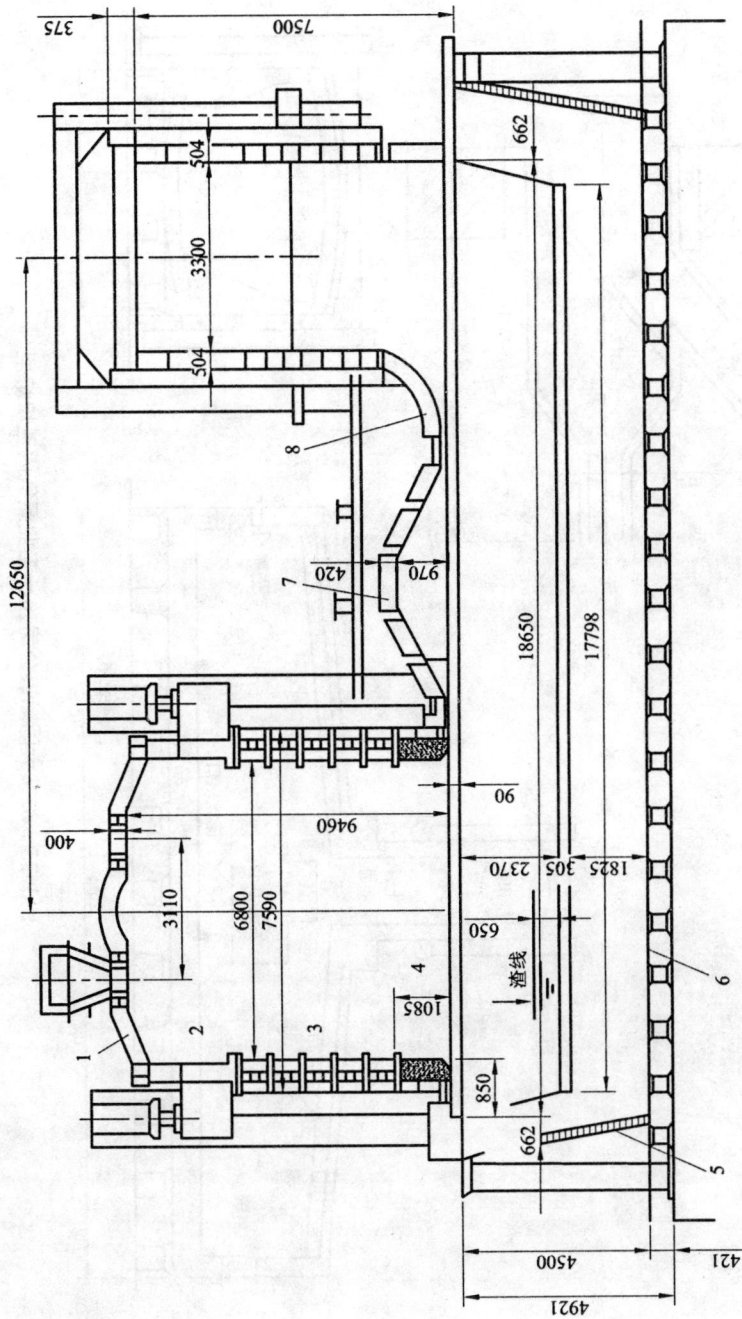

图3-24 贵溪冶炼厂闪速炉炉体结构

1—炉顶 2—塔壁 3—塔中段 4—塔下段 5—塔下段 6—沉淀池侧墙 7—沉淀池底 7—沉淀池拱顶 8—上升烟道连接部

121

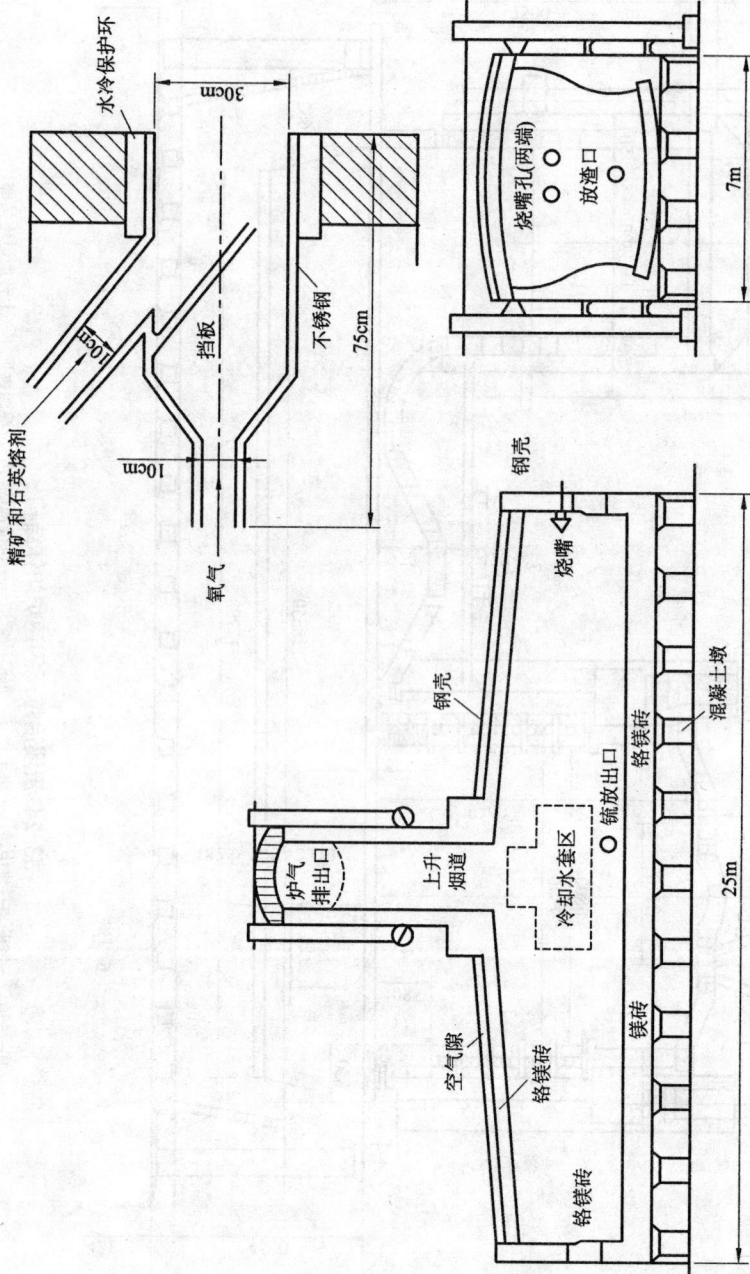

图3-25 加拿大国际镍公司 Inco 工业氧气闪速炉炉型

122

干料。日本佐贺关冶炼厂原建两台闪速炉产量为300 kt/a,1996年只开一台炉,产量已达330 kt/a,1998年又提高到450 kt/a。

目前世界上最大的Outokumpu闪速炉,是美国1976年投产的Hidalgo炼铜厂的闪速炉,据称也是世界上第一台利用SO_2生产元素硫的铜闪速炉。该炉沉淀池长23 m,宽8 m。反应塔的有效高度为14.2 m,内径为8.2 m,反应时间为2.0 s,每天的处理能力为1900 t,年产铜10万吨。1988年Magma炼铜厂又建成一台日处理2700吨精矿(含30% Cu)的闪速炉,日产铜量为780 t,取代了原有三台反射炉的生产。新闪速炉仅有一个精矿喷嘴安装在反应塔中央。反应塔直径$\phi_{外}$ 6477 mm/$\phi_{内}$ 5877 mm,塔高6680mm,沉淀池长×宽×高为$L_{内}$ 23990 mm $×B_{内}$ 7429.6 mm $×H$ 3412 mm,上升烟道与反应塔中心距为16459 mm。该厂采用的鼓风富氧在43%以上,反应塔的热负荷为1670MJ/(m^3·h),产出的铜锍品位为63%。1995年Utah冶炼厂又建成更大规模的闪速炉,日处理铜精矿3000 t以上。

闪速炉反应塔的结构及高度的变化较大。日本足尾炼铜厂在1956年从芬兰引进Outokumpu闪速炉,ϕ2.8 m反应塔的高度(从沉淀熔池液面至反应塔顶)为8.7 m,炉料在反应塔内的反应时间为2.8 s。1962年反应塔的高度增加到10.6 m。1968年又缩短至7.5 m,并将塔下部的圆锥部分改为直筒形。经过这些改造过程后,炉料在反应塔的反应时间已缩短至1.6 s。目前使用的闪速炉的直径为3.05 m,高度为5.7 m,是世界上反应塔最矮的闪速炉。

Outokumpu闪速炉可在反应塔的顶部,根据反应塔的内径长短,装设1~4根喷枪。喷枪的基本结构是用耐热不锈钢制成的双层套管,精矿和熔剂通过中央管道加入,氧化气体由外套管压入。每根喷枪每小时可加入10~20 $t_{干料}$和8000~1200 Nm^3的氧化气体。当过程不能自热时,在反应塔还可以装设燃料烧嘴。

Outokumpu闪速炉的热平衡以佐贺关厂和东予厂为例列于表3-13中。两厂采用一般热风(823 K)熔炼,每吨干料在整个生产过程(包括干燥与预热)中需要补加的热能为$(17~25)×10^5$ kJ。

表3-13中的数据表明,闪速炉中放热反应放出的热占整个热收入的42%~50%,而反射炉熔炼放热反应产生的热只有13%,因此闪速熔炼补充的燃料燃烧产生的热量,只占整个热收入的22%~43%,而反射炉要占80%。故Outokumpu闪速熔炼的燃料消耗只有反射炉熔炼的$\frac{1}{2}$~$\frac{1}{3}$。如果炼出的铜锍品位提高到50%以上,反应放出的热量还将增加。许多工厂采用富氧以后,铜锍品位均已提高到60%左右。如日本玉野厂采用28.5%的富氧鼓风,炼出的铜锍品位

由一般鼓风的 53% 提高到 58%，氧化反应放出的热量由占总热收入的 41% 提高到 63%，使补充燃料的消耗大大降低。

表 3 - 13　Outokumpu 闪速熔炼的热平衡

项　　　目	佐 贺 关	东　　予
精矿成分/%：Cu	25.6	31.1 ~ 36.2
Fe	24.8	21.2 ~ 25.1
S	29.0	27.8 ~ 30.3
铜锍成分/%：Cu	50.0	48.6
Fe	21.1	23.9
S	23.0	23.1
反应塔料枪热风温度/K		673 ~ 723
鼓风含氧/%	23	
沉淀池重油燃烧热风温度/K		473
鼓风含氧/%	25	
热收入/%：精矿放热反应产生热	50	42.5
鼓风带入热	25.8	12.8
重油燃烧加热	22.3	43.6
其他	1.9	1.1
热支出/%：冰铜带走热	15.0	12.6
炉渣带走热	16.2	11.1
烟气带走热	48.4	56.2
烟尘带走热	3.3	3.7
热损失及其他	17.1	16.4

　　Outokumpu 闪速炉熔炼的补充燃料以前均采用重油，现已开始用价廉的粉煤来代替。如日本玉野炼铜厂使用的粉煤量已代替原重油消耗的 80%。采用粉煤代油后，由于沉淀池中氧势的降低，渣中的 Fe_3O_4 含量也有所降低，从而也降低了渣铜损失。博茨瓦纳皮克威铜 - 镍冶炼厂已用当地煤全部取代了重油，使闪速炉熔炼 Cu - Ni 精矿的生产费用大大降低。

　　许多工厂在降低燃料消耗方面的主要措施是采用富氧鼓风与提高热风温度。热风温度从 500 ℃ 提高 1000 ℃，可降低总的重油消耗的 25%。佐贺关采用热风温度最高为 1050 ℃。反应塔的喷枪采用 27% ~ 29% 富氧鼓风，可以不用补充燃料（只是沉淀池还需补充燃料）。如果采用 40% 富氧鼓风，炼出 65% Cu 的铜锍，Outokumpu 闪速炼铜，完全可以自热进行。如芬兰 Harjavalta 炼铜厂采用 200 ℃ 和 38% ~ 40% 的富氧鼓风，炼出品位为 65% 的铜锍，熔炼过程完全不用燃料，其总能耗每吨料约为 7×10^5 kJ，已接近 Inco 闪速熔炼每吨料 4.5×10^5 kJ 的水平。

Outokumpu 闪速炉反应塔中的氧势（p_{O_2}）较高，虽能炼出高品位铜锍，但不可避免要产生大量的 Fe_3O_4 及 Cu_2O、NiO 进入渣中，故渣含金属较反射炉与电炉熔炼高。如炼铜厂渣含铜在 1% 以上，炼镍厂产出的炉渣含铜和镍可达 2%。所以 Outokumpu 闪速熔炼所产出的炉渣必须进一步处理以回收其中的金属。

日本玉野炼铜厂为节约能耗，于 1973 年在闪速炉的沉淀池中插入电极进行贫化炉渣，称这种炉子为自带电极闪速炉（FSFE炉），见图 3 - 26。当产出铜锍品位低于 60% 时，渣含铜可降到 0.6% 以下。菲律宾 1983 年建立的 Leyte 炼铜厂就是采用这种炉型。

澳大利亚的 Kalgoorlie 炼镍厂在 1975 年也采用了玉野厂 FSFE 型炉，并作了进一步的改进，其结构示意图如图 3 - 27。我国金川炼镍厂采用的闪速炉亦属此种类型。

闪速炉处理精矿能力或产铜能力主要取决于精

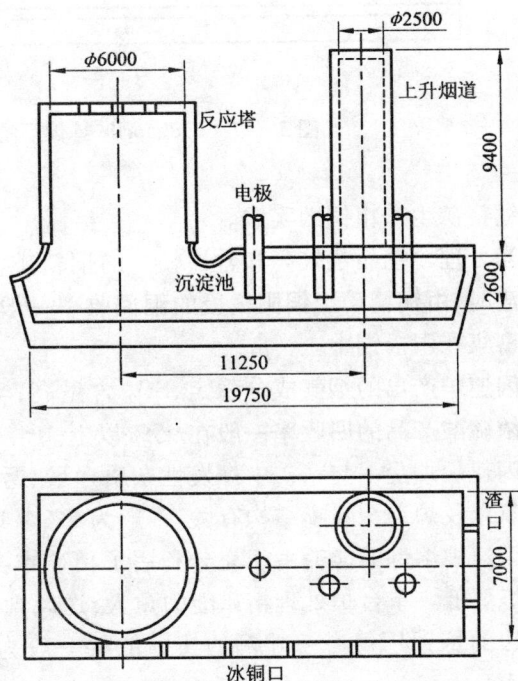

图 3 - 26　玉野厂的闪速炉结构

矿成分及送风含氧浓度和反应塔热负荷指标。实际上各工厂处理的精矿品位为 20% ~ 30% Cu，反应塔送风含氧浓度浓动较大为 21% ~ 95%，反应塔热负荷为 800 ~ 1000 MJ/（$m^3 \cdot h$），最高已达 1500 ~ 1600 MJ（$m^3 \cdot h$），这样单台炉日处理精矿能力波动在很大的范围内，为 250 ~ 3000 t，年产矿铜 15 ~ 300 kt。

闪速炉的炉寿很长，反应塔一般在 10 年以上，沉淀池每年仅需作定期检修（更换渣线区附近耐火砖）。因此铜闪速熔炼厂的年工作日一般在 340 d 以上，作业率在 95% 以上，年投料时间在 7800 h 以上。

Outokumpu 闪速炉熔炼产出的铜锍品位，许多工厂已提高到 65% 以上，已有工厂开始进行铜精矿闪速熔炼直接产粗铜的试验，并有两家工厂处理特殊的高

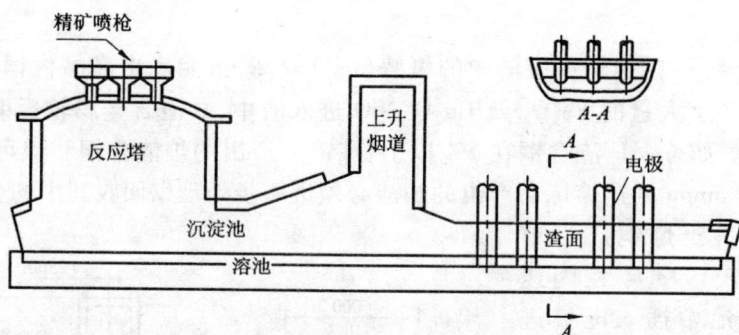

图 3 - 27　Kalgoorlie 炼镍厂的闪速炉结构

品位铜精矿生产粗铜的实践。

当处理含铜品位较高和含铁较少的铜精矿,铜锍品位较低以及用浮选法处理炉渣时,由铜精矿至铜阳极板的铜回收率一般为 98.0% ~ 98.5%。精矿中的金银富集在阳极铜中。

闪速炉产出的烟气成分稳定,SO_2 含量高,当采用两转两吸法生产硫酸时,硫入浓硫酸产品的回收率一般在 95% 以上。

闪速炉烟尘率与精矿中挥发性杂质含量、返回加入反应塔处理的烟尘量、送风含氧以及炉型与喷嘴结构有关,一般为 5% ~ 10%。

闪速炉熔炼的能耗由于充分利用了精矿本身的能量,而比反射炉熔炼与电炉熔炼要低。单台炉处理精矿能力愈大,送风含氧浓度愈高,能耗也就愈低。采用本法的炼铜厂每产一吨铜的实际能耗一般为 1500 ~ 10000 MJ,多数工厂为 5000 MJ。

3.3.1.2　Inco 闪速熔炼

Inco 闪速熔炼 1952 年首先在加拿大 Copper Cliff 厂投产以后,直到 1970 年前苏联 AΓMK 炼铜厂才投产第二台炉子。1980 年在美国又建了两台炉。Inco 闪速熔炼的主要特点是采用工业氧(95% ~ 97%),将干精矿水平喷入熔炼炉空间,进行硫化精矿的焙烧与熔化,过程是自热进行的。精矿中的铁和硫氧化放出的热完全用于炉料的熔炼过程中(包括过程中的热损失)。产出铜锍、炉渣和 SO_2 浓度很高(80%)的烟气。典型的生产过程,是每天熔炼 1100 ~ 1200 t 精矿,耗工业氧为精矿重的 20% ~ 22%,产出 800 t 铜锍,320 t 炉渣,每分钟产出 110 m³ 含 80% SO_2 的烟气。

在熔炼空间主要发生 MS 的氧化反应,在熔池则是炉渣与铜锍之间平衡反

126

应,如图 3 - 28 所示。

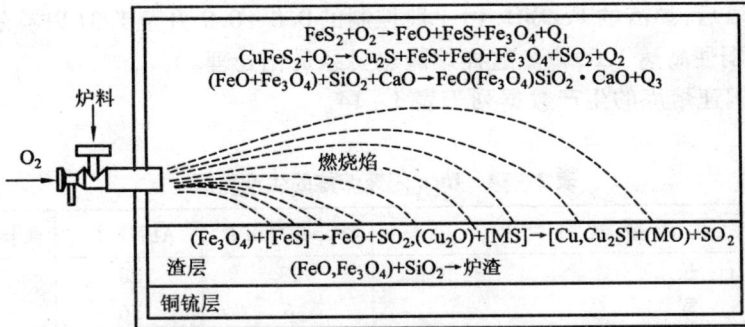

$$FeS_2+O_2 \rightarrow FeO+FeS+Fe_3O_4+Q_1$$
$$CuFeS_2+O_2 \rightarrow Cu_2S+FeS+FeO+Fe_3O_4+SO_2+Q_2$$
$$(FeO+Fe_3O_4)+SiO_2+CaO \rightarrow FeO(Fe_3O_4)SiO_2 \cdot CaO+Q_3$$

炉料

O_2

燃烧焰

$$(Fe_3O_4)+[FeS] \rightarrow FeO+SO_2,(Cu_2O)+[MS] \rightarrow [Cu,Cu_2S]+(MO)+SO_2$$
渣层　　$(FeO,Fe_3O_4)+SiO_2 \rightarrow$ 炉渣

铜锍层

图 3 - 28　Inco 闪速熔炼铜精矿的反应区域

Inco 闪速熔炼的工艺流程如图 3 - 29 所示。

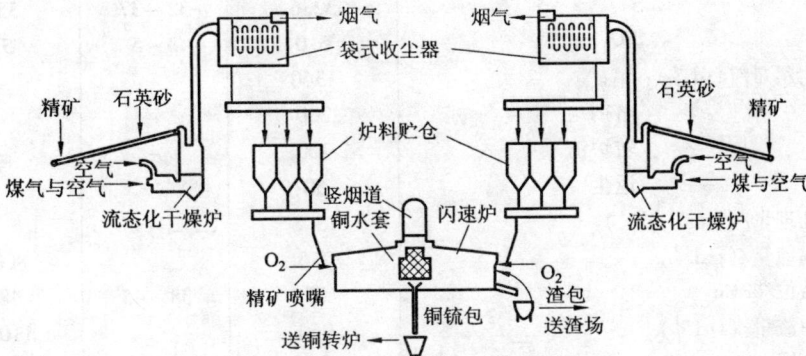

图 3 - 29　因科闪速熔炼工艺流程

　　Icno 闪速炉完全包在焊接的铜板内,钢板厚 1 cm。炉子是用铬镁砖与镁砖砌筑,易浸蚀的强烈燃烧高温区的侧墙装设铜水套。炉料通过前端的水平喷撒在熔炼带燃烧,烟气从沿炉子长边中央烟道排出,这样使熔池空间分为精矿熔炼带与炉渣贫化带。在炉子长边的后端装有喷嘴,将黄铁矿精矿喷入贫化带。所以在 Inco 闪速炉内的氧势是很低的,将转炉渣直接倒入炉中,炉渣与铜锍两相的平衡很容易建立,炉内不会有 Fe_3O_4 的积累。从 Copper Cliff 厂炉渣的分析结果来看,炉渣含 $SiO_2$30% ~ 32%,含 $Fe_3O_4$11% ~ 12%,铜锍品位为 50% ~ 55% Cu,这样的 Fe_3O_4 含量水平是低于饱和态的。所以 Inco 闪速熔炼的渣含铜较

127

Outokumpu 闪速熔炼要低,铜锍和炉渣含铜百分比的比值约等于 70±10,故熔炼产出 55% Cu 的铜锍时,渣含铜只有 0.8%。可以不经贫化处理而弃去。只有当返回转炉渣后,炉渣的 Fe/SiO$_2$ 由一般控制的 0.8~0.9 升至 1.3(以赫尔利厂为例),渣含铜便高达 1.09%。这样炉渣也要经贫化处理。

Inco 闪速熔炼的生产数据列于表 3-14。

表 3-14 Inco 闪速熔炼的生产数据

生 产 数 据 项 目	Copper Cliff 厂	АГМК 厂	美国赫尔利
炉子尺寸/m：长	23	20	
宽	6	36	
高	5	5.5	
喷嘴数	4	3(1 个备用)	
处理的精矿成分/%：Cu	28.0	16~20	25
Ni	~1	—	
Fe	29.0	—	30
S	32.6	32~37	35
SiO$_2$	6.0	3~5	5
加入物料量/(t·d^{-1})：精矿	1360	—	
熔剂	200	—	
转炉渣	300	—	
返尘	50	—	
单位处理量/(t·m^{-1}·d^{-1})	13.8	12~15	
产出铜锍量/(t·d^{-1})	715		800
铜锍品位/% Cu	55	38~45	48
产出炉渣量/(t·d^{-1})	960		1100
炉渣含铜/%	0.8	0.7~0.9	0.7
铜入铜锍的回收率/%		97.5~97.7	
每吨料产出烟气量/m^3	175	170	
烟气中 SO$_2$ 的浓度/%	80	70~80	80
每吨料工业氧(95%~97% O$_2$)消耗/m^3	25% 精矿重	180	
烟尘产率/%	2	~6	

由于 Inco 闪速炉采用工业氧进行鼓风,产生的烟气量很少,而含 SO$_2$ 浓度很高,烟气冷却净化设备的负荷较轻,可节省这方面的投资。但烟气中 SO$_3$ 浓度很高,腐蚀性较大,因此烟气净化设备均采用不锈钢制成,反而增大了投资费用。在 Outokumpu 闪速熔炼提高鼓风含氧浓度以后,加上生产规模的扩大,其投资费用已大为降低,甚至还低于 Inco 闪速熔炼。

128

Inco 闪速熔炼产出的铜锍品位较低,也不能像 Outoknmpu 闪速炉熔炼那样,通过调节送风中的氧浓度,生产任意品位的铜流。而且,精矿含硫变化大时也不适宜在 Inco 闪速炉中处理,否则当处理硫铜比过高的精矿时,只能是产出更低品位的铜锍;当精矿含硫低于 20% 时,由于受热平衡的影响而需补加燃料。

熔炼一吨炉料总的净能耗,Outoknmpu 闪速熔炼为 3.97 GJ,而 Inco 闪速熔为 4.51 GJ。

基于上述种种原因,Inco 闪速熔炼没有得到很大的发展。

3.3.2 熔池熔炼

工业上已采用的熔池熔炼方法有反射炉熔炼、电炉熔炼、Noranda 法、白银法、三菱法和 Teniente 法、瓦纽柯夫法、澳斯麦特 – 艾萨法等。

3.3.2.1 反射炉熔炼及其改进

1879 年第一台反射炉投入工业生产,成功地取代了鼓风炉熔炼。目前世界上仍有多台反射炉在进行造锍熔炼。造锍熔炼反射炉示意图如图 3 – 30 所示。

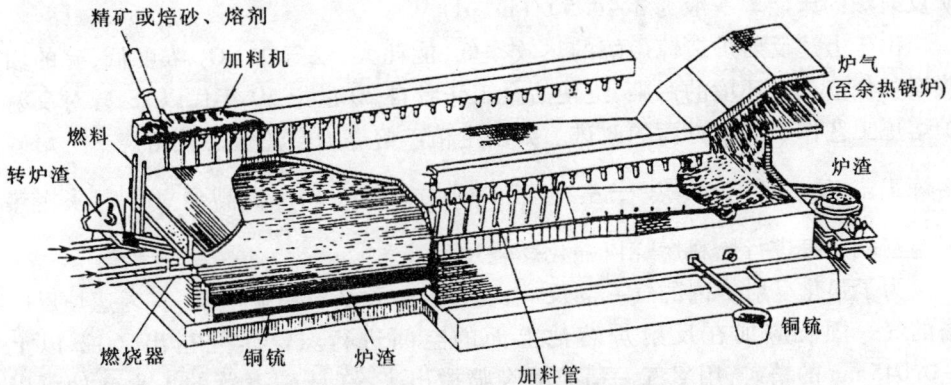

图 3 – 30　反射炉熔炼示意图

反射炉熔炼的生产过程是连续进行的。炉内连续供热,将间断地加在料坡上的固体炉料在高温下发生一系列反应并熔化,连续产出铜锍和炉渣两种熔体,经沉清分层后分别从炉内间断放出,在正常情况下维持炉内 0.6 ~ 0.8 m 深的铜锍层和 0.5 m 深的炉渣层。锍送下一工序吹炼,炉渣经过水淬后可作建筑材料。

反射炉熔炼可以采用重油、天然气或粉煤作燃料。燃烧产生的高温火焰沿整个炉子长方向运动,将热传给炉料及熔池,是熔炼热收入的主要来源,约占热

129

收入的 80%，而精矿本身硫化物氧化及造渣所放出的热能未能充分利用，大量未被氧化的 FeS 最终进入铜锍。故反射炉熔炼很难得到高品位铜锍。离炉烟气温度为 1250～1300 ℃，带走了大量的热，燃料燃烧的热效率低，只有 30% 左右。所以反射炉熔炼的能耗高，熔炼一吨铜精矿需要 $(50～63)\times10^5$ kJ 的热能。

由于反射炉熔炼的燃料消耗大，一般采用粉煤作燃料的粉煤消耗约占精矿重的 14%～20%，单位时间内产生的烟气量大，烟气中的 O_2 浓度低只维持微氧化气氛，并且烟气也只是掠过熔炼空间，和料坡与熔池的接触很少，料中的 MS 不能很好地进行氧化反应，所以反射炉熔炼的脱硫率是很低的，只有 20%～30%。这些原因均造成反射炉造锍熔炼过程所产烟气中的 SO_2 浓度是很低的，只有 1%～2%。要从这么低 SO_2 浓度烟气中回收硫是很困难的，是造成环境污染的主要根源。

加入反射炉中的炉料与熔化产物，在整个熔炼过程中是处于相对静止的状态，微氧化气氛的高温烟气只是从静止的料面上和熔池面上掠过，气相与固、液两相的相互作用是很少的，所以反射炉中的造锍熔炼过程的传热与传质条件是很差的，熔炼过程的速度也就太慢了。因此反射炉的生产率是很低的，熔炼生精矿反射炉的床能率一般为 3～4.5 t/$(m^2\cdot d)$。

由于上述反射炉造锍熔炼的热效率低，能耗大，烟气中 SO_2 浓度低，硫的回收率很低造成对环境的污染，迫使冶金工作者自 20 世纪 50 年代以来，曾对反射炉熔炼工艺作了许多方面的改进。如改生精矿熔炼为自热流态化焙烧——焙砂熔炼工艺，使燃料消耗减少 $\frac{1}{3}$ 左右，硫的回收率可从 50% 提高到 90%。采用热风与富氧空气进行燃料燃烧以强化燃烧过程等。

为了强化反射炉内的气－固反应，在反射炉顶装设精矿喷嘴，将闪速炉反应塔的气一固反应加在反射炉熔池上面的空间进行。曾研究指出，60% 以上 -0.045 mm 的精矿，用氧气－精矿喷嘴喷撒出来，在精矿下落的 1.8 m 处可以完全氧化。若反射炉熔池面上至炉顶高约 1.8 m，便可以满足精矿喷出后完全氧化的要求。所以在 1982 年 Morenci 炼铜厂在三号反射炉上安装了氧气喷撒熔炼烧嘴，于 1983 年正式连续运转。该炉长 31 m，宽 7.62 m，原每天处理 652 t 干精矿。氧气喷撒熔炼又叫 Morenci 法，亦称 OSS 法（Oxygen Sprinkle Smelting）。

反射炉造锍熔炼改为氧气喷撒熔炼的主要措施，是在原反射炉顶的前端装有三个氧气—精矿(含熔剂)喷枪，采用高氧:料比以产出高品位铜锍，铜锍放出口从原来的尾端改设在前端。靠近尾端装设一个氧气—含铜黄铁矿精矿和粉煤的喷枪，以便炉渣经此低氧势区贫化后，再由此端放出，产生的贫铜锍与渣逆流，

130

至高氧势区的铜口放出。改装后的炉子如图3-31所示。

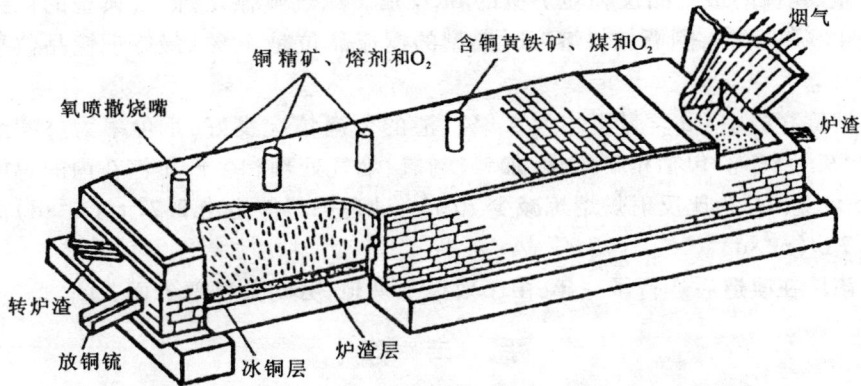

图3-31 氧气喷撒熔炼炉子装备示意

氧气喷撒熔炼过程,仍可从侧墙同时加料,形成料坡来保护侧墙,省去安装在炉墙中的冷却水套,更有效地利用反应产生的热。料中的Fe与S的氧化热从火焰中热辐射给料坡,使料熔化而提高了产量。

Morenci炼铜厂将三号反射炉如此改造投产后,氧气喷撒熔炼基本上代替了原来的氧-燃料烧嘴加热熔炼,三个氧气喷撒烧嘴达到的最大熔炼能力,每个烧嘴熔炼精矿约500 t/d。典型的操作条件列于表3-15中。

表3-15 Morenci 3号炉氧气喷撒熔炼系统操作参数

氧气喷撒熔炼烧嘴的操作烧嘴数量3个,每个烧嘴给料率为20~30 t/h
氧/精矿比为0.25~0.275,石英石熔剂/精矿比为0.03~0.11
氧-燃料烧嘴为操作烧嘴数量4个,氧/天然气比为2.10
总氧量为300 t/d
炉子给料合计为1510 t/d,其中,喷撒熔炼烧嘴为1090 t/d,侧墙加料为420 t/d
熔炼产物,铜锍722 t/d,炉渣890 t/d,尘60 t/d
物料组成(%):

	Cu	Fe	S	SiO_2	Fe_3O_4
精矿	24.3	26.4	36.5	8.4	
沉积铜(湿法生产)	69.7	9.1	1.0	1.9	
石英石		3.4		84.2	
铜锍	46.1	25.5	25.2		6.2
炉渣	0.8	36.7	1.0	35.9	7.1

喷撒烧嘴按石英石与精矿之比为 0.03 ~ 0.11 操作。该比率取决于精矿含 SiO_2 量、铜锍的最终品位和转炉渣的 SiO_2 量。氧气喷撒熔炼时,典型的铜锍品位是 48% ~ 50%,侧墙加料熔炼时典型的铜流品位是 40%,最终铜锍品位平衡为 46%。

熔炼弃渣中 Cu 含量平均为 0.8%,渣的分离情况良好,烟尘率为烧嘴给料量的 5% ~ 8%。包括精矿干燥、加料、制氧、烟气处理和生产蒸汽在内的总能耗为 15×10^5 kJ,约比反射炉熔炼减少 70%。处理炉料能力由 2.77 t/($m^2 \cdot d$) 提高到 7.7 t/($m^2 \cdot d$)。

该厂在改造后运行了一年,由于效果不理想,劳动条件恶劣而关闭。

思 考 题

评述反射炉熔炼的优缺点。

3.3.2.2 白银法炼铜

反射炉熔炼的熔池主要起渣与铜锍的澄清分离作用,基本上不发生金属硫化物的氧化反应,致使铜锍品位低,能量得不到发挥。白银有色金属公司选冶厂从 1972 年开始研究向熔池鼓风的强化气 – 液反应的新炼铜法试验,1979 年正式命名为白银炼铜法,熔池而积为 100 m^2 设计年产粗铜 3 万吨的白银炼铜法熔池熔炼炉于 1980 年已正式投入工业生产。当时的炉型为单室炉型,1985 年进行双室炉型的工业试验,并于 1987 年进行了富氧浓度为 31% ~ 32% 的熔炼试验。1990 年 100 m^2 的单室白银炉被改造为双室炉型,同时进行了富氧(47% O_2浓度)自热熔炼工业试验,使白银炉熔炼床能率达到 33 t/($m^2 \cdot d$),炉子出口烟气中 SO_2 浓度达到 17%,粗铜综合能耗为 0.657 t 标煤/t 铜,铜熔炼回收率达到了 97.82%,试验的主要技术经济指标达到了国内外比较先进的水平。

白银炼铜法的冶炼过程是在一台矩形的熔池熔炼炉中进行的。开始采用单室熔池熔炼炉的结构如图 3 – 32 所示。

白银炼铜法的熔池熔炼炉,约在熔池中部装隔墙将熔池分为熔炼区和澄清区两大部分。炉料从炉顶的加料孔连续加入熔炼区。从浸没在熔炼区熔池深处(熔体面下 450 mm)的风口鼓入空气,强烈地搅动熔体,落入熔池的炉料迅速被熔体熔化,并与气泡中的氧发生气液两相的氧化反应,放出大量的热,维持熔炼区的炉膛温度为 1150 ~ 1200 ℃,熔体温度 1100 ℃,若热量不足,便由此区顶上安装的辅助燃烧器喷入粉煤或重油供热。在熔炼区形成的铜锍和炉渣,通过隔墙下面的孔道流入炉子的澄清区。在澄清区的端墙上装有重油或粉煤燃烧器,燃料燃烧放出的热使此区的温度维持在 1300 ~ 1350 ℃,使渣温升至 1200 ~

12500 ℃,铜锍温度升至 1100~1150 ℃。经升温澄清后,间断地分别从渣孔和虹吸井放出炉渣与铜锍。

这种单室熔炼炉的熔炼区与澄清区的空间是相通的,澄清区的大量燃烧气体会冲击熔炼区的气流,使熔炼区气流发生紊乱,影响熔炼区的燃料燃烧不充分,使熔炼区的温

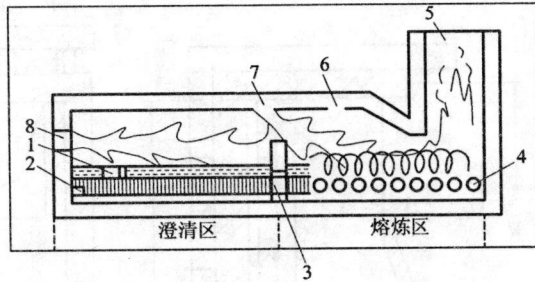

图 3-32　白银炼铜法的熔池熔炼炉
1—放渣孔　2—放铜锍孔　3—隔墙　4—风口　5—垂直烟道
6—加料孔　7—炉顶粉煤烧嘴　8—端墙粉煤烧嘴

度偏低,达不到加热熔体所需的温度。同时熔炼区产生的高 SO_2 浓度的烟气,被澄清区的含 SO_2 浓度很低燃烧废气所冲淡。于是对单室白银炉进行改进,炉子空间用一道中间隔墙分为两室,各室拥有独自的排烟系统,避免了澄清区燃烧废气对熔炼区的影响。同时还对炉子其他部位也作了相应的改造,改进后双室白银炉的结构如图 3-33 所示。

双室白银炉的冶炼工艺流程如图 3-34。

白银炼铜法属于侧吹熔池熔炼范畴,其工艺特点如下:

(1)熔炼效率高。白银炉采用浸没侧吹风口装置,从炉墙两侧浸没式风口鼓入压缩风,使高温熔体激烈地搅动。炉料加入到熔炼区后立即随熔体的强烈搅动而散布于熔体之中,利用精矿颗粒的巨大表面与周围高温熔体、气体很快地进行传热、传质,为熔炼过程的气、液、固三相间的反应创造了良好的动力学条件,使加热、分解、溶化、造锍及造渣等物理化学过程的速度加快,熔炼效率大大提高。

(2)能耗较低。炉料中部分硫和铁被鼓风中的氧所氧化,其氧化反应和造渣反应产生的热量随着被搅动的高温熔体迅速地在熔池中传递,因而热被充分利用、热效率高。化学反应热占熔炼热收入的 55%~84%。鼓风中含 O_2 达到 50% 左右时,可实现完全自热熔炼。白银炉可生产高品位铜锍,减少转炉吹炼量,使转炉吹炼的能耗减少。

(3)白银炉熔池中设置了隔墙,将整个炉子分隔成两个区:熔炼区和沉降区。隔墙的设置解决了熔炼区和沉降区动静的矛盾,同时强化了熔炼区及沉降区的作用。熔炼区鼓风激烈搅动,强化了炉内动量、热量和质量的传递,提高了熔炼强度。同时,熔体的强烈搅动,使铜锍液滴间的相互碰撞机会大为增加,这

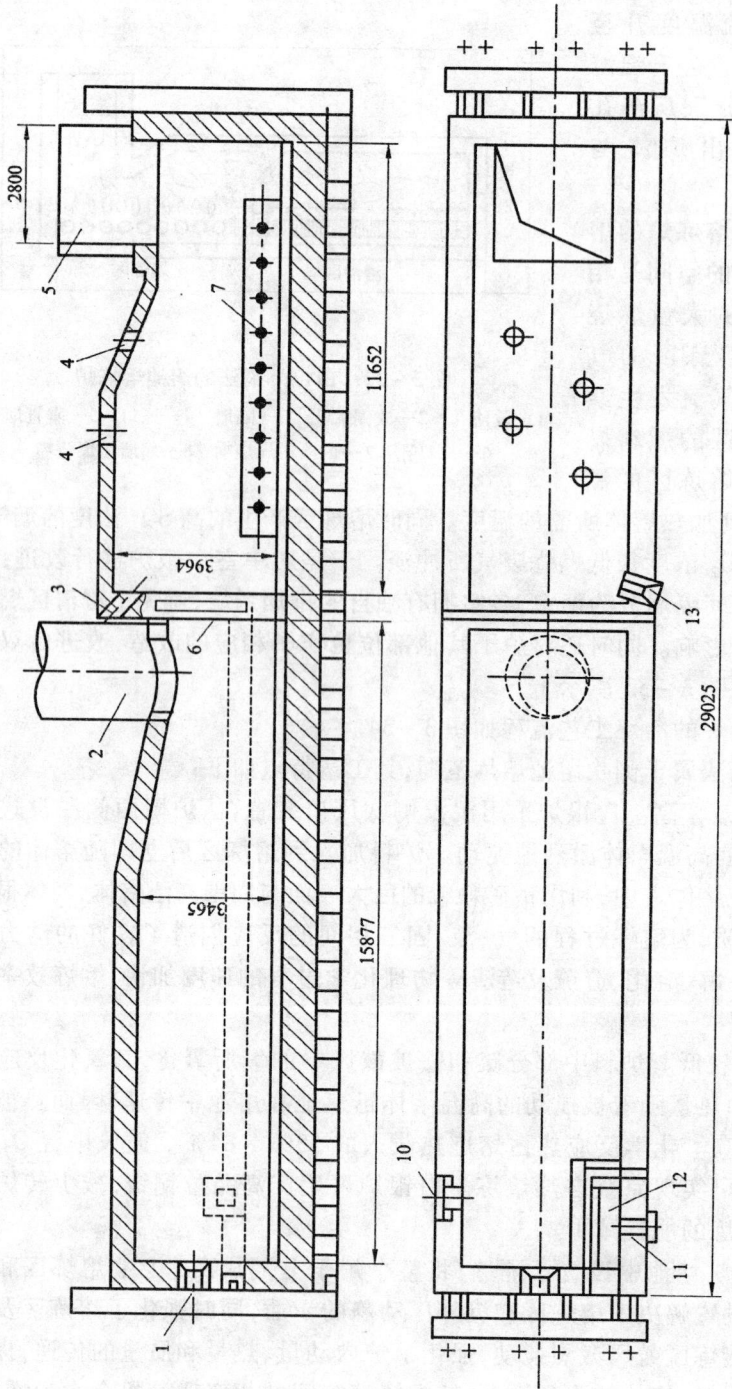

图3-33 双室式白银炉结构示意图

1—燃烧孔 2—沉淀区直升烟道 3—中部燃烧孔 4—加料孔 5—熔炼区直升烟道 6—隔墙 7—风口 8—渣线水套（未示出）
9—风口水套（未示出）10—渣口 11—铜锍口 12—内虹吸池 13—转炉渣返入口

134

铜精矿　　　石灰石　　石英石(或山砂)　　烟尘

料仓　　　料仓　　　料仓　　　料仓

称量给料机　称量给料机　称量给料机　称量给料机

原煤 → 粉煤制备　　　配料皮带运输机

煤粉　　　皮带输送机

气力输送　　炉前料仓　　高压鼓风机　制氧机

低压风机　　粉煤仓　　称量给料机　　高压空气　工业氧气

低压风　　给煤机　　慢速加料皮带机

粉煤烧嘴 → 白银炼铜炉

沉淀区烟气　　铜锍　　炉渣　　熔炼区烟气

热风 ← 辐射式换热器　　包子　　废弃或送　　烟气预冷室 → 烟尘
　　　　　　　　　　　　贫化处理
管式换热器　　吊车　　　　　　　　余热锅炉

排烟机　　转炉吹炼　　　　　　漩涡收尘器

烟囱　　粗铜　转炉渣　　　　　电收尘器

排放　　送精炼　返回白银炉　　　排烟机
　　　　　　　或送选矿
　　　　　　　　　　　　　　　　送制酸系统

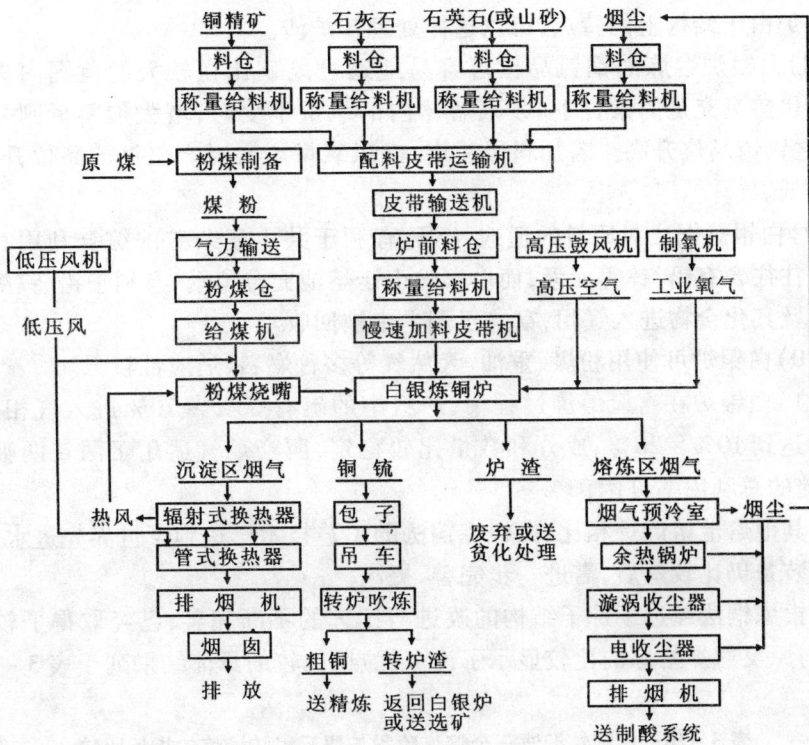

图 3-34 双室白银炉的工艺流程

有利于它们的聚合与长大,加速其沉降速度。沉降区熔体相对平静,则有利于铜锍与炉渣的分离,减少了炉渣中的铜锍夹带。

(4)在熔炼区熔池中由于有足够的 FeS 和 SiO_2 存在,在鼓风的强烈搅动下 Fe_3O_4 能与之充分地接触,而且,炉料中配有适量的煤,因此炉渣中 Fe_3O_4 含量低,一般为 2% ~5% 。

(5)白银炉熔炼是将湿炉料直接加入炉内,随气流带走的粉尘量少;另外熔炼区鼓风搅拌激烈,翻腾飞溅的熔体对炉气夹带的粉尘起了良好的捕集作用,因而熔炼烟尘率相对较低,仅为 3% 左右。

(6)白银炉熔炼对原料的制备要求简单,入炉水分为 6% ~8% ,混有少量粗粒(粒度小于 30 mm)的炉料可以直接加入炉内处理,免去了庞大的炉料制备和干燥系统。

(7)转炉渣可以返回白银炉进行贫化处理。将液态转炉渣直接返回熔炼炉内贫化,是一种简单而又节省能耗的方法。在一般强化熔炼中没有这样的做法,而白银炉由于结构上的特点,可以这样处理转炉渣。

(8)白银炉熔炼的铜锍品位可容易地通过风矿比在较大的范围内进行调整。在供热量充足的条件下,鼓入熔体内的氧量不变时,增大加料量则品位降低,反之铜锍品位升高。若加料量一定,鼓风氧量增大时产出铜锍品位升高,反之则降低。

(9)白银炼铜法对原料的适应性强,有利于共生复杂矿的综合利用。炼铜原料中往往含有铅、锌等元素,而白银炉由于熔池充分搅动,有利于铅、锌等易挥发金属及其化合物进入气相,富集于烟尘中被回收。

(10)白银炉可使用粉煤、重油、天然气等多种燃料,适应性较强。

(11)白银炉在富氧熔炼过程中,炉料中的硫有60%~70%进入气相,烟气含SO_2达到10%~20%,成分和数量比较稳定,所产烟气适用于两转两吸制酸工艺,硫的总利用率可达93%。

与其他熔池熔炼炉相比,白银炼铜法的工艺技术已达到了世界先进水平,但目前的装备仍比较落后,需进一步完善、提高。

白银炼铜法经过了炉子结构的改进与工艺的不断完善,已经取得了较大的成就,与原反射炉熔炼的比较显示了许多优点,比较的具体结果列于表3-16。

表3-16　白银炼铜法三个熔炼阶段与原反射炉熔炼的指标比较

项　目	单　位	原反射炉熔炼	白　银　炉		
			空气熔炼	富氧熔炼	富氧自热熔炼
熔炼床能力	$t \cdot m^{-2} \cdot d^{-1}$	3.8	13.1	20.73	32.89
鼓风氧浓度	%		21	31.63	47.07
标准燃料率	$kg \cdot t^{-1}$	22.21	12.31	8.33	4.33
炉料含铜	%	17.59	16.3	16.99	17.88
炉料含硫	%	33.42	29.223	26.76	26.06
炉料含水分	%	6~8	8.0	8.36	7.6
铜锍品位	%	22.94	30.11	35.64	48.87
炉渣含铜	%	0.381	0.43	0.476	0.938
贫比渣含铜	%				0.466
脱硫率	%		55.27	58.64	68.01
出炉烟气含SO_2	%	2.1	7~8	11.26	单室炉16.69
烟尘率	%	6	4.67	3.33	3.06

表 3 – 16 的比较数据说明白银炼铜法的熔炼能力得到很大的提高,而标准燃料率计的能耗却下降了,产出的铜锍品位提高了一倍以上;烟气中的 SO_2 浓度高了许多,有利于硫的回收与改善环境。

思 考 题

评述白银炼铜法的优缺点。你认为反射炉炼铜改为白银法炼铜好还是改为 Morenci 喷撒熔炼好?

3.3.2.3 瓦纽柯夫熔池熔炼法

苏联对铜精矿熔池熔炼的研究是从 1956 年开始的,1968 年在诺里尔斯克炼铜厂建了一台 20 m² 的工业炉,于 1977 年投入工业试验。1985 年在巴尔喀什建成了第一台床面积为 25 m² 的熔池熔炼炉,后扩大为 38 m²。1987 年在巴尔哈什、诺里尔斯克和乌拉尔炼铜厂分别建成了 48 m² 的熔池熔炼炉。现独联体有三家炼铜厂共有六台熔池熔炼炉在生产。

瓦纽柯夫炉熔炼的吹炼过程,类似我国白银法侧吹熔池熔炼,但其熔池较深 (2.5 m),采用高浓度氧(60% ~ 90%),吹炼熔池上部熔有料矿并混有铜锍小滴的乳渣层。在鼓泡乳化熔炼过程中有效地抑制 Fe_3O_4 的生成,加速了相凝聚与分离,强化了传质与传热过程。

瓦纽柯夫炉的结构如图 3 – 35 所示。该炉是一个具有固定炉床、横断面为矩形的竖炉。炉缸、铜锍池和炉渣虹吸池以及炉顶下部的一段围墙用铬镁砖砌筑,其他的侧墙、端墙和炉顶均为水套结构,外部用架支承。风口设在两侧墙的下部水套上。有的炉子每侧有两排风口,端墙外一端为铜锍虹吸池,设有排放铜锍的铜锍口和安全口,另一端端墙外为炉渣虹吸池,设有排放炉渣的渣口和安全口,小型炉子的炉膛中不设隔墙,大型炉的炉膛中设有水套炉墙,将炉膛分隔为熔炼区和贫化区的双区室(图 3 – 36)。隔墙与炉顶之间留有烟气通道,与炉底之间留有熔体通道。炉子烟道口有的设在炉顶中部,有的设在靠渣池一端的炉顶上,在熔炼区炉顶上设有两个加料口,贫化区炉顶上设有一个加料口。

为了更充分地搅拌熔池,两侧墙风口的对面距离较小,仅 2.0 ~ 2.5 m;炉子的长度因生产能力不同而变化,为 10 ~ 20 m 不等;炉底距炉顶的高度很高,为 5.0 ~ 6.5 m,熔体上面空间高度 3 ~ 4 m,有利于减少带出的烟尘量。风口中心距炉底 1.6 ~ 2.5 m,风口上方渣层厚 400 ~ 900 mm;渣层厚度和铜锍层厚度由出渣口和出铜口高度来控制,一般为 1.80 m 和 0.8 m;为防止粉状炉料被带入烟道,加料口通常远离烟道口。

炉料从炉顶的加料口连续加入熔炼区,被鼓入的气流搅拌便迅速熔入以炉

137

表 3 – 17　瓦纽柯夫法生产厂家主要技术指标

项　　目	巴尔哈什厂	诺里尔斯克厂	中乌拉尔厂
精矿成分/%			
Cu	14 ~ 19	19 ~ 23	13 ~ 15
Fe	20 ~ 28	36 ~ 40	20 ~ 30
S	18 ~ 30	28 ~ 34	35 ~ 39
铜锍品位/%	44 ~ 47	45 ~ 50	45 ~ 52
炉渣成分/%			
Fe/SiO_2	1.25 ~ 1.30	1.47 ~ 1.50	
Cu	0.5 ~ 0.7	0.45 ~ 0.6	0.55 ~ 0.75
Fe	36 ~ 37	44 ~ 45	
SiO_2	29 ~ 34	27 ~ 33	26 ~ 29
CaO	3 ~ 6		4 ~ 5
床能率/$(t \cdot m^{-2} \cdot d^{-1})$	50 ~ 60	55 ~ 80	40 ~ 60
富氧浓度 O_2/%	65 ~ 60	55 ~ 80	40 ~ 60
炉气中 SO_2/%	24 ~ 32	20 ~ 35	25 ~ 37
铜锍中铜回收率/%	97.1（不返回烟尘）	97.3（不返回烟尘）	96.2
	97.8（烟尘返回时）	98 ~ 98.5（烟尘反回）	（不反烟尘）
燃料消耗占热收入的百分数/%	2 ~ 3	2 ~ 3	1 ~ 2

　　瓦纽柯夫炉投入工业生产以来,经过多年实践与改进,已日趋完善,是一种稳定可靠的先进熔炼方法,在处理复杂精矿、炉渣贫化及余热利用等方面取得了一定的成就。俄罗斯在标准瓦纽柯夫炉型的基础上,提出了一种带炉料预热装备的瓦纽柯夫改型炉,又称巴古特炉(BAGUT)或称联合鼓泡炉(图 3 – 37)。这种联合鼓泡炉的特点之一,是以竖井式逆流交换器(CCHE)代替余热锅炉,并用来预热炉料。

　　竖式热交换器独立于炉外(图 3 – 37 的左上方),其干燥作业过程是细粒炉料从热交换器上部沿切线方向加入,从熔炼炉烟道顶部出来,高温烟气由热交换器下部沿切线方向进入。在炉料与烟氧逆流运动的过程中,炉料被预热到 810 ~ 850 ℃,烟气温度则降至 250 ~ 300 ℃。同时,精矿中高价硫化物分解出来便可降低熔池熔炼区的氧势,从而使熔池中 Fe_3O_4 的含量下降到 0.5% ~ 1%。

　　这种改型瓦纽柯夫炉另一特点是设有一等离子区(图右)用在惰性气体或还原性气体保护下的石墨电极来产生等离子体,提高了炉渣温度和降低了氧势,这样可使炉渣贫化到渣含铜 0.03% ~ 0.05%,冶炼产品可以是铜锍或铜铁合金。

　　哈萨克巴尔哈什炼铜厂处理的精矿含硫低,发热量不足以维持在瓦纽柯夫炉中进行自热熔炼,需随炉料补加 3% ~ 4% 煤,并要求富氧浓度提高到 70%。

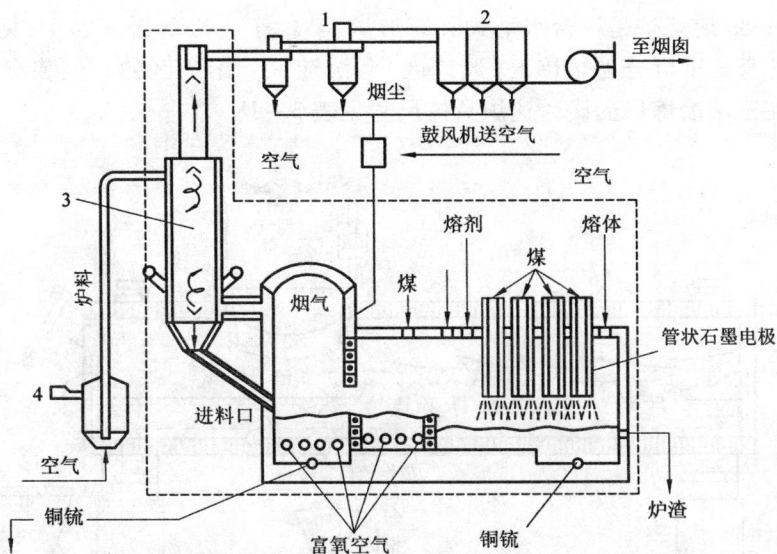

图3-37 具有充分利用热能的联合鼓泡(瓦续柯夫)炉

1—施风除尘器 2—布袋除尘器 3—旋涡换热器 4—称量器

在改型瓦纽柯夫炉中进行的试验表明,氧气消耗可减少 2/3,产量却翻了一番,充分说明改型瓦纽柯夫炉不仅充分利用了炉原型在熔炼和相分离方面的高效率,还显示了精矿氧化产生的热量得到了更充分的利用,为以后处理一些低硫原料提供了发展前景。

思 考 题

为什么瓦纽柯夫熔池熔炼炉的生产率很高?请你与白银炉熔炼比较进行分析。

3.3.2.4 诺兰达(Noranda)法熔炼

世界上第一台连续熔炼与吹炼炉,日处理726 t 铜精矿直接炼成粗铜的诺兰达炉,是1973 年在加拿大诺兰达矿业公司的 Horne 炼铜厂投入工业生产的。但是直到目前为止全世界仍只有四台诺兰达炉在运转,并且都是生产高品位(70%～75%)铜锍,而不是粗铜。

我国大冶有色金属公司冶炼厂,于1997 年引进消化诺兰达熔炼工艺,建成年生产能力100 kt 粗铜的诺兰达熔炼生产工艺,经过一段时间的试运行,获得了

141

圆满的成功。

Noranda 熔炼炉是一台水平式圆筒形炉,类似于一般的卧式转炉,见图3-38。沿炉身长度可分为熔炼区(风口区)和沉淀区。熔炼区的一侧装有浸设风口。现在三家冶炼厂的诺兰达炉具体尺寸见表3-18

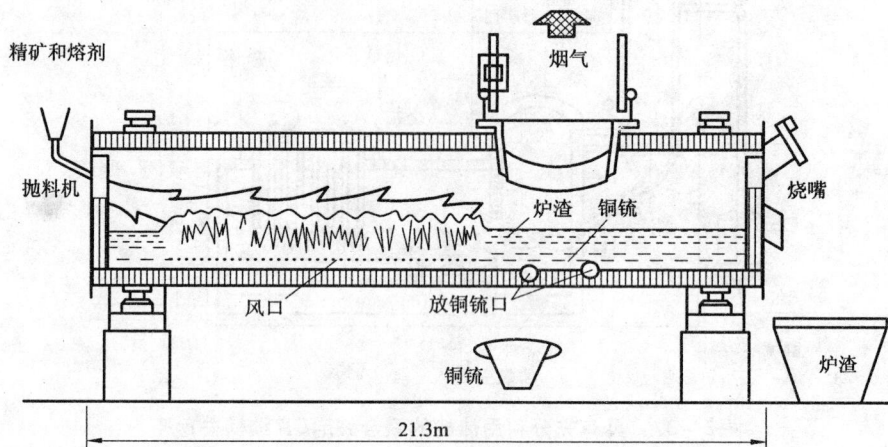

图3-38 Noranda 炉示意图

表3-18 诺兰达反应炉有关尺寸和工艺参数

项　　目	诺兰达反应炉			
	霍恩试验厂	霍恩生产厂	南方铜厂	大冶铜厂
炉壳内尺寸				
直径/m	3.05	5.11	4.50	4.70
长/m	10.67	21.34	17.50	18.0
砖体内尺寸				
直径/m	2.29	4.35	3.74	3.9
长/m	9.91	20.58	16.74	17.2
内容积/m³	40.7	305.1	183.9	205.5
熔池熔炼部分				
吹炼区容积/m³	18.3	183.1	110.3	111
吹炼区长/m	4.5	12.3	10.0	9.3
鼓风量/(km³·h⁻¹)	7.1	76.5	28.92	
熔池表面积/m²	10.1	50.3	36.0	35.5
表面气流速度/(m·s⁻¹)	1.1	2.4	1.2	1.25

142

大冶冶炼厂采用诺兰达生产工艺流程如图 3 - 39 所示。

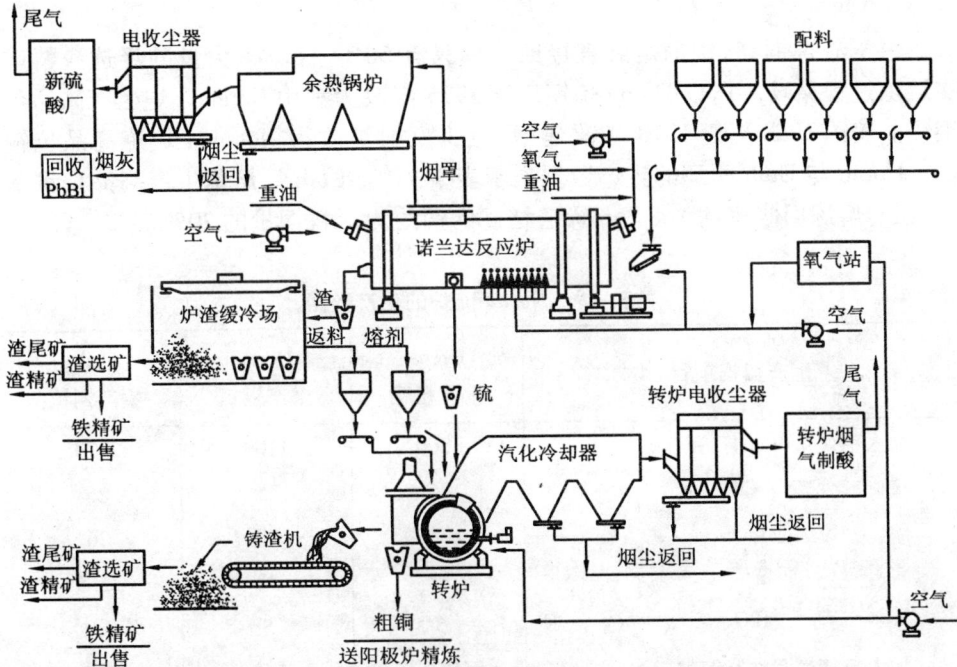

图 3 - 39　大冶冶炼厂诺兰达熔炼工艺流程

诺兰达熔炼工艺,是用抛料机将配好的炉料,从炉子的一端撒在熔炼区湍动的熔池表面,迅速被熔体浸没而溶于熔池中,并被气泡中的氧所氧化。氧化放出的热量维持熔体正常的温度。熔体从加料端向炉渣放出的另一端移动,在移动的过程中,熔体中 FeS 继续被氧化并与 SiO_2 造渣。依 FeS 被氧化的程度,便可产出任何高品位的铜锍甚至粗铜。当熔体继续向前运动而离开风口区时,便进入沉淀区开始澄清分离,分别放出铜锍与炉渣。

熔炼过程中熔池温度维持 1200 ℃左右,除氧化反应放出的热以外,不足的热由设在加料端的烧嘴燃烧粉煤来补充。燃烧烟气与反应产生的 SO_2 烟气混合,从设在靠近放渣一端的排烟口排出,然后进余热锅炉及收尘系统。产出的烟气含 SO_2 为 8% ~15%。

Noranda 熔炼过程可造高 Fe/SiO_2 炉渣,其比值为 1.5 ~1.9,相当于渣含 SiO_2 为 22% ~25%。采用这种低 SiO_2 炉渣,是为了减少渣量,有利于下一步炉渣处理时的破碎。虽然渣含 Fe_3O_4 达 25% ~30%,但由于熔体的强烈搅动,亦

143

能进行顺利操作。炼粗铜时渣含铜为 10% ~ 12%，多数（约 2/3）为金属铜粒。这种炉渣细磨到 90% 通过 0.04 mm 筛，可保证在浮选过程中得到含铜低（0.5%）的尾矿。

由于渣含铜高，铜的熔炼直接回收率只有 50% ~ 60%，大量的浮选渣精矿在熔炼过程循环。所以 Horne 炼铜厂于 1975 年改为利用 Noranda 炉生产高品位铜锍。美国 Utah 厂于 1978 年改建中，也将反射炉改为 Noranda 炉炼高品位铜锍。Horne 与 Utah 两厂的生产数据列于表 3 - 19。Utah 厂熔炼生产高品位铜锍时，铜的熔炼回收率约为 80%，入渣精矿的铜约为原料铜量的 20%。

表 3 - 19　Noranda 炉的生产数据

生产数据项目	Horne 生产粗铜	Horne 生产铜锍	Utah 生产铜锍
加入精矿量/(t·d^{-1})	1200	1100	2270
精矿成分/%：Cu	25	25	26
Fe	28	28	26
S	32	32	32.5
SiO$_2$	5	5	9.4
加入渣精矿量/(t·d^{-1})	250	150	292
渣精矿含铜/%	55	38	40.0
加入湿法生产沉淀铜/(t·d^{-1})	—	—	80
加入石英熔剂/(t·d^{-1})	250	210	165
产出粗铜或铜锍/(t·d^{-1})	300	370	903
粗铜或铜锍成分/%：Cu	98	73	73.0
Fe	0.1	3.1	4.2
S	1.5	20.1	4.2
产出炉渣量/(t·d^{-1})	1150	910	1740
炉渣成分：% Cu	12	5	7.0
Fe	36	40	42.2
SiO$_2$	22	22	22.8
鼓风含氧/%	30.5	23.5	34
每吨料燃料消耗/kJ	1.25 × 10^5	29 × 10^5	8.43 × 10^5

根据 Utah 厂生产的热平衡计算,硫化物氧化及造渣等放热反应放出的热量,约为整个熔炼消耗热量的 85%。不足的热可通过两种途径补充,一是将粉煤加入料中,随料入熔池燃烧,一是通过两端的烧嘴燃烧任何燃料。

所以 Noranda 炼铜法实际上包括两个火法冶金过程,即在 Noranda 炉中吹炼铜精矿,产出高品位铜锍,然后在转炉中吹炼铜锍产出粗铜,炉渣需进一步处理。

由于诺兰达法炼铜的缺点明显,Utah 的诺兰达熔炼生产高品位铜锍的生产系统被更为完善的闪速熔炼－闪速吹炼工艺所取代。

思 考 题

诺兰达炼铜法的生产工艺符合炼铜的基本原则吗?

3.3.2.5 特尼恩特炼铜法

特尼恩特(Teniente)炼铜法是 1977 年在乔利 Caletone 炼铜厂投入工业生产,随后在 20 世纪 80 年代在智利得到推广,于 90 年代推广到其他国家,目前全世界共有 11 台炉子在生产。

原先采用的特尼恩特炼铜法工艺包括三个火法冶金过程:

(1)反射炉熔炼铜精矿是采用顶插燃料—O_2 烧嘴;

(2)采用 Teniente Modified Converters 转炉(简称 TMC 转炉或称改良转炉,见图 3-40),同时吹炼反射炉产出的铜锍和自热熔炼铜精矿。可以采用空气或富氧空气吹炼,产出高品位铜锍或白铜锍。

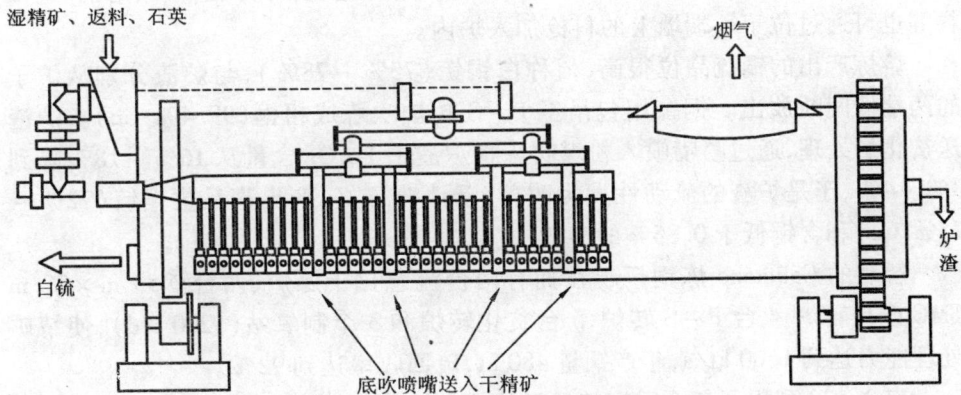

图 3-40 特尼恩特炉结构示意图

(3)在一般转炉中吹炼白铜锍产出粗铜。

近年来它经过不断地改进与完善,已取消了反射炉熔炼部分,一种全新的自热熔炼工艺如图3-41所示。

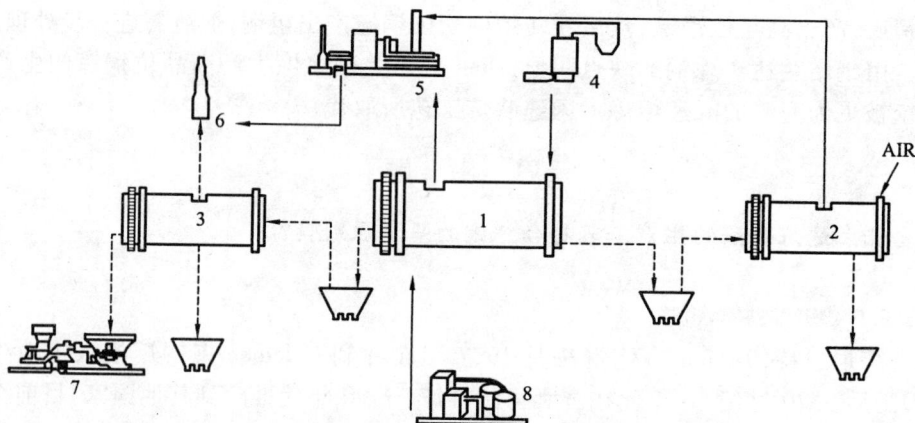

图3-41　智利Caletones冶炼厂的特尼恩特熔炼工艺流程

1—特尼恩特炉　2—白铜锍吹炼转炉　3—炉渣贫化炉　4—流态化焙烧炉
5—硫酸厂　6—烟囱　7—堆渣场　8—氧气站

从图3-41看出,工艺的主要改进是用一台P-S转炉型的炉子,代替原来的反射炉贫化炉渣。经流态化干燥炉干燥后精矿含水降到0.2%,通过侧吹喷嘴用富氧34% O_2 空气喷入熔池,大大强化了熔炼过程,部分湿精矿、熔剂、返回料等也可通过位于一端墙上的料枪加入炉内。

熔炼产出的铜锍品位很高,俗称白铜锍(75%~78%),与炉渣分别从炉子的两端墙间断放出。铜锍用包吊至P-S转炉吹炼成粗铜(99.4% Cu)。炉渣送贫化炉处理,通过喷嘴喷入粉煤吹炼将炉渣中 Fe_3O_4 含量从16%~18%降到3%~4%,于是炉渣的流动性大为改善,澄清分层好,产出高品位铜锍(72%~75% Cu)和含铜低于0.85%的弃渣。

智利的Calletone炼铜厂现在拥有两台流态化干燥炉、两台 $\varnothing$ 55 m × 22 m TMC改良转炉,4台P-S转炉、5台贫化转炉和3个制氧站(1200 t/d),使精矿处理能力达到1600 kt/a,年产铜量480 kt,硫回收率达到92%。

表3-20列出了三个采用特尼恩特改良转炉的工厂生产数据。

146

表 3 - 20 特尼恩特转炉的操作参数和技术经济指标

参数及指标名称	单位	数量		
		Caletones 厂	H. Videla Lira 厂	Ho 厂
干精矿处理量	t/d	2 000(含水 0.2%)	800	854
湿精矿处理量	t/d			928
铜锍需要量	t/d		0	377
富氧鼓风速率	m³/min	1 000	450	680
富氧浓度	%	33 ~ 36	32 ~ 36	28.4
送风时率	%	95	88	99.8
铜锍产量	t/d	609		407
铜锍品位 Cu	%	74 ~ 76		74.5
炉渣产量	t/d	1 400		806
渣含 Cu	%	4 ~ 8	8,送浮选	4.5
渣中 FeO/SiO₂		0.62 ~ 0.64		0.7
烟尘率	%	0.8		1.6
返回品量	t/d	200		29.1
炉寿命	d	450		379
烟气 SO₂ 浓度	%	25 ~ 35		18
阳极铜能耗	MJ/t	2 050		

3.3.2.6 氧气顶吹熔池熔炼

以上叙述的白银法、诺兰达法、瓦纽柯夫法和特尼恩特法炼铜,均属于侧吹熔池熔炼方式,下面将介绍顶吹熔池熔炼的几种方法,包括三菱法(含北镍法)、澳斯麦特与艾萨熔炼法、卡尔多炉法等。

(1)三菱法连续炼铜

自 1974 年日本直岛炼铜厂的三菱法炼铜投入工业生产以来,相继被加拿大、韩国、印度尼西亚和澳大利亚的炼铜厂采用。

三菱法连续炼铜包括一台熔炼炉(S 炉)、一台贫化电炉(CL 炉)和一台吹炼炉(C 炉),这三台炉子用溜槽连接在一起连续生产,铜精矿要连续经过这三台炉子才能炼出粗铜。其设备连接图如图 3 - 42 所示。

三菱法的三个主要过程以直岛老设备为例叙述如下:

①熔炼炉(S 炉)过程。熔炼炉为圆形,尺寸为 $\phi 8.25 \times 3.3$(m),熔池深 1.1 m,用铬—镁砖和熔铸镁砖砌筑,通过炉顶垂直安装 6 ~ 7 根喷枪。干精矿以每小时 25 ~ 27 t 的速度供给喷枪,同时按配比加入石英和石灰石熔剂、粒化吹炼渣和烟尘。混合炉料用空气输送,通过五个加料斗加入喷枪的内管,富氧空气通入

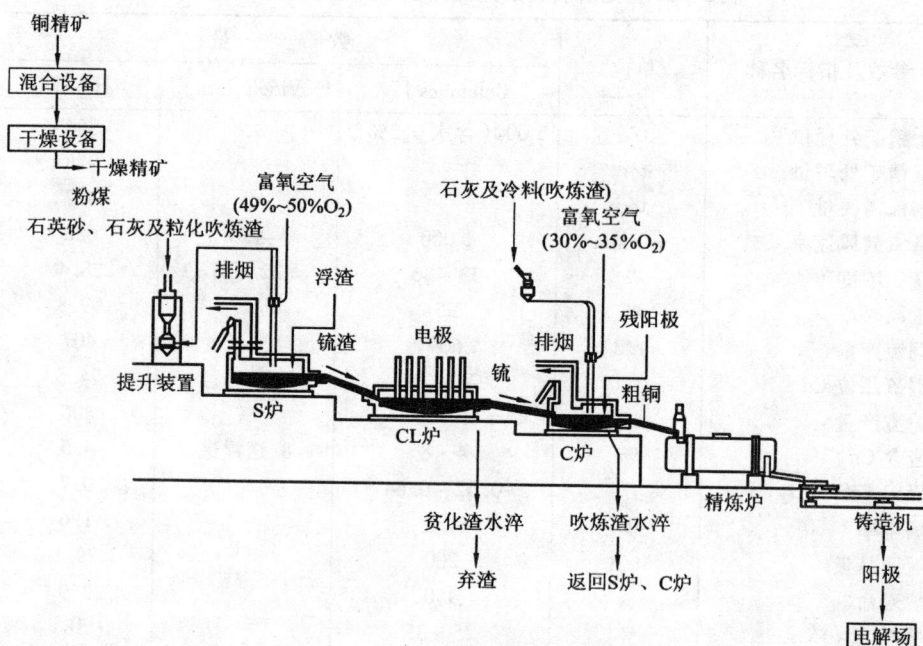

图 3-42　三菱法工艺设备连接流程图

喷枪的外管,在喷枪的下部两者混合,然后高速(出口速度 140~150 m/s)喷入熔池。供氧量按产出品位为 65% 的铜锍来控制。氧化反应产出的铜锍和炉渣溢流出炉,渣层很薄。熔池内主要是铜锍,存有大量未氧化的铁与硫,以便 O_2 参与反应。这样操作的结果,虽然未将喷枪浸没熔池,但熔炼反应是迅速进行的,氧利用率也很高。近来已将一些粉煤混入料中一起喷入熔池燃烧,可减少烧嘴喷的重油消耗。炉温则通过烧喷油量来调节。

②炉渣贫化电炉(CL 炉)过程。熔炼炉产出的铜锍与炉渣,通过一般的溢流孔流入贫化电炉。贫化电炉为椭圆形,短径 4.2 m,配置三根石墨电极,变压器容量 1200 kVA。约经一小时澄清分层后,流出的废渣含铜为 0.5%~0.6%,废渣水淬后堆存。铜锍虹吸流出,经加热的溜槽流入吹炼炉。

③吹炼炉(C 炉)过程。铜锍吹炼炉为圆形,内径为 6.65 m,高 2.9 m,熔池深,0.75 m。除了尺寸与放出孔的配置外,吹炼炉的许多特点类似于熔炼炉(S炉)通过顶插喷枪喷入空气,使铜锍连续吹炼得粗铜。鼓入的氧除了使铜锍中的铁与硫全部氧化外,也使一部分铜被氧化。通过喷枪加入少量石灰石,以形成 $Cu_2O - CaO - Fe_3O_4$ 三元系吹炼渣。吹炼渣中 CaO 的含量为 15%,铜的含量为

148

15%～20%,在这种条件下,粗铜中的硫含量为 0.1%～0.5%,远低于饱和含量。虹吸放出的粗铜送阳极炉。吹炼渣放出后经水淬和干燥后返回熔炼炉。

整个过程给料的计量是借助于计算机系统控制的。每小时取熔体产品一次并自动分析,将分析结果反回控制系统,从而调整给料速度。

熔炼炉与吹炼炉排出的烟气通过各自的锅炉冷却到 350 ℃然后经电收尘送硫酸厂。进酸厂前混合烟气的 SO_2 浓度为 10%～11%。

近来三菱法炼铜厂的生产数据列于表 3-21 和表 3-22 中。

表 3-21　三菱法炼铜的典型生产数据

项　　目	直岛老设备(日)	kidd creek(加)	直岛新设备(日)
炉子:S 炉直径/m	8.25	10.3	10.10
CL 炉/kVA	1800	3000	3600
C 炉直径/m	6.50	8.2	8.05
S 炉数据:			
精矿/$(t \cdot h^{-1})$	40	60	83
精矿品位/% Cu	30	25	31
铜屑/$(t \cdot h^{-1})$	—	2	4
喷枪数	8	10	10
喷枪直径/cm	7.62	7.62	10.16
喷枪鼓风(标准)/$(m^3 \cdot h^{-1})$	22400	29000	40000
鼓风氧浓度/%	42	48	45
产铜锍/$(t \cdot h^{-1})$	19	26	43
铜锍品位/% Cu	68	68	69
产炉渣/$(t \cdot h^{-1})$	27	54	57
C 炉数据:	—		
加铜屑/$(t \cdot h^{-1})$	—	—	5
加铜锍/$(t \cdot h^{-1})$	19	26	43
喷枪数	5	6	8
喷枪直径/cm	8.89	7.62	10.16
喷枪鼓风(标准)/$(m^3 \cdot h^{-1})$	12000	16000	24000
鼓风氧浓度/%	28	33	32
产粗铜/$(t \cdot h^{-1})$	12.1	16.5	33
吹炼渣量/$(t \cdot h^{-1})$	3.5	6	7
月生产能力:			
处理精矿/t	27700	45000	56000
产阳极/t	8000	11250	20400

表 3 - 22 三菱法炼铜典型的分析数据(%)

物 料	Cu	Fe	S	SiO$_2$	CaO	Al$_2$O$_3$
精 矿	27.5	27.5	31.0	5.5	0.5	1.5
石英熔剂	—	—	—	90.0	—	—
石灰石熔剂	—	—	—	—	53.0	—
铜 锍	65.0	11.0	22.0	—	—	—
废 渣	0.5	42.0	0.7	30.2	4.2	3.3
吹炼渣	15.0	44.0	<0.1	<0.2	15.0	<0.2
阳极成分	Cu	Pb	Ni	Bi	As	Sb
	99.4	0.21	0.03	0.01	0.02	0.01

三菱法炼铜的主要工艺特点概括如下:

1)将精矿和熔剂用顶插喷枪喷入熔炼炉,加速了熔炼,产生的烟尘少(2%)。

2)产出高品位铜锍(65% Cu),铜锍与炉渣经 CL 炉贫化分层后,渣铜损失只有 0.5% ~0.6%。

3)实现了连续吹炼,并采用 Cu$_2$O - CaO - Fe$_3$O$_4$ 系吹炼渣。

经过多年的生产实践,对原有工艺进行了如下的改进:

1)将粉煤混入精矿喷入熔炼炉,代替了重油来补偿燃料消耗。

2)富氧鼓风氧气含量从开始时的 32% 提高到了 42% ~45%。

3)铜锍品位提高到了 63%。

4)由于采用了水套,修炉期延长。

三菱法炼铜是目前世界上唯一在工业上应用的连续炼铜法,与一般炼铜法比较具有如下的优点:

①基建费用下降 30%,阳极的加工费要低 20% ~30%。

②可以回收原料中 98% ~99% 的硫,回收的费用只需一般炼铜法的 1/5 ~1/3。

③能量消耗较一般炼铜法节约 20% ~40%。

④操作人员可减少 35% ~40%。

(2)北镍法熔池熔炼

北镍法熔池熔炼是 20 世纪 70 年代苏联国家镍钴锡设计院和北镍公司共同研制硫化铜镍矿自热熔炼技术,试验是在氧气顶吹竖式熔池熔炼炉中进行。经过 0.1 m^2、3 m^2 和 17.8 m^2 熔池面积的自然熔炼炉试验,至 1984 年进行试生产,于 1986 年 1 月正式投入生产。

竖式自热熔炼炉为圆形,外径为 6 m,熔池面积 18.8 m²,高 11.4 m。小于 40 mm 的铜镍矿和熔剂混合后从两个炉壁上的水冷料枪加到炉子里。装在炉顶的氧枪有三个喷嘴,距熔体面有 1000 mm,通过氧枪鼓入工业氧气。熔炼过程产出的炉渣和铜镍锍周期地,从各自的放出口放出。

北镍自热熔炼技术已经正常生产多年,正在新建另一台炉子。1985～1987 年指标列于表 3-23。

表 3-23　北镍自热熔炼炉生产指标

序　号	指　　标		1985 年	1986 年	1987 年
1	处理湿矿砂/t		89738	200134	210571
2	矿砂含/%	Ni	3.66	3.52	3.52
		Cu	3.13	3.00	2.96
		S	27.04	25.28	25.57
		水分	10.2	9.4	9.0
3	熔剂石英石/t		6555	12788	12768
4	产铜镍锍/t		11313	19082	19606
		/% Ni	16.84	19.98	21.19
		/% Cu	13.57	19.98	17.62
5	产渣量/t		71426	162365	160471
6	渣　含/% Ni		1.38	1.55	1.55
		/% Cu	1.29	0.97	1.34
7	硫分配率/%				
		入铜镍锍	–	8.82	9.02
		进烟气	–	80.9	80.2

北镍法与三菱法的技术指标比较列于表 3-24。

北镍公司所处理的铜镍矿品位低,由于采用工业氧的强氧化过程,产出的铜镍锍的品位却高达 40% 左右,故铜镍锍的产率低只有 14%,产渣率却高达 75～80%,为了维持熔池的稳定性,只能控制低的锍层 900 mm 和高的渣层 1600 mm,并周期地放出这些产品。这样渣面有些波动,使炉衬冲刷严重。为此便在渣线部位的耐火材料中安装冷却水套,以便降温挂渣,防止此处炉衬被侵蚀。

表 3 –24 北镍法和三菱法技术指标比较

序 号	技 术 指 标	北 镍 法	三 菱 法
1	设备生产能力/($t_{物料} \cdot d^{-1}$)	700	960
2	炉床截面积/m^2	17.8	53.4
3	物料粒度/mm	–40	–1
4	物料含水分/%	8～10	<0.5
5	鼓风：风压/MPa	0.8～1.2	0.3～0.5
	风量(标准)/($m^3 \cdot h^{-1}$)	7500	14740
	含氧量/%	95(工业氧)	42～45
6	温度/℃　渣	1750～1460	1200
	锍	1150～1250	1200
	烟气	750～900	1250
7	烟气量(标准)/($m^3 \cdot h^{-1}$)	14000	22500
8	出炉烟气含 SO_2/%	45～50	24
9	烟尘率/%	0.5	2
10	每吨物料消耗：氧气(标准)/m^3	225	150
	煤/kg	–	18.5
	重油/kg	–	6.4

(3)澳斯麦特与艾萨法熔炼

澳斯麦特与艾萨法的熔炼技术被广泛应用于各种提取冶金中,可以熔炼精矿产出铜锍,直接熔炼硫化精矿生产粗铅,熔炼锡精矿生产锡,也可以处理冶炼厂的各种渣料及再生物料等。我国中条山有色金属公司侯马冶炼厂已引进该技术熔炼铜精矿。

本法采用的熔炼炉多为圆筒形,炉子的整体结构如图 3 – 43 所示。我国侯马冶炼采用的炉子尺寸如下:

炉子外径 D	5240 mm	炉子内径 d	4400 mm
圆柱体高度 H	9000 mm	炉子总高度	11965 mm
熔池面高度 h	1200 mm	高径比(H/D)	2.28
喷枪直径	250 mm	熔体排放形式	连续
加料量	27 t/h		

含水小于 7% 的精矿经制粒或混捏后,通过炉顶呈自由落体加入熔池面上。富氧空气通入熔渣面下 200～300 mm 的浸没喷枪以出口压力为 50～250 kPa 喷入熔体中。熔体受到喷吹气流的剧烈搅动与旋转,落在熔池上面的炉料便被这种卷起的熔体所吞没而熔融,在熔体中发生系列的液－固、气－固、气－液的强

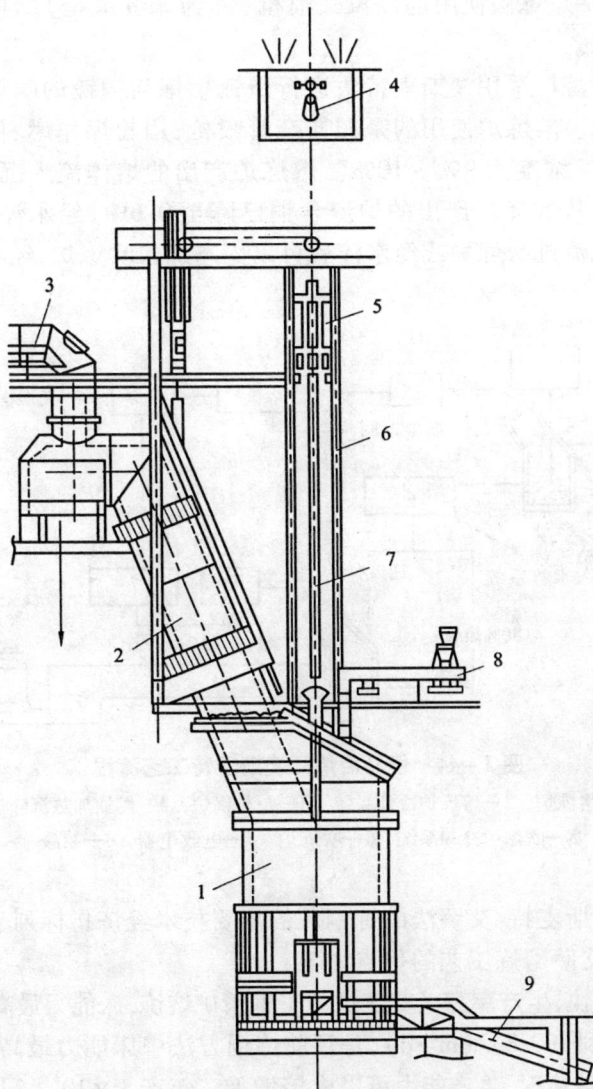

图3-43 澳斯麦特炉整体结构
1—炉体 2—上升烟道 3—副烟道 4—喷枪提升卷扬机
5—夹持喷枪滑架 6—滑架道轨 7—喷枪 8—加料设备 9—溜槽

化熔炼反应,加速了造锍熔炼过程。熔炼铜精矿时,床能力最高已达到238 $t/(m^2 \cdot d)$,一般可达190 $t/(m^2 \cdot d)$,这是目前炼铜方法中床能力最高的一种。炉子的供热亦通过喷枪喷入燃料(煤、油或天然气)在喷枪头部燃烧来达到,所以澳斯麦特/艾萨熔炼法使用的浸没式喷枪(称为 Siro 喷枪)结构较为复杂,而技术是高水平的。

我国侯马冶炼厂采用澳斯麦特法进行造锍熔炼与铜锍的吹炼,其工艺流程如图 3-44 所示。熔炼炉使用的是四层套管喷枪,用粉煤作燃料。富氧浓度为 40%,烟气中 SO_2 浓度为 9% ~ 10%。熔炼炉产出的熔体流入沉降炉进行炉渣与铜锍的分离。从沉降炉产出的炉渣含铜已降至 0.6%,经水淬后弃去。铜锍从沉降炉间断地流进吹炼炉或经水淬后再以固态加入吹炼炉,经吹炼产出粗铜。

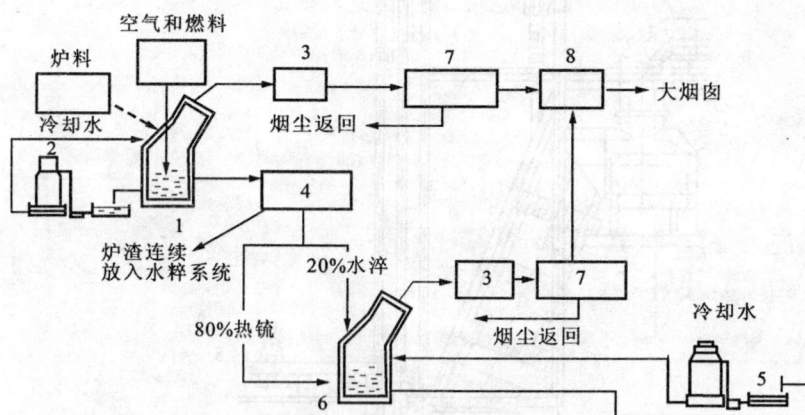

图 3-44 侯马冶炼厂澳斯麦特工艺流程

1—熔炼炉 2—熔炼炉冷却系统 3—余热锅炉 4—燃油加热沉降炉
5—吹炼炉冷却系统 6—吹炼炉 7—电收尘器 8—制酸

几个采用澳斯麦特/艾萨法的炼铜厂的主要技术经济指标列于表 3-25。

澳斯麦特/艾萨熔炼工艺的优点如下:

1)熔炼速度快,生产率高。艾萨炉用于铜精矿熔炼,床能力最高已达到 238 t/$(m^2 \cdot d)$,一般达到 190.8 t/$(m^2 \cdot d)$,是目前炼铜方法中床能力最高的一种。这种炉子在提高富氧浓度时,生产能力可以成倍增加。年产 1×10^4 t 铜的工厂与年产 20×10^4 t 铜的工厂在炉子直径和高度上变化不大,只是富氧浓度不同。

2)建设投资少,生产费用低。由于处理能力大,炉子结构简单,因此建设速度快,投资少。建设一座澳斯麦特-艾萨炉的投资一般只有相同规模闪速熔炼炉的 60% ~ 70%。

3)原料的适应性强。澳斯麦特-艾萨工艺对处理的原料有较强的适应性,不仅能处理"纯净"精矿,也能处理"垃圾"精矿,甚至能处理其他方法都不处理的矿。

154

表 3 - 25　目前国内外铜精矿熔炼的澳斯麦特/艾萨法生产厂家的技术经济指标

项　目	单位	Miami(美)	Mount Isa(澳)	侯 马
(1)工艺流程		艾萨熔炼－贫化电炉－PS转炉	艾萨熔炼－贫化电炉－PS转炉	澳斯麦特熔炼－重油加热贫化炉－澳斯麦特炉吹炼
(2)精矿成分 Cu	%	27.5~29.0	24.5	23~26
Fe	%	26~28.5	25.7	26~29
S	%	31.5~33.25	27.6	29~32
SiO_2	%	4~5	16.1	5~13
水分	%	9.5~10.25		7~12
(3)燃料率	%		煤5.5	煤8.8
(4)处理精矿量	t/h	平均76.46,最高95.46	98(另加返回料14)	28(另加返回料5)
(5)喷枪供风量	$m^3 \cdot mm^{-1}$	425~566	840	200~260
(6)喷枪供氧量	$m^3 \cdot mm^{-1}$	283		63
(7)富氧浓度	%	47~52	42~52	40
(8)炉子烟气量	$m^3 \cdot h^{-1}$	76 000		
(9)熔池温度	℃	1 166~1 171		1 160~1 200
(10)炉子作业率	%	>94		
(11)炉寿命	月	>15	>18	
(12)喷枪头更换周期	d	15		11
(13)烟气 SO_2 浓度	%	12.4		6~10
(14)铳品位	%	56~59	57.8	58~62
(15)炉渣含铜	%	0.5~0.8	0.59	0.6~1.5
(16)炉渣含 Fe_3O_4	%	8~10		5~7
(17)炉渣含 Fe/SiO_2		1.35~1.45	1.1	1.1~1.3
(18)炉渣含 SiO_2/CaO		6		4~6
(19)炉渣含 Fe^{3+}/Fe^{2+}		0.2		0.16
(20)贫化渣温度	℃	1 199~1 206		1 150~1 180
(21)喷枪出口压力	kPa	50	50	150

4)与已有设备的配套灵活、方便。澳斯麦特－艾萨炉的占地面积较小,可与其他的熔炼工艺设备配套使用。尤其是对于反射炉和电炉的搭配灵活、方便,特别适合老厂旧工艺的更新改造。

5)操作简便,自动化程度高。澳斯麦特－艾萨炉的操作与控制较为简单,1台炉子每班仅需4~6名操作人员,生产用计算机在线控制。

6)燃料适用范围广。喷枪可以使用粉煤、焦粉、油和天然气,燃烧调节比大。

7)良好的劳动卫生条件。除喷枪口和上料口外,澳斯麦特－艾萨炉为全密闭式生产,烟气逸散少。

澳斯麦特－艾萨法的不足点为:

1)炉寿命较短,最长只达到18个月,短的只有几个月。

2)喷枪保温要用柴油或天然气,价格较贵。

3.3.3 其他造锍熔炼方法

3.3.3.1 电炉熔炼

反射炉熔炼的缺点之一是烟气量大,致使 SO_2 浓度低难以利用;离炉烟气的温度高导致燃料的热效率低。电炉熔炼是用电加热,同样完成造锍熔炼的生产过程,可以克服反射炉熔炼的这些缺点。在20世纪70年代电炉熔炼有一定的发展,我国云南冶炼厂和金川有色金属公司都曾采用电炉造锍熔炼。前者产铜锍后者产铜镍锍。

造锍熔炼用的电炉结构如图3－45所示。

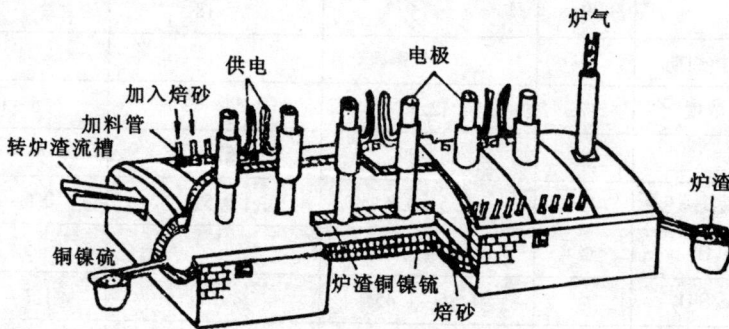

图3－45 炼镍矿热电炉图

电炉熔炼很类似于反射炉,加热是连续的,而加料和排放产品是间断的。正常保持0.6~0.8 m深的锍层和1.0~1.4 m深的炉渣层。干精矿和熔剂从两侧加入而靠近电极,渣层表面完全被炉料覆盖。这样有利于炉料与炉渣之间的传热而提高电炉的生产率,减少了随炉气带走的热损失和预防炉顶的过热。电炉熔炼的生产数据列于表 3 – 26。

表 3 – 26 国内外铜镍硫化矿电炉熔炼的主要参数表

电炉特点	国内	贝辰加①	北镍②	诺里尔斯克	汤普森
炉膛内部尺寸/m 长×宽×高	21.5×5.5 ×40	22.74×5.54 ×5.1	11.2×5.2 ×4.0	23.2×6.0 ×5.1	27.4×6.71 ×3.96
炉床面积/m²	118.25	126	58	139	184
电极直径/m	1.0	1.1	1.2	1.2	1.22
电极中心间距/m	3.0	3.2	3.0	3.2	3.76
电极数/个	6	3	3	6	6
电炉变压器台数	3	3	1	3	3
变压器容量(总容量) /kV·A	5 500 (16 500)	16 667 (50 000)	30 000 (30 000)	15 000 (45 000)	6 000 (18 000)
变压器低压侧线电压/V	304～490	800～475	550～390	743～551	300～160
功率强度/kV·A·m⁻²		396	517	324	98
炉 底	镁砖	粘土砖 铬镁砖	水泥,镁砖	水泥粘土 砖铬镁砖	镁质填料
炉墙:渣线	镁砖	铬镁砖	镁砖	铬镁砖	镁砖
渣线以上	粘土砖	粘土砖	粘土砖	粘土砖	粘土砖
炉衬厚度/mm					
炉底(中心)	1250	1310	920	1310	1065
出渣端墙厚	1040	1150	920	1040	1260
出锍端	1040	1159	1215	1150	1180
侧 墙	807	1150	690	1040	
炉 顶		300	300	300	950
放锍口数/个	3	4	3	4	3
渣口数/个	3	4	2	4	1
渣口距炉底高度/mm	—	1750	1500	14500	1525
渣面/mm	1390～1500	2700	2500	2700	—
镍锍面/mm	500～800	600～800	600～800	600～900	600～750
电炉操作功率/kW		40.000	27.000	40.000	12.000～ 15.000
每根电极平均下降/(mm·d⁻¹)	250	450～500	400～500		
lt 固体料电能单耗/(kW·h⁻¹)	600	7400	780～815	525～625	400～430
lt 固体料电极单耗/kg	5.7～7.8	4.1	2.9	2.8～3.4	1.75～1.9

①工作电压 341 V,电极深度 700～1000 mm,②工作电压 500～550 V,电极深度 500～700 mm。

电炉是造锍熔炼中一种灵活性大的熔炼炉,特别适合处理高熔点物料。加入熔剂量少,则渣量减少;产出烟气量小,带走的尘量减少,所以电炉熔炼的回收率高约 98.5%。烟气中 SO_2 浓度高(4%~8%),密封好的电炉可达 10%~20%,有利于制酸与对环境污染的控制。能量消耗仅为反射炉熔炼的 40%~50%,当电价低于炭氢燃料价格一半时,采用电炉熔炼是经济的。但是其能量消耗较闪速熔炼大,从烟气中回收 SO_2 也不及闪速熔炼有利,故在近年造锍熔炼新方法的发展中,电炉熔炼只在电力特别丰富的地区才占有一定的地位。

3.3.3.2 鼓风炉造锍熔炼

鼓风炉造锍熔炼已为闪速炉及其他先进方法所取代,仍有一些工厂用于处理铜精矿产出铜锍,还有工厂采用鼓风炉处理氧化镍矿,进行还原硫化熔炼得镍锍,或处理烧结后硫化矿得镍锍。

铜精矿密闭鼓风炉熔炼是半自热熔炼的一种类型。炉气中含有较多的游离氧,属氧化性气氛。熔炼过程所需的热量由焦炭燃烧和过程本身的放热反应所供给。图 3-46 为密闭鼓风炉熔炼的示意图。

密闭鼓风炉的炉料组成包括混捏铜精矿、熔剂(石灰石、石英石)和转炉渣。为了保证熔炼过程的顺利进行,炉内料柱应具有良好的透气性,为此,块料的容积比(包括焦炭)应在 50% 以上。

熔炼时,焦炭和炉料经由加料斗加入炉内,形成严密的料封。炉料在刚离开加料斗的下口时,块料自然向两侧滚动,而加料斗中心的小部分块料随着矿料柱下降,使炉内沿炉子长轴方向自然形成从上到下的料柱,料柱两侧的块料又被炉结所夹。于是炉子两侧物料便以块料和焦

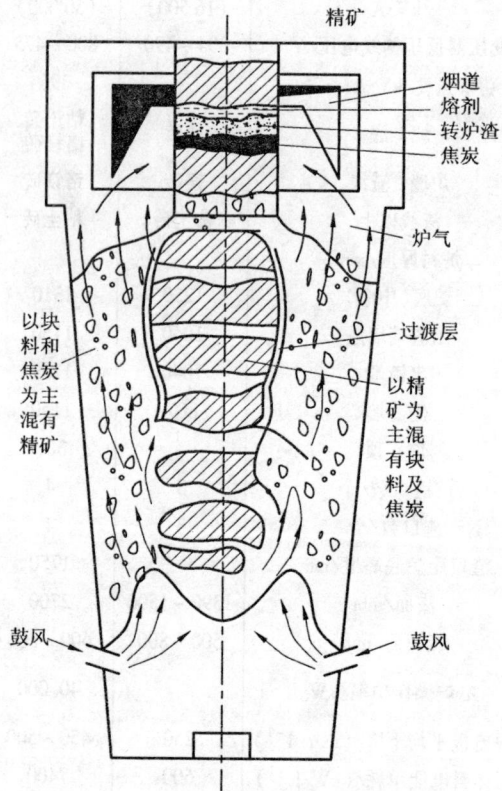

图 3-46 密闭鼓风炉熔炼示意图

158

炭为主并夹有少量精矿,而炉子中央则以混捏精矿为主并夹有块料和焦炭,构成炉内炉料分布不均匀的状态。这样就造成了炉气沿炉子水平断面分布不均匀的现象。

这种炉料与炉气的分布状况,正是有效地利用了料柱压力和高温的作用,使混捏铜精矿发生固结和烧结过程,为在鼓风炉内直接熔炼铜精矿创造了有利条件。但从另一方面来看,由于物料的偏析和炉气的不均匀分布,破坏了炉气炉料之间以及炉料相互之间的良好接触。这就妨碍了多相反应的迅速进行,不利于硫化物的氧化和造渣反应。这是密闭鼓风炉熔炼床能率($50\ t/m^2\cdot d$)和铜锍品位(23% ~30%)较低的根本原因。

由于炉料和炉气的不均匀分布,也必然造成炉内温度的不均匀分布,即炉子两侧的温度较中心高。尤其在炉子上部,温度的差别更为突出。随着离开风口水平面的距离缩短,这种温度差也逐渐缩小。

铜精矿密闭鼓风炉熔炼的主要技术经济指标列于表3-27。

表3-27 铜精矿密闭鼓风炉熔炼主要技术经济指标

项　目	单　位	一　厂	二　厂	三　厂
混捏料含铜	%	12.84	17~19	–
混捏料含硫	%	24.28	22~25	–
铜锍品位	%	23.92	31~35	23~38
炉渣成分:Cu	%	0.222	0.32	0.19~0.22
SiO$_2$	%	38.27	36~38	34~36
Fe	%	26.54	24~26	27~31
CaO	%	10.32	13~15	13~16
MgO	%	3.88	–	1
床能率	t·m^{-2}·d^{-1}	52.992	24.46	42~47
原矿率	%	95.10	–	–
焦率	%	10.88	11.76	11~13

密闭鼓风炉造锍熔炼的主要优点,是能获得含SO$_2$比较高(5%)的烟气,有利于回收制酸,减少对环境的污染。我国一些工厂采用24% ~30%的富氧鼓风,烟气中的SO$_2$浓度从3% ~4%提高到5% ~6%。但是鼓风炉熔炼要求处理块矿和使用优质焦炭,很不适应当前浮先技术的发展,因此它应该向闪速熔炼和熔池熔炼发展。

我国会理镍矿是采用鼓风炉造锍熔炼(图3-47)。类似于加拿大国际镍公司原处理低硅富镍矿的工艺流程,铜崖冶炼厂也采用鼓风炉处理含镍高的块矿,与反射炉熔炼精矿配合使用。

3.4 锍的吹炼

3.4.1 锍吹炼目的

重金属造锍熔炼可能产出铜锍、镍锍和铜镍锍等主要半产品,处理这种半产品的主要方法是吹炼。

图3-47 会理镍矿鼓风炉熔炼生产工艺流程

铜精矿造锍熔炼产出的铜锍,氧化镍矿还原硫化熔炼产出的镍锍,硫化镍矿造锍熔炼产出的铜镍锍,其一般成分列于表3-28。

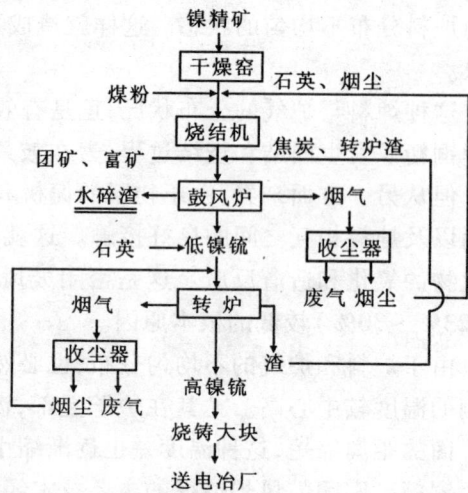

表3-28 镍锍、镍锍和铜镍锍的化学成分(w/%)

名 称	Cu	Ni	Fe	S	Au	Ag
铜 锍	35~65		10~40	20~25	$(0~15)×10^{-4}$	0~0.1
镍 锍		15~18	60~63	16~20		
铜镍锍	7~8	13~17	37~49	24~25		

吹炼的主要目的是除去这些锍产品中的 Fe、S 及其他杂质,产出液态金属粗铜(98.5%~99.5% Cu)、高镍锍和高铜镍锍。

吹炼是在卧式转炉中进行的,将造锍熔炼产出的熔锍(1100℃左右)倒入,通入压缩空气进行氧化反应,反应非常迅速,氧的利用率很高,反应放出的热量可以维持1200℃的高温进行自热熔炼。在大量铁优先氧化时,一般加入石英熔剂造渣,产出一种含铜、镍高的转炉渣,故此渣必须进一步处理回收其中的铜、镍等有价金属。在整个吹炼过程中产出的烟气含 SO_2 浓度高为 5%~15%,可以送去生产硫酸。

铜的吹炼过程是周期地分阶段进行作业。倒入锍、吹炼、倒出吹炼产物,这三个操作过程的循环,造成大量热能的损失。产出的烟气量与烟气成分波动很

160

大,造成硫酸生产设备的工作条件不稳定,致使硫的回收率不高。这是目前应研究改进造锍熔炼生产工艺流程的主要问题。

3.4.2 锍的吹炼反应

铜锍、镍锍和铜镍锍中的主要组分是 Cu_2S、Ni_3S_2 和 FeS,而 FeS 是这种锍产品中都有的,铜锍中主要含有 Cu_2S,镍锍中主要含有 Ni_3S_2,铜镍锍中则三者都占有一定的含量。这三种硫化物在吹炼的氧化气氛中的氧化趋势及先后顺序,已在造锍熔炼过程中叙述过,用铜、镍、铁的氧化物和硫化物的标准生成自由焓与温度的关系(图3-48)也可以清楚地说明这些问题。

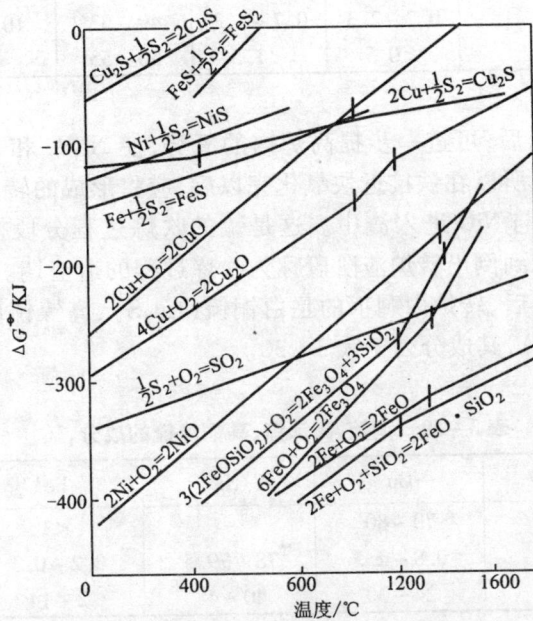

图3-48 标准生成自由焓温度图

在典型吹炼的温度1250~1350℃下吹炼 Cu-Ni-Fe 锍时,可从图3-48看出下列规律:

(1)铁、铜、镍硫化物的热力学稳定性较接近。

(2)在氧化气氛中,这几种金属的氧化物都较其硫化物更为稳定。

(3)铁的氧化物最稳定。

随着吹炼过程的进行,锍中的 FeS 迅速氧化产生 FeO,并进一步氧化为

Fe_3O_4，FeO 与 Fe_3O_4 的熔点分别为 1455 ℃ 和 1599 ℃，在吹炼温度（1200 ℃）下便会形成固态的铁氧化物，影响过程的正常进行。因此在大量铁氧化的吹炼初期，应加入石英熔剂，以便造低熔点（1150 ℃ ±）的铁硅酸盐转炉渣。要使铁完全氧化造渣，必须进一步提高吹炼过程的氧势，这样就不可避免有一些铁被氧化为 Fe_3O_4，有少量的 Cu 和 Ni 也会氧化为 Cu_2O 和 NiO 进入渣中，所以产出的转炉渣一定含铜、镍高，其成分列于表 3 - 29，这种转炉渣必须处理回收铜与镍。

表 3 - 29　转炉渣的成分，%

名　　称	Cu	Ni	Fe总	Fe_3O_4	CiO_2
铜锍吹炼转炉渣	2 ~ 15	–	35 ~ 50	15 ~ 25	20 ~ 30
镍锍吹炼转炉渣	0.7 ~ 2.3	0.7 ~ 1.2	49 ~ 53	10 ~ 19	27 ~ 30
铜镍锍吹炼转炉渣	<0.5	<1.5	50 ~ 55	–	22 ~ 28

当铁氧化完以后，可进一步提高炉内的氧势，使 Ni_3S_2 和 Cu_2S 进一步氧化得到 NiO 与 Cu_2O，所以在铁接近快氧化完以后，应将形成的转炉渣从炉内倒出，以免大量的 Cu_2O 与 NiO 进入渣中。这是锍的吹炼过程分段操作的主要原因。从锍倒入转炉吹炼到倒出转炉渣阶段称为吹炼过程的造渣期。

将转炉渣倒出后，转炉内剩下的是白铜锍（Cu_2S）、高镍锍（Ni_3S_2）或是高铜镍锍（$Ni_3S_2 + Cu_2S$），其成分列于表 3 - 30。

表 3 - 30　铜锍、高镍锍、高铜镍锍的成分，%

名　　称	Cu	Ni	Fe	S
铜　锍	70 ~ 80	–	<1	18 ~ 19
高镍锍	0.8 ~ 2.5	78 ~ 79.5	0.2 ~ 0.3	17 ~ 19
高铜镍锍	24 ~ 30	40 ~ 48	2 ~ 14	>20

当铜锍吹炼倒完吹炼渣后，可以继续吹炼白铜锍得到金属铜。所以铜锍吹炼可以分为两个周期。第一周期是铁氧化造渣，称造渣期。第二周期是 Cu_2S 的氧化及 Cu_2S 与 Cu_2O 的相互反应产出金属铜，称为造铜期。第二周期的主要反应有：

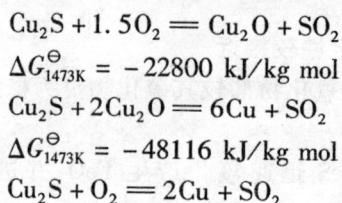

$$Cu_2S + 1.5O_2 = Cu_2O + SO_2$$
$$\Delta G^\ominus_{1473K} = -22800 \text{ kJ/kg mol}$$
$$Cu_2S + 2Cu_2O = 6Cu + SO_2$$
$$\Delta G^\ominus_{1473K} = -48116 \text{ kJ/kg mol}$$
$$Cu_2S + O_2 = 2Cu + SO_2$$

$$\Delta G^{\ominus}_{1473K} = -40200 \text{ kJ/kg mol}$$

第二周期开始时,并不会立即出现金属铜相。从图 3-49 可看出,Cu_2S 可溶解少量金属铜(约为 10%),吹炼过程中随着 Cu_2S 的氧化,熔体中含铜量逐渐增加,当熔体中含铜量增加到 82% 以上时(相当于硫化亚铜中溶解有 10% 的金属铜),熔体即分成两层。上层是含有少量金属铜的硫化亚铜,下层是含有少量硫化亚铜(接近 9%)的金属铜。上层和下层的组成依温度沿溶解曲线变化。继续吹炼时,下层金属铜量逐渐增加,上层硫化亚铜量逐渐减少。这时应适当转动炉子,缩小风口浸入熔体的深度,使空气送入上层硫化亚铜熔体中。当熔体中硫化亚铜含量降低到等于溶解度曲线 C 点的组成时,上层硫化亚铜消失,熔体成为溶解有少量硫化亚铜的均一金属铜相。继续吹炼时溶解在金属铜中的硫化亚铜氧化。这时炉口烟量显著减少,送风压力增加(由于熔体阻力变大),风量变小,很快就到达第二周期终点,即全部硫化亚铜氧化生成粗铜。实践中,粗铜含硫可降至 0.003%。

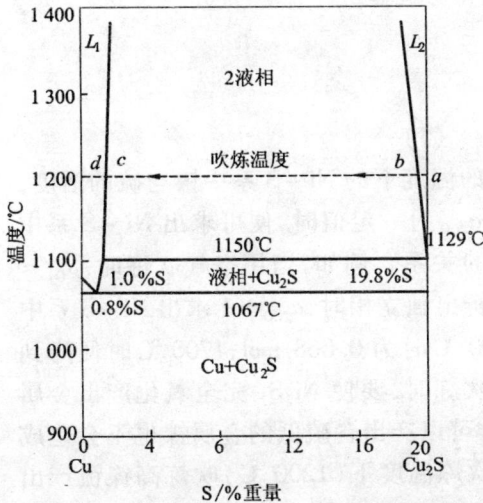

图 3-49 Cu-Cu_2S 系状态图

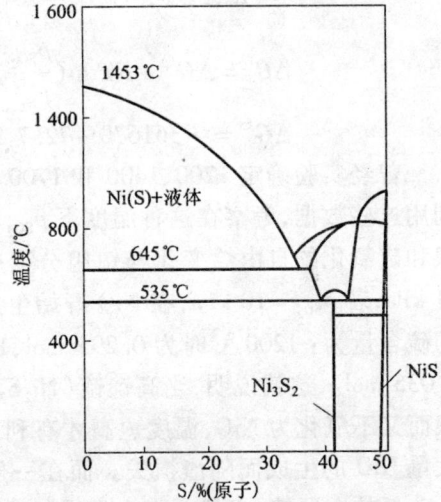

图 3-50 Ni-S 系状态图

吹炼第二周期中,当有硫化亚铜存在时,氧化亚铜是不稳定的。但硫化亚铜接近被完全氧化时,即达到第二周期终点时,如果继续鼓风,将使金属铜氧化成氧化亚铜,造成所谓过吹事故,致使铜的直接回收率降低,并且粗铜含氧增加,品位降低。因此,必须准确地判断第二周期的终点,防止过吹。如已产生过吹,可缓慢地加入少许热铜锍,使 Cu_2O 还原为金属铜。但熔体铜锍的加入务必仔细缓慢,否则 Cu_2S 与 Cu_2O 激烈反应可能引起爆炸事故。

Ni-S 系状态图(图 3-50)表明,与 Cu-S 系存在有分层区不同,Ni-S 系从熔融金属镍到熔融硫化物(NiS)为连续液态,没有分层现象发生。故镍锍吹炼时经过 FeS 氧化造渣后,产出的镍高锍若要继续吹炼时,是 Ni_2S_3 熔体中的硫含量逐渐降低的氧化过程,而不像白铜锍的吹炼那样,会分层析出铜相,而吹炼过程一直是在一定组成的硫化相中进行,这就是高镍锍直接吹炼得到金属镍,比铜锍吹炼得到金属铜要困难的主要原因。

镍的氧化反应及其自由焓变化为:

$$2Ni_{(液)} + O_2 = 2NiO_{(固)}$$

$$\Delta G_T = \Delta G^\ominus + RT\ln\left(\frac{a_{NiO(固)}^2}{a_{Ni(液)}^2}\right)$$

$$\Delta G^\ominus = -506180 + 192.38\,T \qquad (J)$$

硫的氧化反应及其自由焓变化为:

$$\frac{1}{2}S_{2(气)} + O_{2(气)} = SO_{2(气)}$$

$$\Delta G_T = \Delta G^\ominus + RT\ln\left(\frac{p_{SO_2}}{p_{S_2}^{1/2}}\right)$$

$$\Delta G^\ominus = -361670 + 72.7\,T \qquad (J)$$

曾经实验确定 1200、1400 和 1700 ℃的温度下的 Ni-S 系中镍与硫的活度,利用这些数据,考察在这种温度下 p_{SO_2} 和 a_{NiO} 为一定值时,便可求出 Ni-S 系中镍和硫氧化的自由焓变化与锍组分变化的关系。例如,当用空气吹炼时,$p_{O_2} = 21\,kPa$,若 $p_{SO_2} = 10\,kPa$,在 NiO 开始生成析出独立相时,$a_{NiO} = 1$ 求出 Ni-S 系中的硫含量为:1200 ℃时为 0.295 mol,1400 ℃时为 0.068 mol,1700 ℃时便降到 0.035 mol。这就说明,当高镍锍(Ni_2S_3)吹炼时,要使 Ni_2S_2 完全氧化产出金属镍而又不氧化为 NiO,温度愈高才有利,才可以产出含硫低的金属镍也不会造成大量 NiO 的生成而随渣损失。而在一般吹炼温度下(1200 ℃)吹炼高镍锍产出含硫低的金属镍,必然会有大量镍氧化为 NiO 而随渣损失。另外,金属镍和 NiO 的熔点高,分别为 1453 ℃和 1650 ℃,是一般鼓风吹炼放出的热量不足以达到这个温度水平,容易造成风口堵塞,使吹炼过程不能顺利进行。如果使少量 NiO 造渣 $a_{NiO} = 0.1$ 时,在 $p_{SO_2} = 10\,kPa$ 的条件下,甚至使温度升到 1700 ℃,Ni-S 系锍中硫的含量也只能降到 0.21 mol。只有将 p_{SO_2} 同时降到 1 kPa,NiO 相形成之前才有可能获得含硫为 0.04 mol 的镍。这种条件是生产上难以实现的。加拿大 Inco 公司曾提出在真空脱气下除去高镍锍中全部硫。因为镍硫中是溶解有一些 O_2 的,含有 1%S 和 1.5% O_2 的金属镍暴露在真空下,可使其中硫的含量降到 0.1%，其反应为：

$$S_{(Ni)} + 2O_{(Ni)} = SO_{2(气)}$$

综上所述，在工业生产上，一般镍锍的吹炼只有 FeS 氧化的造渣期，得到镍高锍之后不再进行吹炼产出金属镍。加拿大铜岩镍精炼厂在氧气顶吹的条件下开创了高温吹炼高镍锍得金属镍的先例。

Cu – Ni 锍吹炼产出的高铜镍锍系由 Cu_2S 与 Ni_3S_2 所组成，Cu_2S – Ni_3S_2 系相图（图 3 – 51）表明，在液相时完全互溶冷凝时析出组成范围很窄的 α 相（Cu_2S）和 β 相（Ni_3S_2）。故任何组成范围的高 Cu – Ni 锍进行缓冷与凝固时，便会从熔体中析出含镍不多的 Cu_2S 粒和含铜很少的 Ni_3S_2 粒了子。将缓冷固化后的高铜镍锍再细磨后，可以机械地将 Cu_2S 粒子与 Ni_3S_2 粒子分开，然后经浮选分出富铜和富镍的两种硫化精矿，再分别处理提取铜与镍。所以高铜镍锍也就不继续吹炼产出 Cu – Ni 合金，而是以缓冷—磨浮法分离出 Cu_2S 与 Ni_3S_2，避开了如同高镍锍吹炼时出现的困难。

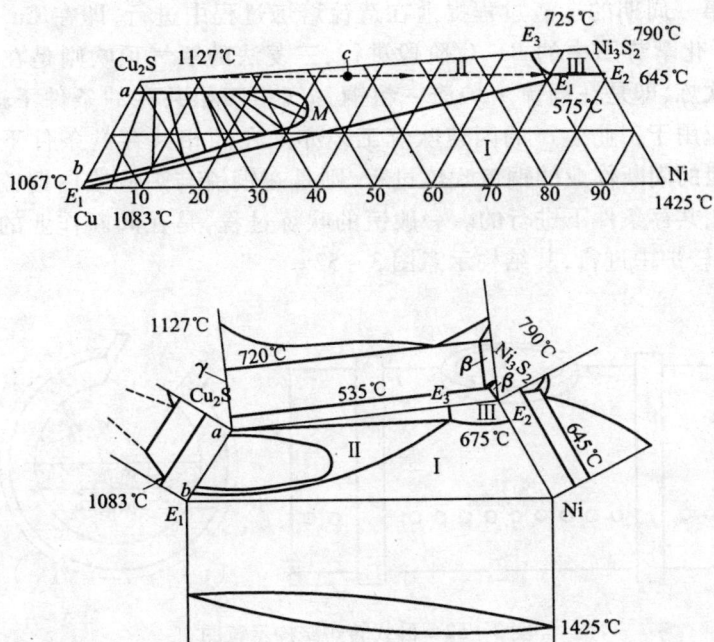

图 3 – 51　Cu – Cu_2S – Ni_3S_2 – Ni 相图

当工业高铜镍锍缓冷时，除了分别析出 Cu_2S 和 Ni_3S_2 外，还会产生金属相。锍中的贵金属特别是铂族元素会富集在金属相中，有利于回收。

吹炼产生的高镍锍或是磨浮分选出的富镍精矿可以直接电解得金属镍，也可通过特殊的流态化熔烧产出含硫低于0.005%的NiO。高纯氧化镍即为市场产品。

思 考 题

1. 为什么铜精矿的造锍熔炼要分为造锍熔炼得铜锍与铜锍吹炼得粗铜两个过程进行？你认为一般黄铜矿型铜精矿能在一个过程炼出粗铜吗？

2. 一般镍锍吹炼只有一个造渣期，如果你要继续吹炼进行第二周期炼出粗镍来，需要创造什么生产条件？

3.4.3 锍吹炼的生产实践

锍的吹炼是硫化精矿造锍熔炼的继续，生产过程是属于熔池熔炼的性质。三菱法连续炼铜产出的锍是在顶吹熔池熔炼炉中进行，其他如诺兰达炉，澳斯麦特炉以及瓦纽柯夫炉等均可作吹炼炉用。所以锍的吹炼过程是与造锍熔炼的发展并进的。随着这些熔池熔炼过程的强化，铜锍的品位愈来愈高，这就意味着铜锍的吹炼第一周期的造渣过程提前在造锍熔炼过程中进行，即在 $Cu - Fe - S - O - SiO_2$ 系化学势图中的 B - C 阶段进行，三菱法的氧气顶吹则是在该图 C 点的条件下吹炼，即是在铜锍 - 炉渣 - 粗铜 - 气相四相共存的条件下进行吹炼。最近成功应用于工业生产的闪速吹炼工艺亦是在四相共存的条件下进行吹炼的。而一般的间断作业的铜锍吹炼过程，则是在铜锍与炉渣或白铜锍与粗铜和气相的三相共存条件下进行的。一般锍的吹炼过程，是在间断作业的卧式转炉或称 P - S 转炉中进行，其结构示意图 3 - 52。

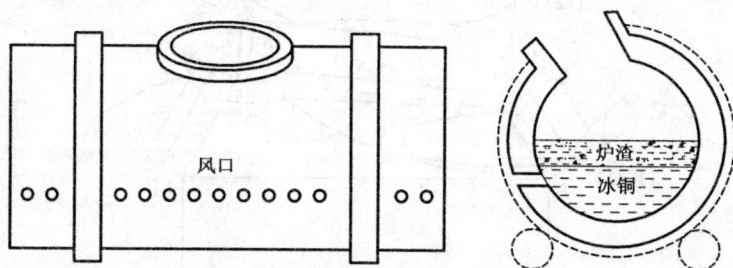

图 3 - 52　卧式转炉结构示意图

卧式转炉形状为圆柱体，外壳用厚为 40 ~ 50 mm 的钢板做成，内砌 200 ~ 250 mm 厚的镁砖或铬镁砖，炉衬的寿命为 100 ~ 200 天，在风口区最易损坏。经过长期生产实践，转炉尺寸已趋向于标准化与大型化，一般为 $\phi 4 \times 9 (m)$ 波动在 20% 范围内。一台 $\phi 4 \times 11 (m)$ 的转炉吹炼 40% 的铜锍，每天可产粗铜 200 t。

166

大冶反射炉炼铜厂的转炉为 $\phi 3.6 \times 7.1(m)$，每天产粗铜 50 t。贵溪闪速熔炼铜厂的转炉为 $\phi 4\ m \times 9\ m$，吹炼 45% 的铜锍，每天产粗铜 218 t。

一台炉设有 $\phi 40\ mm \times 80\ mm$ 的风口 30~50 个。吹炼时，风口就埋没在锍层中 200~300 mm 处，以提高氧的利用率（50%~75%）。

提高单位时间内的鼓风量，可提高转炉的生产率，但会降低炉衬的寿命。一台 $\phi 4\ m \times 9\ m$ 的转炉每分钟的鼓风量为 500~700 m^3（标准）。

国内几个工厂的转炉吹炼生产数据列于表 3-31。

表 3-31　国内铜锍转炉生产实践

项　　目	贵 冶	金 川	铜陵二冶	大 冶	白 银	云 冶
转炉规格/m	$\phi 4.0 \times 10.7$	$\phi 3.66 \times 7.7$	$\phi 3.2 \times 6.6$	$\phi 3.6 \times 8.1$	$\phi 3.66 \times 7.1$	$\phi 3.66 \times 7.7$
每炉产量/t	120	50	38	50	30	50
铜锍品位/%	60	Cu7~8, Ni13~15	36~40	26~32	23~26	47~50
风口：直径/mm	50	48	48	56.5	47	46
数量/个	48	34	28	24	30	30
中心距/mm	152	152	152	225	152	152
倾角/(°)	0	-3	0	0	-3	0
面积/cm^2	942	615	506	604	542	498
风口压力/MPa	0.1~0.115	0.08~0.12	0.05~0.055	0.09~0.10	0.12~135	0.12~0.138
送风量/($m^3 \cdot min^{-1}$)	650	300~330	210	320~420	450	370
送风强度/($m^3 \cdot min^{-1} \cdot cm^{-2}$)	0.6~0.7	0.49	0.5	0.7~0.8	0.8~0.85	0.7~0.75
容积送风量/($m^3 \cdot min^{-1} \cdot cm^{-3}$)	7.2~8.5	8.58	10~11	7.7~9.4	13~14	10.1
炉衬厚/mm 风口/炉腹/端墙	380/380/345	520/380/460	380/380/345	520/345/460	520/340/345	520/380/460
炉龄/炉次	246	60~80	350~380	75~80	80~120	252
镁砖单耗/($kg \cdot t^{-1}$)	1.93	81.99/t 高冰镍	<9.4	60~70	50~53	15~16
烟气中 SO_2 浓度/%	6~10	3.3.5	6.11	5~8	5~8	5~8

转炉吹炼过程的主要缺点，除了作业过程的周期性之外，还有从炉口冒出的烟气容易逸于车间，造成劳动条件恶劣；炉口与烟罩接合处难于密封，从此吸入大量冷空气，使烟气中的 SO_2 浓度大大稀释，不利于制酸。比利时 Hoboken 冶炼厂为此设计了"虹吸"转炉并投入生产。后来美国也投产了五台这种转炉，但虹

吸烟道易被熔体堵塞,影响正常生产。

铜锍的吹炼可以得到粗铜和转炉渣两种产物,有许多元素主要挥发进入烟气中,富集在电收尘的烟尘中。铜锍中各种元素在吹炼产物中的分配列于表3-32中。

表3-32　各种元素在吹炼产物中的分配(%)

元　素	Au、Ag、Pt族	As	Bi	Cd	Co	Fe	Ge
粗Cu	90	15	5	0	80	0	0
烟气	-	75	95	80	0	0	100
炉渣	10	10	0	20	20	100	0

元　素	Hg	Ni	Pb	Sb	Se	Sn	Te	Zn
粗Cu	10	75	5	20	60	10	60	0
烟气	90	0	85	60	10	65	10	30
炉渣	0	25	10	20	30	25	30	70

从表3-32的数据看出,Ge、Bi、Hg、Pb、Cd、As、Sb、Sn这些元素,在吹炼时大都挥发富集在烟尘中,这种烟尘往往是生产铋的主要原料。Au、Ag、Pt族元素富集于粗铜,在精炼中同时回收。如果含钴的锍吹炼时,使钴富集在后一段的吹炼渣中,这种富钴渣是炼钴的一种原料。

P-S卧式转炉是侧吹熔池熔炼工艺,TBRC氧气顶吹法是应用卡尔多(Kaldo)炼铜转炉来进行锍的吹炼与精矿的造锍熔炼。

Kaldo转炉是斜立式的,水冷悬吊式喷枪从炉口斜插入炉,空气或氧通过喷枪吹在熔体表面,这就避免了一般转炉浸没风口送氧对转炉耐火材料的损伤。Kaldo转炉吹炼过程的示意图如图3-53所示。

Kaldo转炉首先在加拿大Copper Cliff厂采用工业氧吹炼冰镍生产金属镍。因为Kaldo转炉炉体不仅可以上下旋转,而且还可以围绕中心轴旋转,操作时的转速40 r/min。由于用氧吹炼及炉体的不断转动,维持熔池温度达到1650℃。可以炼出金属镍来,也不致像一般转炉那样冲刷炉衬。

加拿大Afaon矿业公司首先采用TBRC法来吹炼铜精矿和处理转炉渣,即是用铜精矿来贫化转炉渣,现在主要是用来熔炼铜精矿,也吹炼白铜锍、铜渣和铜屑等。采用富氧空气进行吹炼,富氧程度以保证维持炉温1200~1250℃下能自热进行为准。作业是周期性的,每加入一批料直到吹炼产出粗铜为止。

除了在Kaldo转炉上采用富氧进行吹炼外,现在P-S卧式转炉中也开始采用富氧吹炼铜锍可以提高炉子的生产率和烟气中SO$_2$的浓度。我国云南铜业和

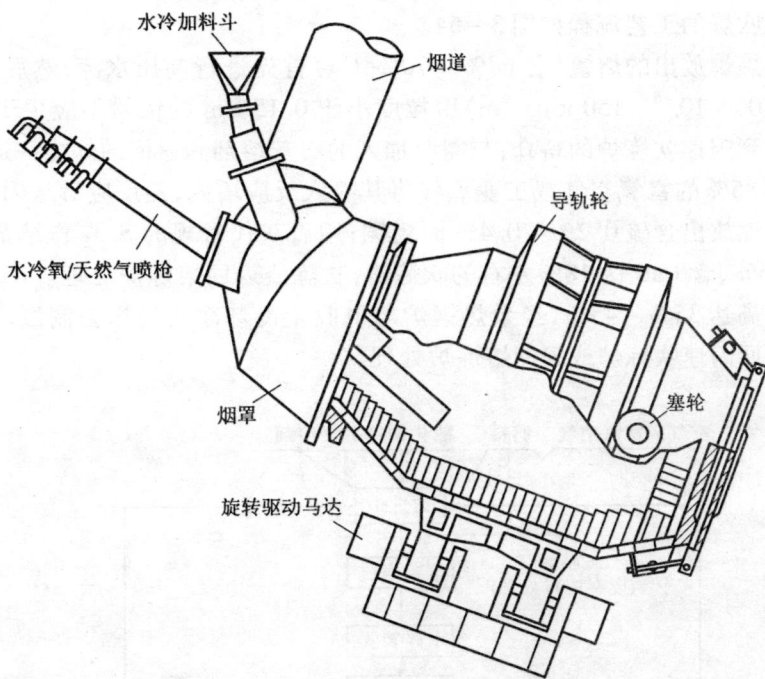

图 3 −53　TBRC 法 Kaldo 转炉吹炼过程

贵溪冶炼厂也开始采用富氧吹炼,但采用的富氧程度不高,只有25% ~28% O_2。国外也有一些工厂在 P – S 转炉吹炼铜锍时使用了富氧鼓风,实践说明,富氧浓度应限制在27% ~30% 以下。这是由于随着富氧浓度的提高,炉内高温区逐渐向风口处靠近,加剧了风口砖损耗的缘故。

3.4.4　锍的闪速吹炼

前面叙述的锍的吹炼过程,无论是采取侧吹或顶吹,连续或间断的操作方式进行,都是将空气或富氧空气鼓入熔融锍熔池中进行吹炼反应,产出金属来,同属于液态熔池熔炼的类型。直到 1995 年世界上第一个闪速熔炼—闪速吹炼的炼铜厂美国 Utah 冶炼厂顺利投产后,将固态锍粉喷入闪速炉反应塔,进行闪速吹炼,改变了传统的锍的液态吹炼方式。Utah 冶炼厂采用这一新工艺后,引起了冶金工作者的高度重视,认为该厂是世界上最清洁的冶炼厂。全厂硫的捕收率达99.9%,SO_2 的逸散率吨铜小于 2.0 kg/t;只要铜锍品位适中,吹炼过程可以实现自热;耗水量减少3/4。除了 Utah 冶炼厂以外,目前还有秘鲁的 Ilo 冶炼

169

厂采用闪速吹炼。

闪速吹炼的工艺流程如图 3 – 54。

从熔炼炉放出的熔锍(含 68% ~ 70% Cu)首先进行高压水淬,然后经干燥与细磨($100 \times 10^{-6} \sim 150 \times 10^{-6}$m)后粒度小于 0.15 mm 的锍粉不应少于 80%,风力输送到闪速吹炼炉的料仓,与需要加入的石灰熔剂和返回的烟尘一道,用含氧 75% ~ 85% 的富氧空气或工业氧气将其喷入反应塔内,经反应后从闪速吹炼炉的沉淀池放出含硫 0.2% ~ 0.4% 的粗铜;用石灰代常规的 SiO_2 作熔剂,产出含铜约 16%,含 CaO 为 18% 左右的吹炼渣,吹炼渣返回熔炼炉处理。产出的烟气含 SO_2 高达 35% ~ 45%,经余热锅炉与电收尘冷却净化后送去制酸,收下的烟尘可返回闪速吹炼炉或闪速熔炼炉处理。

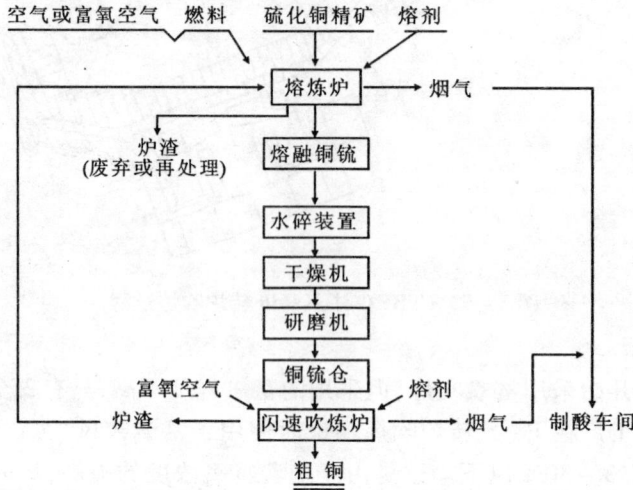

图 3 – 54　闪速吹炼流程图

进入闪速吹炼炉中的锍,经反应后其中的硫几乎全被氧化掉,只有很少量的硫分散在炉渣与粗铜中。在闪速反应塔中反应产生的金属铜是不多的,约占所产金属铜的 10%,大部分的锍粉在反应塔中有的被过氧化为 Cu_2O,有的欠氧化仍为 Cu_2S。当它们落于沉淀池的熔体中,继续发生造铜反应如:

$$Cu_2S + 2(Cu_2O) = 6Cu + SO_2$$
$$Cu_2S + 2(Fe_3O_4) = 2Cu + 6(FeO) + SO_2$$

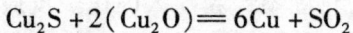

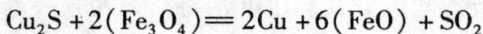

根据造锍熔炼过程的热力学分析,要在吹炼过程中得到金属铜,一定要维持在较高的氧势下进行,这样便会发生过氧化反应,闪速吹炼过程亦然,也会产生

170

许多 Cu_2O 与 Fe_3O_4,给吹炼过程的顺利进行带来许多麻烦,所以在闪速吹炼过程中选用了三菱法炼续吹炼的铁酸钙渣型,以石灰代石英作熔剂,使产出含 Fe_3O_4 高的吹炼渣不会析出固相 Fe_3O_4 而保持均匀的液相。

Utah 冶炼厂现采用闪速熔炼—闪速吹炼工艺流程(图 5-55)进行生产,熔炼所产铜锍的成分和吹炼所产粗铜成分列于表 3-33。

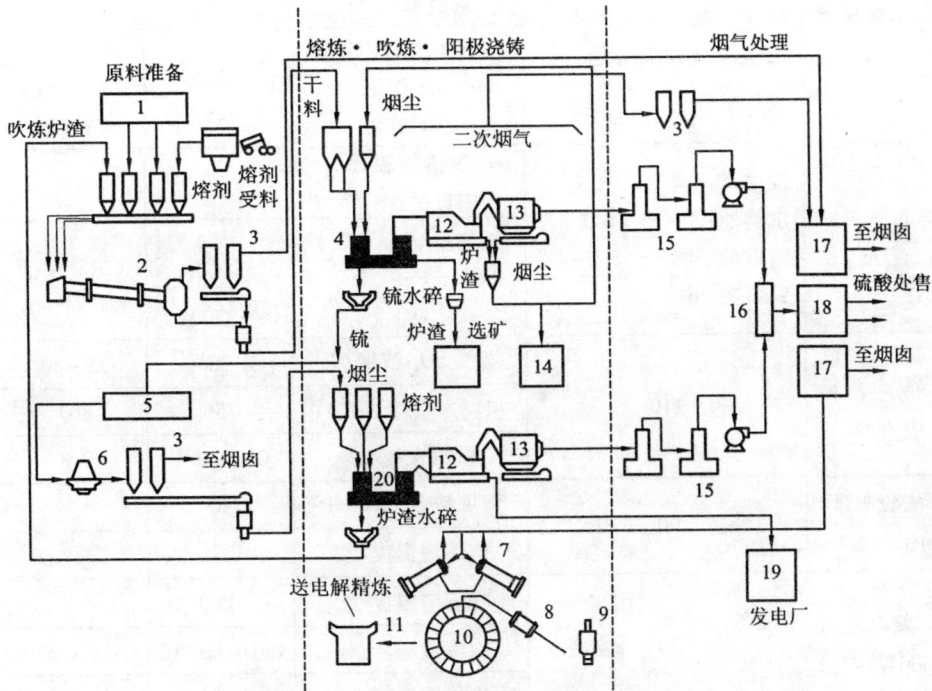

图 3-55 犹他闪速熔炼-闪速吹炼工艺流程

1—铜精矿仓 2—干燥窑 3—布袋收尘器 4—闪速熔炼炉 5—冷锍储仓 6—锍粉破碎机
7—阳极精炼炉 8—保温炉 9—竖炉 10—阳极浇铸圆盘 11—铜阳极板
12—余热锅炉 13—电除尘器 14—湿法车间 15—湿法除尘器 16—湿式电除尘器
17—气体除尘器 18—硫酸厂 19—发电厂 20—闪速吹炼炉

表 3-33 Utah 冷炼厂的铜锍与粗铜的成分($w/\%$)

名称	Cu	Fe	S	Pb	As	Sb	Bi	Zn
铜锍	71	5.3	21.4	0.7	0.3	0.035	0.015	
粗铜	–	–	0.3	0.016 ~ 0.067	0.24 ~ 0.35	0.018 ~ 0.027	0.009 ~ 0.015	0.004 ~ 0.011

Utah 冶炼厂采用闪速熔炼与闪速吹炼的生产参数列于表 3 – 34。

表 3 – 34　犹他冶炼厂闪速炉结构及主要作业参数

项目	设计值	项目	设计值	实际值
熔炼炉尺寸 /m	反应塔：φ7×7.5 沉淀池：25（l）×9.5（w） 反应塔设 13 层水套 渣口数：6 铜口数：4	精矿处理量/(t·h⁻¹)	139	>200
		铜锍品位/%	70	71
		富氧浓度/% FSF 熔炼 FCF 吹炼	70 70	80~85 75~85
吹炼炉尺寸 /m	反应塔：φ4.25×6.5 沉淀池：18.75×6.5 渣口数：4 铜口数：6	吹炼铜锍处理量/(t·h⁻¹)	60	82
		烟气量/(m³·h⁻¹) FSF FCF	42000 18700	
精矿处理量 10⁴/t·a⁻¹	110	烟气 SO₂ 浓度/%	38	35~40
		粗铜产量/(t·d⁻¹)	756	803
		粗铜含硫/%	0.2~0.4	0.3
硫酸产量 10⁴/t·a⁻¹	90	熔炼渣含 SiO₂/%	30	
		熔炼渣温度/℃	1315	
发电量 /(MW·a⁻¹)	29	吹炼渣温度/℃	1260	
		吹炼渣成分/%	Cu16、CaO18	Cu18、CaO16
		吹炼铜温度/℃	1240	

3.5　造锍熔炼炉渣的贫化处理

硫化铜精矿的造锍熔炼与铜锍的吹炼,其理论基础是在较高的温度条件下控制一定的氧势与硫势来实现的,在 $Cu - Fe - S - O - SiO_2$ 系化学势图上(见图 3 – 14)是沿着 A – B – C 线的方向进行的。现在的强化熔炼工艺产出高品位的铜锍所控制的化学势是在图中的 B 点附近,吹炼铜锍时,氧势便提高到了 C 点,这样势必要产生大量的 Cu_2O 和 Fe_3O_4 进入渣中,这种含 Fe_3O_4 高的炉渣的流动性是不好的,导致渣中机械夹杂的铜锍很多,渣含铜很高 1% 以上。所以强化熔炼与吹炼的炉渣必须经过贫化处理,回收其中的铜以后才能弃去。目前采用的贫化处理方法有还原贫化与磨浮法。

3.5.1 还原贫化法

生产实践表明,渣含铜是随渣中 Fe_3O_4 含量的升高而增加的。闪速熔炼与转炉吹炼的渣成分(%)如下:

	Cu	SiO_2	Fe_3O_4
闪速熔炼	1~3	30~33	10~13
转炉吹炼	1.5~4.5	20~28	15~30

这组数字说明,闪速熔炼是在硫-氧势图上 B 点氧势下造高品位的熔炼过程,比转炉吹炼过程的 C 点氧势要低,而两种渣中的 Fe_3O_4 含量和铜含量亦然。这一点为我们选择炉渣贫化方法提供了基本的方向,就是要在贫化过程中降低氧势,使渣中的 Fe_3O_4 充分还原为 FeO,从而改善炉渣的性质,使其中大量夹杂的铜锍小珠,能聚集成大颗粒而进入贫锍相中,这就是炉渣还原贫化的依据。所以炉渣的贫化过程实质上就是造锍炼熔产高品位铜锍的铜锍吹炼(A→B→C)的逆过程(C→B→A),即过程的控制是由高氧势向低氧势转变的过程。

在贫化过程中加入黄铁矿,可使铜锍品位下降有利于下列反应的进行:

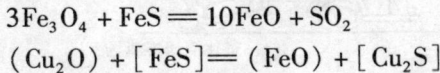

$$3Fe_3O_4 + FeS = 10FeO + SO_2$$

$$(Cu_2O) + [FeS] = (FeO) + [Cu_2S]$$

铜锍品位愈低,这些反应进行得愈充分,便可达到很好的贫化效果。但是铜锍品位的降低,会给处理过程带来麻烦,所以仍然希望渣贫化处理过程产出原来熔炼铜锍的品位。铜锍品位与贫化效果的矛盾限制了在生产上加黄铁矿的措施,于是便采取了加碳质还原剂来降低贫化过程的氧势,促使下反应的进行:

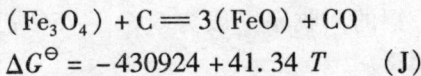

$$(Fe_3O_4) + C = 3(FeO) + CO$$

$$\Delta G^{\ominus} = -430924 + 41.34\,T \qquad (J)$$

$$\Delta G = \Delta G^{\ominus} + RT\ln\frac{a_{FeO}^3 \cdot p_{CO}}{a_{Fe_3O}}$$

在贫化熔炼温度 1250 ℃下,渣中的 Fe_3O_4 能很完全地被固体碳所还原。所以加入的固体碳还原剂应该与熔渣充分地搅拌混合。

炉渣的还原贫化一般是在电炉中进行。炉渣贫化电炉与矿热电炉相似,我国贵冶采用的贫化电炉为椭圆形,其尺寸为 11965×6120×2644(mm),熔池深 1350 mm,功率为 4500 kVA。有些闪速熔炼炉是自带贫化电炉;我国白银熔炼炉,是在炉中砌有隔墙,将熔池分为熔炼区与渣贫化区,瓦纽柯夫炉也是用隔墙分开。用特尼恩特转炉贫化炉渣,从炉子结构到工艺都是一种新技术。其炉型类似于回转式精炼炉,只装有少数几个风口。生产过程见图 3-56。还原剂是通过风口压入熔渣中,使其能很好地与熔渣充分搅拌,获得了很好的贫化效果。特尼恩特熔炼炉产出的渣含 4% ~8% Cu,16% ~18% Fe_3O_4,经还原贫化处理后,产出弃渣含铜为 0.8%。

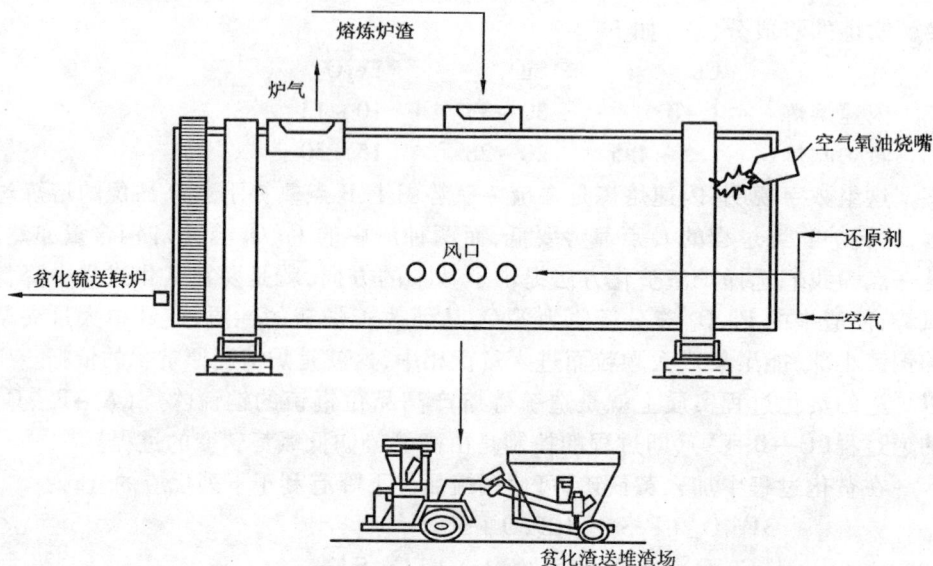

图 3 -56 特尼恩特炉渣贫化炉及其炉料与产物进出位置

电炉贫化炉渣的电耗取决于作业方式,连续作业的电耗比间断作业的要低,前者为 60 ~80 kWh/(t 渣),后者为 150 ~350 kWh/(t 渣)。当采用连续作业时,熔渣在贫化炉内停留时间较短,铜的回收率一般为 60% ~75%;当采用间断作业时,铜的回收率可达 75% ~85%。

3.5.2 磨浮法处理炉渣

磨浮法贫化处理炉渣的过程包括有缓冷、磨矿与浮选三大主要工序,其基本原理是基于炉渣中的硫化物相,在充分缓冷的过程中能析出硫化亚铜晶体和金属铜颗粒,然后经破碎与细磨可以机械地分离开来,并借助于它们与渣中其他造渣组分在表面物理化学性质上的差异,便可浮选产出硫化物渣精矿再返回熔炼过程,而产出的浮选渣尾矿含铜小于 0.3% ~0.35% 的水平,完全可以作弃渣处理。

生产实践表明,炉渣的缓慢冷却速度对炉渣中析出铜矿物晶粒的大小有很大的影响。水淬骤冷时大部分含铜晶粒小于 5 μm,这种微粒很难与炉渣本体分开。有文献资料认为,在 1000 ℃ 以上进行缓冷时,冷却速度以不大于 3 ℃/min

174

为准。如大冶炼铜厂诺兰达炉渣的设计冷却时间为 40 h。炉渣放出渣包后,先吊入冷却池冷却,待表层结渣壳后便喷水冷却 20 h,当无明显的鼓泡现象时吊出池外翻倒,然后再送去破碎。贵溪冶炼厂的转炉渣在熔渣的固化阶段,采取缓慢冷却,先在铸渣机上自然冷却 60 ~ 90 min 后,熔渣表面温度已降至 600 ℃ 左右,完全固化后与采取何种冷却方式对析出物的颗粒大小已无多大影响。

缓冷固化后的炉渣各工厂采取多种破碎与细磨的方式,以使硫化物和金属粒子与其他组分分离。一般需要细磨至粒度 – 0.048 mm 达到 90%,才能充分解离。如贵溪冶炼厂的磨矿细度为 – 43 μm 占 96.75%,加拿大诺兰达冶炼厂的 – 43 μm 占 90%。

炉渣选矿厂大都采用阶段磨浮的工艺流程。大冶诺兰达炉渣的选矿设计流程见图 3 – 57。贵溪冶炼厂转炉渣二期选矿工艺流程见图 3 – 58。

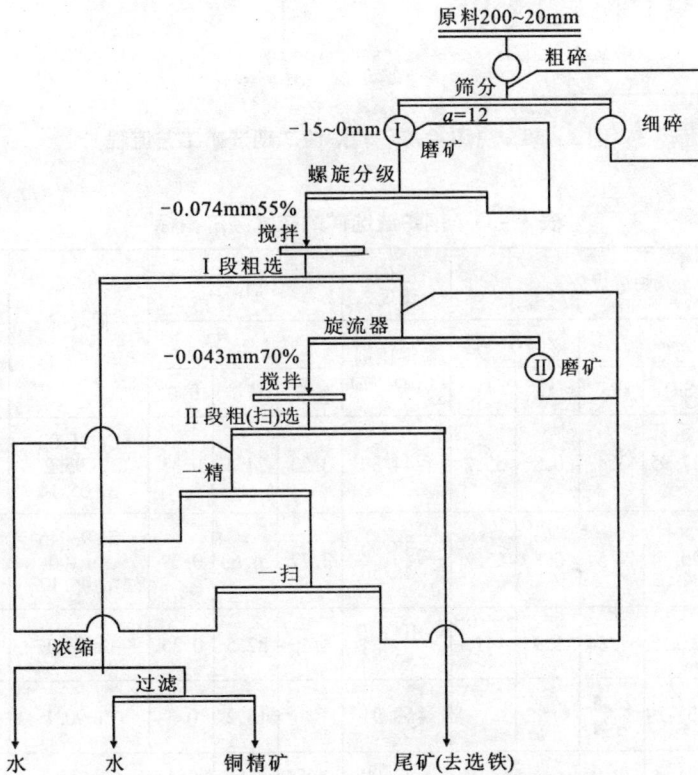

图 3 – 57 大冶诺兰达炉渣选矿设计工艺流程

表 3 – 35 列出磨浮法贫化处理铜炉渣的技术经济指标。

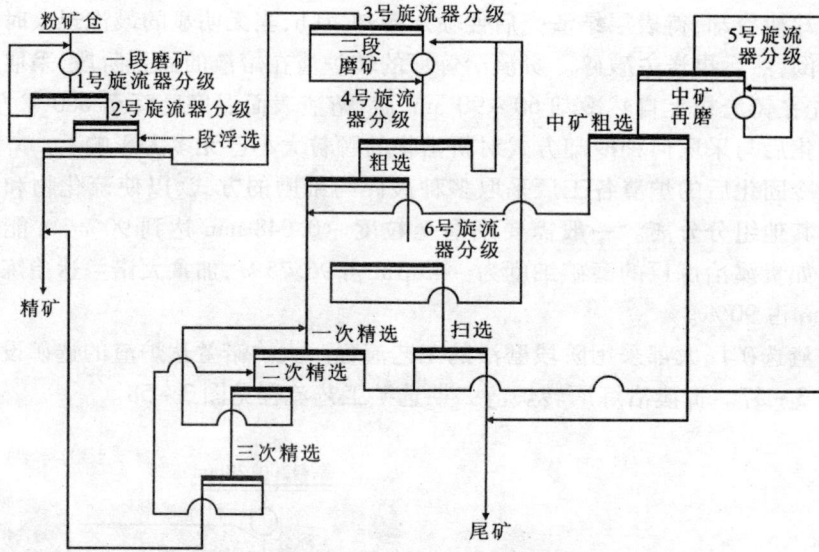

图 3-58 贵溪冶炼厂转炉渣二期选矿工艺流程

表 3-35 铜炉渣选矿的技术经济指标

工厂	炉渣成分					磨矿细度	含铜品位			回收率 /%	磨矿电耗 /(kWh·t⁻¹)
	/%			/(g·t⁻¹)		粒度比例 /(μm/%)	%				
	Cu	SiO₂	Fe	Au	Ag		给矿	精矿	尾矿		
日立	4.63	17.95	43.42	0.8	55.2	-44/89	3.23	24.4	0.33	Cu 91.02 Au 95.2 Ag 65.14	21~22
直岛	4.02	20.14	49.54	0.8	55.2	-37/90 -46/50	3.77	24.63	0.29	Cu 93.46 Au 100 Ag 96.17	15.8
佐贺关	4.03	23.75	47.04	1.9	41	-100/12 -43/88	4.45	32.5	0.35	Cu 93.1	21
Harj-avalta	1~4.0	23~29	28.5 ~44			-53/91		18.2	0.3	Cu 90.1	30.6
贵冶	4.5	21.0	49.9			-43.90	4.5	35	0.4	Cu 92	23.2
大冶	4.57	23.38	42.14			-74/55 43/45	5.05	27.70	0.35	Cu 94.25	47.43

176

铜炉渣磨浮法与电炉贫化法比较具有如下优点：

（1）磨浮法铜的回收率高（见表 3 - 35），都在 90% 以上，浮选尾砂含铜可降到 0.3%。电炉贫化铜的回收率只有 70% ~ 80%，弃渣含铜往往在 0.6% 以上。如芬兰 Hajavalta 炼铜厂，以前采用电炉贫化法处理闪速熔炼渣和吹炼渣，弃渣含铜为 0.5% ~ 0.7%，铜回收率为 77%，改用磨浮法后，浮选尾矿含铜为 0.3% ~ 0.35%，铜回收率提高到 91.1%。夹杂在铜锍中的贵金属也得到提高。

（2）磨浮法电耗少为 60 ~ 80 kWh/t 渣，而电炉贫化法为 70 ~ 150 kWh/t 渣。如 Hajavalta 炼铜厂采用电炉贫化炉渣时电耗为 90 kWh/t 渣，而浮选法只有 44.2 kWh/t 渣。

（3）电炉贫化时排放的烟气含 SO_2 < 0.5%，难以利用，排放时污染环境。浮选法产生的污水，比较容易处理后可循环使用。

但是磨浮法工艺流程复杂，厂房占地面积大，设备多基建投资大，并且不适宜处理含镍钴较高的炉渣，因为它们会进入尾砂中而损失掉。

思　考　题

1. 为什么说炉渣的电炉贫化是造锍熔炼的逆过程？
2. 试比较炉渣电炉贫化法与磨浮法的优缺点。

4 硫化矿的直接熔炼

4.1 直接得到金属的冶炼方法

在铜冶金中,硫化铜精矿的冶炼不用预先焙烧处理,直接进行氧化熔炼后可得到金属铜。严格控制铜精矿的氧化程度,使之形成氧化物和硫化物有一适当的比例的 MS－MO 混合物,以保证熔炼时发生的交互反应充分进行,就可产出金属铜和炉渣。由于不产生中间的锍,所以不需要吹炼工序,因为增加一个吹炼过程,会造成硫化物氧化释放的热量损失和 SO$_2$ 的散发,会使生产过程因能耗增加和治理污染而提高生产成本。

波兰格罗古夫(Glogow)铜厂的原料为一种高铜(28% Cu)、低铁(Cu:Fe = 10:1)和低硫(Cu:S = 3:1)的辉铜矿(Cu$_2$S)为主的硫化铜精矿,用 Outokumpu 闪速炉进行富氧空气熔炼,直接熔炼产出粗铜。铜的直收率为 70% 左右。炉渣含铜为 12% ～15%,经电炉贫化后废弃。相同的情况在澳大利亚也有一例,奥林匹克－达姆(Olympic-Dam)铜厂用闪速炉直接熔炼处理低铁硫化铜精矿,直接生产粗铜。

硫化矿原料在一个连续过程中直接熔炼产出金属是硫化矿火法冶金的发展方向,只有这样才能充分利用细粒硫化精矿本身具有的巨大能量(包括物理能即表面能,化学能即氧化反应和造渣反应释放的热能),并综合利用硫资源,以实现高效、节能和无污染冶金。

从硫化矿直接得到金属的冶炼方法有两种,置换还原法和直接氧化法。

4.1.1 置换还原法

根据硫化物稳定性的热力学原理,各种金属的 M－MS 平衡硫势不同,对硫亲和力大的金属能从硫化物中置换出亲和力小的金属(参见图 3－18),即发生 M$_1$S + M$_2$ ──→M$_1$ + M$_2$S 类型的反应。例如辉铋矿的沉淀熔炼,主要发生置换反应:

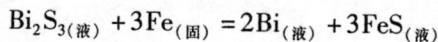

$$Bi_2S_{3(液)} + 3Fe_{(固)} = 2Bi_{(液)} + 3FeS_{(液)}$$

在处理含铋高的硫化精矿时,加铁屑置换 Bi$_2$S$_3$ 中的铋。沉淀熔炼在弱还原性

178

气氛的反射炉中进行,由于金属铋的熔点低(271 ℃)、密度大(9.84 g/cm³),沉降于熔池底部,从而与炉渣分离,故称沉淀熔炼。同样,在反射炉炼铅和反射炉炼锑时都曾有用铁屑作置换剂,从相应的硫化精矿中直接生产金属铅或金属锑的工业应用。

沉淀熔炼反应发生在反射炉的料层之中,传热传质差,主要以固 - 固或液 - 固之间进行的置换反应速率小,生产效率低,只宜处理高品位精矿。置换反应还因为生成锍相,至使金属直接回收率低,锍不好处理,而硫元素又得不到合理利用。硫化物原料中许多杂质 MS 都能与铁屑发生反应,故生产出来的粗金属质量差,含杂质多,而铁屑又是一种有广泛用途的工业原料,生产成本比较高。因此,沉淀熔炼的工业应用有很大的局限性。

4.1.2 利用氧化反应获得金属的方法

根据热力学研究,金属对氧与硫两者的亲和力可用硫势 - 氧势图(见图 3 - 13)表示,它说明了硫化物用空气氧化时不经过氧化物(如焙砂、烧结块)阶段直接产出金属的可能性,铜锍的吹炼($Cu_2S \rightarrow Cu$)就是生产实践的一例,已经工业应用的铅的直接熔炼又是另一例。

近年来开发的直接炼铅方法是建立在过去早有应用的所谓反应熔炼基础上的。反应熔炼的原理被认为是利用金属硫化物与氧化物之间相互作用而获得金属的。在处理高品位方铅矿时,先将一部分 PbS 氧化成 PbO 和 $PbSO_4$,然后使之与未反应的 PbS 发生交互反应而生成金属铅,其反应为:

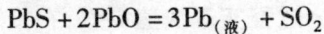

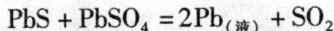

$$PbS + 2PbO = 3Pb_{(液)} + SO_2$$
$$PbS + PbSO_4 = 2Pb_{(液)} + SO_2$$

但是这仅限于含铅 70% 以上的高品位矿,因生成 25% ~ 40% PbO 的半熔状的所谓灰渣,处理较麻烦。直接熔炼的研究认为 PbS 的氧化也未必非得通过部分硫化物氧化和相继发生交互反应这两步过程不可,下式的直接转变是可能的:

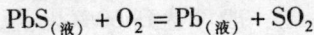

$$PbS_{(液)} + O_2 = Pb_{(液)} + SO_2$$

同样,辉锑矿和辉铋矿也可通过反应熔炼获得金属。

上述反应熔炼方法因金属硫化物的蒸气压大,金属挥发损失和氧化物入渣损失都很大,必须有完善的收尘系统和适当的炉渣处理设备才能达到工业应用的要求。

闪速炉高温氧化熔炼处理铜锌精矿的研究也说明,闪锌矿在温度为 1360℃以上可用空气直接氧化熔炼,原料中 95% 以上的锌按下列氧化反应产生气态锌:

$$ZnS + O_2 = Zn_{(气)} + SO_2$$

$$ZnS + 2ZnO = 3Zn_{(气)} + SO_2 .$$

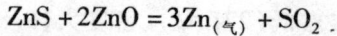

温度升高,进入气相中的锌量就急剧增加,但是温度一降低,便会发生锌蒸气重新被氧化的逆反应,所以要使 ZnS 在高温下直接氧化生产金属锌,尤其是要从含有 SO_2、H_2O 和 CO_2 的低锌气体中将锌顺利地冷凝下来,以现有技术水平来说有难以克服的困难。

近年来,日趋严格的控制污染的法规迫使火法炼铅必须寻找新的方法来取代传统的烧结—鼓风炉流程,硫化铅精矿的直接熔炼已经有多种方法获得工业应用,成为硫化矿直接熔炼的成功先例。

思 考 题

何谓硫化矿的直接熔炼、沉淀熔炼和反应熔炼?它们的应用前景如何?

4.2 硫化精矿的直接熔炼

硫化精矿不经焙烧或烧结焙烧直接生产出金属的熔炼方称为直接熔炼。

对硫化铅精矿来说,这种粒度仅为几十微米的浮选精矿因其粒度小,比表面积大,化学反应和熔化过程都有可能很快进行,充分利用硫化精矿粒子的化学活性和氧化热,采用高效、节能、少污染的直接熔炼流程处理是最合理的。传统的烧结 – 鼓风炉流程将氧化 – 还原两过程分别在两台设备中进行,各自反应体系中的化学势随料层移动的距离发生很大的改变,且都为远离平衡状态的非均质多相体系。从冶金动力学得知,要使冶金过程实现快速高效,在接近平衡状态下的均质反应体系中连续操作是最理想的,因此传统炼铅流程存在许多难以克服的弊端。随着能源、环境污染控制以及生产效率和生产成本对冶金过程的要求越来越严格,传统炼铅法受到多方面的严峻挑战。具体说来,传统法有如下主要缺点:

(1)随着选矿技术的进步,铅精矿品位一般可达到 60% 以上,但是,这种高品位精矿给正常烧结带来许多困难,导致大量的熔剂、返粉或还有炉渣的加入,将烧结炉料的含铅量降至 40% ~50%。送往熔炼的是低品位的烧结块,致使每生产 1 t 金属就要产生 1 t 多炉渣,设备生产能力大大降低。

(2)1 t PbS 精矿氧化并造渣可放出 2×10^6 kJ 以上的热量,这种能量在烧结作业中几乎完全损失掉,而在鼓风炉熔炼过程中又要另外消耗大量昂贵的冶金焦。

(3)铅精矿一般含硫 15% ~20%,处理 1 t 精矿可生产 0.5 t 硫酸,但烧结焙烧脱硫率只有 70% 左右,故硫的回收率往往低于 70%,还有 30% 左右的硫进入鼓风炉烟气(含 0.1% ~ 0.5% SO_2),回收很困难,容易给环境造成污染。

4)流程长,尤其是烧结及其返粉制备系统,含铅物料运转量大,粉尘多,大量散发的铅蒸气、铅粉尘严重恶化了车间劳动卫生条件,容易造成劳动者铅中毒。

近 30 年来,冶金工作者力图通过 PbS 受控氧化即 $PbS + O_2 \rightarrow Pb + SO_2$ 的途径来实现硫化铅精矿的直接熔炼,以简化生产流程,降低生产成本,利用氧化反应的热能以降低能耗,产出高浓度的 SO_2 烟气用于制酸,减小对环境的污染。但由于直接熔炼产生大量铅蒸气、铅粉尘,且熔炼产物不是粗铅含硫高就是炉渣含铅高,致使许多直接熔炼方法都不很成功。冶金工作者通过 Pb – S – O 系化学势图的研究,找到了获得成分稳定的金属铅的操作条件,但也明确指出,直接熔炼要么产出高硫铅,要么形成高铅渣,从热力学上分析这是必然的。根据金属硫化物直接熔炼的热力学原理,运用现代冶金强化熔炼的新技术,探寻结构合理的冶金反应器,对直接炼铅进行了多种方法的研究,其中有些已经成功地用于大规模工业生产,显示了直接熔炼的强大生命力。可以预言,直接熔炼将逐渐取代传统法生产金属铅。

4.2.1 硫化铅精矿直接熔炼的基本原理

硫化铅精矿直接熔炼就是 PbS 被气流中的 O_2 或者是呈气泡状态高度分散于熔池(熔体)中的 O_2 氧化产生金属铅与 PbO,后者又与被氧化为 FeO 以及其他造渣组分造渣熔化,最终产出粗铅、含 PbO 高的炉渣以及含 SO_2 的烟气。所以这种熔炼过程是属于焙烧 – 熔炼的范畴,主要的化学反应是 PbS 及其他金属硫化物的氧化反应。

根据武津典彦等人对 Pb – S – O 系相平衡关系的实测,确定了以下 9 种二凝聚相共存的平衡方程:

(a) $PbS_{(固)} + 2O_{2(气)} = PbSO_{4(固,\alpha)}$

(b_1) $2(PbSO_4 \cdot PbO)_{(固)} + S_{2(气)} + 3O_{2(气)} = 4PbSO_{4(固,\alpha)}$

(b_2) $2(PbSO_4 \cdot PbO)_{(固)} + S_{2(气)} + 3O_{2(气)} = 4PbSO_{4(固,\beta)}$

(c) $4PbS_{(固)} + 5O_{2(气)} = 2(PbSO_4 \cdot PbO)_{(固)} + S_{2(气)}$

(d) $4(PbSO_4 \cdot 2PbO)_{(固)} + S_{2(气)} + 3O_{2(气)} = 6(PbSO_4 \cdot PbO)_{(固)}$

(e) $3PbS_{(固)} + 3O_{2(气)} = PbSO_4 \cdot 2PbO_{(固)} + S_{2(气)}$

(f) $\underline{4Pb}_{(液)} + S_{2(气)} + 5O_{2(气)} = 2(PbSO_4 \cdot PbO)_{(固)}$

(g) $2Pb_{(液)} + S_{2(气)} + 4O_{2(气)} = \underline{2PbSO_{4(液)}}$

(h) $\underline{2Pb}_{(液)} + S_{2(气)} = 2PbS_{(固)}$

还有如下的固 – 液相变过程:

181

$$\text{PbSO}_{4(固,\beta)} = \underline{\text{PbSO}_{4(液)}}$$
$$\text{PbSO}_4 \cdot \text{PbO}_{(固)} = \underline{\text{PbSO}_{4(液)}} + \underline{\text{PbO}_{(液)}}$$
$$\text{PbSO}_4 \cdot 2\text{PbO}_{(固)} = \underline{\text{PbSO}_{4(液)}} + \underline{2\text{PbO}_{(液)}}$$

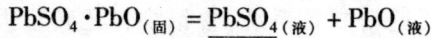

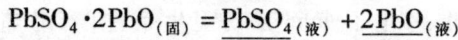

上述反应式中底下划横线的液态铅及其化合物不能看作是纯的。在这些平衡方程中,式(a)、(b)、(c)、(d)、(e)的平衡凝聚相全为固相,并且将其活度看作1。根据实验数据计算的反应标准自由焓列于表4.1并作出 $p_{SO_2} = 10^5$ Pa 时 Pb – S – O 系 $\lg p_{O_2} - \dfrac{1}{T}$ 化学势图(图4.1)。液固相变过程的平衡关系以虚线表示于图中。

表4.1 用实验数据计算的反应标准自由焓

	反 应	$\Delta G^\circ / \text{kJ}$
(a)	$\text{PbS}_{(固)} + 2\text{O}_{2(气)} \rightarrow \text{PbSO}_{4(固,\alpha)}$	$-815.9 + 0.34T$
(b$_1$)	$2(\text{PbSO}_4 \cdot \text{PbO})_{(固)} + \text{S}_{2(气)} + 3\text{O}_{2(气)} \rightarrow 4\text{PbSO}_{4(固,\alpha)}$	$-1478.0 + 0.67T$
(b$_2$)	$2(\text{PbSO}_4 \cdot \text{PbO})_{(固)} + \text{S}_{2(气)} + 3\text{O}_{2(气)} \rightarrow 4\text{PbSO}_{4(固,\beta)}$	$-1416.3 + 0.61T$
(c)	$4\text{PbS}_{(固)} + 5\text{O}_{2(气)} \rightarrow 2(\text{PbSO}_4 \cdot \text{PbO})_{(固)} + \text{S}_{2(气)}$	$-1753.1 + 0.67T$
(d)	$4(\text{PbSO}_4 \cdot 2\text{PbO})_{(固)} + \text{S}_{2(气)} + 3\text{O}_{2(气)} \rightarrow 6(\text{PbSO}_4 \cdot \text{PbO})_{(固)}$	$-1546.0 + 0.68T$
	$\text{Pb}_{(液)} + \dfrac{1}{2}\text{S}_{2(液)} + 2\text{O}_{2(气)} \rightarrow \text{PbSO}_{4(固,\alpha)}$	$-971.5 + 0.43T$
	$2\text{Pb}_{(液)} + \dfrac{1}{2}\text{S}_{2(液)} + \dfrac{5}{2}\text{O}_{2(气)} \rightarrow \text{PbSO}_4 \cdot \text{PbO}_{(固,\alpha)}$	$-1187.8 + 0.50T$
	$3\text{Pb}_{(液)} + \dfrac{1}{2}\text{S}_{2(液)} + 3\text{O}_{2(气)} \rightarrow \text{PbSO}_4 \cdot 2\text{PbO}_{(固)}$	$-1394.9 + 0.58T$
	$5\text{Pb}_{(液)} + \dfrac{1}{2}\text{S}_{2(液)} + 4\text{O}_{2(气)} \rightarrow \text{PbSO}_4 \cdot 4\text{PbO}_{(固)}$	$-1842.2 + 0.78T$

从图4.1看出,当 $p_{SO_2} = 10^5$ Pa 时,在低温下 PbS 氧化只能形成硫酸盐或碱式硫酸盐。当温度升高到 900 ℃ 以下,纵然在 $p_{SO_2} = 10^5$ Pa 下 PbS 氧化反应熔炼,仍可以形成熔融金属铅相。

Schuhmann 等人根据热力学数据分别绘制了 p_{SO_2} 为 1×10^5 Pa、0.5×10^5 Pa、0.05×10^5 Pa 时 Pb – S – O 系 $\lg p_{O_2} - \dfrac{1}{T}$ 状态图,其中 $p_{SO_2} = 1 \times 10^5$ Pa 时的状态图如图4.2所示。

图4.2中 y 点的温度便是 PbS 转变为液体铅的最低平衡温度。当 p_{SO_2} 发生变化,y 点所示的平衡温度和平衡氧位发生相应的变化,例如

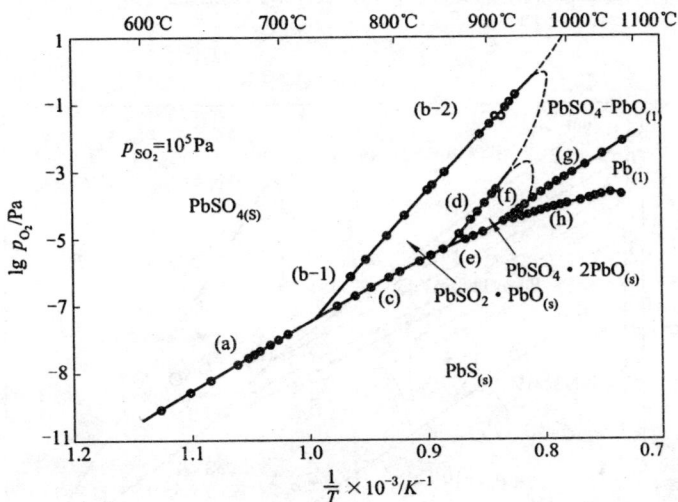

图 4 – 1 $p_{SO_2} = 10^5$ Pa 时 Pb – S – O 系平衡状态图

(作者：武津典彦)

$$p_{SO_2} = 1 \times 10^5 \text{ Pa} \qquad t = 960 \text{ ℃} \qquad \lg p_{O_2} = -4.5 \text{ Pa}$$

$$p_{SO_2} = 0.1 \times 10^5 \text{ Pa} \quad t = 860 \text{ ℃} \quad \lg p_{O_2} = -5.7 \text{ Pa}$$

$$p_{SO_2} = 0.05 \times 10^5 \text{ Pa} \quad t = 830 \text{ ℃} \quad \lg p_{O_2} = -6.3 \text{ Pa}$$

在图 4.2 中,在 $p_{SO_2} = 10^5$ Pa 时,低于 y 点的温度,PbS 是稳定的;高于 y 点的温度,PbS 便会氧化形成熔融金属铅相(系 Pb – PbS 液态共熔体)。在一定温度及 p_{O_2} 的范围内金属铅相是稳定的。当熔炼温度一定时,在高氧势下,熔融金属铅便会氧化,形成 PbO 和 PbSO$_4$ 的熔体混合物,其中硫酸盐的含量随 p_{O_2} 的增大而增加;在低氧势下,熔铅中的硫含量便会增加,所以直接熔炼产生的金属铅含有硫,并与炉渣中的 PbO 保持平衡。

在直接熔炼的熔池反应中,PbS 按下式发生反应:

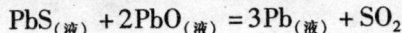

$$\text{PbS}_{(液)} + 2\text{PbO}_{(液)} = 3\text{Pb}_{(液)} + \text{SO}_2$$

$$K = \frac{a_{Pb}^3 \cdot p_{SO_2}}{a_{PbS} \cdot a_{PbO}^2}$$

视粗铅为稀溶液,$a_{Pb} = 1$。用铅液中含硫量的百分量表示 a_{PbS},上式平衡常数可写成

$$K' = \frac{p_{SO_2}}{\text{S}(\%) \cdot a_{PbO}^2}$$

这表明在一定温度和 p_{SO_2} 条件下，铅液中的含硫量与共轭炉渣相中 a_{PbO} 平方成反比。

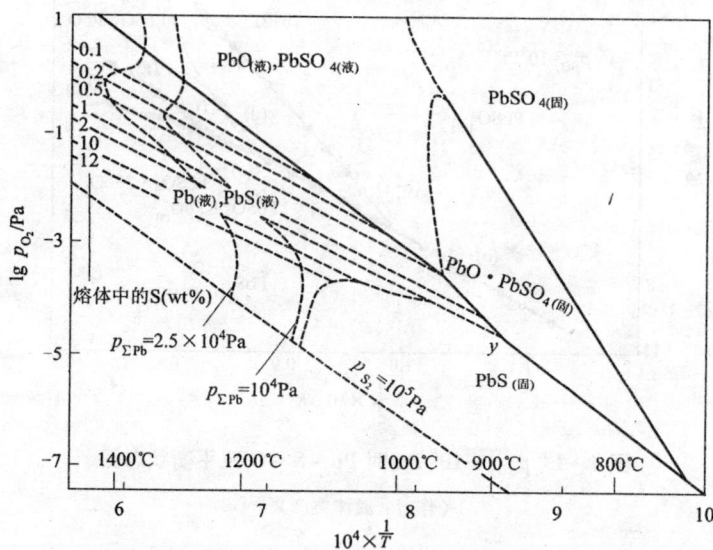

图 4-2　$p_{SO_2}=10^5$ Pa 时 Pb-S-O 系平衡状态图

(作者：Schuhmann)

图 4-3 示出了在 1227 ℃、$p_{SO_2}=10^5$ Pa 条件熔池中 a_{PbO}、p_{PbS} 和粗铅含硫的关系。炉渣中 a_{PbO} 低会导致粗铅含硫高和 PbS 大量挥发，这时 PbS 转化成金属是不完全的。

根据热力学计算，矢泽彬等人绘制了在 1200 ℃下包括铜、铁、锌等硫化物氧化行为的 Pb-S-O 系硫势-氧势图，如图4.4 所示。

一般说来，传统法炼铅是首先将 PbS 精矿在图 4.4 中所示

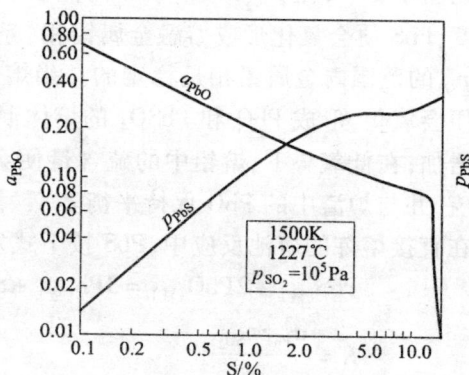

图 4-3　熔池中 a_{PbO}、p_{PbS} 和粗铅含硫的关系态图

的"氧化"区域进行烧结焙烧，得到的烧结块在鼓风炉用焦炭还原(图 4.4 中的

"还原"区域)得出含硫少的粗铅(含硫 0.3% 左右)和含 PbO 少的炉渣(含铅 1.5% ~3%)。

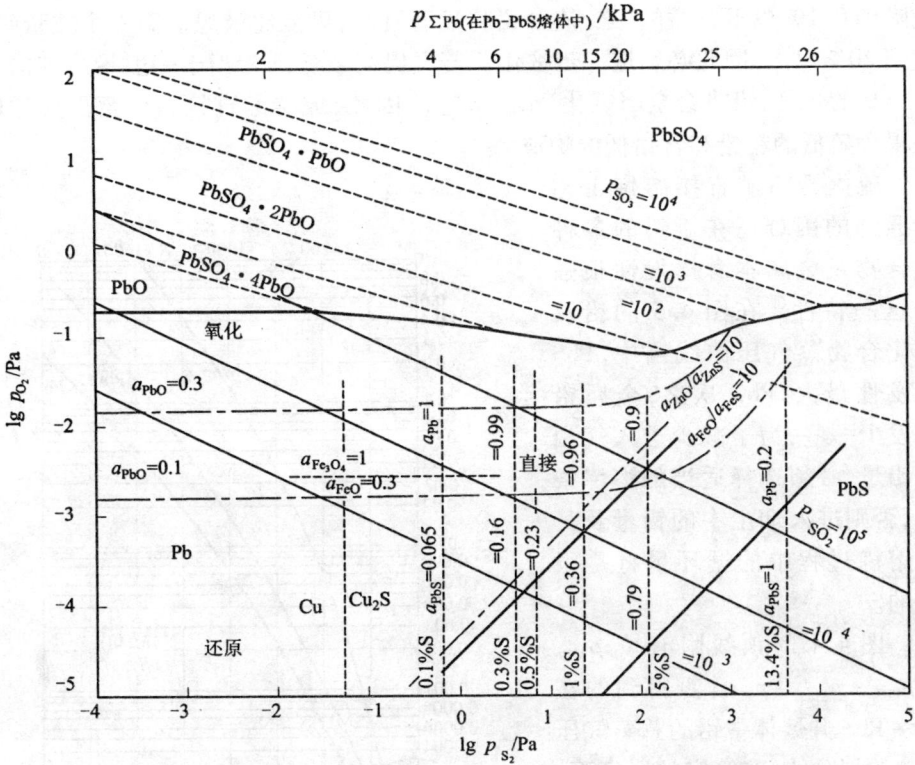

图 4-4 1200 ℃时 Pb-S-O 系硫势-氧势图

图 4.4 也给出了直接炼铅在平衡相图中位置是在标有"直接"字样的区域，该区域所处气氛中的 SO_2 分压主要在 $p_{SO_2} = 10^4$ Pa 附近范围。在 1200 ℃高温下，只要气氛控制得当，用空气或氧气就会使 PbS 转变成该状态下的金属铅和含 PbO 的炉渣。

直接熔炼的气氛控制在 $\lg p_{O_2} = -3$ 或 -4 时，产出炉渣中 a_{PbO} 可能小于 0.1，即渣含铅可以达到较低的水平(5% 左右)；但是得到的金属铅质量较低，含硫将达到 3% 左右，需用进一步吹炼脱硫。因此，只有在低氧势下，产生含硫高的铅(2% ~3% S)以保证

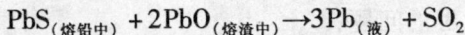

$$PbS_{(熔铅中)} + 2PbO_{(熔渣中)} \rightarrow 3Pb_{(液)} + SO_2$$

反应能充分进行才能得到含铅较低的炉渣。但是要得到弃渣是很困难的。如果

185

要将渣含铅降到鼓风炉熔炼的水平以下,炉渣放出区域的氧势也应该控制在鼓风炉熔炼的氧势水平($\lg p_{O_2} < -5$)上。

如果将熔炼室空间的氧势($\lg p_{O_2}$)提高到-1或-2时,则可使熔铅中硫含量降到0.1%以下,这样一来,渣含铅将显著升高,可能比鼓风炉高1个数量级,达到20%以上,因此必须进一步贫化。若再提高氧势到相当于一般铅烧结的$\lg p_{O_2} = 0$的水平,铅将会全部氧化($a_{PbO} = 1$)。因此,成功的直接熔炼至少要考虑获得含硫低的粗铅和含铅低的炉渣。

硫化铅精矿直接熔炼工艺所遇到的困难还在于铅的各种化合物及金属本身挥发性很强的这一特性。在图4.5的铅及其化合物蒸气压曲线当中,PbS挥发性最大,PbO次之,金属铅挥发少一些,为了减少进入气相的铅量,必须选择适当的熔炼条件,否则进入烟尘中的铅量及其在熔炼过程中的循环量将是很大的。

图4.4的顶线附有按$p_{\sum Pb}$ $= p_{PbS} + p_{PbO} + p_{Pb}$计算得到的在Pb-PbS共熔体中铅的总蒸气压$p_{\sum Pb}$的划分线,在给定的温度下,主要与体系中的$\lg p_{O_2}$及$\lg p_{S_2}$有关,并依熔炼条件而变。温度在1200℃时,当$\lg p_{S_2}$从2降到$-1$,相当于铅含硫从5%降到

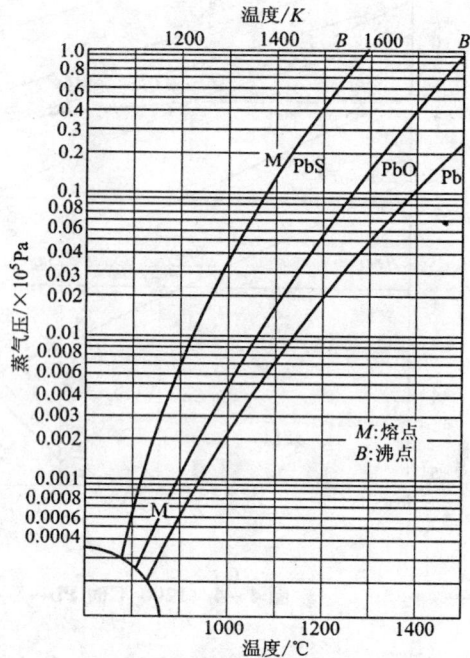

图4-5 铅及其化合物的蒸气压

0.1%,$p_{\sum Pb}$降低4~5倍。由于$\lg p_{S_2}$对$p_{\sum Pb}$的影响具有决定性,"直接"炼铅范围的$p_{\sum Pb}$与PbS区域相比,前者仅为后者的1/4,但在烧结焙烧的"氧化"区域,$p_{\sum Pb}$接近可忽略的程度。可见直接熔炼炼铅的挥发要比鼓风炉流程大得多。

铅的总蒸气压是温度的函数。图4.6表明,温度升高100℃,$p_{\sum Pb}$约增加1.5倍。因此,从减少烟尘损失观点看,直接炼铅应尽可能在较低温度下生成低硫粗铅是有利的,但这又会使a_{PbO}增大,铅入渣量增加。这些矛盾都是直接熔炼工艺条件选择时需要综合考虑的问题:

铅在直接熔炼产物中的分配如图4.7所示。

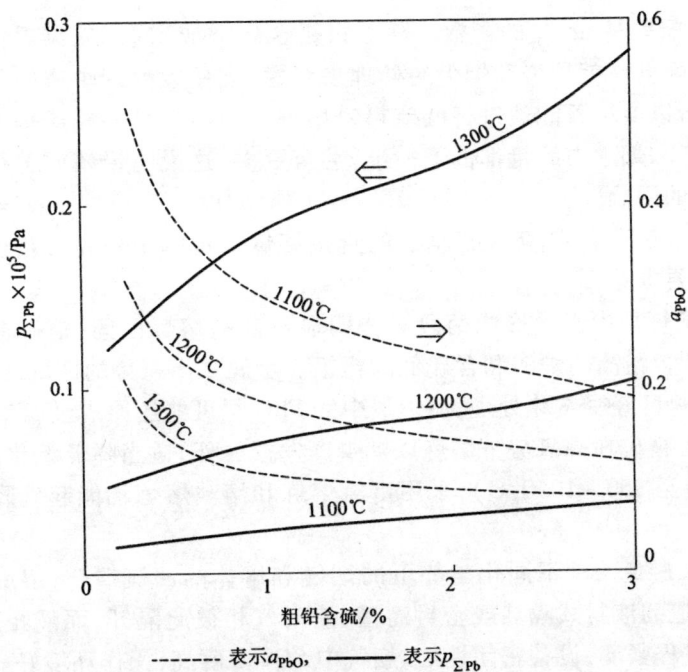

图 4-6 $p_{SO_2} = 10^5$ Pa 时 $p_{\Sigma Pb}$ 与 a_{PbO} 及粗铅含硫的关系

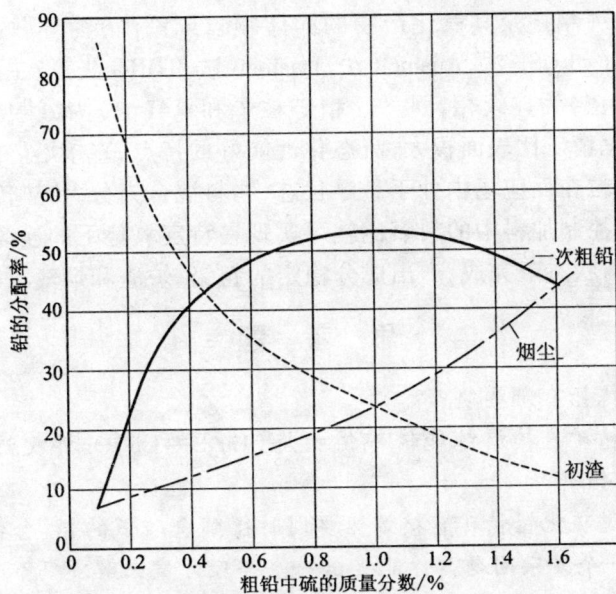

图 4-7 熔池熔炼时铅在直接熔炼产物中的分配

铅的分配率是 $\lg p_{O_2}$ 的函数。随着粗铅含硫增加到 1.0% 以后铅入粗铅的分配率便会降低。就炉渣和烟尘的处理来考虑，当然以处理炉渣回收铅锌更为容易一些，所以应尽可能地进行低硫粗铅熔炼。但不管是高硫还是低硫粗铅熔炼，铅入炉渣和烟尘中的量都占了一半，甚至更多，这说明铅精矿进行直接熔炼具有本质上的困难。

上述基本原理表明，硫化铅精矿的直接熔炼的技术条件和工艺过程应当满足下述基本要求：

(1)在熔炼炉中必须形成两段氧势明显不同的熔炼区间，精矿在高氧势下过氧化，得到含铅高的炉渣和含硫低的粗铅。金属从高氧势的区域放出；炉渣流经一个低氧势区经受贫化处理，使炉渣中的 PbO 尽可能还原成金属铅。

(2)除了精矿在高氧势下熔炼以减少挥发损失外，适当降低氧化段温度(如从 1300 ℃ 降至 950 ~ 1050 ℃)，采用富氧熔炼和熔池熔炼均能起到降低烟尘率的作用。

(3)为了避免两种不同化学势下的烟气和熔体的回流混合，熔炼炉两区间应设置带通道的液封式隔墙或密封溜槽，使两气相彼此隔开，而液相互相连通。因此，生产过程紧凑，设备密闭性好，烟气中 SO_2 浓度高，操作环境好。

(4)直接熔炼应当采用闪速熔炼或熔池熔炼类的新熔炼方法，以强化冶金过程。闪速熔炼(如 Kivcet 法)主要强化了在以气相(高温下的强氧化性气流)为连续相，固、液(精矿及其氧化产物的固体颗粒或液滴)为分散相的空间反应过程；熔池熔炼(如 QSL 法、Ausmelt 法、Isasmelt 法、TBRC 法等)主要强化了在以液相(粗铅和炉渣)为连续相，固、气(精矿粒子和氧气泡)为分散相的熔池反应过程。根据硫化精矿比表面积大、流态化性能好的特点，直接熔炼方法采用喷吹技术，使精矿颗粒在反应场中处于悬浮状态，物料混合充分，传热传质好，反应速度快，只要合理控制加料中的料氧比就可实现在特定氧势下的连续熔炼，使化学反应在接近平衡状态下完成，产出成分稳定的粗铅、炉渣和烟气。

思 考 题

1. 传统法炼铅有哪些缺点？

2. 硫化铅精矿直接熔炼能像铜锍吹炼($Cu_2S \rightarrow Cu$)一样吹炼铅锍($PbS - Pb$)来生产金属铅吗？

3. 为什么说硫化铅精矿直接炼铅要同时得到含硫低的铅、含铅低的渣和低的挥发损失是一个复杂问题？你能提出一个合理方案来解决吗？

4.2.2 基夫赛特(Kivcet)法

4.2.2.1 基夫赛特法炼铅的工业过程

Kivcet 直接炼铅工艺从 1967 年起在苏联有色金属矿冶研究院开始进行实验,经历了日处理 5t 炉的中间工厂实验和日处理 20~25 t 炉的半工业试验阶段。该熔炼方法实际上是包括闪速炉氧化熔炼硫化铅精矿和电炉还原烟化处理炉渣两部分,将传统炼铅法烧结焙烧、鼓风炉熔炼和炉渣烟化三个过程合并在一台 Kivcet 炉中进行。

在 Kivcet 法熔炼时,炉料用工业氧(95% O_2)喷入反应塔(竖炉)内。工业氧与炉料按预定的比例调整到炉料能完全脱硫为止。在 1300~1400 ℃ 的工业氧气气氛中,硫化物氧化放热使炉料着火,在悬浮状态下完成氧化、熔化、造渣过程,形成粗铅、炉渣和含 SO_2 的烟气。加入炉内炼铅原料中的锌,经发生焙烧与熔炼反应后,主要以 ZnO 形态随熔炼炉渣进入电炉。在试验前期,Kivcet 炼铅靠电热还原降低渣含铅锌。电热法碳还原挥发锌系强吸热过程,要求强还原气氛($CO_2/CO < 0.1$),因此熔炼初渣中的大量 PbO 和铁的高价氧化物便优先在电炉还原。根据动力学分析,在熔体中进行的上述还原反应,其反应速率与进行的完全程度在很大程度上是受熔体中各组分的扩散阻力所限制。所以,在电炉内氧化物熔体的碳热还原要达到很完全的程度,需要有较长的时间,从而导致 Kivcet 法电热还原部分的生产率低,电能消耗大,熔炼 1 t 精矿耗电 660 kWh,相当于产出 1 t 铅耗电 970 kWh,其中 75% 是消耗在电炉部分。

在后来的半工业试验中,将细焦粒(5~15 mm)与炉料一道喷入闪速炉反应塔中,金属硫化物在反应塔中的氧气焰中的氧化,放出大量的热能,把焦炭也加热到表面着火温度,随即落入熔池,在熔池表面形成一层赤热的焦炭层。当高温熔体通过这赤热的焦炭层时,其中的 PbO 被还原,而 ZnO 不被还原仍留在渣中,焦炭也不被熔体浸润。这样一来还原电炉便只有还原 ZnO 的任务,从而使电炉生产率从 5~7 t/(m^2·d)提高到 23.25 t/(m^2·d)。电炉容积可以大大缩小,电能消耗降低 3/4,生产成本降低 1/3,建设和投资费用减少 10%。试验中用无烟煤取代焦也取得相同的结果。

焦滤层是 Kivcet 炼铅技术的重要特点之一。实践表明,在反应塔氧化形成的铅氧化物有 80%~85% 在焦滤层还原生成粗铅。因此,Kivcet 炉的反应塔从上到下分为氧化脱硫、熔炼造渣(含铅高的初渣)和焦滤还原三个基本过程。反应塔和焦滤层断面示意图如图 4-8 所示。图中还示出了炉料在反应塔(Kivcet 炉的主体部分)内发生的主要反应以及相应的温度与炉气成分的变化情况。

从焦滤层流下的含锌炉渣从铜水套隔墙下流入电炉,完成残余的少量氧化

炉料和碳质还原剂　　98%O₂

返回加料

含铅烟尘

烟气，送制酸

含锌炉渣渣面

炉渣 ~1%Pb　　粗铅

O₂

SO₂,O₂

SO₂,O₂

CO,CO₂

焦滤层　CO,CO₂

反应塔火焰温度 T_m
焦粒(1mm)温度 T_c

T_m℃
T_c℃

O₂

CO　　CO₂

0 20 40 60 80 100
反应塔气相组成/(wt)%

1200
500

1370
1100

1250
1230

氧化（反应塔空间）反应

$PbS + 1.5O_2 \rightarrow PbO + SO_2 + 420$ kJ

$ZnS + 1.5O_2 \rightarrow ZnO + SO_2 + 441$ kJ

$FeS + 1.5O_2 \rightarrow FeO + SO_2 + 426$ kJ

$PbS + O_2 \rightarrow Pb + SO_2 + 202$ kJ

$PbS + 2PbO \rightarrow 3Pb + SO_2 - 217$ kJ

$PbSO_4 \rightarrow PbO + SO_2 + 0.5O_2 - 304$ kJ

还原（焦炭过滤层）反应

$PbO + CO \rightarrow Pb + CO_2 + 82.76$ kJ

$PbO + C \rightarrow Pb + CO_2 - 108.68$ kJ

$CO_2 + C \rightarrow 2CO - 165.8$ kJ

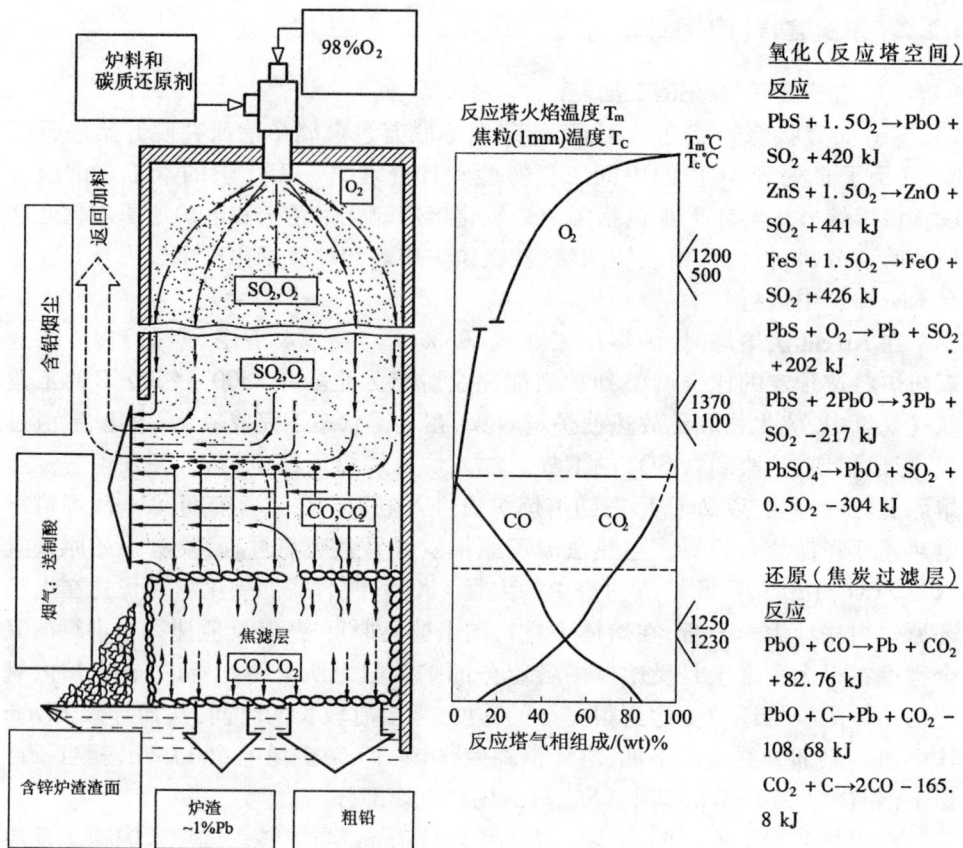

图 4 - 8　Kivcet 反应塔和焦滤层的断面示意图

铅的还原反应和铅—渣澄清与分离过程。控制电炉区的还原条件可使氧化锌部分或大部分还原挥发进入电炉烟气。粗铅从电炉端虹吸口放出。至此,氧化铅的还原率达 95% ~ 97% 以上。

　　位于哈萨克斯坦的乌斯基－卡缅诺戈尔斯克(简单 U－K)铅锌厂于 1986 年开始用 Kivcet 法炼铅。工艺流程如图 4－9。

　　U－K 铅锌厂熔炼车间由 Kivcet 闪速炉(包括电热区)、直升烟道、余热锅炉和电收尘等部分组成。炉料与工业氧一同喷入反应塔,喷入氧量按炉料成分和脱硫率确定。在反应塔高温下,金属硫化物氧化、炉料熔融,产出的熔体有金属氧化物炉渣、金属铅滴和铜锍。在熔池内,熔体上层为半熔融窑渣所饱和,初渣中的氧化铅与窑渣反应并还原成金属,而 ZnO 不被还原,进入终渣。窑渣中金

190

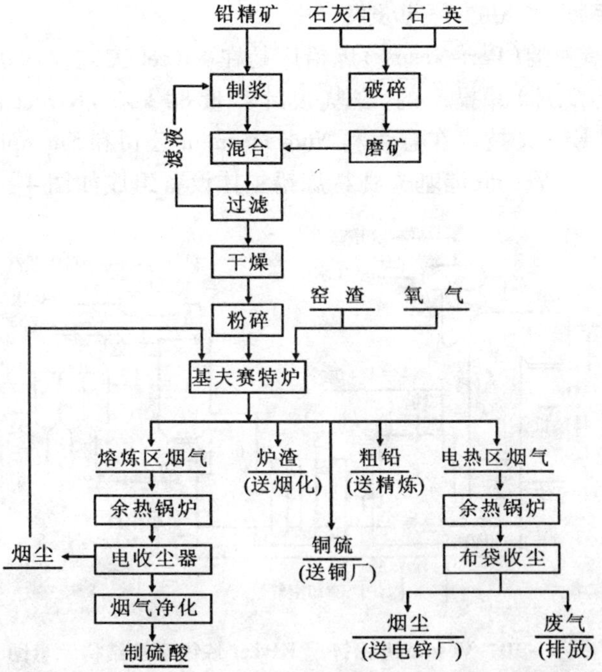

铅精矿　石灰石　石英

制浆　破碎
混合　磨矿
过滤
干燥
粉碎　窑渣　氧气
基夫赛特炉

熔炼区烟气　炉渣(送烟化)　粗铅(送精炼)　电热区烟气

余热锅炉　余热锅炉
烟尘　电收尘器　铜硫(送铜厂)　布袋收尘
烟气净化
制硫酸　烟尘(送电锌厂)　废气(排放)

滤液

图4-9　哈萨克斯坦 U-K 铅锌厂 Kivcet 炼铅工艺流程

属化的铁促进铅的还原。熔炼产物在电热区按密度分离并排出。反应塔产生的平均含 SO_2 约40%的烟气用于制酸,电炉产生的含锌烟气则送收尘系统收尘。

U-K 铅厂 Kivcet 炼铅工艺有如下特点:

(1)产出铜硫。该厂炼铅炉料含 Cu>2%,生产时产出铜硫,在粗铅与炉渣之间的铜硫层厚度控制为 10 cm 左右,放出的铜硫铸块后送往铜冶炼厂处理。

(2)用窑渣代替焦炭作还原剂。该厂加入约占炉料10%~12%的湿法炼锌厂挥发窑产出的窑渣(约含25%碳)作还原剂,这样既节约了昂贵焦炭,同时也可回收窑渣中的有价金属。

(3)用烟化炉回收炉渣中的锌。最初设计时电热区功率为9000 kVA,并加入焦炭,对炉渣进行还原挥发回收氧化锌获得含锌低的弃渣。生产实践表明,电热区渣含锌降低到3%以下时,会使铁的氧化物还原,造成炉况恶化,而且电能消耗很大,所以1988年改造时,将电热区功率从9000 kVA降低到5000 kVA,炉渣在电热区主要是保温、铅渣分离。含锌炉渣从炉内放出直接送烟化炉烟化。采取这措施后,电耗从每吨炉料450 kWh下降到120~150 kWh,而渣含铅可降

到 $0.7\% \sim 0.8\%$。

4.2.2.2 基夫赛特法炼铅的进一步发展

意大利维斯麦港（Port-Vesme）炼铅厂是在 Kivcet 工艺发明国以外第一个成功建成（1987 年 2 月）并投产的大型（设计产量 84 kt/a）Kivcet 法炼铅厂，又称 KSS 炼铅厂，即 Kivcet 技术在意大利 Nuova Samim 公司和 Snamprogetti 公司共同协作发展完善的。Vesme 港基夫赛特炼铅主体设备组成如图 4 - 10。

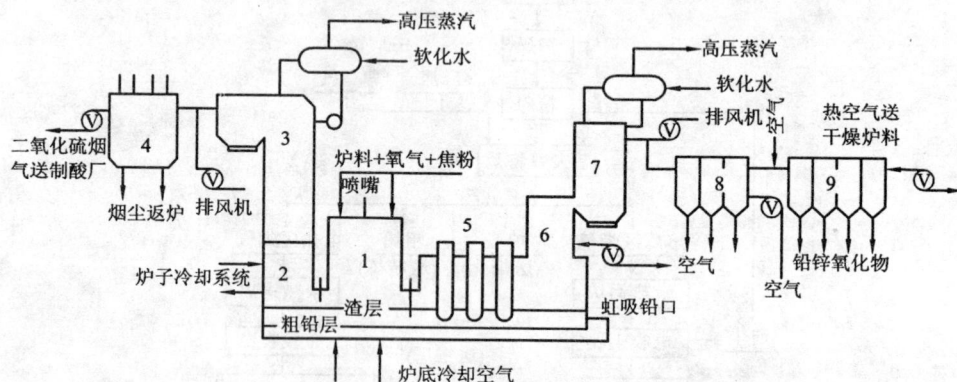

图 4 - 10　Vesme 港铅锌厂 Kivcet 炼铅系统结构示意图

1—反应塔　2—直升烟道　3—余热锅炉　4—电收尘器　5—电极
6—电炉烟道　7—余热锅炉　8—换热器　9—布袋收尘器

为了降低生产成本，KSS 铅厂还处理电锌厂浸出渣、残渣和蓄电池糊等。铅精矿、干浸出渣、熔剂等各种物料按工艺要求的渣型（%）：25 ～ 30 FeO，15 ～ 18 CaO、24 ～ 28 SiO_2 和 12 ～ 13ZnO；用计量皮带连续配料，然后送干燥窑干燥至含水小于 1%。干燥热源主要是利用 Kivcet 炉冷却电炉烟气的热交换器所产生的热空气，辅之以重油补充加热。干燥后的物料采用锤式粉碎，粒径小于 2 mm 的筛下物送到 Kivcet 炉料仓。

在熔炼时，炉料（含焦炭）用工业氧喷入反应塔内，喷入速度至少在 160 m/s 以上。在氧气气氛中，硫化物氧化放热使炉料着火、氧化、熔化、造渣。含 PbO 的熔体在流过飘浮在熔池表面的炽热焦炭层时即有 80% ～90% 的氧化铅被还原成铅。焦炭（粒度为 5 ～ 15 mm）是与含铅炉料一道加入炉内，在喷入和降落过程中大约有 10% 被烧掉。生成的氧化物熔体和铅液从隔墙底下流入电炉区。精矿熔炼生成的烟气含有高浓度（20% ～ 30%）SO_2、金属氧化物蒸气（主要是 PbO）以及大量烟尘。烟气经直升烟道上方的余热锅炉冷却，回收能量，产出 4 MPa 的高压蒸气，当含硫烟气接触到余热锅炉冷却壁时，SO_2 与粘结在壁上的金属氧化物反应,生成硫酸盐(主要是 PbSO$_4$)。冷却后的烟气用于制酸。收下的烟尘返回至熔炼过程。循环的烟尘只占入炉炉料的 5%,比预期的 25% 低得多。这种烟尘含有 Cd,循环到一定程度,即含 Cd3% ~4% 时,送往镉回收工序浸出提镉。

Kivcet 炉电热区的电能由三根排成一列的碳电极供给,以维持熔体处于熔融状态。往熔体中加入额外的能量,能增加锌挥发,最大限度地回收锌。从电炉区拱顶的两个密封加料口加入占炉子总能耗 10% ~15% 的焦炭,加快 ZnO 的还原。产生的含有铅锌蒸气的烟气被吸入的空气在后燃烧室中完全氧化,然后经余热锅炉和竖管式热交换器冷却,冷却后烟气经布袋收尘器净化后排入大气,捕收的烟尘送电锌厂浸出或 ISP 熔炼生产金属锌。热交换器产生的热空气送往干燥窑用作加热介质。

粗铅由 Kivcet 炉的虹吸口间断放出,经脱铜锅除铜后送往精炼厂。熔炼炉渣由侧墙上的放渣口连续放出,经水淬后送往挥发窑处理或渣场堆存。

Kivcet 炉由四部分组成:闪速熔炼反应塔(竖炉)、炉缸、电热区和包括余热锅炉在内的由膜式水冷壁构成的直升烟道。

炉子的气相空间分成三个区域。第一区为直升烟道区,第二区为反应塔区,两区间用隔墙分开,但反应塔产生的烟气可以自由进入直升烟道。第三区为炉渣烟化用的电炉区,由一道伸进熔体渣相内 200 mm 的隔墙与反应塔区隔开。隔墙由外嵌耐火砖的铜水套制成。

反应塔高 5035 mm,内长 3100 mm,宽 4467 mm。炉墙由 3 层耐火砖和 1 层铜水套构成,呈"三明治"状。炉顶为拱球面,在炉顶中部安装有两只喷嘴和一个供保温用的燃油烧嘴。在正常作业时,两只喷嘴同时使用。

炉缸呈矩形,底面积约 87 m^2,内宽 4467 mm,内长 19500 mm。在液面以下的炉墙,由嵌衬耐火砖的铜水套砌筑。

直升烟道由矩形的膜式水冷壁构成,连接余热锅炉,将烟气温度从 1250 ℃降到 500 ℃ 以下。烟气温度降低会使烟气中的氧化物转变成硫酸盐,并粘结在水冷壁上,经振打后,结块直接落入熔池,减少了收尘系统的负荷和返尘量。直升烟道水冷壁和余热锅炉采用强制循环水冷却,蒸汽产量为 12.4 t/h,压力为 4 MPa。该蒸汽与本厂湿法炼锌流态化焙烧蒸汽合并,用于发电。电收尘器出口烟气含尘 <20 mg/m^3,送往制酸。

电炉区内空长 9480 mm,宽 4467 mm,高 1885 mm。炉顶拱形,设有 3 根碳电极,插入渣层 200mm。在电极炉顶连接处用制氧站副产的氮气进行密封。炉顶还备有两个焦炭加入口,补加焦炭,在熔地上形成一层 50 mm 厚的焦炭层。

电炉端设虹吸放铅口,间断放铅。电炉区前侧设 5 个放渣口,分别位于三个不同高度。一般情况使用中间高度处的两个并排渣口,连续放渣。炉渣经水淬后送往渣场。

Vesme 港厂 Kivcet 炼铅经过多年运行,粗铅生产能力已经达到 120 kt/a,作业率达 96% 以上。与原有的烧结 – 鼓风炉炼铅法相比,该工艺有如下优点:

(1)生产成本降低约 50%,这得益于包括冶金焦炭在内的能耗减少,操作人员和设备维修减少。

(2)良好的环境卫生条件,这得益于烟气排放量大大减少,且收尘效率提高,逸散的总铅量、工作场地空气中铅含量和 SO_2 排放量比现有的法规标准低得多,还有一特点是大部分砷入铅。

(3)容易操作。整个冶炼过程均发生在一个单一的连通设备之中,除少量的返尘(烟尘率仅 5%)外,无需中间物料贮运,没有工艺物料的弥散,全部操作由先进的中央控制室控制;在对耐火砖有严重腐蚀的 SO_2、PbO 含量高的恶劣条件下,反应塔炉缸和直升烟道都采用有保护(冷却铜水套)的耐火材料,炉寿长,处于临界状态的设备维修量显著减少。

(4)与锌厂联合。Kivcet 炉余热锅炉蒸汽与锌厂蒸汽合并,用于汽轮机发电;电炉烟气产出的氧化锌因 F、Cl 含量甚微,可直接送浸出生产电锌;反应塔含硫烟气与锌流态化炉烟气合并用于制酸;利用直接熔炼余热,无需补充额外的燃料便可处理锌厂铅银渣、废蓄电池糊和其他硫酸盐渣。锌浸出渣与铅精矿混合熔炼时,锌浸出渣搭配量可在 20% 以上。

Vesme 港炼铅厂与 U – K 炼铅厂基夫赛特直接熔炼主要技术经济指标如表 4 – 2 所列。

Vesme 港铅锌厂的 Kivcet 法炼铅的成功运转,使意大利 Samim 公司已有的 ISP 厂、电锌厂和 KSS 厂一起构成了一个能高效运作和充分协调的现代铅锌联合企业。

1997 年加拿大科明科(Cominco)公司特雷尔(Trail)铅厂用 Kivcet 法取代已建的 QSL 法炼铅。该厂 Kivcet 炉设四个氧气 – 炉料喷嘴。入炉炉料量为 70 t/h(干量),其组成除铅精矿外,锌浸出渣量占 45% ~ 50%,主要为本公司锌焙砂湿法炼锌常规浸出和锌精矿氧压浸出所产。

目前,Taril 铅锌厂的铅、锌产量分别为 100 kt/a 和 290 kt/a。冶炼厂四条物流线把整个铅锌生产连接在一起:①湿法炼锌厂浸出渣送铅厂处理,约占 Kivcet 炼铅原料的 50%;②铅厂烟化炉产出的氧化锌粉送锌厂浸出,约占炼锌原料的 15%;③Kivcet 炉所产的含硫烟气送锌厂,与锌焙烧烟气合并生产硫酸;④湿法炼锌厂废水供炼铅厂生产用水。

194

表 4 – 2　Vesme 港炼铅厂与 U – K 炼铅厂基夫赛特法炼铅指标比较

项　　　目	单　　位	Port Vesme 厂	U – K 厂
铅直收率	%	97.0	89.0 ~ 91.1
粗铅成分	%	97.5	97.0 ~ 98.0
炉料脱硫率	%	97	82.4 ~ 88.0
炉渣产率(为炉料重)	%	24 ~ 30	
渣含 Pb	%	1.5 ~ 2	0.4 ~ 2.5
渣含 Zn	%	7 ~ 10	12.1 ~ 18.2
氧化锌产率(为炉料重)	%	4 ~ 5	
氧化锌含 Pb	%	20	
氧化锌含 Zn	%	60	
含硫烟气 SO_2 浓度	%	23	36 ~ 49
循环烟尘产率(为炉料重)	%	5	4 ~ 8
含硫烟气回收蒸气	$t \cdot t_{炉料}^{-1}$	0.6(4 MPa)	
电热区烟气回收热	$kJ \cdot t_{炉料}^{-1}$	209000	
每 t 炉料的物料消耗			
O_2	m^3	16.5	17 ~ 20
还原剂	kg	焦炭(100% C 计)45	窑渣 60 ~ 110
电极	kg	1	1.4 ~ 2.0
电耗	kWh	140	120 ~ 150
空气中铅浓度	$\mu g \cdot m^{-3}$	<50	
排入大气中的 SO_2		可忽略不计	
废水(净化后返回淬渣)	m^3/h	3	

注：Port Vesme 炼铅厂原料平均成分(%)：Pb 50.0,Zn 6.0,Cu 0.3,Fe 7.0；U – K 炼铅厂，Pb 36.5 ~ 45.0,Zn 6.3 ~ 8.2,Cu 2.2 ~ 3.2,S 16 ~ 20。

思 考 题

1. 基夫赛特炼铅是如何解决还原电炉最初电能消耗大的问题的？

2. 基夫赛特直接炼铅设备主要由哪些组成？在反应塔内主要发生哪些化学反应？

3. 基夫赛炼铅的优点是什么？为什么说采用这项工艺有利于发挥铅锌联合企业的优势？

4.2.3 氧气底吹熔池熔炼(QSL 法)

熔池熔炼是在矿物原料和必要的燃料加入熔体的同时,向熔体鼓入空气、富氧空气或工业氧气,由于鼓风向熔池中压入了气泡,当气泡通过熔体上升时,造成"熔体柱"运动,这样便给熔体输入了很大的动能。熔池熔炼特点是：(1)具有很大的搅拌能,熔体与炉料的传热传质速率很大,熔炼强度高;(2)由于分散性的氧化性(或还原性)气泡和熔体间的接触面很大,燃料燃烧反应和炉料中发生的化学反应速度都很快;(3)根据冶金过程的需要,冶金炉中的气氛可控制为氧化、还原或中性,以实现硫化物氧化、氧化物还原和熔化造渣等冶金物理化学过程。

氧气底吹炼铅(QSL 法)是利用熔池熔炼的原理和浸没底吹氧气的强烈搅动,使硫化物精矿、含铅二次物料与熔剂等原料在反应器(熔炼炉)的熔池中充分混合、迅速熔化和氧化,生成粗铅、炉渣和 SO_2 烟气。

氧气底吹炼铅的特点是氧的利用率高(几乎 100%),硫的利用率高(>97.5%),烟气含 SO_2 浓度高(8% ~18%),炉子的操作方便,劳动条件好以及成本低等。

20 世纪 80 年代初,在德国 Duisburg 铅锌厂建成处理量为 10 t/h 的示范工厂,并进行了工业试验。90 年代以来,先后有德国 Stolberg 冶炼厂、我国西北铅锌炼厂和韩国 Onasn 冶炼厂用 QSL 炼铅工艺建厂并投入运转。表 4 - 3 为三家 QSL 工厂的设计数据。此外,我国自行开发的水口山(SKS)炼铅法也是用氧气底吹熔炼的方法,由水口山有色金属公司(原水口山矿务局)在 80 年代完成半工业试验以后,它的氧气底吹氧化——鼓风炉还原熔炼铅流程已经在国内两家工厂获得应用。

QSL 反应器是该法炼铅的核心设备(图 4 - 11)。反应器主要由氧化区和还原区组成,用隔墙将两区隔开,还附设有加料口、虹吸出铅口、放渣口和排烟口。在氧化段熔池下安装有氧气喷枪,在还原段设氧 - 还原剂喷枪。

表 4-3 QSL 工厂的主要设计参数及指标

名　　　称	西北铅锌冶炼厂	德国 Stolberg 冶炼厂	韩国 Onsan 冶炼厂
年产粗铅 t	52000	80000	60000
反应器尺寸 m			
总　　长	30	33	41
氧化段直径	3.5	3.5	4.5
氧化段长度	10	11	13
还原段直径	3.0	3.0	4.0
还原段长度	20	22	28
给料量 t/d	260	500	550
精矿与浸出渣的比例	100% 铅精矿	63% 精矿,37% Pb -Ag 渣和精炼厂铅烟尘	52% 精矿,47% Pb -Ag 渣,废蓄电池糊,Zn 滤渣,Au/ Ag 矿石
混合精矿成分%			
Pb	66	45	35
Zn	5	5	10
Cu	0.2	0.7	0.6
As	0.05	0.3	0.3
Sb	0.04	0.4	0.3
Cd	0.04	0.05	0.3
处理炉料量/$(t \cdot h^{-1})$	18	31	42
氧化段用 O_2 量/$(Nm^3 \cdot h^{-1})$	2250	4700	7300
还原段用煤粉/$(t \cdot h^{-1})$	0.7	0.9	1.4
天然气用量/$(m^3 \cdot h^{-1})$	—	400	—
粗铅产量/$(t \cdot h^{-1})$	7.2	9.6	7.9
弃渣产量/$(t \cdot h^{-1})$	4.0	7.1	8.8
蒸汽产量/$(t \cdot h^{-1})$(压力4.2 MPa)	6.0	14.3	19.0
初渣含铅/%	40	50	40
弃渣含铅/%	2.5	2.5	2.0

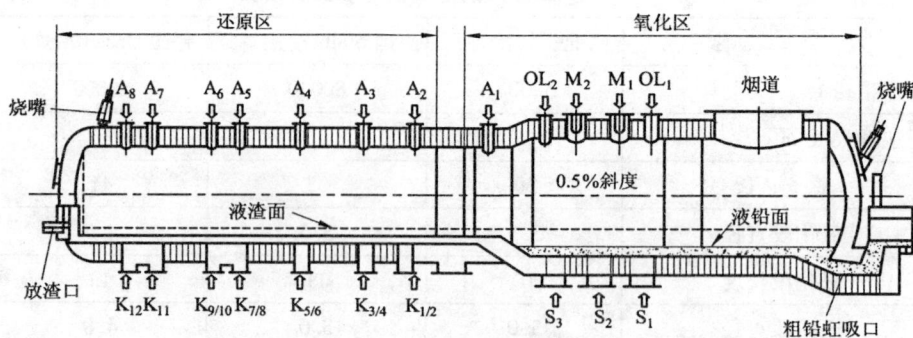

图 4 - 11 氧气底吹(QSL)炼铅反应器示意图

$S_1 \sim S_3$ 为氧枪插孔 $K_1 \sim K_{12}$ 为还原枪插孔 M_1、M_2 为加料口

$A_1 \sim A_8$ 为辅助燃烧插孔 $OL_1 \sim OL_2$ 为燃油枪插孔

反应器炉型为卧式、圆形、断面沿长轴线是非等径的,氧化区直径大而还原区直径小。从出渣口至虹吸出铅口向下倾斜 0.5%。反应器设有驱动装置,沿长轴线可旋转近 90°,以便于停止吹炼操作时能将喷枪转至水平位置,处理事故或更换喷枪。

矿物原料如精矿、二次物料、熔剂、烟尘和必要时加入的固体燃料均匀混合后从氧化区顶部的加料口直接加入,混合炉料落入由熔渣和液铅组成的熔池内。氧气通过喷枪喷入,熔体在 1050 ~ 1100 ℃下进行脱硫和熔炼反应,此时的氧势较高,$\lg(p_{CO_2}/p_{CO})$ 约 2.2。在这一区域形成的金属铅含硫较低,称为初铅;形成的炉渣含铅较高,为 25% ~ 30%,称为初渣;产出烟气的 SO_2 浓度为 10% ~ 15%。

初渣流入还原带,在还原带还原剂(粉煤或天然气)通过喷枪与空气载体和氧气一起吹入熔池内。在粉煤中的碳燃烧生成 CO 作用下,炉渣中的氧化铅被还原。还原带的氧势较低,$\lg(p_{CO_2}/p_{CO})$ 维持在 0.2 左右,温度较高,为 1150 ~ 1250 ℃。炉渣在流向还原带端墙上的排渣口的过程中逐渐被还原形成金属铅(二次铅),并沉降到炉底,流向氧化区与一次铅汇合。液铅与炉渣逆向流动,从虹吸口排出;炉渣从排渣口连续或间断排出。

反应器熔池深度直接影响熔体和炉料的混合程度。浅熔池操作不但混合不均匀,且易被喷枪喷出的气流穿透,从而降低氧气或氧气 - 粉煤的利用率。因此适当加深反应器熔池深度对反应器的操作是有利的。由熔炼工艺特点所决定的,QSL 反应器内必须保持有足够的底铅层,以维持熔池反应体系中的化学势和

198

温度基本恒定。在操作上,为使渣层与虹吸出铅口隔开以保证液铅能顺利排出,也必须有足够的底铅层。底铅层的厚度一般为 200~400 mm,而渣层宜薄,为 100~150 mm。反应器氧化区的熔池深度大,一般为 500~1000 mm。

反应器的氧化段和还原段分别装有氧枪(又称 S 喷枪)和还原枪(又称 K 喷枪)。S 喷枪为双层套管,内管是氧气通道,两管间的缝隙为冷却气体通道。K 喷枪为三层套管,中心管内通粉煤,用压缩空气作载体。中心管与第二层管间的槽形缝隙通氧气。第二层管与第三层管间的槽形缝隙通冷却气体以保护还原喷枪。生产实践证明,氮气和雾化水组成的保护气体比原设计单用氮气的冷却效果更好,由于在喷枪尖端形成稳定的蘑菇状凝渣,从而使喷枪的烧损程度大大下降,延长了喷枪的使用寿命。为了克服粉煤对金属材料的磨损,在还原喷枪的中心管粉煤通道,采用陶瓷内衬,从而使还原喷枪的寿命提高到 3 个月。

QSL 反应器炼铅是在氧化段和还原段两个区域完成化学反应的,为了防止两区炉渣混流和氧化区的生料流进还原区,在两区之间设置隔墙,隔墙中部最下方留有孔洞,氧化区的初渣从此孔洞进入还原区,而还原区所产生的二次铅经此孔流入氧化区,再经虹吸口排出。中国和德国的反应器隔墙均为半隔墙,即隔墙上方为烟气通道,还原段烟气经此通道进入氧化段,从氧化段端部出烟口排出,其烟气 SO_2 浓度较低,但仍可满足制酸要求,这适宜于处理含锌较低的炉料,因此也就不必设两套烟气处理和收尘装置。韩国 Onsan 冶炼厂所处理的原料含锌较高,采用全封闭隔墙,即两区之间熔体相通而烟气不相通,含硫烟气和含锌烟气分别从反应器两端的出烟口排出,这有利于控制两个区段有较大的氧势差,有利于从还原烟气中回收锌。

反应器虹吸口设在炉子端部,与反应器轴线平行,也可设在某一侧面,与反应器轴线垂直。放渣口设在还原段末端,采用铜水套结构。

反应器两端设有主燃烧器,在顶部还设有若干辅助燃烧器,供烘炉时及生产中处于备用位置时为炉体保温用。还原区炉气含有过剩的 CO、H_2 和未裂解的碳氢化合物以及挥发性的铅锌蒸气等可燃物,在还原区炉顶设喷枪喷入富氧空气使其燃烧,以确保离开反应器的烟尘彻底氧化,并降低后面设备的热负荷。

德国 Stolberg 炼铅厂原设计规模为 500 t/d 处理量,到 1999 年,实际处理量达到 50 t/h,粗铅产量超过设计能力 30%,由原设计的 75 kt 提高到 110 kt。工艺流程如图 4-12。

该厂 QSL 反应器采用非全封闭式隔墙,氧化段烟气与还原段用一套烟气收尘系统处理,在生产上除定期抽取少部分烟尘送浸出以硫酸镉形式回收镉外,大部分烟尘按一定配比返回配料,因此不希望原料含锌高。当渣含锌高于 18% 时,还原渣变得过粘,给操作带来困难。经验表明,还原区的还原势可使终渣含

原料仓
↓
备料斗
↓
烟尘、细煤 → 混合器 ← 浸出渣
↓ 50t/h
　　　　　　　　　　终渣
　　　　　　　　　　60 000t/a → 堆存
O₂,N₂,空气,粉煤 → QSL反应器 ── 铜锍 → 送转炉
↓ 1200℃　　　　　粗铅>100 000t/a
　　　　　　　　　　200t/a Ag → 送精炼
↓
余热锅炉 ── 蒸汽15t/h 4.5MPa 260℃ → 发电 3.5Mw
↓ 380℃
电收尘器 ── 烟尘 1t/h → 浸出锅
↓ 320℃　4~5t/h烟尘　　　　　浸出液(提镉)
洗涤塔
↓ 75℃,28 000Nm³/h
除汞
↓ 30℃
制酸 ── H₂SO₄96.5% 70 000t/a → 2 000m³贮罐 <0.5×10⁻⁶Hg
↓
尾气(排放)<200×10⁻⁶SO₂

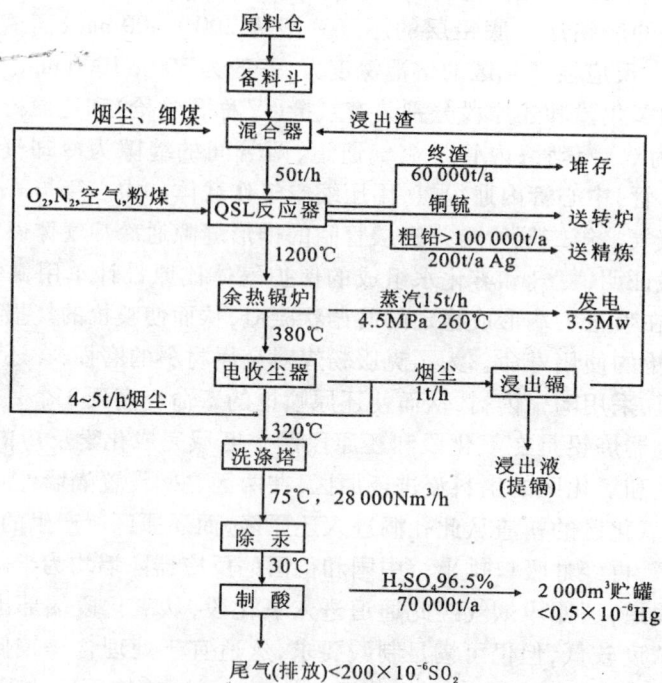

图4-12 德国 Stolberg 厂 QSL 炼铅工艺流程

铅降至3%~5%,锌不被烟化;但当渣含铅还原到2%的水平时,则会有锌挥发。原设计用电炉贫化还原段放出的炉渣以回收铅锌,但由于电耗大被取消,目前炉渣经水淬后堆存。

　　Sotlberg 炼铅厂反应器排出的烟气温度为1200℃,含12%~14% SO₂。余热锅炉烟气冷却至380℃,同时产出265℃、压力4.5 MPa的饱和蒸汽送往发电。按产1 t粗铅计,可产生电力218 kWh。这部分电力可满足全厂用电量的70%。余热锅炉冷却后的烟气经洗涤、除尘、除汞,用双接触法生产浓度为96.5%的硫酸。硫酸产量超过70 kt,硫的回收率达到98%。与原来的传统法工艺比较,SO₂散发量从2100 t/a减少到目前已低于100 t/a,铅从13 t/a减少到低于3 t/a。经过多年的改进,QSL设备的有效运转率已达到85%以上。

　　韩国高丽锌公司的 Onsan 厂设计是用来处理除铅精矿外,还有各种铅锌残渣和其他二次物料达47%左右的原料,设计粗铅产量为61 t/a。二次物料包括湿的 Pb-Ag 渣、精炼车间的浮渣和厂外来渣。该厂工艺流程如图4-13所示。

　　由于炉料含锌高,反应器氧化区和还原区的烟气分开排出,分别产出含硫烟

200

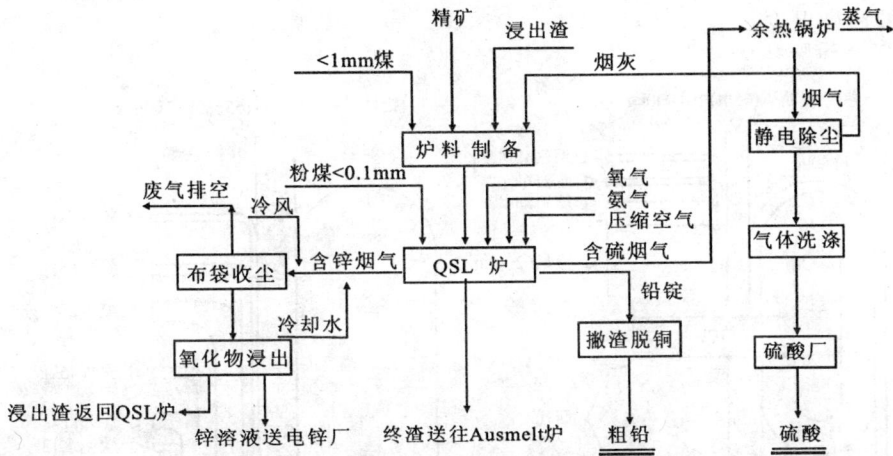

图 4 – 13 韩国 Onsan 厂 QSL 炼铅工艺流程

气和含锌烟气。前者经电收尘器除尘后烟气送往制酸,此烟尘含铅高,返回配料;后者经布袋收尘器收得含锌高的烟尘,经浸出后溶液送去电解锌,其浸出渣返回 QSL 炉。

目前 Onsan 厂 QSL 炉的加料量为 55～60 t/h。由于二次物料释放出的反应热比铅精矿要少,当二次物料量增加时会使熔池温度降低,因而应当增加细煤(小于 1 mm)用量,以补偿氧化熔炼过程热量不足。

在还原区,通过调节粉煤量和过剩氧气系数(实际氧气流量与按理论计算的氧量之比)来控制熔池温度和终渣含铅量。按化学计算,每 kg 粉煤需氧量约 1.6 m^3(标准状态)。由于经济原因,炉料中的锌只有部分(30%～40%)在还原区挥发,还原渣含 Pb <5%、Zn15%,送往 Ausmelt 炉烟化处理,使炉渣中的铅、锌分别降到 <1% 和 3%～5% 后废弃。

根据韩国 Onsan 冶炼厂的数据,将 QSL 流程与传统的烧结 – 鼓风炉流程进行比较,其结果如图 4 – 14 所示。从图可知,QSL 流程(如图右边)中的返料量要少得多。在传统流程(如图左边)中,为使烧结块中残硫尽可能低,返料量(包括返粉、返尘甚至还有返渣)达到新加料量的 2～3 倍。在 QSL 流程中,返料主要是烟尘,其总量仅占新料量的 19% 左右。此外,在 QSL 流程中用氧气代替空气,使必须处理的烟气量大大减少,烟气用于制酸,污染大气的 SO_2 大为减少。由于热效率高以及氧气的利用,使硫化物氧化热得充分利用,即使在精矿与二次物料比为 55∶45 时,QSL 所消耗的燃料量比只处理 PbS 精矿的传统法还要低。

201

QSL 法可使用便宜的燃料和还原煤,以煤代焦。因此,QSL 法炼铅更经济而对环境的污染更少。

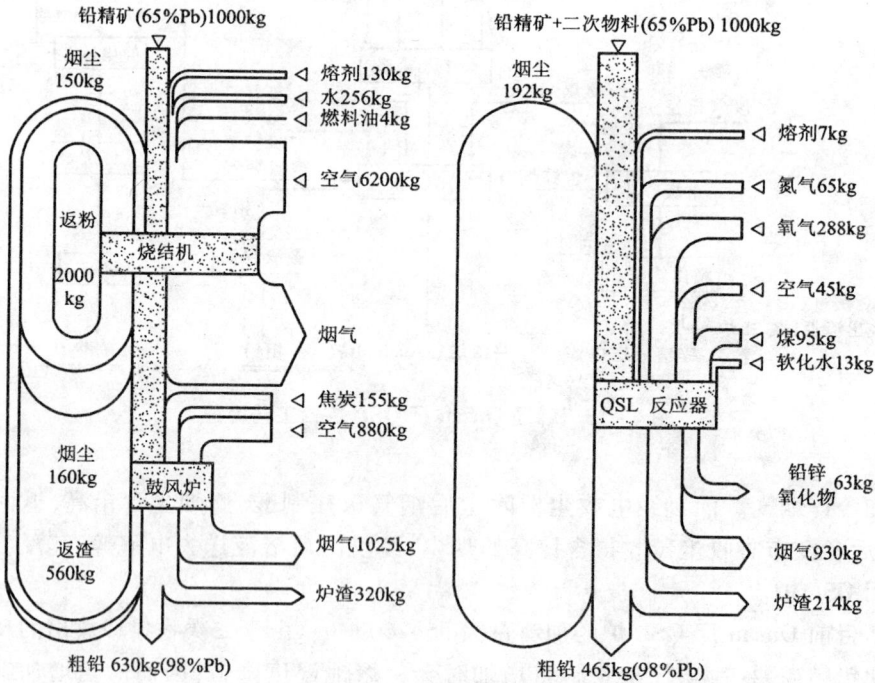

图 4-14 QSL 法与传统法炼铅的物料平衡比较

我国河南豫光金铅和安徽池州两冶炼厂采用水口山(SKS)炼铅法炼铅,该方法与 QSL 法相同之处是都采用氧气底吹进行氧化熔炼,产出一次粗铅和初渣。由于反应器炉子短,水口山法炼铅只有氧化段,没有还原段,氧化段产出的高铅炉渣经冷却铸成渣块后送鼓风炉还原熔炼,回收二次铅。生产实践表明,水口山法炼铅具有氧气底吹直接熔炼的许多优点,如原料适应性大,对炉料的铅、硫含量的上限不受限制,无需添加返粉和返渣,故取消了返粉破碎工序,因而流程短;炉料制备简单,经润湿制粒后加入反应器,不含粉尘和干料入炉,加之设备密封性好,铅尘、铅烟及其他有害气体逸散量少,劳动卫生条件大大改善,环保效果好;由于氧的利用,熔炼烟气量少,SO_2 浓度高,硫的利用率在 95%以上。

水口山炼铅法目前采用的氧气底吹氧化——鼓风炉还原炼铅的缺点是,反应器产出的高铅熔渣经冷却铸渣块后再加入鼓风炉,还原过程未能利用熔渣的显热,而鼓风炉又消耗大量的焦炭,致使本工艺能耗大,生产成本高。

202

思 考 题

1. 在处理含锌高的炼铅原料时,QSL 反应器内部结构有何改变?
2. QSL 炼铅比传统法炼铅有哪些优点?

4.2.4 顶吹熔池熔炼(Ausmelt 法、TBRC 法)

4.2.4.1 澳斯麦特熔炼

澳斯麦特技术(Ausmelt Technology)在原有赛罗熔炼和艾萨熔炼法的基础上,进行了大量的应用性技术开发,特别是增加了喷枪外层套筒,使炉内所需二次燃烧风可以直接从同一支喷枪喷入炉膛,使熔池上方的 CO、金属蒸气和未完全燃烧的炭质颗粒得以充分燃烧,并由激烈搅动和熔体将其吸收,较大幅度地提高炉内反应的热效率,同时也改善了烟气性质。该技术已经用于锡精矿还原熔炼、铜精矿造锍熔炼和吹炼。目前用来炼铅的工厂是欧洲金属公司(德国)诺丁汉姆(Nordenham)铅锌冶炼厂,于 1996 年建成投产。

Nordenham 冶炼厂曾经使用了几乎所有的含铅物料,如高铅精矿,阳极泥,电池泥,电池糊,精炼渣和锌浸出渣等,各种物料采取集中分阶段的处理方式,最大生产能力达 12 万 t/a,目前以 9 万 t/a 粗铅(设计能力)的生产能力运行。原设计在 1 台澳斯麦特炉内分阶段完成氧化熔炼和还原熔炼,因为经济上的原因,还原一直未进行,产出的富铅渣经水碎后外销。该厂炼铅工艺流程如图 4 - 15。

该厂使用的奥斯麦特炉为钢壳内衬耐火材料的圆筒形炉,高约 10 m,直径 4 m。钢壳外壁用水幕冷却,以降低其热辐射并冷却炉内衬砖。锥形炉顶盖将出炉烟气导入余热回收系统。熔池最大深度为 2 m,浸没到熔池内的喷枪将空气、氧气和天然气喷入,气体强烈搅拌熔池,进行快速热传导和反应。预先混合并制粒的炉料从炉顶的加料口稳定加入,并视其性质及加入量确定喷入的气体比例。产出的粗铅沉降到熔池底部,并连续放出。炉渣由另一放出口排放,进一步处理以回收铅和其他金属。尾气经冷却,电收尘除尘,净化后与锌系统烟气合并送酸厂制酸。硫的总回收率在 90% 以上,逸散的重金属和 SO_2 急剧减少(见表 4 - 4),工厂排放的 CO_2 量也大幅度降低(见表 4 - 5)。

表 4 - 4 Nordenham 厂每年重金属逸散量和 SO_2 逸散量

炼铅方法	Pb	Cd	Sb	As	Tl	Hg	SO_2
传统法(1990 年)/(kg·a^{-1})	24791	572	460	219	38	17.2	7085
Ausmelt 法(1997 年)/(kg·a^{-1})	1451	4.05	27.52	5.58	1.27	0.87	140.4
对比/%	-94.1	-99.3	-94	-97.5	-96.7	-94.4	-98.6

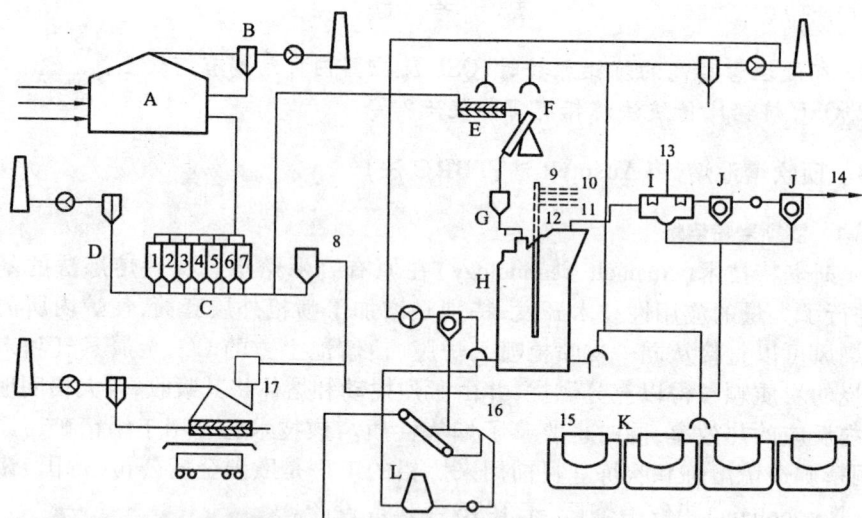

图 4 – 15　德国 Nordenham 冶炼厂澳斯麦特炼铅工艺流程

A—原料仓库　B—收尘器　C—配料设备　D—收尘器　E—螺旋加料机　F—制粒机
G—炉料分配器　H—Ausmelt 熔炼炉　I—热交换器　J—电收尘器　K—脱铜槽　L—炉渣水淬
1—精矿　2—废蓄电池湖　3—煤　4—精炼渣　5—石灰石　6—河砂
7—赤铁矿　8—烟尘　9—天然气　10—空气　11—氧气　12—屏蔽空气
13—蒸汽　14—SO_2 烟气　15—粗铅　16—炉渣　17—ZnO 烟尘

表 4 – 5　Nordenham 厂熔池熔炼取代传统法后 CO_2 的排放量

炼铅方法	$CO_2/(t \cdot t_{铅}^{-1})$
传统法(1990)	1.095
奥斯麦特法(1997～1998)	0.450

　　从表 4 – 5 可见,CO_2 的排放量减少 60%,此外,由于能耗减少,吨金属铅的能量单消下降了 35%。总之,在环保、节能和降低成本方面都取得明显的效果。

　　由于顶吹熔池熔炼技术的灵活性和对原料的广泛适应性,Ausmelt 法还被用来单独处理各种铅锌物料,在韩国高丽锌公司 Onsan 铅锌厂,目前有 4 台 Ausmelt 炉被用作此用途。

　　Ausmelt 熔炼具有熔池熔炼的许多优点:炉料制备简单,可以是块料,也可以粉料,只要水分 < 10%,均可直接投入炉内;燃料和还原剂可以是固体的(煤)、气体的(天然气)或液体的(燃料油),在进行还原熔炼时,也可往炉内直

204

接投入块煤。该工艺采用顶吹喷枪,操作灵活、简便,由于能简捷地通过调整燃料、精矿(或还原剂)与空气、氧气的比例来及时控制炉内气氛,既可作为熔炼设备,也可作为炉渣还原或烟化设备;既可处理硫化矿,也可处理各种氧化物原料;反应气体被深深地喷射到炉渣内并在熔池中产生激烈的湍流,加速了冶金过程的进行,所以熔炼能力高,强度大。

4.2.4.2 TBRC 法炼铅

上世纪 80 年代初,瑞典 Boliden 金属公司用 Kaldo 转炉做了各种不同的铅精矿的熔炼试验,使氧气顶吹 Klado 转炉(Top Blown Rotary Converter, 简称 TBRC)炼铅技术开始获得工业应用。

该公司 Ronskar 冶炼厂原采用电炉直接熔炼制粒富铅精矿,改用 TBRC 法进行工业试验时,Kaldo 转炉尺寸为 3.65 × 6.1 m,最大装料量 90 t,内衬铬镁砖,转速 0 ~ 30 r/min。直接熔炼硫化铅精矿的吹炼分为氧化与还原两个过程,在 1 台炉中周期地进行。具体流程见图 4 – 16。设备连接图见 4 – 17。

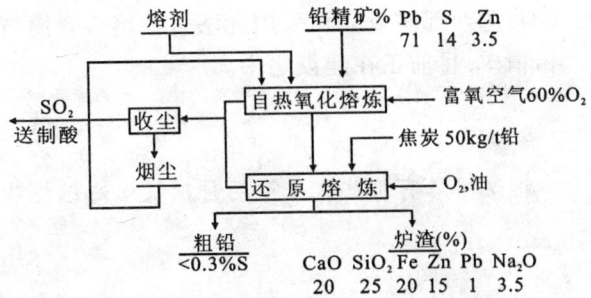

图 4 – 16 TBRC 法直接炼铅流程

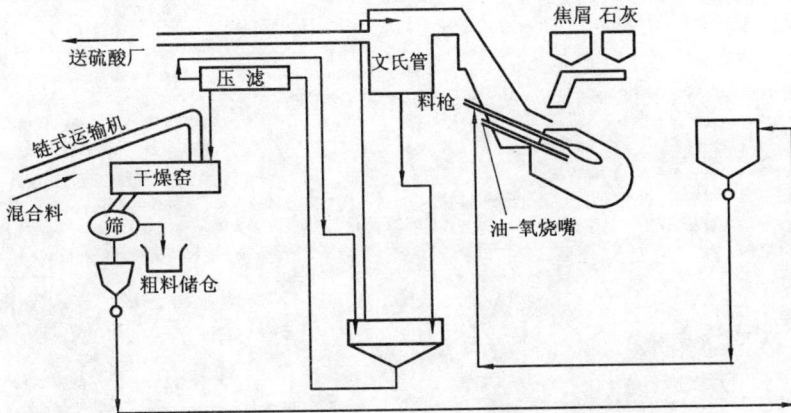

图 4 – 17 Boliden 公司氧气顶吹 Kaldo 转炉炼铅设备连接图

Kaldo 转炉氧化阶段的转速为 10~15 r/min。在还原阶段为了提高还原剂（5~15 mm 大小的焦屑）的效力及还原速度，转速提高到 20~25 r/min。中心轴对水平倾斜 28°。

氧化阶段鼓风入含 60% O_2 的富氧空气，可以维持 1100℃ 左右的温度。还原阶段烧重油维持同样的温度。为了得到含硫低的铅，氧化熔炼渣含铅不应低于 25%。还原时渣含铅每降低 10%，铅含硫将升高 0.06%。

Kaldo 转炉吹炼 1 t 精矿的能耗为 400 kWh，比传统的鼓风炉熔流程生产的 2000 kWh 低得多，采用富氧后烟气体积大大减少，从而提高了烟气中 SO_2 的浓度。但是 Kaldo 转炉吹炼的作业是周期性的，烟气量与烟气成分均不稳定，热损失还是较多。因此，氧气顶吹 Kaldo 转炉法直接熔炼铅推广应用较少。

我国西部矿业公司采用此法直接熔炼青海省锡铁山矿所产的较高品位的硫化铅精矿，目前正在建设之中。

思 考 题

熔池熔炼有哪些优点？两种顶吹熔池熔炼法炼铅哪一种方法好？为什么？

5   粗金属的精炼

重金属还原熔炼、造锍熔炼或硫化精矿的直接熔炼,所产出的铜、镍、铅、锌等金属,均含有多种金属杂质或其他杂质,其含量为 1%~3%,这种含有杂质的金属统称为粗金属,粗金属的性能是不能满足市场用户的要求,必须将其提纯。提纯的工艺过程在冶金工业中常称为精炼。

粗金属精炼的主要目的就是除去主金属中的其他杂质,如粗铜中的 Fe,As,Sb,粗铅中的 Cu,Sn,As,Sb,粗锌中的 Fe,Cd,Pb 等。前已述及,造锍熔炼产的铜锍或粗铜,还原熔炼产的粗铅和粗锑,均是原料中的金银等贵金属的捕集剂,它们在这些粗金属中的含量达到几十到几千 g/t,具有很高的回收价值。所以粗金属精炼过程的另一目的,就是回收这些贵金属及其他有价元素。

粗金属中的杂质含量都不是很高,但是杂质种类却是很多的,如粗铜中含有 S,O,Fe,As,Sb,Zn,Sn,Pb,Bi,Ni,Co,Se,Te,Au,Ag 等 10 多种杂质;粗铅中含 Cu,As,Sb,Sn,Te,Bi,Au,Ag 等。要在精炼过程中分别除去这许多的杂质,需要采取多种精炼方法才能达到,所以粗金属的精炼工艺是相当复杂的。一般将这些复杂的工艺概分为两大类:火法精炼与电解精炼。对一种粗金属的精炼来说,可能只采用火法精炼或电解精炼,也可能两者兼用,当视主金属的性质以及杂质的种类和含量来确定,也视具体条件或市场需要来考虑。

下面将以几种金属的典型精炼生产工艺来叙述。

5.1   锌、镉的火法精炼——精馏

各种火法炼锌产出的粗锌成分列于表 5-1,其用途有限,各厂家根据市场变化,将部分(10%~85%)粗锌送去精炼。

从表 5-1 的数据看出,粗锌中常见的杂质是 Pb,Cd,Cu,Fe,这些元素都影响锌的性质,从而限制了它的用途,必须进行精炼以提高锌的纯度,并回收这些元素。

现代各火法炼锌厂均采用粗锌的精馏精炼法,以生产 99.99% Zn 以上的高纯锌。用火法或湿法生产的粗镉(98%~99% Cd)亦采用此法进行精炼。

表 5 -1 火法炼锌产出粗锌的化学成分(%)

方　　法	Zn	Pb	Cd	Cu	Sn	Fe
鼓风炉炼锌	98 ~ 99	0.9 ~ 1.2	0.04 ~ 0.10	0.002 ~ 0.004	0.002 ~ 0.01	—
竖罐炼锌	99.5 ~ 99.9	0.139	0.074	0.0008	—	0.014
电热法炼锌	98.9	1.1	0.07	—	—	0.013

5.1.1　精馏精炼的基本原理

　　用精馏法分离锌、铅、镉、铁等金属的基本原理是基于金属之间在一定温度下的蒸气压差别。锌及其他金属的蒸气压与温度的关系见图 5 - 1。蒸气压差别较大的金属可在常压下能很好地优先挥发分离。

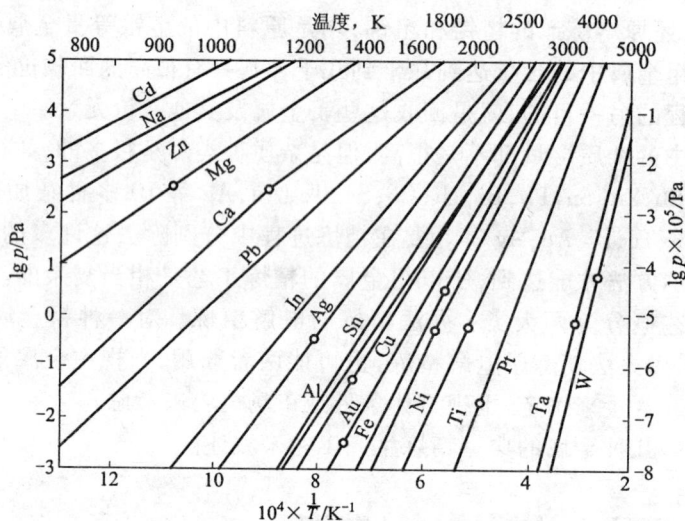

图 5 - 1　锌及其他金属的蒸气压

　　如锌中含铅 1.2%，相当于 0.0038 mol，在锌的沸腾温度 907 ℃时，这种合金中锌的活度可认为等于 1，其中 $p_{Zn} = 101$ kPa，于是 p_{Zn} 应为 101 kPa。在此温度下 $p_{Pb}^0 \approx 4.7 \times 10^{-2}$ kPa，铅的活度系数约为 16，这样 $p_{Pb} = a_{Pb} \times p_{Pb}^0 = \gamma_{Pb} \times x_{Pb} \times p_{Pb}^0 = 16 \times 0.0038 \times 4.7 \times 10^{-2} = 2.9 \times 10^{-3}$ kPa。从这些数据看出，这种金属的 p_{Zn} 比 p_{Pb} 大得多，便可用优先挥发法分离锌与铅。用同样的方法也可以分离锌与铁、铜、铟等蒸气压小的金属。

　　在 10^5 Pa 压力下 Zn - Cd 的气液平衡状态图如图 5 - 2 所示。

图 5 - 2 中的 I 线是表示锌中的镉含量发生变化时,这种 Zn - Cd 合金的沸点温度是随镉含量的升高而沿该线逐渐降低。图 5 - 2 中的 II 线则表示该 Zn - Cd 合金沸腾时,与之相平衡的气相成分变化规律。当含有镉的锌成分为 A,将其加热至 a 点时,这种含镉的锌便会沸腾,锌与镉会同时挥发。但是低沸点的镉要比高沸点的锌蒸发得多些。因此蒸气中该两元素的含量与液相中不同。该蒸气相冷却时,其组成是沿着 II 线变化。

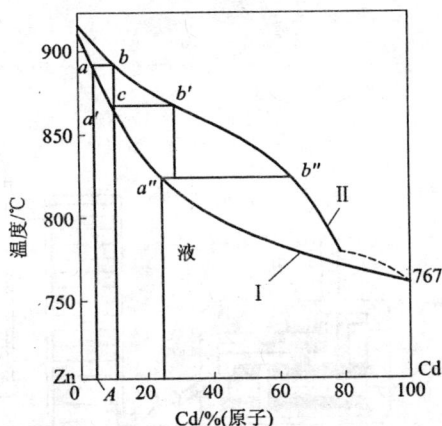

图 5 - 2 Zn - Cd 二元系沸点组成图

从 I 线上的 a 点作横坐标的平行线交 II 线于 b 点。b 点所代表的成分,即为 A 成分的合金加热至 a 点蒸发气液两相平衡时,气相的平衡成分。当 b 点组成的气相,使其冷却至 c 点,从 c 点作横坐标的平行线,与 I、II 线分别交于 a' 与 b' 点,a' 与 b' 点即为 c 点温度下,液相与气相成平衡时的两相组成。因此,被冷凝下来的液相含有的锌较 b 点气相为多,含镉却较少。未被冷凝的气相则相反,即气相中富集了低沸点的镉。这样反复多次地蒸发与冷凝,液相中就富集了较高沸点的金属,气相中则富集了较低沸点的金属,从而使沸点有差别的两种金属达到完全分离的目的。

5.1.2 精馏精炼的生产工艺

粗锌的精馏过程是在精馏塔中进行,塔的结构及其组合如图 5 - 3 所示。锌精馏塔一般主要由两座铅塔与一座镉塔组成生产组。铅塔的作用主要是脱除粗锌中高沸点杂质 Pb,Fe,In,Cu,Sn 等,镉塔的作用是脱除低沸点杂质 Cd,As 等。每座塔由 50 ~ 60 个塔盘组成。塔盘的结构根据在塔内的作用,其形状各异,主要是由两种塔盘即蒸发盘(W 形)和回流盘(U 形)来组合。塔内相邻两塔盘互成 180°交错砌成,使在塔内下流的合金熔体与上升的金属蒸气流呈“之”形运动,以保证液相与气相充分接触,促使蒸发与冷凝过程达到平衡状态。

工厂采用的塔盘尺寸都有扩大的趋势,如日本播磨厂将塔盘扩大为 762 × 1372 mm,纯锌产量由 50 t 提高到 60 t。澳大利亚一鼓风炉炼锌厂的精馏塔盘扩大至 686 × 1372 mm,铅塔由 61 个塔盘和镉塔由 58 个塔盘组成,产量增加 10% ~ 15%。

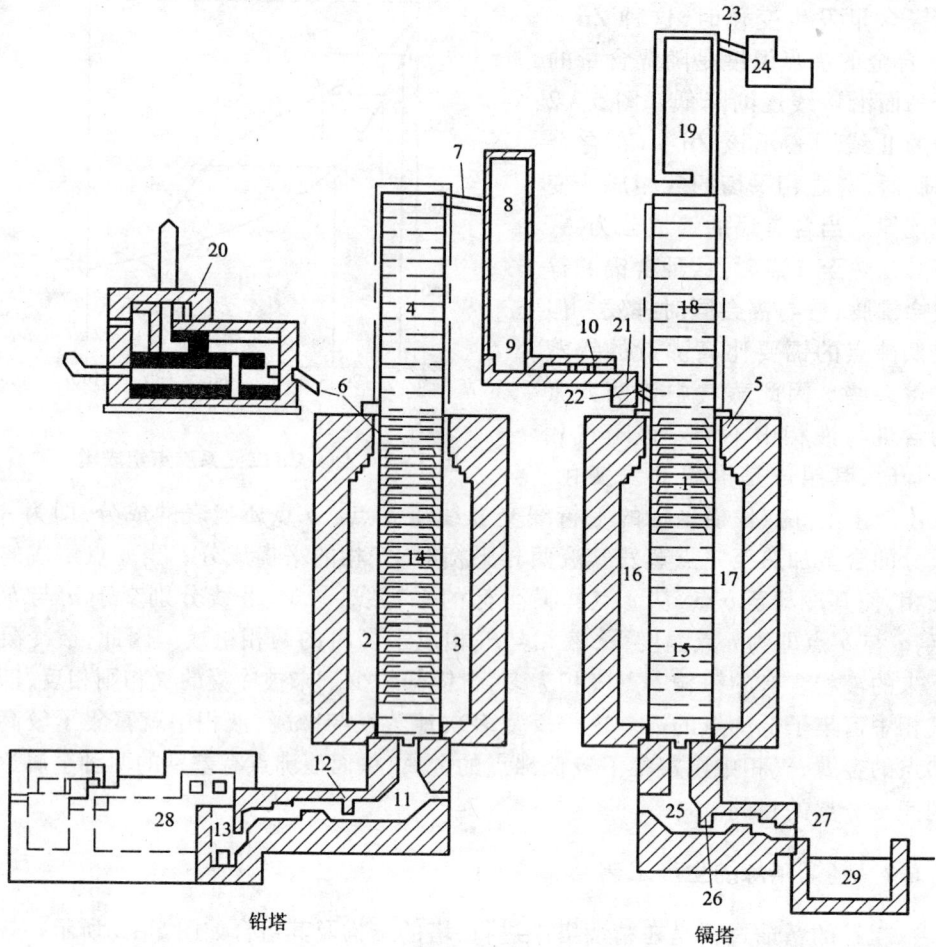

铅塔 镉塔

图 5 - 3 锌精馏炉的组合示意图

1、14—蒸发盘 2、3、16、17—燃烧室 4、15、18—回流盘 5—燃烧室上盖 6、22—加料管

7、23—连接槽 8—铅塔冷凝器 9—贮锌池 10—流锌槽 11、25—下延部

12、26—液封隔墙 13——B 号锌出口 19—镉塔冷凝器 20—熔化炉

21—镉塔加料器 24—小冷凝器 27—精锌出口 28—粗炼炉 29—精锌贮槽

精馏塔的生产能力是按塔体有效受热面积的生产强度来计算($t/m^2 \cdot d$)。铅塔塔体受热面的生产率一般为 $0.9 \sim 1.23(t/m^2 \cdot d)$，表 5 - 2 列出了三塔型的受热面生产率及生产数据。

表 5 – 2　三塔型组的生产数据

项　目	单位	1 厂	2 厂	3 厂	4 厂
塔盘长×宽×高	mm	990×457×165	990×457×165	990×457×165	990×457×165
塔盘块数	块	53	53	30	38
蒸发塔盘		32	32	29	20
回流塔盘		21	21	21	18
塔体有效加热面积	m^2	12.89	12.89	10.64	8.434
铅塔日加料量	t/d	21.0	15.2	15.6	13.0
受热面生产率：铅塔	$t \cdot m^{-2} \cdot d^{-1}$	1.18~1.29	0.90~0.95	1.1	1.33
镉塔	$t \cdot m^{-2} \cdot d^{-1}$	2.33~2.41	1.8~1.9	2.186	2.44
塔组生产精锌	$t \cdot d^{-1}$	28~31	23~4	22	20
精锌纯度	%	99.998	99.996	99.994	99.992
精锌：直接产出率	%	70~75	78~80	95.7	
总产出率	%	94~95	94~96		96
粗锌成分：Pb	%	0.4~0.5	0.4	1.68	
Cd	%	0.02~0.08	0.02~0.08	0.1~0.2	
Fe	%	0.05~0.08	0.05~0.08	0.02~0.04	

　　铅塔的运转率在 90% 以上,B 号塔运转率在 80% 以上。塔的寿命主要与原料中铁的含量、过程的温度稳定以及加料的均衡有关。一般中修时间,铅塔为 16 个月,B 号塔 14 个月,镉塔 22 个月。铅塔与镉塔的大修均在 8 年以上。

　　粗锌加入熔锌炉熔化后,定量流入铅塔的蒸发盘中。从铅塔下部蒸发盘挥发出来的金属蒸气上升,经上部回流盘时,将高沸点的铅及一部分锌蒸气冷凝为液体,回流至塔的下部蒸发盘中。未被冷凝的锌镉蒸气在铅塔旁的冷凝器中冷凝为液体(含镉锌)。

　　在铅塔未蒸发而含有较多高沸点金属的锌约占加入精馏塔总锌量的 20% ~25%,自铅塔下部流入熔析炉。在熔析炉中熔体分为三层,上层为含铅的锌,亦称无镉锌或 B 号锌,中层为锌铁糊状熔体(含锌铁化合物 $FeZn_7$,Fe_5Zn_{21} 等)称为硬锌,底层为含锌粗铅。

　　自铅塔底部流出的未蒸发的残余金属愈少,粗锌精馏过程的产量愈高。铅塔蒸发的金属量大都在 70% 以上。应该指出,提高铅塔蒸发的金属量,必须保证高沸点的铅少挥发,才不致影响精锌的质量。

无镉锌或称 B 号锌根据工厂生产规模的不同,可以返回铅塔再进行精炼,一般是在单独的铅塔(即不设镉塔)中精炼得精锌或用它来生产优质氧化锌与细锌粉。铅塔底部产出的粗铅按一般精炼法炼得纯铅,但需要注意回收铟,因为铟已富集在粗铅中。某锌厂在铅塔熔析炉中产出的高铟铅成分(%):0.3~0.5 In,95~96 Pb,2~3 Zn,0.01 Cu,0.05 Fe,0.01 Cd,0.2 Sn,0.01~0.02 Tl。

从熔析炉产出的硬锌是锌铁为主的糊状物,当原料含锗高时,其中便富集了锗。某厂产出的硬锌成分列于表 5 - 3。这种硬锌可送去回收锗。

表 5 - 3   某厂粗锌精馏所得硬锌的成分(%)

项　　目	Ge	Pb	Zn	Fe	As
铅塔硬锌	0.26~0.51	2.01~14.9	75~89.97	0.51~2.36	0.5~2.25
B 号塔硬锌	1.38	16.16	68.70	1.89	3.85

如果原料中不含锗,可在熔析炉加铝除铁,便产出由 Fe_nAl_m 为主的糊状锌基铁铝化合物,由捞渣机定期捞出,这种渣含铟高可作为提铟的原料。加铝除铁可从根本上解决铁对塔盘的侵蚀问题。

自铅塔冷凝器流出的含镉锌,流入镉塔进一步精馏分离锌与镉。由于流入镉塔的含镉锌只含很少的镉(<1%),在塔盘上的蒸发量,与铅塔蒸发的锌量相比少多了。所以镉塔下部的塔盘也采用回流盘。加热部分燃烧室的温度控制在 1100 ℃ 左右,由于锌镉沸点较接近,很难分离完全,要求严格控制,并要有较多的锌挥发,才能保证精锌的质量。故有些工厂又将镉塔下部的回流盘改为蒸发盘。镉塔与铅塔另一不同点在于,镉塔冷凝器是设在镉塔上部。这是为了使冷凝下来的锌液体,回流至塔的下部。铅塔上部回流部分,要求很好地保温,对镉塔上部的保温则无严格要求。

在镉塔上部未被冷凝下来的镉及部分锌,在隔塔旁小冷凝器中冷凝得 Zn - Cd 合金(含 5% ~15% Cd)。这种 Zn - Cd 合金可铸成小锭,直接送镉精馏塔炼得精镉。有的工厂是在镉塔旁设置镉灰箱,收集的是一种含镉为 25% ~30% 的固体镉灰,再送去提取镉。

为了提高产量并得到高纯度锌,严格控制温度很重要。镉塔温度的控制可根据镉含量来决定。粗锌中镉含量高时,燃烧室的温度可以控制高一些,反之则降低一些。铅塔的温度过高蒸发量增加,产量可以提高,但高沸点的铅也蒸发较多,同时由于蒸发量增大,塔内的气流速度也就增大,在上部冷凝下来的锌铅雾珠来不及长大便被气流带入冷凝器,影响精锌质量。精馏炉可以采用净化煤气、天然气或稀释的液化石油气加热。

精馏精炼可以产出99.99%以上的高纯锌,精锌产出率为65%~70%。生产过程的回收率可以达到99%,并能综合回收Pb,Cd,In等金属。国内某厂锌精馏产物化学成分列于表5-4。

表5-4 锌精馏产物化学成分(%)

产物名称	Zn	Pb	Fe	Cd	Cu	Sn	As	Sb	In
精馏锌	99.99~99.998	0.002	0.0015	0.0018	0.0015	0.0008			
B号锌	98~98.9	0.9~1.8	0.03~0.1	<0.0001	0.003~0.005	<0.05	<0.01		0.04~0.1
硬锌	90~95	2~3	2~4	<0.001		0.044	0.0015	0.0015	0.14
高镉锌	92~96	<0.002	<0.001	4~8	<0.0005	<0.0001			
镉灰	60~65	<0.002		20~30					
粗铅	2~5	94~96							0.3~0.5
锌渣	70~80	0.45~0.92	0.05~0.08	0.01~0.03	—	0.01~0.06			
氧化锌	63~76	0.3~0.5	0.06	0.19					
原料粗锌	98.7	0.4	0.05	0.05	0.002	<0.02	<0.01	<0.02	

目前国外许多炼锌厂采用所谓回流精馏。其过程的实质就是减少铅塔的蒸发量而增大回流量。比利时一工厂的回流精馏精炼的设备配置,是采用三、三、二配置法(见图5-4),共9座塔配成一个系统,其中还包括一座小镉精馏塔以生产精镉。

粗锌流入三座第一次蒸发的铅塔内,蒸发量为50%~60%。蒸发的高镉锌含镉1%,冷凝后流入两座镉塔,在此挥发的金属冷凝得含镉高的锌镉合金。锌镉合金再流入一座小镉塔精馏得纯镉(99.99%)。第一次蒸发铅塔中的回流的金属量为40%~50%,需要配置三座同样数量的第二次蒸发铅塔,但不再配镉塔。

这种回流精馏精炼系统,每日处理粗锌180 t,同时产出精锌与精镉。塔的寿命延长到两年半,精镉塔在三年以上。

各火法炼锌厂利用精馏塔将B号锌生产成优质ZnO(99.7%以上);还从精馏塔引出锌蒸气急冷生产小于5 μm的超细金属锌粉;日本三池炼锌厂还采取

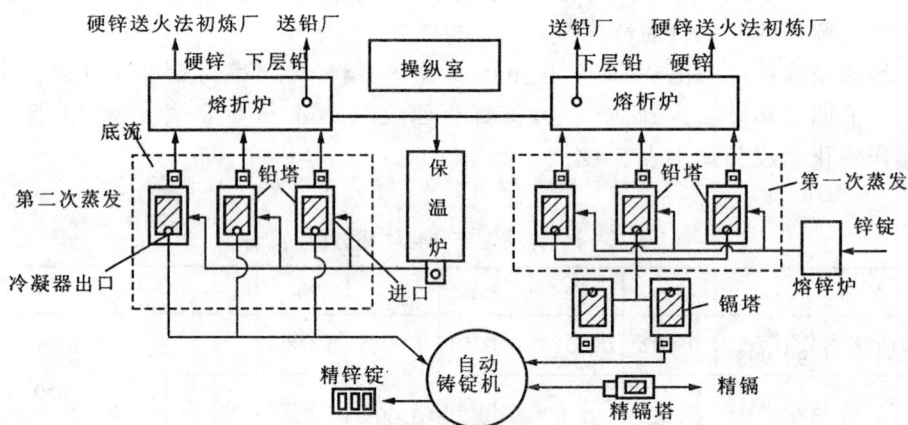

图 5 -4　粗锌回流精馏精炼设备配置图

分段冷凝的措施,可以生产 99.999% 以上的高纯锌。

葫芦岛锌厂采用火法 - 湿法联合流程处理含镉烟尘,湿法生产的海绵镉,经加 NaOH 熔炼后,产出品位为 98% ~99% 的粗镉。这种粗镉也进行精馏精炼。镉精馏塔塔体高度为 5.585 m,由 28 块塔盘组成,塔盘尺寸为 360×250 mm。精馏后产出的精镉品位为 99.995% 。

5.2　铅、锑、锡、铋的火法精炼

铅、锑、锡、铋的冶金矿物原料,大都互为伴生矿物,在一种精矿中以一种金属为主,都含有少量的这些元素。它们都是经还原熔炼为主的火法冶金过程产出粗金属的,由于性质的相近,在还原熔炼过程中都能被还原进入相应的粗金属,其含量与原料中的含量相呼应。在粗金属的精炼过程中,又可以利用其性质的差异或特性进行精炼而分离。这些金属的精炼方法大致相同,下面以粗铅的火法精炼为主,兼顾其余几个金属精炼的特点加以叙述。

5.2.1　粗铅的火法精炼流程

粗铅一般含有 2% ~4% 的杂质,个别也有低于 2% 或高于 5% 的,视冶炼用的原料和冶炼方法的不同而定。几种粗铅成分列于表 5 - 5。为了满足用户要求,这种粗铅应进行精炼以除去有害杂质并回收贵金属及其他有价元素。

表5-5 粗铅的化学成分(%)

工　厂	Pb	Cu	As	Sb	Sn	Bi	Ag
株洲冶炼厂	95.5~96.7	1~2.5	0.2~0.4	0.5~1.1	<0.2	0.2~0.4	0.1~0.4
韶关冶炼厂	96.13	1.82	0.06	1.27	0.02	0.15	0.27
豫光金铅公司	>95	<1	0.1~0.3	0.6~1.0	0.03	<0.5	0.25
Trail(加)	94	1.96		1.42			0.42
Pirie港(澳)	95	2.2	0.1~0.2	0.5			0.02
播磨(日)	98.5	0.6		0.2			0.2

粗铅精炼方法分为火法和电解法两种。采用全火法精炼的厂家较多,约占全世界精铅产量的80%以上,仅有加拿大、秘鲁、日本和我国的炼铅厂是采用粗铅先经初步火法精炼脱铜后再进行电解精炼,即火法精炼-电解精炼联合法工艺流程。全火法精炼与联合精炼工艺流程分别见图5-5与图5-6。

无论是采用火法精炼还是火法-电解精炼联合工艺流程,均可产出99.99% Pb的精铅,同时可从半产品中回收铜、金、银、铋、锡、锑、硒和碲等有价金属,所有各个精炼过程的作业都可间断或连续进行。

5.2.2　除铜精炼

粗铅除铜精炼的作业流程如图5-7所示,包括有两个主要过程,即熔析(和凝析)除铜和加硫除铜。

熔析或凝析除铜是根据铜在铅

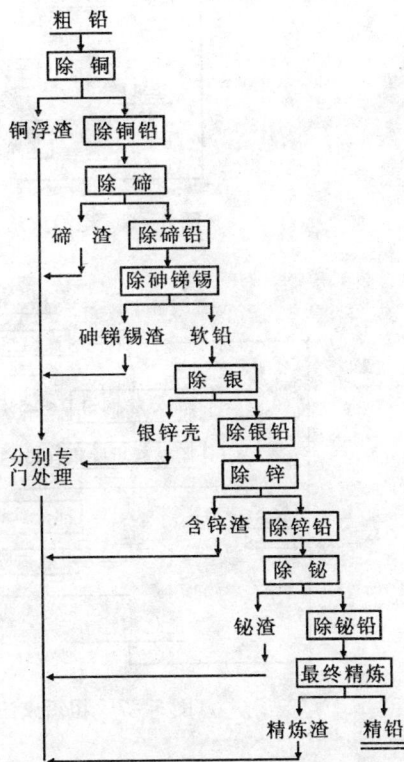

图5-5 粗铅火法精炼一般工艺流程

中的溶解度随温度的降低而减小,其关系可用 Cu-Pb 相图(图5-8)说明。其

粗　铅

初步除铜

铜浮渣　　　除铜铅

还原熔炼　　　熔　铸　　　阴极制作

粗铅　铜锍　炉渣　　阳极板　　阴极始极片

电解精炼

析出铅　　残　极

熔化铸锭　　刷　洗

电铅锭　　泥浆　残　极

过　滤

硅氟酸　　滤液　阳极泥

集液槽

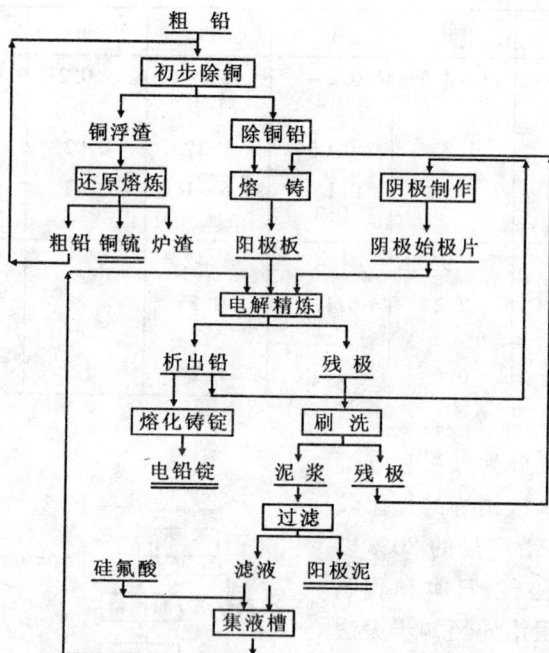

图 5-6　粗铅火法-电解精炼工艺流程

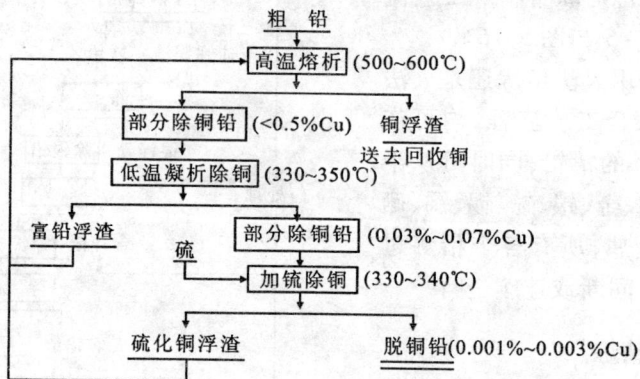

粗　铅

高温熔析 (500~600℃)

部分除铜铅 (<0.5%Cu)　铜浮渣
　　　　　　　　　　　　送去回收铜

低温凝析除铜 (330~350℃)

富铅浮渣　　部分除铜铅 (0.03%~0.07%Cu)

　　　硫

加硫除铜 (330~340℃)

硫化铜浮渣　　　　　脱铜铅(0.001%~0.003%Cu)

图 5-7　粗铅火法精炼一般工艺流程

理论极限值是在 Cu-Pb 共晶温度 326℃ 时铅含 Cu 0.06%。在实际上粗铅中还含有 As,Sb 和 S,其中 Cu 大部分不是呈金属状态存在,而是以 Cu_3As,Cu_5As_2,Cu_2Sb 及 Cu_2S 形态存在,当粗铅含砷、锑、硫高时,熔析除铜能使含铜降至

216

0.06% 以下,甚至可降到 0.02%。

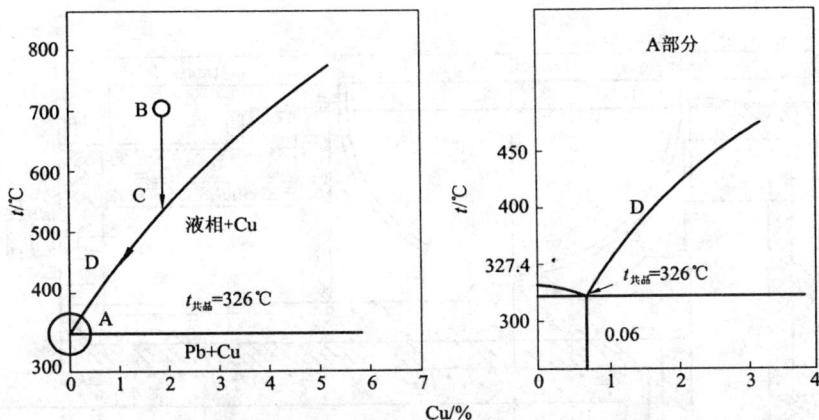

图 5－8　Cu－Pb 相图含少量铜的一部分

加硫除铜是基于铜与硫的亲和力远大于铅与硫的亲和力。当向铅液中加入元素硫时,由于铅浓度远大于铜的浓度,所以首先形成 PbS 溶于铅中,在搅拌的条件下 PbS 继而与 Cu 反应生成 Cu_2S,反应式如下:

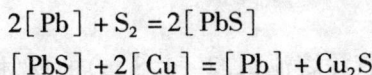

$$2[Pb] + S_2 = 2[PbS]$$

$$[PbS] + 2[Cu] = [Pb] + Cu_2S$$

生成的 Cu_2S 在作业温度下不溶于铅,且其密度较小,呈固体浮在铅液表面形成硫化渣除去。随着反应过程的进行,铅液中含 Cu 浓度降低,反应达到平衡。即

$$\frac{[Pb] \cdot Cu_2S}{[PbS][Cu]^2} = K_c$$

由于 Cu_2S 实际上不溶于铅液,且铅的浓度可视为不变,则有

$$\frac{1}{[PbS][Cu]^2} = K_C, \quad [Cu] = \sqrt{\frac{K_c}{[PbS]}}$$

PbS 在铅中饱和溶解度,330 ~ 350 ℃时为 0.7% ~ 0.8%,理论计算残存的最低含 Cu 可达百万分之几,实际上只达到 0.001 ~ 0.002%。

除铜作业是在精炼锅中进行的,其容量依生产规模波动于 30 ~ 300 t,材质多为铸钢,小型的有用铸铁或铁板焊接的。现在国内生产的 50 ~ 100 t 的铸钢锅质量较好,寿命达两年以上还未发现锅漏需要焊补的。将锅加热的炉灶称为锅台,它由燃烧室、加热室(即锅腔)、支撑座、挡火墙和烟道组成。燃料可以用块煤、重油或煤气,前二者有产生黑烟污染环境的问题,不易解决,烧煤气是比较理

想的燃料。一个烧煤气容量为 50 t 锅的锅台结构示于图 5 - 9。

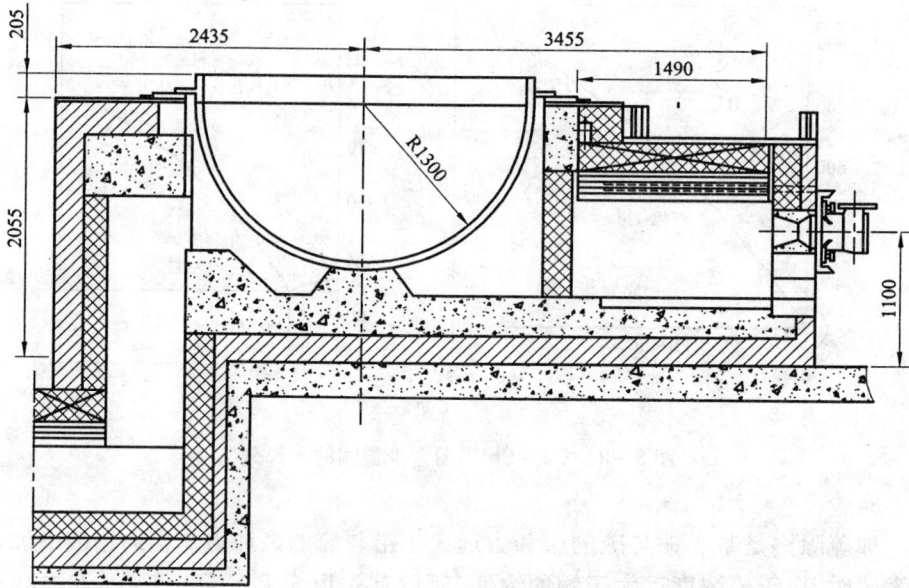

图 5 - 9　除铜精炼锅锅台的结构图

　　粗铅的连续除铜作业是在一个较深熔池(1.2 ~ 1.8 m)的反射炉中(见图 5 - 10)进行,深熔池自上而下温度逐步降低,形成一定的温度梯度,粗铅液加入熔池上部,低温铅液自熔池底部虹吸放出,铅自上而下运动,温度逐步降低,底层温度控制在 400 ~ 450 ℃,随着温度降低,铅中溶解的铜自下而上移动,浮到熔池上层被加入的硫化剂(一般是 PbS)硫化形成锍,依据其聚积量的多少,定期放出炉渣和锍。放锍前加入铁屑,以降低锍含铅。粗铅液则根据鼓风炉的生产和铅包大小,不断地加入炉内。自底部放出的含铜低的低温铅液则视下工序的需要定期放出。要保持炉内铅液面大致稳定,可在 300 mm 范围内波动。在一定意义上说,粗铅连续脱铜炉是把浮渣反射炉置于熔铅锅上方的联合冶金装置。

　　经除铜后的铅液可在锅内继续下一步火法精炼,或铸成阳极板送去电解精炼。捞出的铜浮渣送去处理回收其中的铜。

　　各炼铅厂均采用苏打铁屑法在反射炉或回转炉中专门处理铜浮渣。铜浮渣一般含 10% ~ 20% Cu, 55% ~ 70% Pb。处理时炉料的配比如表 5 - 6。

218

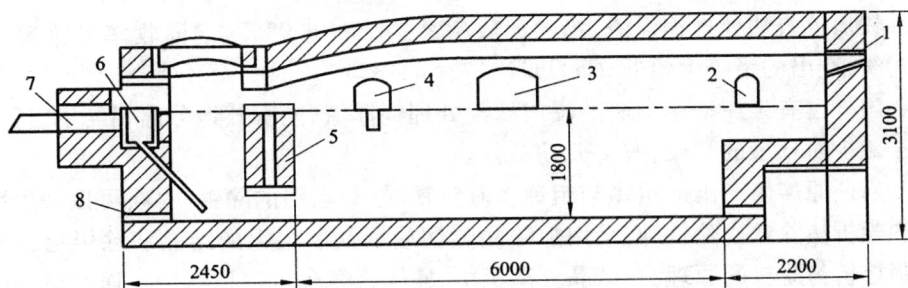

图 5 - 10 粗铅连续脱铜炉

1—烧嘴 2—粗铅进口 3—操作门 4—渣、锍放出口
5—挡墙 6—放铅槽 7—放铅溜子 8—测温孔

表 5 - 6 处理铜浮渣炉料的质量配比

工　厂	浮渣	苏打	焦炭	氧化铅	铁屑	硫化剂
沈阳冶炼厂	100	6 ~ 8	2	0 ~ 10	10 ~ 15	0 ~ 10
株洲冶炼厂	100	6 ~ 8	2 ~ 3	0 ~ 8	10 ~ 12	
豫光金铅公司	100	5 ~ 8	2 ~ 3	5 ~ 10	~ 10	

配入苏打是为了降低炉渣和锍的熔点,形成钠锍降低渣含铅;使砷、锑形成砷酸钠、锑酸钠造渣,脱除部分砷、锑。反应为:

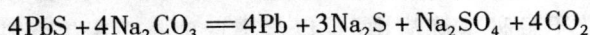

$$4PbS + 4Na_2CO_3 = 4Pb + 3Na_2S + Na_2SO_4 + 4CO_2$$
$$As_2O_5 + 3Na_2CO_3 = 2Na_3AsO_4 + 3CO_2$$
$$Sb_2O_5 + 3Na_2CO_3 = 2Na_3SbO_4 + 3CO_2$$

配入焦炭是为了维持炉内有一定的还原气氛,防止硫化物氧化,以保证造锍有足够的硫,并有还原 PbO 的作用。

配入 PbO 可使部分砷挥发,减少黄渣的生产,提高铅回收率,当浮渣含砷、硫低时可不加 PbO。

铁屑是不配入炉料中的,一般是在放渣后分批加铁屑并搅拌,使其与锍充分反应,降低含铅,加入量以加入的铁屑不再发生作用为止,其化学反应式为:

$$PbS + Fe = Pb + FeS$$

熔炼作业包括加料、升温熔化、放渣、加铁屑置换、沉淀分离、放锍、加部分料降温、出铅,作业时间为 14 ~ 20 小时。炉子烟气经降温后用布袋收尘,烟尘率 3% ~ 5%。粗铅中的铟在熔析除铜过程中大部分进入浮渣,浮渣处理时,它主要

219

进入烟尘,该烟尘作为铅厂回收铟的原料。

铁屑苏打法处理铜浮渣,铅的回收率高达 95% ~98%,铜回收率可达 85% ~90%,产出的铅锍含铅低,Cu:Pb 比高达 4 ~8。

国外已有工厂采用湿法酸浸或氨浸处理铜浮渣,能有效地分离铅与铜,还有利于减少对环境的污染,改善劳动条件。

当还原熔炼产出的粗锡与粗锑含有铜铁时,与粗铅的除铜一样,可以采用熔析和凝析法除铁或除铁砷,采用加硫法除铜或铜铁。粗锡的结晶法除铅铋也是利用熔析与凝析的原理,在结晶分离机中,连续反复进行熔析与凝析而产出精锡与含铅高的焊锡。

5.2.3 碱性精炼除硒、碲、砷、锡、锑

在 800 ~900 ℃ 的氧化气氛下,这些杂质对氧的亲和力大小依次是 Sn,As, Sb 和 Pb,所以 Sn,As,Sb 能优先氧化被从铅中除去,但优先氧化法的铅损失大,直接回收率低,作业时间长且锑不能除去彻底,劳动条件差而污染环境,故现代炼铅厂均不采用,都为碱性精炼法所取代。

碱性精炼是基于在较低的温度(450 ℃)下,硒、碲能与金属钠或 NaOH 作用,生成不溶于铅液的硒、碲酸钠和硒、碲化物;而 As,Sn,Sb 则在强氧化剂 NaNO₃(硝石)的作用下,被氧化为高价氧化物,再与 NaOH 作用形成相应的钠盐。这些 Se,Te,As,Sn,Sb 的钠盐和硒、碲化物的密度比铅小,熔点又较高,便以固态渣浮于铅液面上而与铅分离。

粗铅一般含硒、碲较少,如碲含量为 0.005% ~0.1%,硒更少,并且在火法精炼过程中易分散于各种精炼渣中,难以富集回收。当粗铅含碲高于 0.01% 时,应在碱性精炼除 As,Sn 和 Sb 之前,增加一道碱性精炼除 Te,使其富集在专门的碲渣中以便回收。

5.2.3.1 碱性精炼除硒、碲

除碲是基于碲和 NaOH 或金属钠反应生成实际上不溶于铅液的碲化物: Na_2TeO_3,Na_2Te 和 $Na_2Te_{(x+1)}$。其密度比铅小得多,熔点也比较高,形成的碲渣浮在铅液表面除去,其反应为:

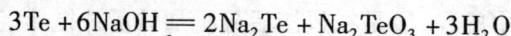

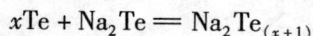

$$3Te + 6NaOH = 2Na_2Te + Na_2TeO_3 + 3H_2O$$
$$Te + 2Na = Na_2Te$$
$$xTe + Na_2Te = Na_2Te_{(x+1)}$$

德国一铅厂采用加 NaOH 除碲:加硫除铜后的铅液在 460 ℃ 利用铅泵循环通过 NaOH 熔体层,反应 45 min,90% 的碲与碱反应形成碲渣,渣含碲 15% ~17%,1 kg 碲消耗 5 ~6kg NaOH。除碲过程可利用哈里斯反应器或搅拌机在精

220

炼锅中进行。

美国 Omaha 铅厂则采用加铅钠合金（含 3% Na）的办法除碲,每 kg 加入 0.45 kg 钠,并加入铅量 0.04% 的 NaOH,其作业流程如图 5-11。

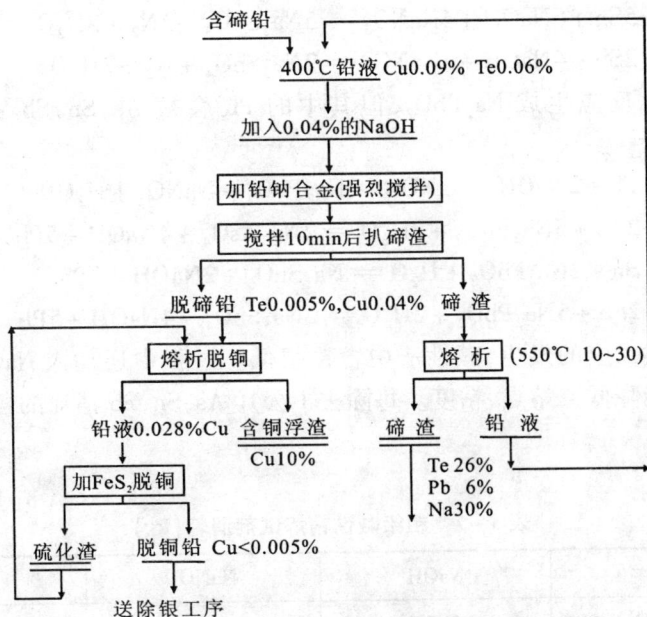

```
                              含碲铅
                                 │              ┌──────────────────────┐
                                 ▼              │                      │
                  ┌──────────────────────────┐  │                      │
                  │ 400℃铅液 Cu0.09% Te0.06%  │  │                      │
                  └──────────────────────────┘  │                      │
                                 │              │                      │
                                 ▼              │                      │
                  ┌──────────────────────────┐  │                      │
                  │      加入0.04%的NaOH       │  │                      │
                  └──────────────────────────┘  │                      │
                                 │              │                      │
                                 ▼              │                      │
                  ┌──────────────────────────┐  │                      │
                  │    加铅钠合金(强烈搅拌)      │  │                      │
                  └──────────────────────────┘  │                      │
                                 │              │                      │
                                 ▼              │                      │
                  ┌──────────────────────────┐  │                      │
                  │     搅拌10min后扒碲渣       │  │                      │
                  └──────────────────────────┘  │                      │
                        │                │      │                      │
                        ▼                ▼      │                      │
       脱碲铅 Te0.005%,Cu0.04%          碲渣     │                      │
              │                           │     │                      │
              ▼                           ▼     │                      │
        ┌──────────┐              ┌──────────────────┐                 │
        │  熔析脱铜  │              │ 熔析 (550℃ 10~30)│                 │
        └──────────┘              └──────────────────┘                 │
           │      │                  │          │                      │
           ▼      ▼                  ▼          ▼                      │
  铅液0.028%Cu  含铜浮渣           碲渣         铅液 ──────────────────────┘
           │     Cu10%              Te 26%
           ▼                        Pb  6%
      ┌──────────┐                  Na30%
      │ 加FeS₂脱铜 │
      └──────────┘
         │      │
         ▼      ▼
      硫化渣   脱铜铅 Cu<0.005%
                 │
                 ▼
             送除银工序
```

图 5-11 Omaha 铅厂除碲除铜作业流程

粗铋中有时含碲高达 0.5%～1.5%,同铅一样是加入 1.5%～2% 的 NaOH 在 500～520 ℃ 下鼓风氧化除碲,使碲含量可以降到 0.05% 以下。

碲渣在专门的锅中进行熔析除去机械夹带的铅,得到富碲渣送至碲工段回收碲。

我国有一部分锑矿资源含硒较高,冶炼产出的粗锑含硒高达 0.05%。用这种含硒高的锑去生产锑白 (Sb_2O_3) 时,将影响锑白的白度。当含硒高的粗锑用纯碱 (Na_2CO_3) 进行碱法精炼除砷时,很难将硒的含量降至所要求的水平。现在我国的炼锑厂改用 NaOH 进行强化精炼,不仅可以将硒降至所要求的含量,同时使脱砷精炼过程大大加速。

5.2.3.2 粗铅碱性精炼除砷、锡、锑

其原理是基于在温度 450 ℃ 条件下,与 $NaNO_3$ 强氧化剂作用,As,Sn,Sb 被氧化为高价氧化物,并与 NaOH 形成相应的钠盐与铅分离,反应速度快且完全,

铅中其残留量都比较低。主要化学反应为：

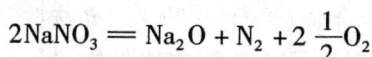

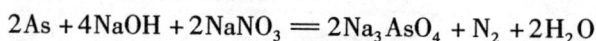

$$2NaNO_3 = Na_2O + N_2 + 2\frac{1}{2}O_2$$

$$2As + 4NaOH + 2NaNO_3 = 2Na_3AsO_4 + N_2 + 2H_2O$$

$$5Sn + 6NaOH + 4NaNO_3 = 5Na_2SnO_3 + 2N_2 + 3H_2O$$

$$2Sb + 4NaOH + 2NaNO_3 = 2Na_3SbO_4 + N_2 + 2H_2O$$

铅也发生反应生成 Na_2PbO_2，但其中的 Pb 会被 As，Sn，Sb 置换出来，反应为：

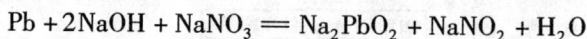

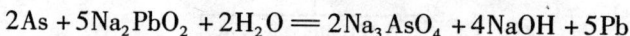

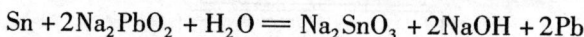

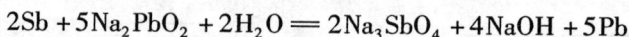

$$Pb + 2NaOH + NaNO_3 = Na_2PbO_2 + NaNO_2 + H_2O$$

$$2As + 5Na_2PbO_2 + 2H_2O = 2Na_3AsO_4 + 4NaOH + 5Pb$$

$$Sn + 2Na_2PbO_2 + H_2O = Na_2SnO_3 + 2NaOH + 2Pb$$

$$2Sb + 5Na_2PbO_2 + 2H_2O = 2Na_3SbO_4 + 4NaOH + 5Pb$$

由于上述反应的发生，碱性渣中含铅很低。过程中还加入 NaCl，它虽不起化学反应但能降低渣熔点、粘度。每除去 1 公斤 As，Sn，Sb 消耗的各种试剂量列于表 5－7。

表 5－7　粗铅碱性精炼试剂消耗(kg)

杂质	NaOH	NaNO₃	NaCl
As	2.90	1.00	1.1
Sn	1.92	0.59	0.52
Sb	1.50	0.50	0.63

过程在精炼锅上放置一台称为哈利斯反应器(见图 5－12)中进行，试剂从上部加入反应器，铅泵从锅中将铅液扬至反应筒与试剂反应，反应后从筒下部流回锅中，如此反复循环，反应筒中还装有搅拌机，使铅液与试剂有更良好的接触，以加快反应。当渣子变沾稠，铅试样发亮蓝色，说明过程已到终点，关闭反应筒底部的阀门，吊出反应器，卸出渣子，铅液扬至除银锅进行加锌除银作业。反应时间决定于粗铅中杂质含量，通常每除去 1 t 锑需 10 h，1 t 砷或锡则需 17 h。由于反应是放热的，精炼过程不需外加热。

碱性精炼渣处理的目的是再生回收 NaOH 和 NaCl 以及 As，Sn，Sb，其理论依据是：砷酸钠易溶于碱性水溶液中，随温度升高溶解度增加；锑酸钠不溶于被 NaCl 饱和的 NaOH 溶液中，随温度变化很小；锡酸钠溶于水，但溶解随温度上升和 NaOH 浓度升高而降低。其处理工艺流程示于图 5－13。

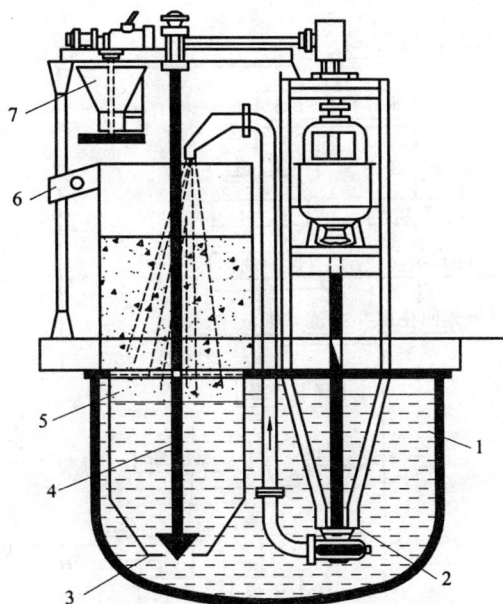

图 5 – 12　粗铅碱性精炼装置

1—精炼锅　2—铅泵　3—反应缸阀门　4—搅拌轴　5—反应器　6—浮渣排出斜槽　7—硝石给料器

如碱渣中的砷或锑或锡含量很低时,流程图中的相应部分则可简化。

5.2.3.3　粗锑的碱法精炼除砷

砷是粗锑中常见的杂质并且含量高达 2% ~ 3%。锑冶金工业常用的除砷方法是吹碱氧化法,这是利用砷与锑对氧的亲和力与酸碱性的差别,使砷优先氧化和形成砷酸钠渣,浮于锑液表面而被除去,其反应如下:

$$2As + 2.5O_2 + 3Na_2CO_3 = 2Na_3AsO_4 + 3CO_2$$

$$Na_3SbO_4 + As = Na_3AsO_4 + Sb$$

有很少的砷会形成 Na_3AsO_3 进入渣中。

为了加快反应的进行,应使加入的纯碱迅速熔化,以便在吹风过程中纯碱能与液锑很好混合,所以过程控制的温度高于纯碱的熔化温度,维持 850 ~ 950 ℃下进行,比加 NaOH 的碱性精炼高许多。因此有的工厂已改用 NaOH 取代 Na_2CO_3,以便强化粗锑的除砷精炼过程。但应指出,NaOH 对精炼反射炉的耐火材料腐蚀严重,必须改进反射炉砌砖的耐蚀性。

粗锡往往含砷也很高,由于锡与砷对氧的亲和力与酸碱性更为接近,所以不采用碱性精炼除去粗锡中的砷,而采用加铝除砷法。粗铋中的砷与锑则可以采用类似于铅的氧化精炼或碱性精炼除去。

223

碱渣

水碎粒化过滤

├ 滤液 ── 蒸发结晶 ── NaOH、NaCl结晶 ── 返回使用
└ 滤渣 ── 浆化 ── 过滤洗涤

过滤洗涤 ── 滤渣 / 滤液 / 洗水

滤渣 ── 干燥 ── 锑酸钠

沉锡 ── 过滤洗涤 ── 滤渣 / 滤液 / 洗液

滤渣 ── 干燥 ── 锡酸钠

滤液 ── 苛化 ── 过滤 ── CaCO₃ / 滤液

$Ca(OH)_2$

滤液 ── 沉砷 ── 过滤 ── 滤渣 / 滤液

$Ca(OH)_2$

干燥 ── 砷酸钙

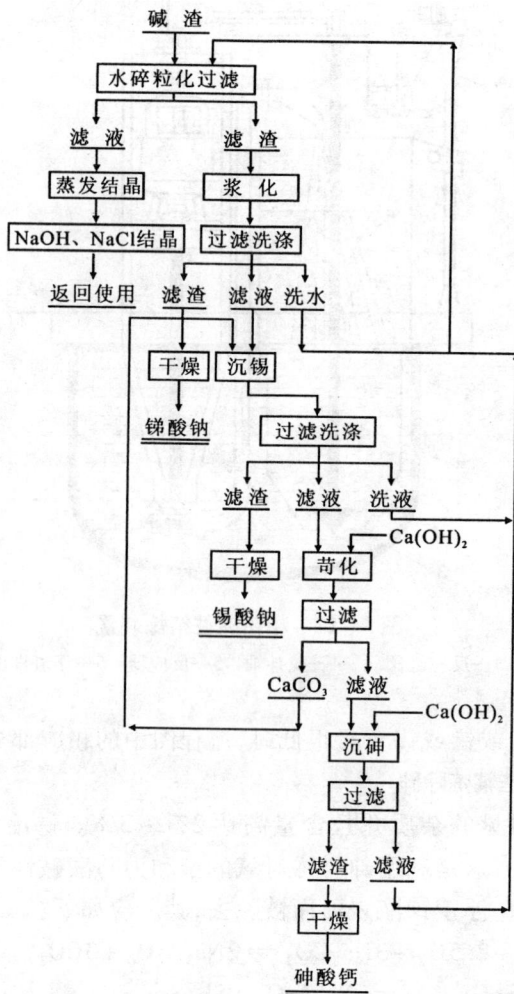

图 5-13 从碱渣回收试剂并生产砷锑锡化工产品的流程图

5.2.4 加锌除银精炼

在重金属的精炼过程中,常加入另一种金属,使其与杂质金属发生反应,形成一种金属间化合物,这种化合物既不溶于主金属中,且密度小而浮于主金属液面上被除去。使用这种方法的有粗铅、粗铋的加锌除银,锡的加铝除砷,铅的加钙除铋等。

在作业温度下,金属锌能与铅(铋)中的金银形成一些化合物,它们不溶于铅(铋),而以含银(金)浮渣(常称银锌壳)形态析出而与铅(铋)分离。锌与金

224

形成 $AuZn$,Au_3Zn,$AuZn_3$,其熔点分别为 725 ℃,644 ℃,475 ℃。Zn 与 Ag 生成 Ag_2Zn_3,Ag_2Zn_3 熔点为 665 ℃,636 ℃。Zn 与 Ag 还形成 α 固溶体(含 0% ~ 26.6% Zn)和 β 固溶体(含 26.6% ~ 47.6% Zn)。铅中的铜、砷、锡和锑均能与锌反应形成化合物,所以除银前要尽可能将这些杂质除净,以免影响除银效果和增加锌的消耗。锌与银的反应可归结如下式表示:

$$Ag + \alpha Zn = AgZn_\alpha$$

反应达到平衡时,$\dfrac{[AgZn_\alpha]}{[Ag][Zn]^\alpha} = K_C$,式中 $AgZn_\alpha$ 不溶于熔体中,可视为常数,则 $[Ag][Zn]^\alpha = k$,式中 k 与 α 值随温度改变而变化,其数据示于表 5 - 8。由表 5 - 8 可见,作业温度愈低,加锌量越多,铅液最终含银越低,银回收率越高。不同温度下,银锌共存时在铅中的溶解度示于图 5 - 14。

表 5 - 8 反应 $Ag + \alpha Zn \rightarrow AgZn_\alpha$ 的 k 与 α 值

温度	500	475	450	425	400	375	350	330
α	1.8	2.22	2.60	3.10	3.15	3.55	3.91	4.33
k	0.710	0.407	0.214	0.085	0.028	0.0087	0.0017	0.00026

由图 5 - 14 可见,若铅含 Ag 0.15% 在图中 A 点,加入含 0.03% Ag,4% Zn 的返壳,合金成分移至 C 点含 Ag 0.24%,在 375 ℃ 呈均相,若加入 1.5% Zn 并加热到 490 ℃,合金成分移至 D 点,降温冷却至 400 ℃,合金成分沿 DE 线段变化得到富壳,继续降温至 330 ℃,合金成分沿 EN 线段变化得到贫壳,相应的铅液含 Ag 显著降低。

金和锌的相互反应比银更为强烈,加少量的锌便能使金与锌优先反应得到含金较高的富金壳。

加锌除银作业是在像除铜一样的精炼锅中进行。加锌量按经验公式计算:$Zn = 10.39 + 0.0039Ag$,式中 Zn 为每吨铅加锌量(kg),Ag 为每吨铅含银量(g)。

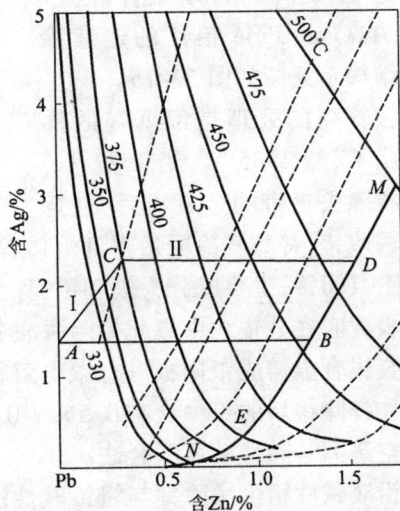

图 5 - 14 银和锌在铅中的溶解度

粗铅连续除银是在专门较深的除银锅中进行。含银铅连续从锅上部流入，从锅底部连续虹吸放出低银铅，铅液随之下降，且通过锌壳温度逐渐降低，银进入锌壳，锌在铅液中的溶解度降低，不断地析出上浮，锅的底部控制330℃，产出的铅液含Ag可降至1 g/t，连续放出送下道工序。锅的上部维持650~700℃，定期(每12 h 1次)捞出锌壳，锌壳含Ag 15%~20%，Pb 15%，Zn 65%，送下道作业分别回收银和锌。这样连续除银作业是合理的，一定意义上说是将三段作业变成了无数段或多段作业，不仅最终产品含银低，且锌的消耗少仅7.5 kg Zn/t Pb，生产效率高达30 t/锅·h，劳动条件好，节约人力。Port Pirie铅厂的连续除银锅结构示意图如图5-15。

银锌壳的处理是根据锌的沸点907℃，银1935℃，铅1527℃，在熔析除去夹带的金属铅后，进行

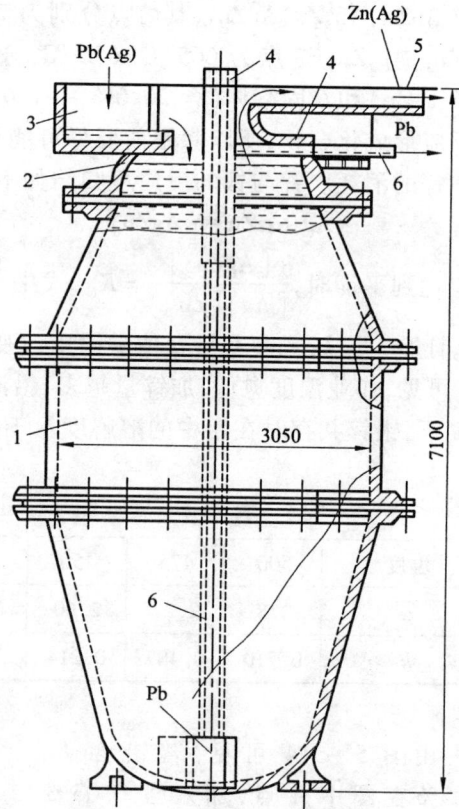

图5-15　连续除银的精炼锅
1—精炼锅　2—生铁套　3—加铅　4—生铁管架
5—出Ag-Zn壳溜槽　6—放铅虹吸道

蒸馏回收锌，锌蒸气冷凝后得到液体锌返回除银作业使用，余下的蒸馏渣含锌仅0.5%~1.0%，主要成分为银和铅，称为贵铅，将贵铅进行灰吹除铅，即为我国处理阳极泥时在分银炉中氧化铅除去贵铅中的铅和少量铜铋锑等杂质的过程，产出的金银合金铸成银阳极进行银电解精炼，分别回收金和银。

加锌除银后的铅中含有0.5%~0.6% Zn，脱除残留的锌可采用碱性精炼法或真空蒸馏—碱性精炼联合法。

铅液碱性精炼法除锌与粗铅碱性法除砷、锡、锑，基本上是相同的，其差别是用空气代硝石作氧化剂，因为锌更易被氧化不用强氧化剂，在空气搅拌下只加NaOH和NaCl就够了，可将铅中含锌降至0.0005%以下。精炼过程不需加热，可维持450℃下进行，每除去一吨锌约需12 h，消耗NaOH 1 t，NaCl 0.75 t。产生的Na$_2$ZnO$_2$浮渣，水浸后蒸发结晶得到NaOH与NaCl可返回使用，锌以ZnO形

226

式回收。

由于碱性精炼除锌不能直接以金属锌回收返回使用,便产生了真空蒸馏—碱性精炼联合法除锌,即是在碱性精炼除锌之前增加一道真空蒸馏工序,使铅中大部分(80%~90%)锌先以金属态蒸发出来,直接冷凝得金属锌返回精炼使用。铅中残锌量达到0.05%以下,进一步真空脱除比较困难,然后再用碱性精炼法将锌脱至所要求的水平(0.001%)。

5.2.5 加钙除铋精炼

铅精矿中一般含铋在0.4%以下,在熔炼过程中,几乎所有的铋都进入粗铅。许多工厂产出的粗铅含铋在0.005%以下,便可以不设除铋过程,经除锌后的铅便可浇铸成锭出厂。

粗铅火法精炼除铋是一个比较困难的过程,粗铅含铋高时,选用电解法精炼比较适宜。火法精炼通用的是加 Ca, Mg 及 Sb 除铋法,还有加 K, Mg 除铋法。

加钙镁除铋的基本原理是 Ca, Mg 与铅液中的 Bi 生成不溶于铅液的化合物 Bi_2Ca_3 熔点 928 ℃; Bi_3Ca 在 570 ℃分解成 Bi_2Ca_3; Bi_2Mg_3 熔点 823 ℃,这些化合物密度比铅小,应上浮至铅液表面而与铅分离,但由于这些化合物呈微细颗粒悬浮于铅液中,不易除去,影响除铋效果。若加入适量的锑,由于锑和 Ca, Mg 分别形成易上浮的 Sb_2Ca_3, Sb_2Mg_3 和 Mg_2CaSb_2 颗粒,能将悬浮的微粒 Mg_2CaBi_2 带浮至表面被除去。

由于钙极易氧化,实际上加含约5% Ca 的铅钙合金,钙在合金中呈 Pb_3Ca 形态,则反应为:

$$Pb_3Ca + 3Bi \Longrightarrow Bi_3Ca + 3Pb$$

反应达到平衡时则: $\dfrac{[Pb]^3[Bi_3Ca]}{[Pb_3Ca][Bi]^3} = K_c$

式中 $[Pb]$ 和 $[Bi_3Ca]$ 可以认为是不变的,则有:

$$[Pb_3Ca][Bi]^3 = k_1$$

铋与镁的反应为:

$$3Mg + 2Bi \Longrightarrow Bi_2Mg_3$$

则有 $[Mg]^3[Bi]^2 = k_2$

钙、镁同时存在,有如下反应: $Ca + 2Mg + 2Bi \Longrightarrow Bi_2CaMg_2$

实际上是 $1/3$ $Bi_2Ca_3 \cdot 2/3$ Bi_2Mg_3

则有 $\dfrac{[Bi_2CaMg_2]}{[Ca][Mg]^2[Bi]^2} = K_c$

$$[Ca][Mg]^2[Bi]^2 = k_3$$

温度接近熔点时 $k_3 = 1.78 \times 10^{-8}$,可将铋除至 0.004 ~ 0.006%,尚未达到我国 1 号铅标准要求。须进一步用加钾、镁法除铋,可将含 Bi 降至 0.002% 以下,达到 1 号铅标准要求。

除铋作业在精炼锅中进行,作业时间依锅容量而定,150 t 锅作业周期 8 ~ 10 h,260 t 锅则为 12 h。过程温度控制在 350 ℃ 左右,加钙镁时 360 ℃,捞铋渣时 330 ~ 340 ℃。

粗铅经加钙除铋后,粗铅中的 Cu,Te,As,Sn,Sb,Ag,Zn 和 Bi 等杂质含量,能达到产品标准要求,可能还残留些加入的试剂如 Ca,Mg,Sb,K,Na 等。为了确保产品质量要求,在产品铸锭之前进行最终精炼,即在原精炼锅中加入铅量 0.3% 左右的 NaOH 和 0.2% 左右的 $NaNO_3$,搅拌 2 ~ 4 h 进行碱性精炼,捞完渣后,即可进行浇铸成精铅锭。

有些炼锡厂,也采用加钙镁和镁钠两种试剂除去粗锡中的铋。

5.3 粗铜、粗铅的火法－电解精炼联合流程

在粗铅的火法精炼叙述中,已经提及粗铅火法精炼除铜之后,即可铸成阳极板再进行电解精炼得精铅;而粗铜的精炼一般都需要经过火法精炼后,必然再经过电解精炼才能产出精铜。本节主要叙述粗铜的火法－电解联合精炼法。

造锍熔炼和锍的吹炼后产出的粗铜,含铜一般为 98.5% ~ 99.5%,其余的杂质含量见表 5－9。

表 5－9 粗铜的化学成分($w/\%$)

编号	Cu	Pb	Ni	Bi	As
1	99 ~ 99.4	0.012 ~ 0.0127	0.15 ~ 0.3	0.0067	0.009 ~ 0.04
2	99.5 ~ 99.67	0.0127	0.046	0.0083	0.132
3	98.32	>0.12	0.25	0.037	0.085
4	98.5 ~ 99.5	0 ~ 0.2	—	0 ~ 0.01	0 ~ 0.3

编号	Sb	Fe	S	O	Au/($g \cdot t^{-1}$)	Ag/($g \cdot t^{-1}$)
1	0.004 ~ 0.011	0.001 ~ 0.0047	0.036 ~ 0.0322	0.076 ~ 0.1	20 ~ 25	300 ~ 2000
2	0.0051	—		0.086	56	757
3	0.20	0.002	0.046		30 ~ 130	1300 ~ 2400
4	0 ~ 0.3	0.1	0.02 ~ 0.1	0.5 ~ 0.8	100	1000

这种粗铜的机械性能与导电性,均不能满足工业应用的要求,必须进行精炼除去其中的杂质,提高铜的纯度使其含铜达到99.95%以上。表5-9中的数据表明,粗铜中金银含量是相当高,从粗铜中回收金银及其他有价元素,是粗铜精炼第二个目的。

粗铜中的硫和氧以及溶解在铜液中的SO_2,在铜液凝固时,会从铜液中析出大量SO_2,致使浇铸成的阳极板内会留有空洞和形成凹凸不平的表面,这种不合格的阳极板是不能送去电解的。同时杂质很高的阳极进行电解,不仅得不到高纯度的阴极,还会影响电解的技术经济指标。因此粗铜应在电解精炼之前,进行火法精炼除去部分杂质,使送去电解的阳极板含铜达到99.0% ~99.5%,铸出的阳极板表面光滑平整,厚薄均匀,无飞边毛刺,悬吊垂直度好,以满足电解工艺的要求。

含铜高的粗铅铸成阳极进行电解时,在阳极上会附着一层很坚硬致密的阳极泥,不仅阻碍阳极铅的电化溶解,还会提高槽电压;所以要先经火精炼除铜,使铅阳极板含铜降到0.1%以下。阳极中的锑呈固熔体状态,电解时锑使阳极泥虽坚固,但疏松多孔的结构,不会阻碍铅的继续溶解,并能产生具有适当附着强度的海绵状阳极泥,不致脱落掉下。所以铅电解要求阳极含锑达到0.3% ~ 1.0%,否则应在火精炼时调整锑的含量。

从上述可知,粗铜与粗铅的精炼是采用火法——电解联合精炼流程。

5.3.1 粗铜的火法精炼

粗铜的火法精炼包括氧化与还原两个主要过程。

氧化精炼过程是在1150~1200 ℃的高温下,将空气压入熔铜中,铜被氧化产生Cu_2O。从Cu—O系相图(图5-16)可知,产出的Cu_2O是熔于熔铜中的,其溶解度是随温度升高而增加:

温度,K	1373	1422	1473	1523
溶解的Cu_2O,%	5	8.3	12.4	13.1
相应的O_2,%	0.56	0.92	1.38	1.53

于是,熔铜中的杂质M便与溶于其中的Cu_2O发生反应:

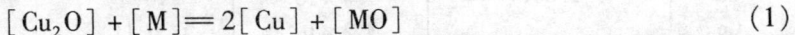

$$[Cu_2O] + [M] = 2[Cu] + [MO] \tag{1}$$

被氧化的杂质M形成MO,这种MO往往是不溶于熔铜中的,而浮于熔铜表面形成一单独的渣相(MO)。氧化反应的平衡常数K表示为:

$$K = \frac{a_{Cu}^2 \cdot a_{MO}}{a_{Cu_2O} \cdot a_M} \tag{2}$$

1200 ℃各种杂质的K值依大小顺序排在表5-10中。

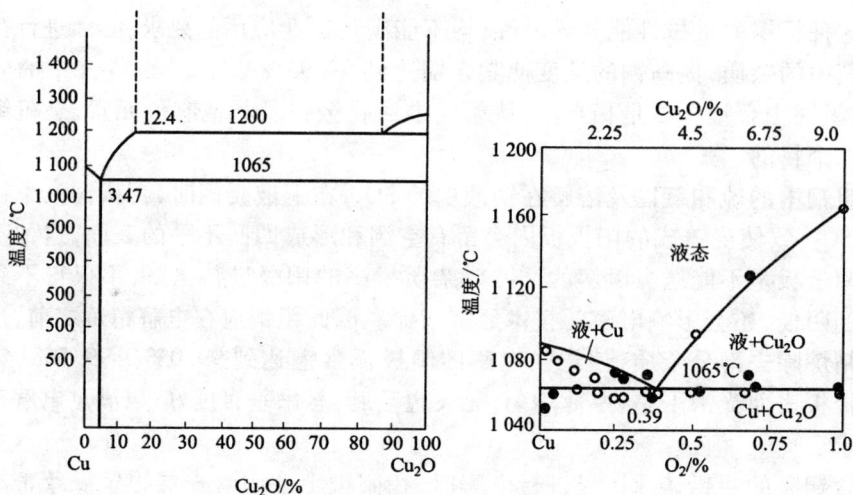

图 5 – 16 Cu – O 系相图

表 5 – 10   1200 ℃从熔 Cu 中除去杂质的热力学数据

元素	粗铜中含量/%	K	γ_M^0	P_M^0
Au	0.003	1.2×10^{-7}	0.34	4.9×10^{-7}
Hg		2.5×10^{-5}		5.2×10^2
Ag	0.2	3.5×10^{-5}	4.8	2.2×10^{-4}
Pt		5.2×10^{-5}	0.03	6.4×10^{-3}
Pd		6.2×10^{-4}	0.06	8.5×10^{-7}
Se	0.04	5.6×10^{-4}	$\ll 1$	66
Te	0.01	7.7×10^{-2}	0.01	39
Bi	0.009	0.64	2.7	4.2×10^{-2}
Cu	~99	—	1	4.5×10^{-6}
Pb	0.2	3.8	5.7	1.9×10^{-2}
Ni	0.2	25	2.8	2.8×10^{-8}
Cd		31	0.73	32
Sb	0.04	50	0.013	7.9×10^{-2}
As	0.04	50	0.013	7.9×10^{-2}
Co	0.001	1.4×10^2	10(？)	3.2×10^{-8}
Ge		3.2×10^2	0.11	6.5×10^{-6}
In		8.2×10^2	0.32	8.1×10^{-4}
Fe	0.01	4.5×10^3	15	7.8×10^{-8}
Zn	0.007	4.7×10^4	0.11	10
Si	0.002	5.6×10^8	0.1	1×10^{-6}
Al	0.005	8.8×10^{11}	0.008	1.3×10^{-5}

K 值愈大,熔铜中的这种杂质愈容易被除去。

表 5-10 的数据表明,从 Au 到 Te 被 Cu_2O 氧化的反应平衡常数 K 值很小 ($<10^{-2}$),所以熔铜中的这些元素是不能被空气中的氧所氧化除去的。从 Fe 到 Al 这几个元素的 K 值很大($>10^3$),容易被氧化除去。如果在氧化精炼后的铜中还发现有这些元素,则是一些机械夹杂的包裹物。居于这两类杂质之间的元素,其平衡常数 K 值介于 $10^{-2} \sim 10^3$ 之间,它们虽然被氧化除去,其除去的程度可根据 K 值近似算出。

在氧化精炼过程中,向铜熔体不断鼓入空气,可以认为熔铜中已被 Cu_2O 所饱和,则 $a_{Cu_2O} \approx 1$ 。由于杂质含量少,当它们氧化时铜的浓度不会发生多大变化,可认为铜的活度 $a_{Cu} \approx 1$ 。则氧化反应的平衡常数 K 可写作:

$$K = \frac{a_{MO}}{a_M} = \frac{\gamma_{MO} \cdot N_{MO}}{\gamma_M^0 \cdot N_M} \tag{3}$$

式中 γ_M^0 为稀溶液中杂质 M 的活度系数。于是残留在铜中的杂质极限浓度 N_M 为:

$$N_M = \frac{\gamma_{MO} \cdot N_{MO}}{\gamma_M^0 \cdot K} \tag{4}$$

各种杂质元素在 1473 K 的二元合金(Cu - M)的 γ_M^0 列于表 5-10 中。

(4)式表明,要降低铜中这类杂质的含量,必须使 $\gamma_{MO} \cdot N_{MO}$ 的乘积小,$\gamma_M^0 \cdot K$ 的乘积大。为了降低 $\gamma_{MO} \cdot N_{MO}$ 之积,希望被氧化的杂质 MO 能与其他组分形成不溶于铜的化合物。如氧化了的 PbO 与 SiO_2 作用形成 $PbO \cdot SiO_2$,氧化产生的 As_2O_5 ,Sb_2O_5 和 SnO_2 与 Na_2CO_3 作用形成相应的钠盐,它们均不溶于铜中,而能降低 γ_{MO} 。所以在铜的火法精炼中,应选择适当的熔剂如石英、苏打等加入,并及时扒去浮在表面的氧化渣,是能较彻底地除去这些杂质的。

根据表 5-10 列的 γ_M^0 和 K 数值的乘积,可以排出杂质被氧化由难到易的顺序为:As—Sb—Bi—Pb—Cd—Sn—Ni—In—Co—Zn—Fe。不过这个顺序是假定熔铜中杂质的浓度相等,活度也相等时按 $\gamma_M^0 \cdot K$ 乘积排定的。实际上熔铜中的杂质形态很复杂,这个顺序也将发生变化。生产实践表明,As,Sb,Bi 是粗铜火法精炼最难除去的杂质,这与顺序的趋势是一致的。

在粗铜的熔化和氧化精炼的高温条件下,可以利用某些杂质元素具有很大的蒸气压而将其挥发除去。根据拉乌尔定律,熔铜中杂质的蒸气压 $p_M = p_M^0 \cdot a_M = p_M^0 \cdot \gamma_M^0 \cdot N_M$ 。各种杂质元素的 p_M^0 列于表 5-10 中。当杂质元素的浓度相同时,杂质 p_M 的大小差别由 $p_M^0 \cdot \gamma_M^0$ 来判断。由于锌与镉的 $p_M^0 \cdot \gamma_M^0$ 乘积较大,便具有较大的 p_M ,所以可用挥发法除去锌与镉。当处理含锌高的杂铜料时,应该有一个专门的蒸锌阶段,在这个阶段除了提高炉温(1300 ℃)以外,可在熔铜表面覆盖一层碳质还原剂,以防产生氧化锌渣壳,阻碍蒸锌过程的进行。

　　粗铜火法精炼除了氧化与挥发除去一些杂质以外,另一个重要目的是为电解精炼浇铸出平整的阳极,这就要求将熔铜中的硫和氧含量控制在适当水平。一般粗铜中溶有0.05% S 和 0.5% O_2,采用连续炼铜时,粗铜中的硫含量增加到 0.5% ~ 2% ,而氧含量可降到 0.2% 。在这样的硫和氧的含量下,熔铜固化时,硫与氧便会化合,在阳极板内形成 SO_2 气泡。按反应计算,溶解在铜中 0.01% 的硫和 0.01% 的氧化合时,每立方厘米的铜将产生 3 cm^3 的 SO_2 气体。这就不能浇铸出表面平整的阳极板。

　　脱硫是在氧化过程中进行的。向铜熔体鼓入空气时,除了 O_2 直接氧化熔铜中的硫产生 SO_2 之外,氧亦熔于铜中。熔于铜中的氧和熔于其中的硫发生如下平衡反应:

$$SO_{2(气)} = [S] + 2[O]$$
$$\Delta G^{\ominus} = 128450 - 53.58T(J)$$
$$K = [\%S][\%O]^2 / p_{SO_2}$$

在一定的温度和 p_{SO_2} 下,熔铜中 $[\%S][\%O]^2$ 为一常数,这个关系表示在图 5 - 17 中。在氧化精炼过程末期,熔铜中硫的含量可降低到 0.001% ~ 0.003% ,相应氧的含量为 0.6% ~ 1.0% 左右。

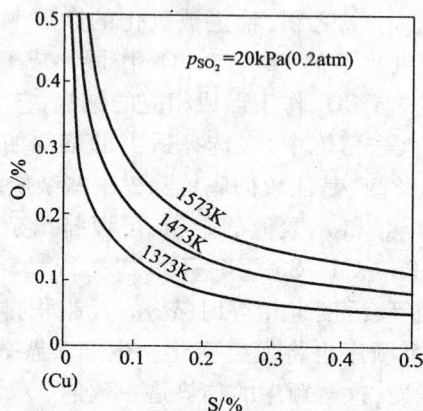

图 5 - 17　铜中硫和氧的平衡关系

　　熔铜中含氧 0.6% ,在其固化时,所有的 [O] 差不多全部以固体 Cu_2O 析出,相当于重量为 6% 的 Cu_2O 包裹在阳极铜中。为了减少 Cu_2O 的析出,应从熔铜中用碳氢物质除去大部分氧。这就是粗铜火法精炼的还原过程。

用碳氢物质从熔铜中脱氧的还原反应：

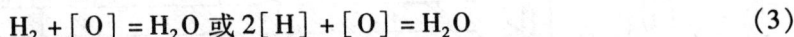

$$C + [O] = CO \qquad\qquad (1)$$
$$CO + [O] = CO_2 \qquad\qquad (2)$$
$$H_2 + [O] = H_2O \text{ 或 } 2[H] + [O] = H_2O \qquad\qquad (3)$$

H_2 在熔铜中的溶解有限，其平衡浓度可从如下平衡常数求出。

$$K = \frac{p_{H_2O}}{[\%H]^2[\%O]}$$

在 1150 ℃ 与 1083 ℃ 下的 K 值分别为 5×10^9 和 15×10^9。若在 1150 ℃ 下还原，将氧含量降到 0.1% 左右，维持气相中的 $p_{H_2O} = 10$ kPa，则熔铜中的最后氢含量为 $2 \times 10^{-5}\%$。维持熔铜中这种氢与氧含量的关系，可以得到平整的极板。否则相反。

熔铜中的 [H] 和 [O] 在其凝固时，会按反应(3)形成水蒸汽逸出。逸出的水蒸汽体积应该等于熔铜凝固时收缩的体积。在 1083 ℃ 时，1 cm³ 的熔铜凝固时的收缩 0.5 cm³。所以在还原过程中应防止"过还原"，以免残留过多的氢在熔铜中。一般在还原后的熔铜中含氢为 $2 \times 10^{-5}\%$，控制含氧为 0.05% ~ 0.2%，铸成的阳极板含氧量为 0.03% ~ 0.05%。同时应维持较低的浇铸温度，因为氢在熔铜中的溶解度是随温度升高而急剧增加的。

还原过程用的还原剂有：木炭或焦粉、重油、天然气、甲烷或液氨。以前都采用插木还原，但木材严重短缺而且也不安全。使用气体还原剂最简便。国内各工厂大都采用重油作还原剂，虽然还原效果好，也比较经济，但油烟污染严重。

粗铜的火法精炼可在反射炉、回转炉与倾动炉中进行。

(1)反射炉精炼

反射炉是传统火法精炼设备，具有结构简单，易操作，常用于处理粗铜、杂铜等固体冷料，也可以处理熔融的吹炼泡铜，可以烧固体、液体或气体燃料加热。反射炉的容积与尺寸的变化范围很大，其处理能力从 1 t 到 400 t，规模适应性很强。处理冷料较多和生产规模较小的工厂，多采用反射炉来精炼粗铜。

精炼反射炉的熔炼空间一般长为 5 ~ 15 m，宽为 2 ~ 5 m，容量为 50 ~ 300 t 铜。国内各工厂采用的精炼反射炉尺寸列于表 5 - 11 中。炉子的结构如图 5 - 18 所示。

铜精炼反射炉的操作是间断进行的，包括有加料、熔化、氧化、还原和铸阳极等工序。除熔化过程的温度维持 1300 ~ 1400 ℃ 外，其他过程均控制在 1130 ~ 1150 ℃ 的水平。精炼过程本身产生的热量不多，需要补充燃料。国内几个工厂反射炉精炼铜的技术经济指标见表 5 - 12。

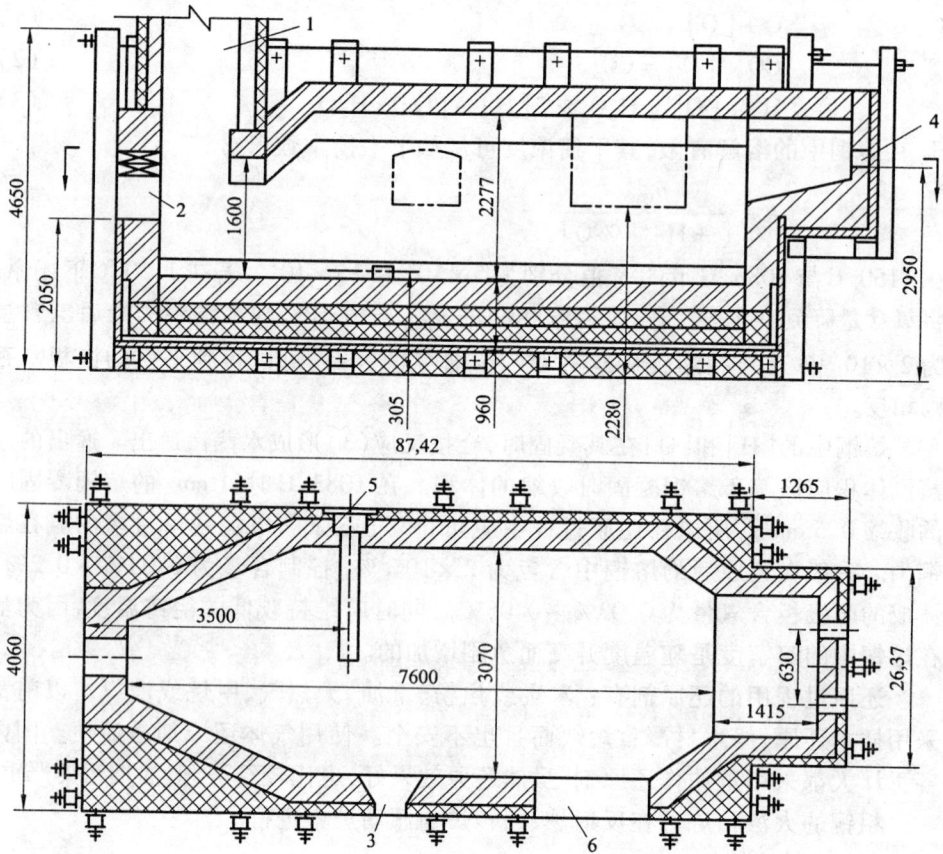

图 5-18 容量为 120 吨固定式火法精炼反射炉
1—排烟口 2—扒渣口 3—操作炉门 4—燃油口 5—出铜口 6—加料炉门

表 5-11 我国一些精炼反射炉的主要结构尺寸

主要结构	单位	工　　厂						
		一	二	三	四	五	六	七
炉子容量	t	100	120	90	400	100	30	30
熔池面积	m²	19.42	20.7	19.4	9.5	~25	7.8	10.34
熔池深度	m	0.74	0.95	0.51	0.6	0.75	0.38	0.47
炉膛宽度	m	2.6	3.07	3.0	2.6	3.30	2.0	1.68
炉膛长度	m	7.83	7.65	7.24	4.35	8.55	4.25	5.31
炉膛高度	m	1.86	2.29	1.80	1.30	2.05	1.35	1.13

234

表 5 -12 我国工厂铜火法精炼的主要技术经济指标

项　　目	单　　位	一厂	二厂	三厂
炉料性质		1/3 固体,2/3 液体铜	固体铜	1/5 固体,4/5 液体铜
阳极铜品位	%	99.2	99.3 ~ 99.7	99.4 ~ 99.7
床能率	t·m^{-2}·d^{-1}	9	8	7.2
铜直收率	%	98	99.65	97.5 ~ 98.5
废品率	%	0.28	0.2	0.3
燃料单耗	kg·t$_{铜}^{-1}$	80 ~ 90(重油)	70(重油)	95 ~ 100(原煤)
还原剂单耗	kg·t$_{铜}^{-1}$	12.5(重油)	10 ~ 15(重油)	10 ~ 12(木炭粉)
铁管单耗	kg·t$_{铜}^{-1}$	0.25	0.30	0.1 ~ 0.12
木炭单耗	kg·t$_{铜}^{-1}$	1.0	木炭 1.05,焦炭 6	

反射炉的精炼作业大都是手工操作劳动强度大与劳动条件差,难以实现机械化与自动化;炉子的气密性差,烟气泄漏多,热损失大,造成环境污染;炉内的熔体搅动不好,作业时间延长,生产效率低。因此,大中型炼铜厂大都改用回转炉或倾动炉。

(2)回转炉精炼

回转炉是 20 世纪 50 年代后期开发的火精炼设备,据不完全统计,目前世界上有 40 多家炼铜厂采用,每年精炼铜量达 4000 kt。回转炉炉体为圆筒形,设置有 2~4 年风口,一个炉口和一个出铜口,可作 360°回转。当炉体转动将风口埋入液面下,便可进行精炼过程的氧化还原作业。回转炉设备的结构如图 5 - 19 所示。

回转炉作业包括加料、保温、氧化、还原、浇铸等工序,以容量为 240 t 的炉子为例,除保温外的全过程需要 8 ~ 10 h,其中加料 1 h,氧化 1 ~ 2 h,还原 1 ~ 2 h,浇铸 4 ~ 6 h。比反射炉的精炼作业时间大大缩短。

采用回转炉所有的工厂都是处理液态铜料,即转炉吹炼所产的液态泡铜,直接倒入回转炉精炼,所以其生产能力必须与吹炼转炉相匹配。如我国金隆公司有三台吹炼转炉(两用一备),则配备精炼回转炉两台,一台生产,另一台保温。国内几个工厂使用的回转炉尺寸如下:

	炉子生产能力/(t·炉$^{-1}$)	炉外尺寸/m
贵溪冶炼厂	240	Ø3.9 ×9.2
贵溪冶炼厂	350	Ø4.57 ×10.668
金隆公司	300	Ø4.3 ×10.4
大冶炼铜厂	100	Ø3.6 ×8

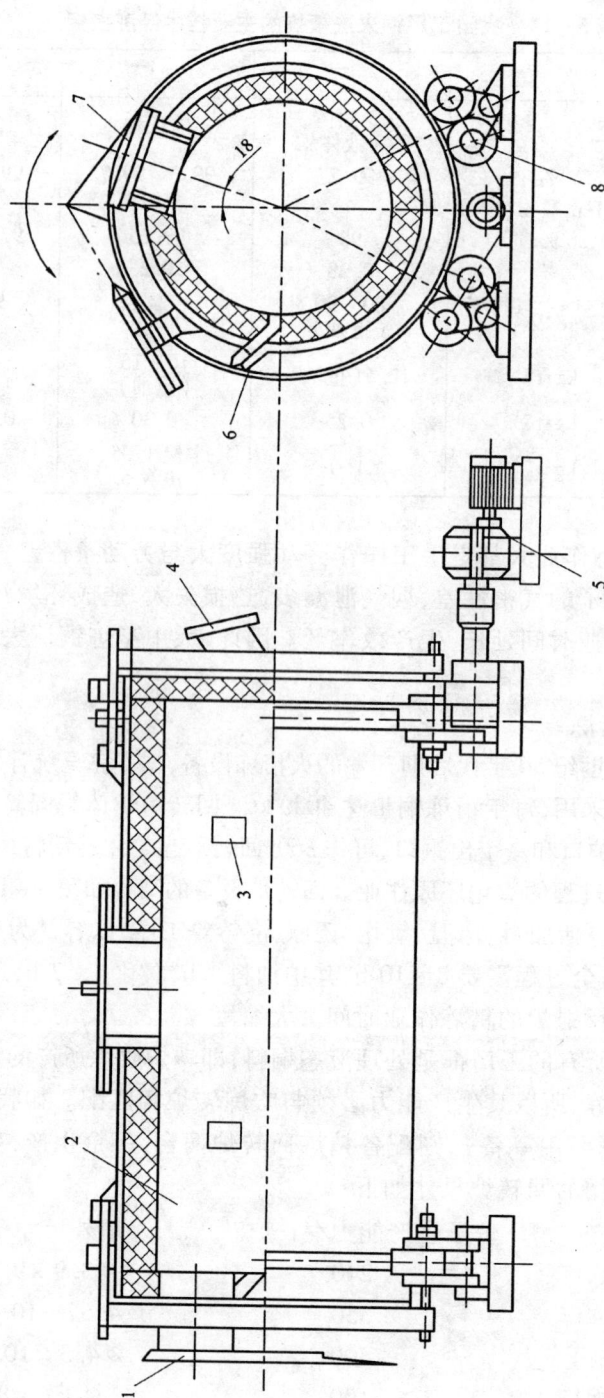

图5-19 回转炉设备示意图

1—排烟口 2—炉体 3—氧化还原口 4—烧嘴 5—驱动装置 6—浇铸口 7—炉盖 8—托轮

国内几个工厂回转炉精炼的技术条件及技术经济指标列于表 5 - 13。

表 5 - 13 回转炉精炼的主要技术条件与指标

项目	贵溪冶炼厂	金隆公司	大冶炼铜厂
炉子容量/t	240	300	100
铜料性质	液态	液态	液态
燃料种类	重油	重油	重油
用量/$(kg \cdot h^{-1})$	600		400
炉膛最高温度/℃	1450	1450	1450
铜液最高温度/℃	1300		1280
还原剂种类	液化石油气	液化石油气	重油
还原压力/MPa	0.4 ~ 0.5	0.4 ~ 0.5	0.2 ~ 0.3
浇铸温度/℃	1200		1150
浇铸方式	自动定量	自动定量	自动定量
极板尺寸/mm	1000 × 960 × 45	1000 × 960 × 45	750 × 705 × 40
铜回收率/%	99	99	>98
燃料单耗(重油)/$(kg \cdot t^{-1})$	50 ~ 60	45	42
还原剂单耗/$(kg \cdot t^{-1})$	4 ~ 6	5.8	5 ~ 6
余热利用率/%			65
渣率/%	3.5	4.15	3 ~ 4
渣含铜/%	31	65	30 ~ 40
电耗/$(kWh \cdot t^{-1})$	45		53
水耗/$(t \cdot t^{-1})$	11		18

回转炉精炼具有如下优点：

a. 炉体结构简单,机械化、自动化程度高,可以实现程序控制,劳动条件好,劳动生产率高。

b. 炉子处理能力大,变化范围为 100 ~ 550 t,技术经济指标好。

c. 炉子的密封性好,散热损失小,降低了燃料消耗。负压操作,漏烟少,减少了环境污染。

回转炉熔池深,受热面积小,较反射炉的化料速度要慢,故不宜处理固体冷料。

(3)倾动炉精炼

倾动炉是20世纪60年代中期,由瑞士麦尔兹炉窑公司开发成功的。它吸取了反射炉和回转炉的优点。具有反射炉热交换面大的炉膛,便于加入固体冷料;同时又有回转炉可转动作业特点,增设有固定风口,不须人工插移风管。

倾动炉的结构如图5-20。目前使用的炉子容量为55~350 t。由于炉体形状特殊、结构复杂;操作时炉体倾转,重心偏移,使炉子处于不稳定状态;密气性也不如回转炉好。所以倾动炉没有得到很大发展,只有少数工厂采用。几个工厂的生产数据列于表5-14。

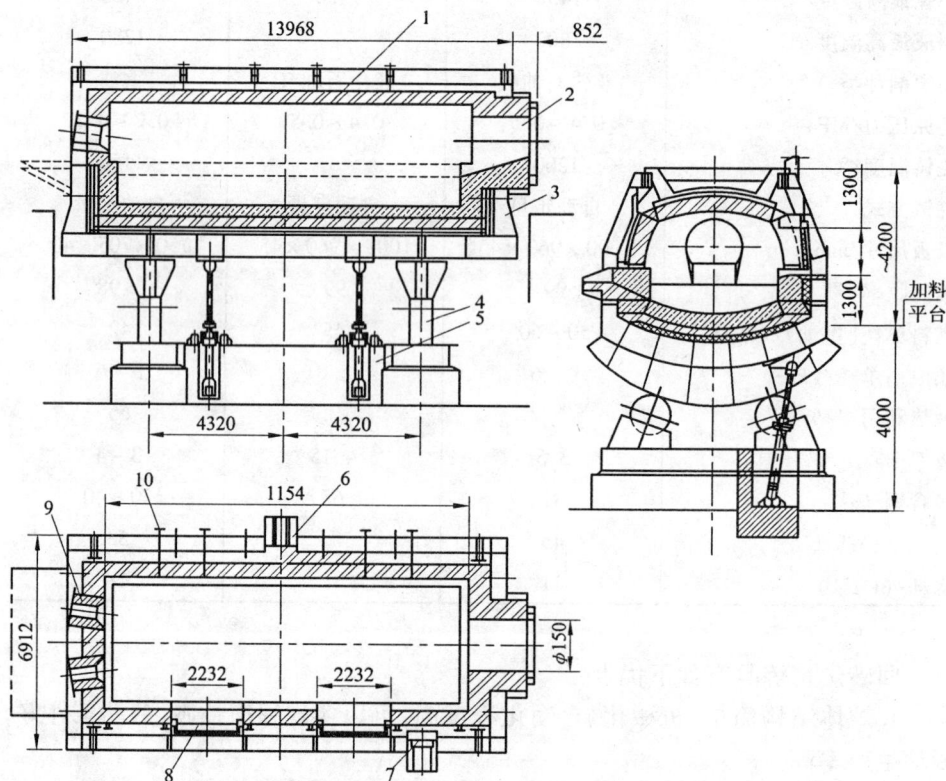

图5-20 150t(MAERZ)倾动式阳极炉结构

1—炉顶 2—排烟口 3—钢架 4—支承装置 5—液压缸
6—出铜口 7—扒渣口 8—加料门 9—燃烧口 10—氧化还原插管

238

表 5 – 14　倾动炉作业的数据

项目	Porton Margahena 冶炼厂（意大利）	Carollron 冶炼厂（美国）	Amarillo 精炼厂（美国）
炉子台数	1	1	
单台炉容量/t	300	300	
炉料	粗铜,杂铜	固态粗铜,杂铜	固态粗铜,杂铜
炉料品位/%	≥94	≥96	
包块尺寸/mm	400×400×600		
包块质量/kg	400		
加料方式	地面加料机	地面加料机	地面加料机
燃料	天然气	天然气	天然气
还原剂	天然气	天然气	天然气
加料熔化时间/h	8～9	10	8
氧化时间/h	2	5	5
扒渣时间/h	1～1.5		
还原时间/h	2～2.5		
浇铸时间/h	6	7	7
合计作业时间/h	24	24	22

5.3.2　铜的电解精炼

工业铜阳极和阴极的成分波动范围列于表 5 – 15。铜精炼作业的流程示于图 5 – 21 中。

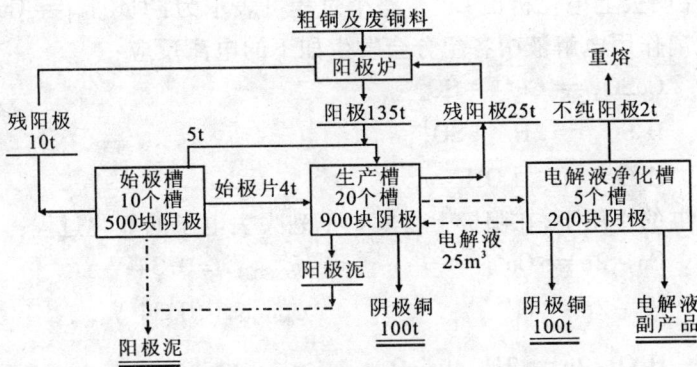

图 5 – 21 铜精炼厂流程图

（——铜走向,------电解液走向,—·—·—阳极泥走向）

图 5 − 21 中示出了每产 100 吨阴极铜所需的各种物料的重量（或容积）的一例。

表 5 − 15　电解精炼厂的阳极和阴极成分

元素	阳极/%		阴极/%	
	国　内	国　外	国　内	国　外
Cu	99.2 ~ 99.7	99.4 ~ 99.8	99.95	99.99
S	0.0024 ~ 0.015	0.001 ~ 0.003	0.00	0.0004 ~ 0.0007
O	0.04 ~ 0.2	0.1 ~ 0.3	0.002	—
Ni	0.09 ~ 0.15	0.02	微量 ~ 0.007	
Fe	0.001	0.002 ~ 0.003	0.005	0.0002 ~ 0.0006
Pb	0.01 ~ 0.04	0 ~ 0.1	0.005	0.0005
As	0.02 ~ 0.05	0 ~ 0.03	0.002	0.0001
Sb	0.018 ~ 0.3	0 ~ 0.03	0.002	0.0002
Bi	0.0026	0 ~ 0.01	0.002	微量 ~ 0.0003
Se	0.017 ~ 0.025	0 ~ 0.02	—	0.0001
Te	—	0 ~ 0.001	—	微量 ~ 0.0001
Ag	0.058 ~ 0.1	微量 ~ 0.1	—	0.0005 ~ 0.001
Au	0.003 ~ 0.07	0 ~ 0.005	—	0 ~ 0.0001

5.3.2.1　铜电解精炼的电极反应

铜电解精炼是以火精炼铜为阳极，以纯铜片或钛板或不锈钢板作阴极，置于盛有含 H_2SO_4 的硫酸铜电解液中，施加电压后，使阳极铜发生电化溶解产生 Cu^{2+}，然后在阴极上电化析出 Cu^0。整个过程可表示为：$Cu_{(阳极)} = Cu_{(阴极)}$

由于电离作用电解液中各组分会发生如下的电离反应：

$$CuSO_4 = Cu^{2+} + SO_4^{2-}$$

$$H_2SO_4 = 2H^+ + SO_4^{2-}$$

$$H_2O = H^+ + OH^-$$

在直流电的作用下，在阳极上会发生下列失去电子的氧化过程：

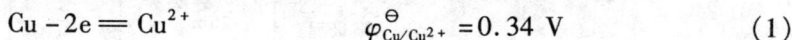

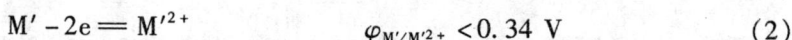

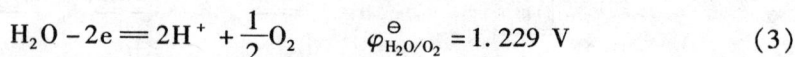

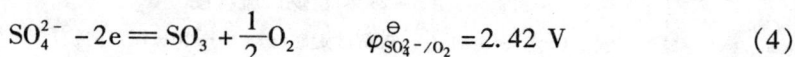

$$Cu - 2e = Cu^{2+} \qquad \varphi_{Cu/Cu^{2+}}^{\ominus} = 0.34 \text{ V} \tag{1}$$

$$M' - 2e = M'^{2+} \qquad \varphi_{M'/M'^{2+}} < 0.34 \text{ V} \tag{2}$$

$$H_2O - 2e = 2H^+ + \frac{1}{2}O_2 \qquad \varphi_{H_2O/O_2}^{\ominus} = 1.229 \text{ V} \tag{3}$$

$$SO_4^{2-} - 2e = SO_3 + \frac{1}{2}O_2 \qquad \varphi_{SO_4^{2-}/O_2}^{\ominus} = 2.42 \text{ V} \tag{4}$$

在上式中，M′表示 Fe，Ni，Pb，As，Sb 等负电性金属。由于其标准电势比铜低并且浓度很小，从而使其电极电势进一步降低。因此，电势比铜负电性的金属将在阳极上优先溶解。但是，杂质在阳极中的含量是很少的，因此，在阳极上进行的主要反应是按（1）式进行的形成 Cu^{2+} 的反应。按（3）进行的反应，根据近似计算，其电极电势约 1.875 V，远比铜的电势为正，在正常情况下是不可能进行的。至于按（4）进行的反应，其电极电势高达 3 V 以上，更无进行的可能。

正电性金属，如 Au、Ag，因电势远比铜的正，所以不能进行阳极溶解而是以金属粒子状态落到电解槽底部。

阴极反应是在阴极上进行的正离子得到电子而还原成金属铜的过程，可能进行的反应有下列三种：

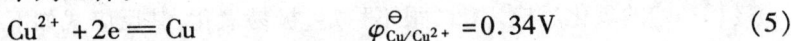

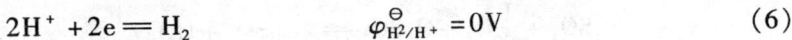

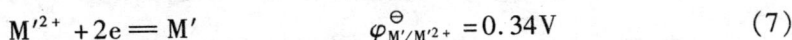

$$Cu^{2+} + 2e = Cu \qquad \varphi^{\ominus}_{Cu/Cu^{2+}} = 0.34V \qquad (5)$$

$$2H^+ + 2e = H_2 \qquad \varphi^{\ominus}_{H_2/H^+} = 0V \qquad (6)$$

$$M'^{2+} + 2e = M' \qquad \varphi^{\ominus}_{M'/M'^{2+}} = 0.34V \qquad (7)$$

上述反应的电极电势可以用下式表示：

$$\varphi = \varphi^{\ominus} + 0.0002 \frac{T}{n} \lg \alpha_{M'^{2+}}$$

氢的标准电势较 Cu 负，再加以在铜板上析出的超电压，氢的电极电势会进一步降低，因而在正常情况下，（6）式不可能进行。当 Cu^{2+} 浓度降到一定数值后，如 10 g/L，此时 Cu 的电极电势降到接近于氢的电极电势，H_2 和 Cu 将以一定比例同时析出。同样，标准电势比铜低而浓度又小的负电性金属是不能按（7）式进行还原的。但是，Cu^{2+} 浓度降到 10 g/L 以下时，标准电势与铜相近的杂质如 As、Bi、Sb，将以一定比例与铜一起还原。

Cu 能形成 Cu^+ 及 Cu^{2+} 两种离子，所以在阳极上，除了形成 Cu^{2+} 外，也按一定比例形成 Cu^+。其反应为：

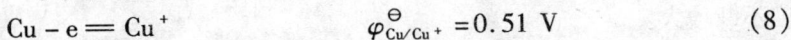

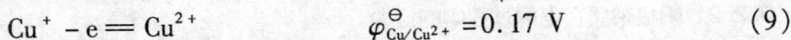

$$Cu - e = Cu^+ \qquad \varphi^{\ominus}_{Cu/Cu^+} = 0.51 \text{ V} \qquad (8)$$

$$Cu^+ - e = Cu^{2+} \qquad \varphi^{\ominus}_{Cu/Cu^{2+}} = 0.17 \text{ V} \qquad (9)$$

在平衡状态下，（5）、（8）、（9）三种反应在同一电势同时进行，它们之间的速度比例是在于促使溶液中的 Cu^+ 和 Cu^{2+} 建立下列平衡：

$$2Cu^+ = Cu^{2+} + Cu \qquad (10)$$

此式的平衡常数为：$K = \dfrac{C_{Cu^{2+}}}{C^2_{Cu^+}}$

根据文献资料，此时的平衡数据如表 5 - 16 所示。

表 5 – 16　不同温度下(10)式的平衡数据

温度 /℃	φ_K/V Cu/0.5 mol CuSO$_4$	$C_{Cu^{2+}}$ /(g·mol/L)	C_{Cu^+} /(g·mol/L × 10^{-3})	$\dfrac{C_{Cu^{2+}}}{C_{Cu^+}}$	$K \times 10^4$
25	0.316	1.037	3	342	25
55	0.335	1.004	3.7	270	7.3
100	0.353	1.00	89	11.2	0.012

可见,平衡的 Cu$^+$ 浓度是很小的;其平衡浓度随温度的升高而增大。虽然 Cu$^+$ 浓度不大,但其存在将引起如下两个副反应:

(1)Cu$^+$ 的氧化反应。Cu$^+$ 很不稳定,极易氧化,其反应式如下:

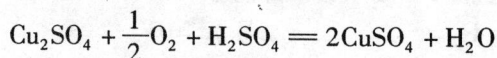

$$Cu_2SO_4 + \frac{1}{2}O_2 + H_2SO_4 = 2CuSO_4 + H_2O$$

反应的结果,使 Cu$^+$ 的浓度降低,破坏了(10)式的平衡,在电极上将进行形成 Cu$^+$ 的反应以恢复平衡。另一后果是降低 H$_2$SO$_4$ 浓度和增大 Cu^{2+} 浓度。

(2)Cu$_2$SO$_4$ 分解反应。当 Cu^{2+} 浓度及温度降低时,Cu$^+$ 浓度达到过饱和而进行 Cu$_2$SO$_4$ 分解反应:

$$Cu_2SO_4 = CuSO_4 + Cu$$

其结果增大 Cu^{2+} 浓度并形成铜粉。铜粉进入阳极泥,使其中的贵金属含量降低。

除了上述电化学反应外,在电极与电解液的界面上还进行 Cu 的化学溶解:

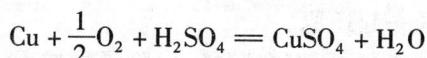

$$Cu + \frac{1}{2}O_2 + H_2SO_4 = CuSO_4 + H_2O$$

因此,铜阳极与电解液表面接触处容易断裂,并且使电解液中的 Cu^{2+} 的浓度不断增大。

5.3.2.2　阳极杂质在电解过程中的行为

阳极中含杂质 0.3% ~ 0.8%,其中包括 O,S,稀贵金属 Au,Ag,Pt,Se,Te,负电性金属 As,Sb,Bi,Ni,Fe,Zn,Pb,Co 等。它们在电解时分别以不同的比例进入阳极泥和电解液,并以微量进入阴极。这些杂质按其在电解时的行为可以分为四类:

第一类,正电性金属及以化合物形态存在的元素。它包括 Au,Ag,铂族金属及形成化合物的元素 O,S,Se,Te 等。它们以极细的分散状态从阳极落到槽底,其中约 0.5% 被机械夹带到阴极上,造成贵金属损失。少量 Ag 以 Ag$_2$SO$_4$ 形态溶解,加入少量 Cl$^-$ 可使 Ag 形成 AgCl 进入阳极泥。进入阴极的 Ag 约 1%,其中约 1/4 为 Ag^+ 的放电沉积,其余则是为阳极泥通过电泳作用转移到阴极上的。

O,S,Se,Te 在阳极中是以稳定的化合物形态存在,如 Cu_2Te,Cu_2Se,Cu_2S,Cu_2O,Ag_2Se 和 Ag_2Te,在阳极上不进行电化学溶解,而以化合物的微粒状态落到槽底成为阳极泥的一部分。

第二类,在溶液中形成不溶性化合物的金属。它包括:Pb,Sn。电解时 Pb 和 Sn 形成不溶性化合物。Pb 在阳极溶解时形成不溶性 $PbSO_4$ 沉淀,并可进一步氧化成 PbO_2,覆盖于阳极表面,妨碍电解液与阳极的接触而使槽电压升高。

阳极溶解时,Sn 以二价离子形式进入电解液:

$$Sn - 2e = Sn^{2+}$$

Sn^{2+} 在电解液中进一步氧化成四价锡:

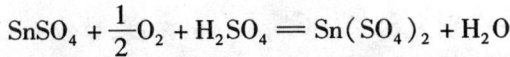

$$SnSO_4 + \frac{1}{2}O_2 + H_2SO_4 = Sn(SO_4)_2 + H_2O$$

$Sn(SO_4)_2$ 很容易水解成溶解度很小的碱式盐而进入阳极泥:

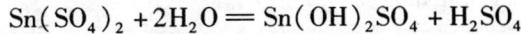

$$Sn(SO_4)_2 + 2H_2O = Sn(OH)_2SO_4 + H_2SO_4$$

锡的碱式盐在沉降时可吸附 As 和 Sb 的化合物,有利于减少电解液中 As 和 Sb 的含量,但数量多时也会粘附在阴极上,降低阴极的质量。

第三类,负电性金属。它包括 Ni,Fe,Zn。Fe 和 Zn 很容易在火精炼时除去,一般阳极中的 Fe 和 Zn 含量都很低,仅 0.001% ~ 0.003%,在阳极溶解时几乎全部进入电解液。

Ni 的含量波动较大,为 0.09% ~ 0.15% 或更多。金属 Ni 在阳极上进行电化学溶解而进入溶液,一些不溶性的化合物如氧化镍(NiO)、镍云母($6Cu_2O \cdot 8NiO \cdot 2Sb_2O_3$,$6Cu_2O \cdot 8NiO \cdot 2As_2O_5$)在阳极表面上形成不溶的薄膜引起阳极钝化和槽电压升高。

镍溶解转入溶液的量与阳极含氧量有关,含氧量愈高,则由于生成难溶性的化合物,进入溶液的镍量将愈少。阳极含氧量对 Ni 分布的影响如图 5-22 所示。

第四类,电势与铜相近的元素。它包括 As、Sb、Bi。As、Sb、Bi 对电铜质量是最有害的杂质,因其电势与铜相近,如:

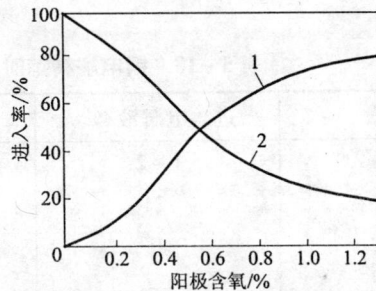

图 5-22　阳极含氧对 Ni 分布的影响

1—Ni 入阳极泥　2—Ni 入电解液

$$BiO^+ + 2H^+ + 3e = Bi + H_2O \qquad \varphi^\ominus = 0.28 \text{ V}$$

$$HAsO_2 + 3H^+ + 3e = As + 2H_2O \qquad \varphi^\ominus = 0.25 \text{ V}$$

$$SbO^+ + 2H^+ + 3e = Sb + H_2O \qquad \varphi^\ominus = 0.21 \text{ V}$$

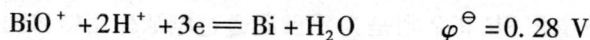

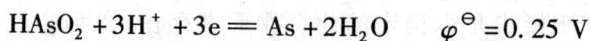

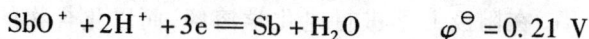

因而有可能在阴极上放电析出。此外,它们还容易产生"飘浮阳极泥",机械粘附在阴极上。

产生"飘浮阳极泥"的原因有很多说法,最近认为是由于生成很细的 $SbAsO_4$ 及 $BiAsO_4$ 絮状物质。如在电解液中,两种砷酸盐的溶度积可以近似表示如下:

$$S_{SbAsO_4} = C_{Sb^3} + C_{As^{5+}} \approx 1.4$$

$$S_{BiAsO_4} = C_{Bi^3} + C_{As^{5+}} \approx 0.8$$

式中 S_{SbAsO_4} , S_{BiAsO_4} ——砷酸盐的溶度积;

C_{Sb^3} , C_{Bi^3} , $C_{As^{5+}}$ ——分别为 Sb^{3+} , Bi^{3+} , As^{5+} 的浓度,单位 g/L。

温度对砷酸盐的溶度积有很大的影响,当温度由 60 ℃ 降低到 50 ℃ 时 S_{SbAsO_4} 减少20%。飘浮阳极泥的成分如表 5-17 所示。

表 5-17　飘浮阳极泥的化学成分

元素及存在形态	/%	元素及存在形态	/%
Cu(碱性砷酸盐形态)	0.6~3	As	11.9~18
Pb($PbSO_4$)	2.8~7.6	SO_4^{2-}	1~4
Bi[Bi$(OH)_3$ 沉淀]	2~6	Cl^-	0.2~1.2
Sb	29.5~48.5	Ag 银屑	0.04~4

根据阳极中杂质含量及电解技术条件(电解液成分、温度、循环速度及电流密度等)的不同,阳极中各元素在电解时的分配如表 5-18 所示。

表 5-18　铜电解精炼时阳极中各元素的分配

元素	进入电解液/%	进入阳极泥/%	进入阴极/%
Cu	1~2	0.03~0.1	93~99
Ag	2	97~98	<1.6
Au	1	99	<0.5
铂族	—	~100	0.05
Se,Te	2	~98	1
Pb,Sn	2	~98	1

续上表

元素	进入电解液/%	进入阳极泥/%	进入阴极/%
Ni	75～100	—	—
Fe	100	—	—
Zn	100	—	—
Al	～75	～25	5
As	60～80	20～40	<10
Sb	10～60	40～90	<15
Bi	20～40	60～80	5
S	—	95～97	3～5
SiO_3	—	100	—

5.3.2.3 铜电解的生产实践

(1)铜电解精炼的电解槽、阴极和阳极

铜电解车间根据生产规模及槽的尺寸,由若干个电解槽组成。根据每天出装槽数量将其分为多个组列,组与组之间按矩阵排列;每组内的相邻电解槽的长边紧挨在一起,槽内并列装有一定数量的阴极与阳极。相邻两槽及槽内的阴极与阳极、进液与出液等之间的安装关系如图5-23所示。

电解槽的材质,普遍采用的是钢筋混凝土槽体,内衬软聚氯乙烯板(PVC)或玻璃钢(FRP),而FRP比PVC耐用。电解槽的大小尺寸及数量依电解车间的生产规模而定。

阳板为火精炼铜。含铜一般在99%以上,外形尺寸的实例如图5-24。

阴极材料的一种是由种板槽生产的铜薄片(厚约0.3～0.7 mm),经加工安装吊耳后制成,常称始极片,外形尺寸举例如图5-25。为了避免始极片制作的麻烦,大型电解铜厂均采用不锈钢板制作阴极,其外形尺寸实例见图5-26。

生产电解槽的电路连接均采用复联法,即各电解槽之间的电路连接为串联,槽内各电极的电路联接为并联,复联法的电路连接示意图如图5-27。电解槽的电流强度等于通过槽内各同名电极电流的总和,即所谓槽电流,而槽电压等于槽内任何一对阴阳极之间的电压降。

(2)电解液组成和温度的控制与循环

电解液的组成与阳极成分、电流密度等技术条件有关,也与对阴极的质量要求有关,其主要组成是 $CuSO_4$ 和 H_2SO_4,成分控制为:

Cu_2　　　40～55 g/L　　一般为50± g/L

H_2SO_4　　150～220 g/L　　一般为200± g/L

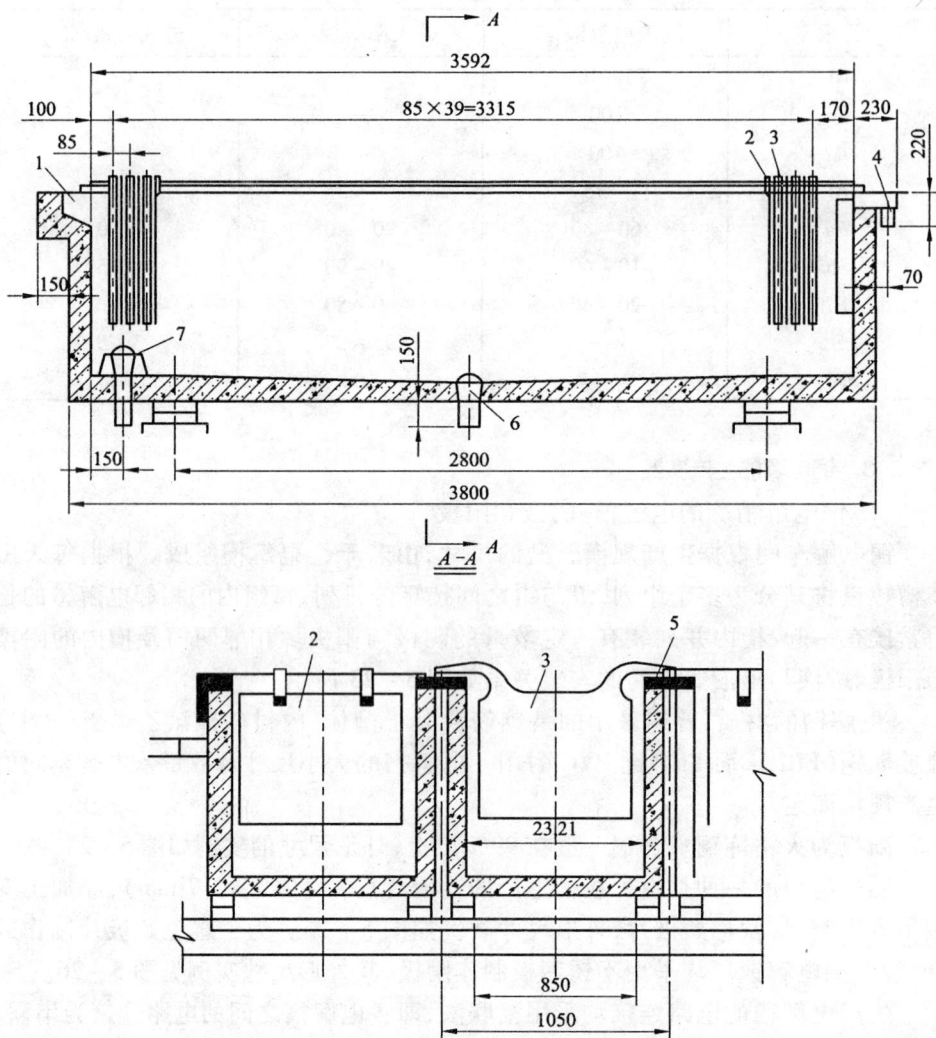

图5-23 铜电解槽安装关系图

1—进液口 2—阴极 3—阳极 4—出液口
5—电解槽 6—放泥口 7—上清液出口

　　铜离子的浓度随电解液的纯度提高而可以降低,以减少电解液的电阻而节约电能;但最低含铜量不宜低于 35 g/L。随电流密度的提高,单位时间内在阴极上析出铜量也就增加,于是电解液的含铜量也相应提高。

　　电解液中 H_2SO_4 浓度的提高,导电性也愈好,从而降低电耗,故有些工厂乐

246

于采用高酸电解液。但酸度提高后会降低 $CuSO_4$ 在电解液中的溶解度,有从电解液中结晶析出 $CuSO_4$ 的危害性。所以酸度的提高应保证不会析出 $CuSO_4$ 结晶。

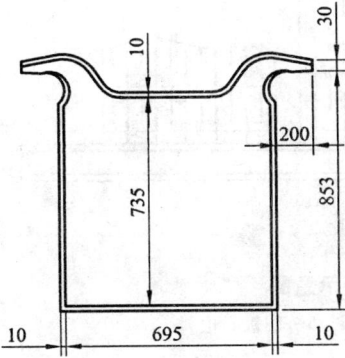

图 5－24　阳极板外形图

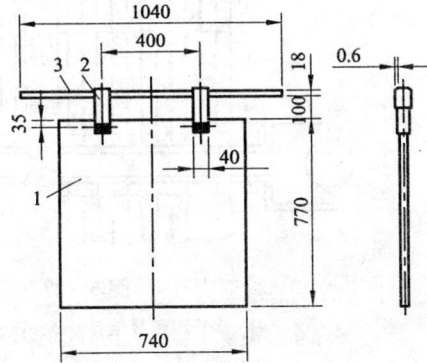

图 5－25　始极片尺寸图

1—铜片　2—吊耳　3—导电棒

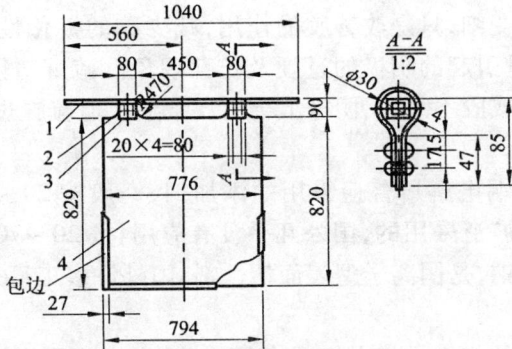

图 5－26　母板外形尺寸图

1—导电棒　2—铆钉　3—导电环　4—钛板或铜板

为了产出平整致密的阴极产品,于电解液中还加入一些添加剂。这些添加剂多为表面活性物质。常用添加剂有胶、硫脲、干络素、阿维通和盐酸等。

a)胶　包括骨胶和明胶,它是属于一种增大阴极极化值,而使电析出晶体平滑的一种添加剂。当阴极上部分晶粒优先长大时,其表面便吸附一层不导电的胶膜,阻碍该处突出的晶粒继续增长,便会产生更多的晶核,最终使阴极表面平滑且坚硬。但是胶的极化作用,使槽电压提高了 0.03～0.05 V,从而增加了

247

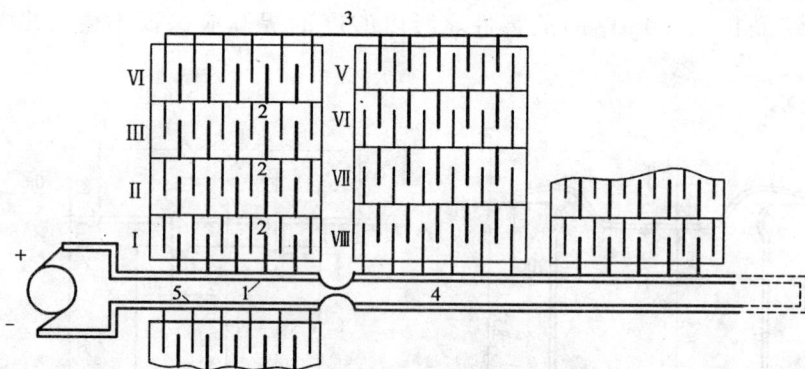

图 5 – 27 复联法连接示意图

1—阳极导电排 2~4—中间导电板 5—阴极导电排

电耗。所以胶虽然是一种无法替代的添加剂,用量却需要限制,一般为每生产一吨铜加 30 ~ 100 g。

b)硫脲、干络素、阿维通 这类添加剂称为补充添加剂,起缓冲剂的作用,它不会使结晶颗粒变细,只是改善胶的作用,减少胶的极化性能,稍微降低槽电压,避免胶加入过量引起的阴极的过硬及长芽现象。硫脲对阴极沉积的粗糙度影响很大。当硫脲或胶不足时,阴极上会出现条痕。但硫脲过多,会将硫带入阴极铜中。

硫脲是国内外铜电解厂普遍采用的添加剂,一般按 20 ~ 70(g/t 铜)加入。干酪素是国内铜厂广泛采用的,国外几乎没有应用,按 20 ~ 70g/t 铜加入。阿维通为一种烷基磺酸钠,是阴离子型表面活性剂,国外许多工厂采用,通常按 30 g/t 铜加入。

c)盐酸 盐酸的加入是将电解液中的 Ag^+ 以 AgCl 形态沉淀下来。当形成 Cu_2Cl_2 沉淀时会吸附 As、Sb、Bi 或形成的 BiOCl,SbOCl 共同沉淀,以减少这些杂质对电解过程的有害影响。盐酸按 25 g/t 铜加入。

电解液的温度升高,其粘度下降,有利于离子迁移速度加快,电阻下降,即提高电解液电导,降低槽电压,减少电解过程的电能消耗。提高电解液的温度,有利于消除阴极附近铜离子的贫乏现象,使铜离子在阴极上的析出更均匀,并可防止杂质在阴极上析出。但是过高的温度,会使胶及硫脲等加速分解,便会增加添加剂的消耗;同时槽面电解液的蒸发损失也增大,使车间的劳动条件恶化,厂房及设备的腐蚀加快,加热蒸汽消耗增多。目前工厂生产一般维持电解液的温度为 50 ~ 65 ℃。

248

生产电解槽内电解液循环有上进下出和下进上出两种方式,电解液在槽内的流动方向如图5-28所示。两种方式各有优缺,下进上出方式使电解液的流动方向与阳极泥沉降方向相反,不利于阳极泥快速沉降,槽内溶液的温度与成分分布更趋不均匀;而上进下出则相反。

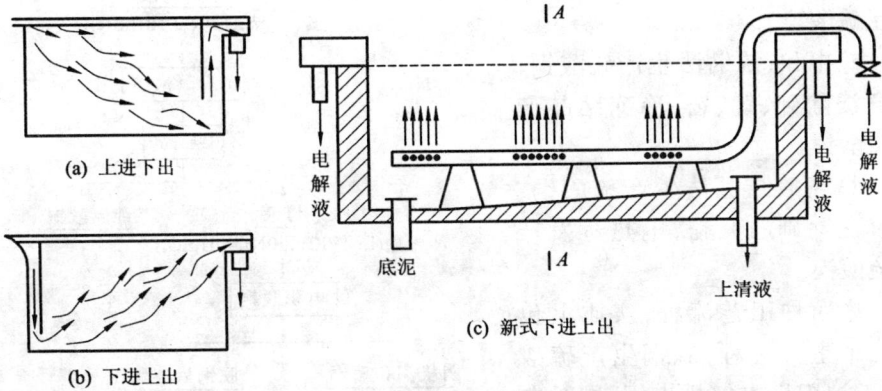

图5-28 电解液循环方式

随着电解槽的大型化、电极间距的缩短以及电流密度的提高,为保持槽内电解液的成分与温度的均匀,一些工厂采用电解液沿阴极板面平行流动的方式,即采用槽底中央进液,槽上两端出液的新的下进上出的新循环方式。新的下进上出与常规下进上出的循环方式对生产效果的影响比较如下:

	给液量 /(L/min)	Cu²⁺浓度差 /(g/L)	温度差 /℃	槽电压 /mV	电效 /%
常规循环方式	20	6~7	2~3	330	95~96
新式循环方式	50	2~3	0~1	300	98

电解液的循环速度主要取决于电流密度、槽子大小、循环方式与阳极成分等。当电流密度提高时,循环速度便应加快,以减少浓差极化。

(3)电解液的净化

随铜电解精炼过程的进行中,电解液的成分会发生变化,其中铜离子浓度会逐渐升高,硫酸含量不断降低;杂质元素镍、砷、锑、铋等也会升高,当它们的浓度升到一定值后,也会在阴极析出;添加剂的含量也会不断积累。因此,必须根据计算从电解液循环系统中,每天抽出一定数量的电解液进行净化处理。大概每生产一吨阴极铜约需净化0.1~0.5 m³电解液,并用等量的新溶液替换。

国内的铜电解厂目前采用的净化工艺流程,概括为以下四类:

a）鼓泡塔法中和生产硫酸铜，电解脱除砷、锑、铋，电热蒸发生产粗硫酸镍。

b）中和法生产硫酸铜，电解脱除砷、锑、铋，蒸汽蒸发浓缩生产粗硫酸镍。

c）中和、浓缩法生产硫酸铜，电解法除砷、锑、铋，冷冻结晶产粗硫酸镍。

d）高酸结晶法生产硫酸铜，电解法除砷、锑、铋，电热蒸发产粗硫酸镍。

这四种工艺流程，实质上包括三个主要过程，脱铜生产硫酸铜，不溶阳极电解析出铜，同时电积析出砷、锑、铋；从电积脱铜后液中蒸发浓缩或冷却结晶出硫酸镍。某一净化工艺流程实例如图5－29。

①从电解液中脱除并回收铜。用铜屑或铜粉中和电解液的反应为：

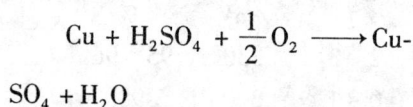

$$Cu + H_2SO_4 + \frac{1}{2}O_2 \longrightarrow CuSO_4 + H_2O$$

废电解液
(g/L:40Cu,15Ni,7As,3Fe,180H₂SO₄)

铜屑 → 中 和 ← 空气、蒸气

中和后液
(g/L:150Cu,10H₂SO₄)

蒸发、浓缩

结 晶

母液 → (g/L:50Cu,50Ni,40H₂SO₄)   纯硫酸铜

电积脱铜

阴极铜和黑铜   脱铜后液
(g/L: Cu,55Ni,120H₂SO₄)

蒸发、浓缩

结 晶

母液 → (600g/LH₂SO₄)   纯硫酸铜

蒸发浓缩

粗硫酸   铁、镍、锌无水硫酸盐

图5－29 铜电解液净化流程

将这种中和法溶液冷却和部

发蒸发，$CuSO_4 \cdot 5H_2O$ 便结晶出来，净化电解液中铜的80%～90%以这种方式除去。剩余的铜用电积法除去。如果不需要生产硫酸铜，则可直接送去电积。

②从电解液中清除 As、Sb 和 Bi，使它们电解沉积到不纯的铜阴极中。电解脱铜前期产出合格电铜，电解后期，电解液含铜 5～18 g/L，保持电流密度 80 A/m²，此时砷、锑大量在阴极上析出，产出含 As 高达 30% 的黑铜。该法缺点是后期产出 AsH₃ 剧毒气体，脱砷率仅 60%～70%，大量砷残留在脱铜母液中，还须进一步除砷才能够返回使用。比利时 MHO 公司 Olen 厂，已采用磷酸三丁酯从硫酸铜浓缩液中萃取除砷已有多年的工业实践。砷的除去率达 99%，并消除了

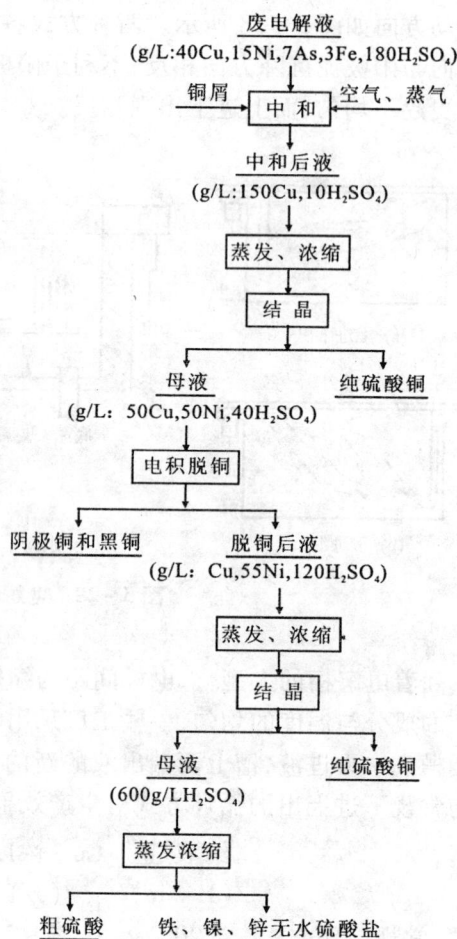

250

原工艺中 AsH_2 的危害,硫酸可直接返回使用,所需费用为原工艺的 $\frac{1}{5}$。

③从脱铜电解液中蒸发出水,再从浓缩溶液中使 Ni、Fe 及 Co 成硫酸盐沉淀出来。蒸发除去电解液中大部分水以提高 $NiSO_4$ 浓度,然后降低溶液温度进行结晶分离。分离无水硫酸镍后的粗硫酸,一般可以返回配制电解液使用。

为了改善粗硫酸镍结晶后液的处理,日本小名滨电解厂成功地使用了离子交换膜装置。将含 300 g/LNi 及 600 g/LH_2SO_4 的后液,在压力下滤过由阴离子交换膜组成的透析槽。此法的优点是可以连续作业,减少返回电解的 Ni 量,改善劳动条件和降低处理费用。

(4)铜电解精炼的电流密度、电流效率、槽电压和电能消耗。

电流密度系指每平方米阴极面积的电流强度。电流密度提高,可以增加单槽的生产能力。但过高电流密度易使阴极沉积粗糙多孔,阳极也易发生钝化。一般铜电解的电流密度 $200 \sim 240$ A/m^2,个别工厂达到 300 A/m^2 以上。铜电解精炼厂的阴极电流效率为 $95 \pm 3\%$,阳极电流效率略高。无效的电解是消耗于:

漏电入地	$1\% \sim 3\%$
阳极与阴极短路	$1\% \sim 3\%$
阴极铜被空气(O_2)氧化和 Fe^{2+} 再氧化	1%

漏电大多是由于电解液泼溢而导致电流入地,避免这种泼溢即可减少漏电入地。短路大多是由于阴极沉积上铜瘤长大以致碰着阳极,其避免的方法是,使用有效的有机添加剂,避免过大的电流密度,立即打断发生阴阳极短路的地方。红外线监视器能帮助迅速判明短路地点。

槽电压的正常范围是 $0.2 \sim 0.25$ V。槽电压可以归纳为:

电解液中的电压降	$0.11 \sim 0.13$ V
由有机物和极化引起的阴极超电压	$0.04 \sim 0.08$ V
阳极和阴极连接处电压降	$0.03 \sim 0.06$ V
导电铜排和导电杆损失电压	$0.01 \sim 0.02$ V
阳极极化电压	$0 \sim 0.01$ V

沉积 1 吨铜所需要的电能由下式计算:

$$W = \frac{1000V}{1.186\eta}(单位\ kWh/t\ 铜)$$

式中　V——槽电压,V;

　　　η——电流效率,%;

　　　1.186——铜的电化当量,g/A·h。

此式表明,所需电能与所用电压成正比,与电流效率成反比。提高电流效率和在较低电压条件下进行操作,能够减少能量消耗。须指出的是在电解槽内耗用的电能大部分供给电解液维持其温度(60 ℃),所以并非完全虚耗。生产 1 t 电铜的直流电耗约为 250~280 kWh。

5.3.3　铅的电解精炼

还原熔炼产出的粗铅一般先经火法精炼脱铜并调整锑含量之后,即可铸成阳极板送去电解精炼。我国除西北铅锌冶炼厂采用全火法精炼流程外,其他炼铅厂均采用火法——电解联合精炼流程。关于铅的火法精炼已在 5.2 章节中叙述,本节只讨论电解精炼。

铅电解用的电解液是 $PbSiF_6$ 和 H_2SiF_6 的混合水溶液,一般含 Pb^{2+} 70~130 g/L,即 $PbSiF_6$ 120~220 g/L,含 H_2SiF_6 60~100 g/L,总的硅氟酸根相当于 110~190 g/L。阴极为纯铅,阳极为经过初步脱铜的粗铅,其电化学过程可以表示为:

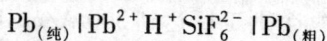

$$Pb_{(纯)} \mid Pb^{2+} H^+ SiF_6^{2-} \mid Pb_{(粗)}$$

在直流电的作用下,阴极反应有:

$$Pb^{2+} + 2e \longrightarrow Pb$$

$$2H^+ + 2e \longrightarrow 2H \longrightarrow H_2$$

在硅氟酸溶液中,铅的析出电势为 -0.1274 V,而氢的标准电势为 0,由于氢在铅上析出具有较高的超电压为 1.1 V,因此 H^+ 放电是不可能的。

在电流密度较高时,贴近阴极表面的薄层电解液中 Pb^{2+} 浓度要低很多,当电解液含 Pb90~100 g/L,这个薄层中 Pb^{2+} 浓度能降至 10 g/L 以下,以 0.048 mol/L 计算,而 H^+ 在电场作用下移向阴极但没有放电,所以在此阴极薄层内 H^+ 浓度可能很高,若高达 10 mol/L,则它们在 25 ℃ 时实际析出电势应分别为:

$$\varphi_{Pb^{2+}/Pb} = \varphi_{Pb^{2+}}^{\ominus} + \frac{RT}{nF}\ln a_{Pb^{2+}} - \eta_{Pb^{2+}}$$

$$= -0.1274 + \frac{0.05915}{2}\lg 0.048 - 0 = -0.1664 \text{（V）}$$

若 $[Pb^{2+}]$ 降至 1 g/L 则 $\varphi_{Pb^{2+}/Pb} = -0.19$ V

$$\varphi_{H^+/H} = \varphi_{H^+}^{\ominus} + 0.05915 \lg 10 - 1.1 = -1.04 \text{（V）}$$

所以仍是更正电性的 Pb^{2+} 优先在阴极放电析出。为了确保 Pb^{2+} 的优先析出,必须加强电解液循环,不断地向阴极附近供给 Pb^{2+} 离子是非常必要的。当阴极结晶不平整长尖状疙瘩时,在这个尖端的电流密度很高,甚至高达平均电流密度的十几倍或数十倍,在贴近阴极的薄层微观区域,可能造成 Pb^{2+} 浓度接近或等于零。同时在这个不平整的凸凹不平处,H^+ 放电超电压显著降低,这时 H^+ 放电析出氢气是可能的,这就是为什么析出铅结晶恶化时电流效率下降的原因之一。

252

在阳极可能进行的反应为：

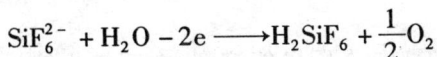

$$Pb - 2e \longrightarrow Pb^{2+}$$

$$SiF_6^{2-} + H_2O - 2e \longrightarrow H_2SiF_6 + \frac{1}{2}O_2$$

在阳极区,由于阳极泥层的存在,显著地影响 Pb^{2+} 的扩散,在电解液含 Pb^{2+} 100 g/L 时,阳极泥层中的电解液含 Pb^{2+} 可达 300~350 g/L,在阳极表面与泥层之间的薄膜中 Pb^{2+} 浓度会更高,当其浓度为 500 g/L 即 2.5 mol/L 时,则

$$\varphi_{Pb^{2+}/Pb} = \varphi_{Pb^{2+}}^{\ominus} + \frac{0.05915}{2} \lg [Pb^{2+}] = -0.1156 \text{ V}$$

若 SiF_6^{2-} 的浓度为 400 g/L,即 2.8 mol/L,则

$$\varphi_{SiF_6^{2-}} = \varphi_{SiF_6^{2-}}^{\ominus} + \frac{0.05915}{2} \lg [SiF_6^{2-}] = +0.48 - 0.013 = +0.467 \text{ V}$$

所以在阳极只发生 $Pb - 2e \longrightarrow Pb^{2+}$ 的反应。

以上计算表明铅电解的电极反应过程都比较单纯,所以它不需要附加的净液过程就能产出品位较高的产品。各有关元素在硅氟酸溶液中的标准电极电势及其与铅同时放电时的极限浓度列于表 5 - 19。

表 5 - 19　各元素的标准电势及其 Pb^{2+} 平衡共存时杂质的浓度

元素/离子	标准电势	$a_{Pb^{2+}} = 1$ 时 $a_{M^{n+}}$ 值	元素/离子	标准电势	$a_{Pb^{2+}} = 1$ 时 $a_{M^{n+}}$ 值
Zn/Zn^{2+}	-0.762	2.96×10^{21}	Sb/Sb^{3+}	+0.2	8.8×10^{-12}
Fe/Fe^{2+}	-0.44	3.83×10^{10}	Bi/Bi^{3+}	+0.2	8.8×10^{-12}
Cd/Cd^{2+}	-0.40	1.7×10^{9}	As/As^{3+}	+0.3	3.65×10^{-15}
Sn/Sn^{2+}	-0.136	2.0	Cu/Cu^{2+}	+3.448	1.1×10^{-16}
Pb/Pb^{2+}	-0.127	1.0	Ag/Ag^{+}	+0.7995	2.2×10^{-16}

由表 5 - 19 可见,比铅较负电性的元素 Zn、Cd、Fe 等若在阳极中存在,则优先放电溶解进入电解液,但不能在阴极析出。由于这些杂质在阳极制备过程中很容易被除去,在阳极中含量很低,不会在电解液中积累造成危害。

在阳极中,比铅正电性的元素如 As、Sb、Bi、Cu、Ag 一般不能在阳极放电溶解而残留在阳极泥中。但实际上当阳极含 Cu 高于 0.06% 时,由 Cu - Pb 形成共晶,在铅溶解时铜可能被夹带溶出,造成析出铅含铜升高。因此阳极含铜在电解前应尽可能降低,这对降低阳极泥含铜和阳极泥的处理也是有利的。比铅正电性的金属锑在阳极中含量较高,在阳极过程中也发生溶解,在阴极只有少部分析出,能在电解液中维持 1 g/L 的浓度。我国处理脆硫铅锑混合精矿时,产出一种含锑为 13 ~ 18% 的合金阳极,在低电流密度($100 \sim 120$ A/m²)下电解精炼,亦可获得 1 号精铅。

与铅的电极电势接近的金属锡,在阳极能溶解,在阴极也能析出,因此要严格锡在阳极中的含量,以防影响析出铅质量和污染电解液。

电解过程最基本的技术条件是阴极电流密度,金属析出量与电流大小成正比。铅电解常用的电流密度为 $130 \sim 180$ A/m²。在阳极品位较高、温度稍高、循环速度稍大和电解液杂质含量较低的情况下,允许选用较大的电流密度。

槽电压用于克服电解液、阳极泥层、各接触点和导体的电阻,还用于克服由于浓差极化而引起的反电动势。其中以电解液造成的电压降最大。增加 H_2SiF_6 和减少 $PbSiF_6$ 浓度可降低电解液的电阻。但是,实践证明,适当提高含 Pb 量,总的看来还是有利的,因为这样可以提高阴极析出铅的质量。游离酸如超过 120 g/L,对电阻的降低不大,而酸的损失却大大增加。铅电解槽电压一般在 0.4 V 左右,随着电解的进行,阳极泥层愈来愈厚,槽电压逐渐增至 $0.55 \sim 0.60$ V,甚至 0.7 V,因此,铅电解应在阳极周期内将阳极定期取出刷去泥层,再进行电解。

铅电解的添加剂与铜电解相似。胶质添加剂常用明胶、骨胶或皮胶。胶质粒子带正电荷,可电泳而移至阴极,若阴极表面有突出的结晶或瘤状物时,则此尖点的电力线集中,而带正电荷的胶质粒子则集中停留于此处,使该处电阻增大,从而减少了 Pb^{2+} 离子在此尖点处的放电,于是便可获得表面均匀致密光滑的阴极析出铅。与胶质添加剂混合使用的其他添加剂还有 β——奈酚、木质磺酸钠、石炭酸和丹宁等。

电解液温度一般为 $30 \sim 45$ ℃。温度升高时,电解液的比电阻下降。但温度过高会引起沥青槽的软化和起泡,硅氟酸也会加快分解,电解液蒸发损失也增大。

电解液的循环速度一般为每更换一槽电解液需 1.5 h 左右。循环主要是消除电解液在电解过程中的不均匀性。循环速度以保证阳极泥不脱落为原则。随着电解过程的不断进行,由于铅的化学溶解和阴极电流效率低于阳极,使电解液中铅离子逐渐上升;同时由于蒸发和机械损失,以及 H_2SiF_6 的分解,使电解液中游离硅氟酸不断下降。为此,对电解液要进行增酸脱铅的调整。增酸便是定期向电解液补充新的硅氟酸。脱铅则是抽出部分电解液加硫酸形成硫酸铅沉淀或用石墨不溶阳极电解法。

铅电解精炼的电流效率为 95% ~ 97%,电能消耗 $125 \sim 135$ kWh/t。

6 重金属湿法冶金

6.1 概述

由于世界可供开采矿石品位不断下降,资源的综合利用越来越迫切,各国对环境保护的要求日益严格,对产品纯度要求越来越高,一些新技术如高温(100℃以上)和高压技术、离子交换、溶剂萃取等的广泛应用,促进了湿法冶金技术的发展并使它的作用不断增大。

在重金属冶金中,湿法冶金取得迅速发展的原因之一是从贫铜、镍、钴溶液中用有机溶剂——萃取剂萃取金属研究成功以及与细菌浸出配合使用,使大量不适于用火法处理的低品位氧化矿、废矿堆、浮选尾矿、低品位复杂硫化矿等能通过湿法冶金来处理而提取金属。湿法冶金的一个更大的进展是在镍钴冶金中采用了高压氧氨浸出以及随后的高压氢还原新技术。高压湿法冶金的发展使硫化矿物以较快的速度直接浸取,从而为硫化矿以及其他难浸矿物的提取技术开辟了一条新途径。随着冶金技术的发展,湿法冶金在冶金中具有日益重要的地位,目前80%以上的锌,20%左右的铜是用湿法冶金方法生产的。

湿法冶金原料按矿物的特性,送往浸出的原料可分为以下几种类型:

(1)自然金属矿物:包括铜、金、银矿,还包括经过还原焙烧的镍矿、合金废料等;

(2)硫化矿物:铜、镍、钴和锌的硫化矿,包括造锍熔炼产物——锍;

(3)氧化矿物:铜、镍氧化矿,包括氧化或硫酸化焙烧后的铜、锌焙砂,钴黄铁矿烧渣,以及氧化烟尘、转炉渣等;

(4)砷化矿:砷钴矿,包括黄渣。

湿法冶金原则流程如图6-1所示。

一般湿法冶金大致包括三个过程,即:浸出过程、净化过程、金属沉积过程。

浸出过程是选择适当的溶剂,使矿石、精矿或冶炼中间产品中的有价成分或有害杂质选择性溶解,使其转入溶液,达到有价成分与有害杂质或与脉石分离的

目的。工业上常用的浸
出剂及其应用范围如表6
-1 所示。浸出方法按浸
出剂特点可分为水浸出、
酸浸出、碱浸出、盐浸出、
氯化浸出、氧化浸出、还
原浸出、细菌浸出等；根
据浸出原料一般分为金
属浸出、氧化物浸出、硫
化物浸出和其他盐类浸
出；依浸出温度和压力条
件可分为高温高压和常
温常压浸出。浸出方式
取决于原料的物理状态。
如果是粗粒可进行渗滤
浸出和堆浸。在大多数
情况下原料是粉状，必须
进行搅拌浸出。搅拌可
采用机械搅拌或空气
搅拌。

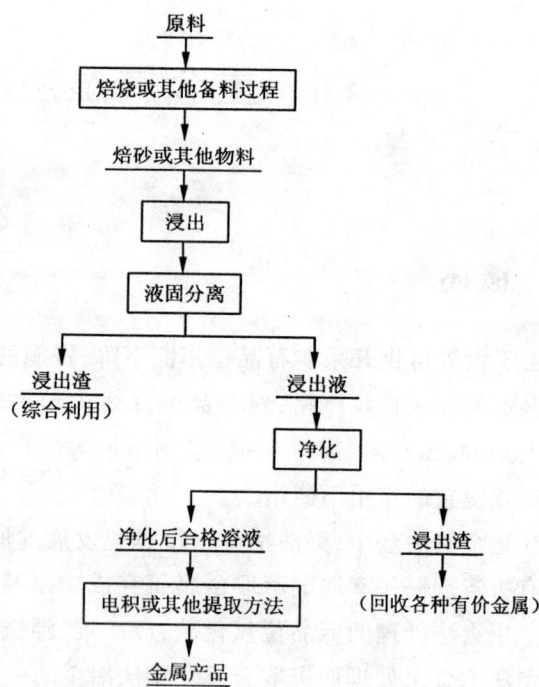

图6-1 湿法冶金原则流程

表6-1 常用浸出剂及其应用

浸 出 剂	浸出矿物类型	适 用 范 围
H_2SO_4	铜、镍、钴、锌的氧化物	处理含酸性脉石的矿石
HCl	黄铜矿	
NH_3	铜、镍、钴的硫化矿	处理含碱性脉石的矿石
Na_2S	Sb_2S_3、HgS 等	处理硫化锑、汞矿
NaCN	Au、Ag	处理金、银矿石
NaCl	$PbSO_4$、$PbCl_2$	处理含铅半产品
高铁盐：$Fe_2(SO_4)_3$、$FeCl_3$	硫化铜矿、黄铜矿	作氧化剂使用
细菌浸出	铜、钴等矿	
H_2O	直接溶于水的硫酸盐、氯化物等	水溶性物料

矿物在浸出过程中,当欲提取的有价金属从原料中溶浸出来时,原料中的某些杂质也伴随着进入溶液。为了便于沉积欲提取的有价主体金属,在沉积前必须将某些杂质除去,以获得合乎从其中提取有价成分要求的溶液。例如镍浸出液必须将其中的铁、铜、钴等除至规定的限度以下;锌浸出液必须将其中的铁、砷、锑、铜、镉、钴等除至规定的限度以下,以便为后序工艺过程提供合格原料。

要使主体金属与杂质分离,一般有两种方法:一种是使主体金属首先从溶液中析出;另一种是让杂质分别析出后,让主体金属留在溶液中。

工业上使用的净化方法有离子沉淀法、置换法、有机溶剂萃取法和离子交换法。

从溶液中提取金属,工业上采用金属置换法、气体还原沉淀法以及电解沉积法等三种方法。金属置换法,它的缺点是不能直接得到纯净金属,还需经过火法精炼和电解精炼才能制取纯净金属。

电解沉积法、高压氢还原法可以直接制取纯净的金属。近年来高压氢还原法得到了较快的发展,这是因为它可以直接获得适合于粉末冶金需要的金属粉末。

6.2 重金属湿法冶金的浸出过程

浸出过程是湿法冶金的主要过程。在步骤上有一段、二段、三段浸出之分,在浸出条件上有低温和高温、弱酸和强酸、常压和高压之别。由于重金属湿法浸出过程的复杂性,本章将分两节分别对锌、铜(镍)的浸出过程进行叙述。

6.2.1 锌焙砂的浸出

6.2.1.1 锌焙砂浸出原则流程

硫化锌精矿经过沸腾焙烧以后,得到的锌焙砂是由 ZnO 和其他金属氧化物以及脉石组成的外表为暗红色的细粒物料。锌焙砂的浸出过程,是以稀硫酸或锌电解过程的废电解液作为溶剂,从锌焙砂中把 ZnO 尽量溶解,并希望其他组分完全不溶解,或者溶解以后再沉淀下来进入渣中,达到锌与这些组分较完全分离的目的。

为了达到上述目的,大多数湿法炼锌工厂采用连续复浸出流程,即第一段为中性浸出,第二段为酸性或热酸浸出。通常将锌焙烧矿采用第一段中性浸出、第二段酸性浸出,浸出渣用火法处理加浸出的流程称为常规浸出流程,其典型的工艺流程见图 6-2。

从上述流程看出,锌焙砂首先是进行中性浸出。在此浸出阶段,焙砂中的

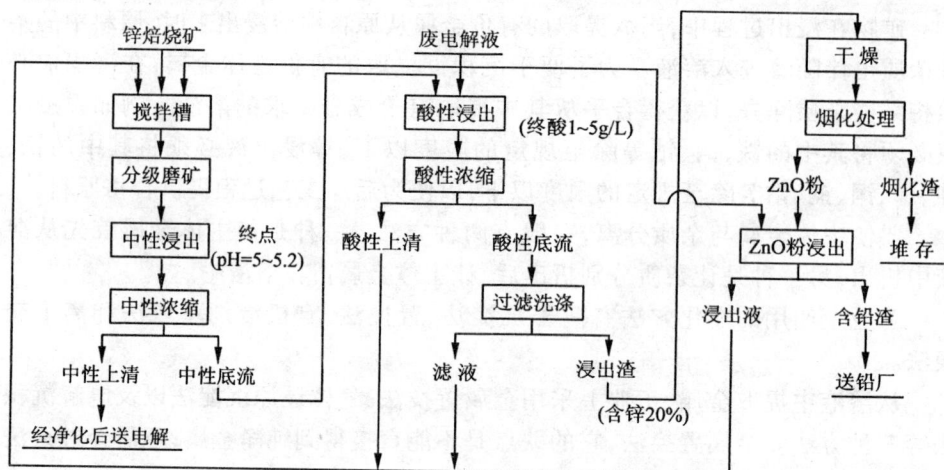

图6-2 湿法炼锌常规浸出流程

ZnO 只有一部分溶解,有的工厂中性浸出阶段锌的浸出率只有 20% 左右。此时有大量过剩的锌焙砂存在,以保证浸出过程迅速达到终点,使矿浆的 pH = 5 ~ 5.2。这样,即使那些在酸性浸出液中溶解了的杂质(主要是 Fe、As、Sb)也将发生中和沉淀反应,不致进入溶液中。因此中性浸出的目的,除了使部分锌溶解外,另一个重要目的是保证锌与其他杂质很好地分离。

由于在中性浸出过程中加入了大量过剩的焙砂矿,许多锌没有溶解而进入渣中,故中性浸出的浓缩底流还必须再进行酸性浸出。酸性浸出的目的是尽量保证焙砂中的锌更完全地溶解,同时也要避免大量杂质溶解。所以终点酸度一般控制在 1 - 5 g/L H_2SO_4。

虽然经过了上述两次浸出过程,所得的浸出渣含锌仍在 20% 左右。这是由于锌焙砂中有部分锌以铁酸锌($ZnFe_2O_4$)的形态存在,焙砂中残硫小于或等于 1% ,便有少量的锌以 ZnS 形态存在。这些形态的锌在上述两次浸出条件下是不溶解的,与其他不溶解的杂质一道进入渣中。这种含锌高的浸出渣不能废弃,一般是火法冶金将锌还原挥发出来与其他组分分离,然后将收集到的粗 ZnO 粉进一步用湿法处理。

由于常规浸出流程复杂,并且生产率低、回收率低、生产成本高,随着 20 世纪 60 年代后期各种除铁方法的研制成功,锌焙烧矿热酸浸出法在 20 世纪 70 年代后得到了广泛应用。现代广泛采用的热酸浸出流程见图 6-3。

由图 6-3 可知,热酸浸出流程是在常规浸出法的基础上增加高温、高酸浸出段,从而将在低酸浸出中尚未溶解的铁酸锌以及少量其他尚未溶解的锌化合

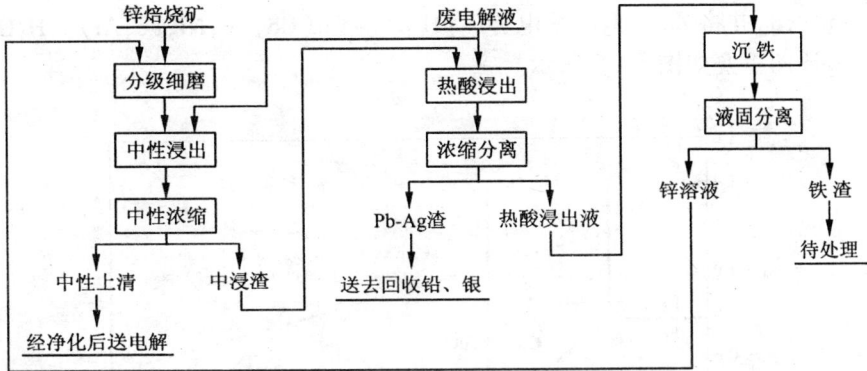

图 6-3 现代广泛采用的热酸浸出流程

物溶解,进一步提高锌的浸出率。由于铁酸锌及其他化合物溶解,浸出渣数量显著减少,使浸出渣中的铅、银、金等有价金属得到较大的富集,从而有利于这些金属的进一步回收。

6.2.1.2 Zn-H₂O 系及 M-H₂O 系电势-pH 图

图 6-4 是 25℃、金属离子活度为 1 时 Zn-H₂O 系电势-pH 图。图中的直线 1~5 分别表示下列反应的平衡条件:

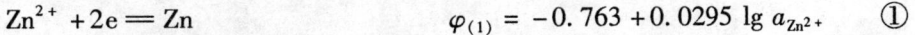

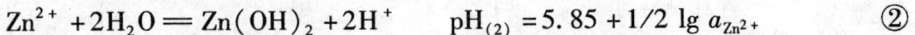

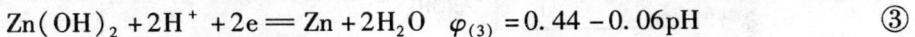

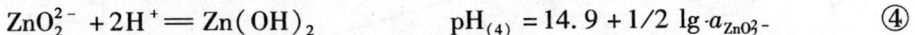

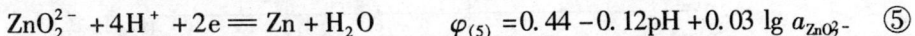

$$Zn^{2+} + 2e = Zn \qquad \varphi_{(1)} = -0.763 + 0.0295 \lg a_{Zn^{2+}} \qquad ①$$

$$Zn^{2+} + 2H_2O = Zn(OH)_2 + 2H^+ \qquad pH_{(2)} = 5.85 + 1/2 \lg a_{Zn^{2+}} \qquad ②$$

$$Zn(OH)_2 + 2H^+ + 2e = Zn + 2H_2O \qquad \varphi_{(3)} = 0.44 - 0.06pH \qquad ③$$

$$ZnO_2^{2-} + 2H^+ = Zn(OH)_2 \qquad pH_{(4)} = 14.9 + 1/2 \lg a_{ZnO_2^{2-}} \qquad ④$$

$$ZnO_2^{2-} + 4H^+ + 2e = Zn + H_2O \qquad \varphi_{(5)} = 0.44 - 0.12pH + 0.03 \lg a_{ZnO_2^{2-}} \qquad ⑤$$

图 6-4 中的直线 1~5 将 Zn-H₂O 系电势-pH 图分为四个稳定区,即 Zn、Zn²⁺、Zn(OH)₂、ZnO₂²⁻ 四个稳定相区。在湿法炼锌中,生产过程的 pH 值都控制在 7 以下,因此 ZnO₂²⁻ 稳定相区对目前锌冶金无多大意义。而 Zn²⁺、Zn(OH)₂ 和 Zn 三个区域则构成了湿法炼锌的浸出、水解、净化和电积过程所要求的稳定区域。

为便于了解浸出时锌和其他组分的行为,绘制接近工业成分的金属(M)-H₂O 系

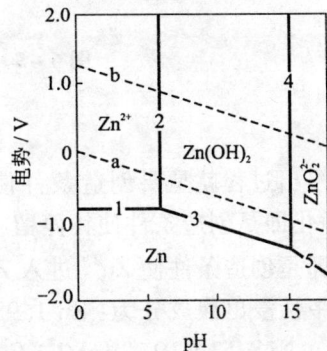

图 6-4 Zn-H₂O 系电势-pH 图

259

电势 – pH 图,并将 Zn – H_2O 系电势 – pH 图与 Cu(Cd,Co,Ni,Fe,Al) – H_2O 系电势 – pH 图重叠如图 6 – 5 所示。

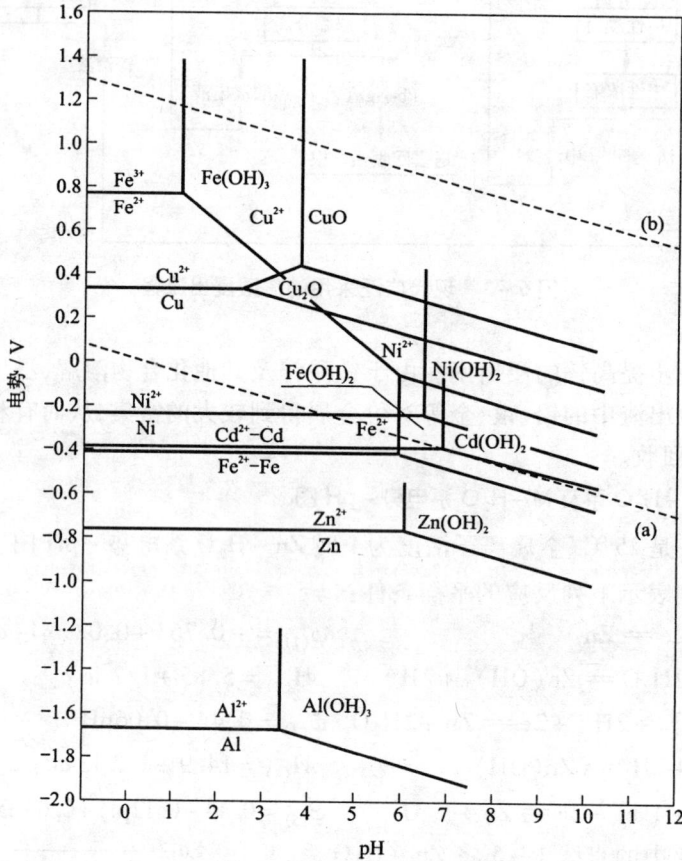

图 6 – 5 M – H_2O 系电势 – pH 图

(25 ℃, $a_{M^{n+}} = 1$)

浸出过程就是要创造条件使原料中的锌及其他有价金属进入 M^{2+} 区。水解、净化即是创造条件使锌停留在 Zn^{2+} 区域,同时使杂质进入 $M(OH)_n$ 或 M 区。电积即是创造条件使 Zn^{2+} 进入 Zn 区。

中性浸出液成分为: Zn 1.988 mol/L, Cd 4.45×10^{-3} mol/L, Co 2.0×10^{-4} mol/L, Ni 8.53×10^{-6} mol/L, Cu 4.74×10^{-3} mol/L。有关金属盐类的平均活度系数及中性浸出液各组分的活度值分别列于表 6 – 2 和表 6 – 3 中。

表 6 - 2　有关金属盐类的平均活度系数

浓度 /mol·L^{-1}	0.001	0.005	0.01	0.05	0.1	0.3	0.5	1.0	2.0	3.0
NiSO$_4$	—	—	—	—	0.15	0.084	0.063	0.043	0.034	0.041
ZnSO$_4$	0.7	0.477	0.387	0.202	0.15	0.083	0.063	0.043	0.035	0.04
CuSO$_4$	0.74	0.53	0.41	0.21	0.15	0.083	0.062	—	—	—
CdSO$_4$	0.699	0.476	0.383	—	0.16	0.083	0.061	0.041	0.032	0.036
FeSO$_4$	—	—	0.76	0.62	0.68		0.51	0.61	—	—

表 6 - 3　中性浸出液各组分的活度值

元　素	Zn	Fe	Cd	Co	Ni	Cu
浓度 /mol·L^{-1}	1.988	3.58×10^{-4}	4.465×10^{-3}	2.0×10^{-4}	8.525×10^{-6}	4.74×10^{-3}
γ	0.036	1	0.476	1	1	0.53
a	6.955×10^{-2}	3.58×10^{-4}	2.12×10^{-3}	2.0×10^{-4}	8.525×10^{-6}	2.50×10^{-3}
$\lg a$	-1.158	-3.4465	-2.674	-3.7	-4.07	-2.6

　　根据金属离子水解沉淀反应的平衡方程式可计算出工业条件下 Zn^{2+}，Cu^{2+}，Cd^{2+}，Co^{2+}，Ni^{2+}，Fe^{2+}，Fe^{3+} 水解沉淀的 pH 值，如表 6 - 4 所示。

表 6 - 4　各种金属氢氧化物沉淀的 pH 值

氢氧化物	pH$^{\ominus}$	pH
Zn(OH)$_2$	5.85	6.429
Cu(OH)$_2$	4.60	5.90
Cd(OH)$_2$	7.20	8.537
Ni(OH)$_2$	6.09	8.125
Co(OH)$_2$	6.30	8.15
Fe(OH)$_2$	6.61	8.33
Fe(OH)$_3$	1.61	2.7588

　　从图 6 - 3 和表 6 - 4 可以清楚地看出，当中性浸出终点溶液的 pH 值控制在 5.2 ~ 5.4 之间时，用水解净化法不能除去 Cu^{2+}，Cd^{2+}，Co^{2+}，Ni^{2+} 和 Fe^{2+}。为了净化除铁，必须使 Fe^{2+} 氧化为 Fe^{3+}。

湿法冶金中使用的氧化剂有 O_3, H_2O_2, Cl_2, MnO_4^-, ClO^-, HNO_3, ClO_3^-, MnO_2, O_2, 它们的电势分别是:

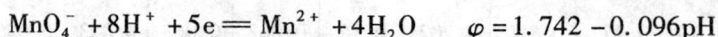

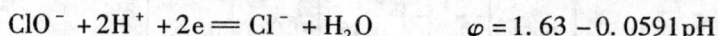

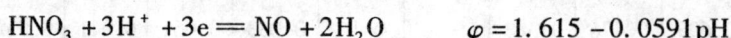

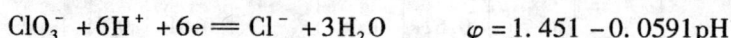

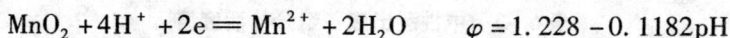

$$O_3 + 2H^+ + 2e = O_2 + H_2O \qquad \varphi = 2.076 - 0.0591pH$$

$$H_2O_2 + 2H^+ + 2e = 2H_2O \qquad \varphi = 1.776 - 0.0591pH$$

$$MnO_4^- + 8H^+ + 5e = Mn^{2+} + 4H_2O \qquad \varphi = 1.742 - 0.096pH$$

$$ClO^- + 2H^+ + 2e = Cl^- + H_2O \qquad \varphi = 1.63 - 0.0591pH$$

$$HNO_3 + 3H^+ + 3e = NO + 2H_2O \qquad \varphi = 1.615 - 0.0591pH$$

$$ClO_3^- + 6H^+ + 6e = Cl^- + 3H_2O \qquad \varphi = 1.451 - 0.0591pH$$

$$1/2Cl_2 + e = Cl^- \qquad \varphi^\ominus = 1.395$$

$$MnO_2 + 4H^+ + 2e = Mn^{2+} + 2H_2O \qquad \varphi = 1.228 - 0.1182pH$$

$$1/2O_2 + 2H^+ + 2e = H_2O \qquad \varphi = 1.229 - 0.0591pH$$

双氧水、高锰酸钾、氯酸钠都比较昂贵,故镍钴湿法冶金中广泛使用的是 Cl_2,在锌铜湿法冶金中是 MnO_2 和空气。

锌湿法冶金是在酸性介质中加 MnO_2 使 Fe^{2+} 氧化为 Fe^{3+},随后用锌焙砂中和沉铁:

$$2Fe^{2+} + MnO_2 + ZnO + 3H_2O = 2Fe(OH)_3 \downarrow + Zn^{2+} + Mn^{2+}$$

或者是在近中性介质($pH = 3.5 - 5.6$)下通空气氧化,按下列反应进行:

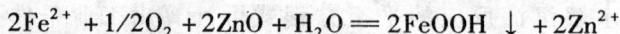

$$2Fe^{2+} + 1/2O_2 + 2ZnO + H_2O = 2FeOOH \downarrow + 2Zn^{2+}$$

6.2.1.3 金属氧化物的溶解

锌焙烧矿中的锌主要呈氧化锌(ZnO)、硫酸锌($ZnSO_4$)、铁酸锌($ZnO \cdot Fe_2O_3$)、硅酸锌($2ZnO \cdot SiO_2$)及硫化锌(ZnS)等形态存在,其他伴生金属铁、铅、铜、镉、砷、锑、镍、钴等也呈类似的形态。脉石成分则呈氧化物,如 CaO、MgO、Al_2O_3 及 SiO_2 形态存在。

氧化物溶解于酸溶液的一般反应为:

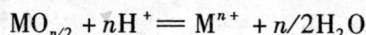

$$MO_{n/2} + nH^+ = M^{n+} + n/2H_2O$$

溶解反应达平衡时,有:

$$\lg a_{M^{n+}} = \lg K - npH$$

式中 K 为平衡常数,可由 25 ℃下的 $\Delta G^\ominus$ 值计算得到,从而可作出 25 ℃的 $\lg a_{M^{n+}}$ 与 pH 的关系图(图 6 - 6)。

由图 6 - 6 可知,要使 ZnO 完全溶解,得到 $a_{Zn^{2+}} = 1$ 的溶液,必须控制浸出的 pH 值在 5.5 以下。一些难溶的氧化物,如 Al_2O_3 在酸浸时仅少量溶解入液,大部分不溶而入渣;Fe_2O_3 在中浸时不溶,在酸浸时部分溶解入液,进入溶液中的铁主要以低价铁存在,在一般酸浸条件下,锌焙烧矿中的铁有 10% ~ 20% 进入溶液

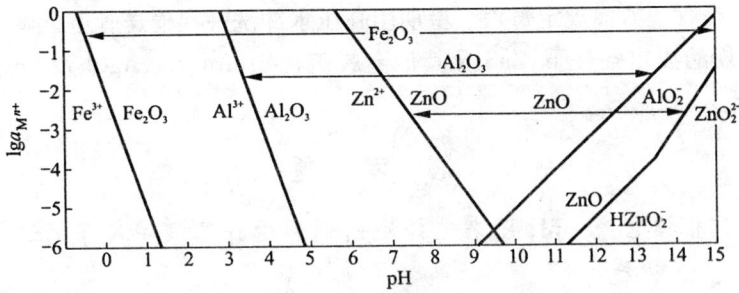

图 6-6 浸出液中 $\lg a_{M^{n+}}$ 与溶液 pH 的关系(25 ℃)

中;CuO 在中浸时不溶,在酸浸时部分溶解,锌焙烧矿中铜约有 60% 转入溶液,其余一半则遗留在残渣中;砷、锑氧化物,因具有两性化合物的性质,可以亚砷酸及亚砷酸盐、砷酸的形态入溶液。

镉、镍、钴等氧化物易溶于酸,生成金属硫酸盐入溶液,其中铅与钙的硫酸盐是难溶于水的,在室温下的溶度积分别为 2.3×10^{-8} 和 2.3×10^{-4},溶解度分别为 4.2×10^{-2} 和 2.0 g/L。所以可以认为在浸出时铅完全进入渣中,钙只有少量进入溶液。但是这类反应消耗了硫酸,故原料含铅高时采用硫酸溶剂来进行湿法冶金是不适宜的。如果原料含铅高,采用硫酸做溶剂的湿法冶金,则只能从溶解了锌、铜等的浸出渣中提取铅。

镁的硫酸盐在水溶液中有较大的溶解度。表 6-5 所示是 $MgSO_4$ 和 $CaSO_4$ 在不同温度下的溶解度。

表 6-5　$MgSO_4$ 和 $CaSO_4$ 在不同温度下的溶解度

(100 g 饱和溶液中的克数)

温度/℃	20	25	35	45	55
$MgSO_4$	26.65	29.0	31.0	33.4	35.0
$CaSO_4$	0.209	0.213	0.214	0.211(321 K)	0.200

表 6-5 指出,$MgSO_4$ 比 $CaSO_4$ 的溶解度大得多,虽然随着温度的降低其溶解度有所下降,但仍然可以认为浸出时产生的 $MgSO_4$ 将完全进入溶液中,而 $CaSO_4$ 的溶解度虽随温度的降低而略有增加,但增加不大。所以在湿法炼锌的溶解循环中,钙、镁在溶液中的浓度会达到饱和,尤其在冷却过程中,便容易从溶液中析出所谓钙镁的结晶,堵塞输送管道,给生产带来许多麻烦。因此,有的工厂便规定电解液

263

中 $MgSO_4$ 的最大浓度为 40 g/L,而 $CaSO_4 \cdot H_2O$ 的浓度规定为在 20 ~ 25 ℃下的饱和浓度,并且在管理方面规定每六个星期用高压水冲洗一次输送管道。

在常规的浸出条件下,ZnS 及其他金属硫化物、Au、Ag、AgCl 及 SiO_2,不溶而进入渣中。

思 考 题

1. 如何根据电势 – pH 图来选择浸出剂和选择溶液中离子的还原剂与氧化剂?

2. 湿法炼锌中性浸出的 pH 值为什么要控制在 5 左右?

6.2.1.4 铁酸锌在浸出时的变化

锌焙砂经过中性与酸性浸出以后,希望得到一种含锌较低的浸出渣,从而保证锌的高浸出率。但采用常规浸出流程的湿法炼锌厂,实际得到的浸出渣含锌都较高,一般在 20% 左右。当处理含铁高的精矿时,渣含锌还会更高。这种浸出渣从前都是经过一个火法冶金过程将锌还原挥发出来,变成氧化锌粉再进行湿法处理。这样使湿法炼锌厂的生产流程特别复杂,并且生产率低,生产成本高。

要解决浸出渣的处理问题,必须弄清楚进入渣中的锌是以什么形态存在。几个工厂浸出渣中锌的物相分析结果,以占渣中锌量的百分数表示列于表 6 – 6 中。

从表 6 – 6 所列数据看出,铁酸锌的锌量都占渣中总锌量的 60% 以上。这就说明,在一般的湿法炼锌浸出过程中,铁酸锌将不溶解而进入渣中。如能提高焙砂质量便可降低渣中硫化锌的数量,如能加强渣的洗涤则可降低渣中硫酸锌的数量,这样渣中铁酸锌所占的锌量将会提高到 90% 以上。所以,要想简化常规湿法炼锌流程,取消浸出渣火法处理及 ZnO 粉的浸出过程,首先就要研究 $ZnO \cdot Fe_2O_3$ 在浸出时的溶解条件。

表 6 – 6 锌在浸出渣中各形态分配(w/%)

序号	$ZnFe_2O_4$	ZnS	$ZnSiO_3$	ZnO	$ZnSO_4$	$Zn_总$
1	61.2	15.8	2.2	2.7	18.1	100(22.2)
2	94.9	—	1.8	2.2	1.1	100(20.4)
3	76.3	0.78	3.7	5.5	10.8	100(21.2)

图 6-7 为常温与 100 ℃下 $ZnO \cdot Fe_2O_3 - H_2O$ 系电势 – pH 图。由图可知：

(1)随着温度升高(由 25→100 ℃)，$ZnO \cdot Fe_2O_3$ 的稳定区增大，即酸浸难度增大。

(2)$ZnO \cdot Fe_2O_3$ 的浸出分两段进行，首先在低酸下按反应 $ZnO \cdot Fe_2O_3 + 2H^+ = Zn^{2+} + H_2O + Fe_2O_3$ 溶出 Zn^{2+}，随后在高酸下按反应 $Fe_2O_3 + 6H^+ = 2Fe^{3+} + 3H_2O$ 溶出 Fe^{3+}，即锌比铁优先溶解。

(3)In、Ga 比 Zn 难以溶出，所以要得到高的 In、Ga 浸出率，就需要较高的酸度，而 Fe 的浸出率也相应增高。

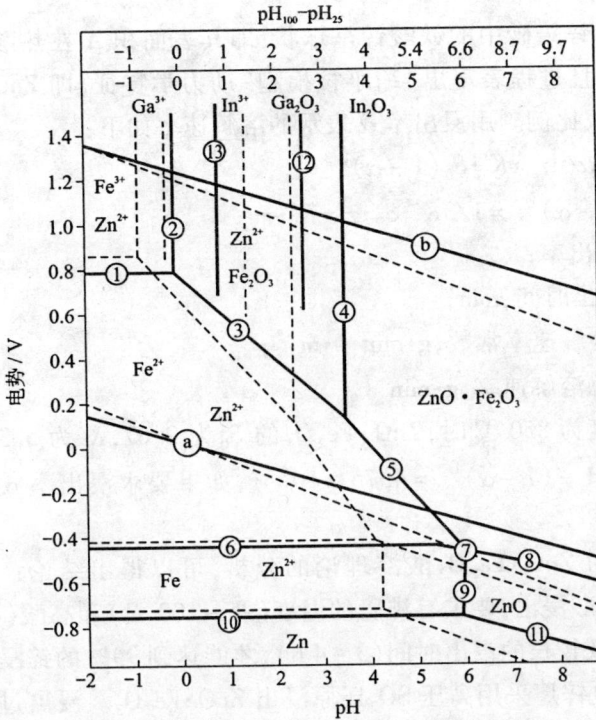

图 6-7　$ZnO \cdot Fe_2O_3 - H_2O$ 系电势 – pH 图

($a=1$, 实线 $t=25$ ℃, 虚线 $t=100$ ℃)

从 $ZnO \cdot Fe_2O_3$ 浸出的动力学来看，$ZnO \cdot Fe_2O_3$ 属于难以分解的铁氧体，其酸浸反应的活化能高达 58576 J/mol。根据其活化能值由下式计算得到反应速率常数 K 和温度系数：

$$\lg(K_t + 10)/K_t = 1/[(273+t)(273+t+10)] \cdot (10E/4.575)$$

计算得出几种温度范围内反应速率的温度系数如表 6-7 所示。

表 6-7 铁酸锌在几种温度范围内反应速率的温度系数

温度范围/℃	40 ~ 50	60 ~ 70	90 ~ 100
$(K_t + 10)/K_t$	2.01	1.84	1.68

计算结果表明,温度升高对强化铁酸锌的分解是十分必要的。但是高温时 $pH^\ominus$ 很小,必须采用高的硫酸浓度。所以在锌焙砂热酸浸出中采用 90 ℃ 以上的温度,残酸为 50 ~ 65 g/L。

试验证实,锌焙砂中的铁酸锌呈球状,即其表面积 A 在热酸浸出的过程中是一变化值,并且过程表现出"缩小核模型"动力学特征,即 $ZnO \cdot Fe_2O_3$ 的酸溶速率与表面积成比例。用浸出率 α 表示的溶解速率如下:

$$d\alpha/d\tau = K' \cdot S_0 (1 - \alpha)^{2/3}$$

积分得: $1 - (1 - \alpha)^{1/3} = 1/3 K' \cdot S_0 \cdot \tau = K'' \cdot \tau$

式中　　α——浸出率;

　　　　τ——浸出时间,min;

　　　　S_0——溶解速率常数,$g \cdot min^{-1} \cdot m^{-3}$;

　　　　K''——总溶解速率,$g \cdot min^{-1}$。

当焙烧温度为 850 ℃ 时,$ZnO \cdot Fe_2O_3$ 的 S_0 为 2.67,K' 为 5.34×10^{-3},K'' 为 4.75×10^{-3},即 $1 - (1 - \alpha)^{1/3} = 4.75 \times 10^{-3} \tau$,如果要求浸出率 $\alpha = 99\%$,则 $\tau = 165.2$ min。

根据以上对 $ZnO \cdot Fe_2O_3$ 酸溶理论的分析,可以得出结论:对于难溶球状 $ZnO \cdot Fe_2O_3$ 的热酸浸出,要求有沸腾的温度(95 ~ 100 ℃)和高酸(残酸 40 - 60 g/L)的浸出液以及较长的浸出时间(3 ~ 4 h),才能达到 99% 的锌浸出率。

日本饭岛电锌厂采用高压 SO_2 还原浸出 $ZnO \cdot Fe_2O_3$。浸出过程在卧式圆形高压容器中进行。压入 SO_2 气体使容器中的压力维持在 152 ~ 202 kPa,浸出温度为 100 ~ 110 ℃,矿浆在其中停留 3 h。浸出化学反应为:

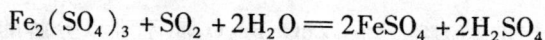

$$ZnFe_2O_4 + 4H_2SO_4 = ZnSO_4 + Fe_2(SO_4)_3 + 4H_2O$$

$$Fe_2(SO_4)_3 + SO_2 + 2H_2O = 2FeSO_4 + 2H_2SO_4$$

上两式相加得:

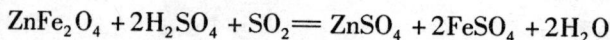

$$ZnFe_2O_4 + 2H_2SO_4 + SO_2 = ZnSO_4 + 2FeSO_4 + 2H_2O$$

使用这种方法,Zn、Fe 及 Cu、Cd、Ga、Ge、In、As 等金属的浸出率都在 90% 以上。

这种方法的主要优点在于包括许多稀有金属在内的浸出率都很高,有利于综合利用,但设备投资费用高。

热酸浸出已在许多工厂采用,差不多所有新建或改建的电锌厂都采用这个方法。热酸浸出的实践数据列于表 6 – 8 中。

从表中所列数据看出,所谓热酸浸出就是当焙砂的中性浸出底流或堆存的浸出渣送去酸性浸出时,将浸出温度由一般酸性浸出的 60 ℃ 左右提高到 85 ~ 95 ℃,终酸由 1 ~ 5 g/L 提高到 20 ~ 60 g/L。在这样条件下,铁酸锌的浸出率可达到 90% 以上。这样,溶液中的铁含量往往升高到 30 g/L 以上。如果将这种含铁高的浸出液,象一般酸性浸出那样返回中浸,即用中和水解沉铁,便会产生大量的氢氧化铁和碱式硫酸铁。这种胶状物质,总是很难甚至根本无法澄清、过滤和洗涤,当然也就会造成锌的损失和降低回收率。所以采用热酸浸出的同时还需要决定以什么形态将大量进入溶液中的铁沉淀下来。下面先讨论一般中性浸出液的沉铁反应,然后介绍热酸浸出液的沉铁反应。

表 6 – 8 热酸浸出生产数据

项　目	里斯敦厂(澳)	埃克斯塔尔厂(加)	埃特诺萨厂(挪威)
处理原料	中浸渣:堆存渣 = 1:2	中浸渣	中浸渣
浸出方式	串联四槽连续	串联三槽连续	串联四槽连续
浸出槽	机械搅拌,250 m^3	机械搅拌,190 m^3	机械搅拌,45 m^3
浸出温度/℃	85 ~ 95	90 ~ 95	95
终酸/($g·L^{-1}$)	35	30 – 40	40 – 60
浸出时间/h	7	4	–
$ZnFe_2O_4$ 的浸出率/%	99	96	–
Fe 的总浸出率/%	93	60 ~ 70	–
铅渣成分/%,Pb	27.1	–	14
Zn	6.0	–	4.0
Fe	10.3	–	15

6.2.1.5 中性浸出液中 Fe^{2+} 的氧化和 Fe^{3+} 与 As、Sb 的共沉淀

前已述及,在一般的浸出液中必须将溶液中的 Fe^{2+} 氧化为 Fe^{3+},才能用中和法控制 pH = 5 左右,将溶液中的铁完全沉淀下来。在生产实践中为了使溶液中 Fe^{2+} 氧化为 Fe^{3+},必须将溶液的电势值提高到 0.8 V 以上。提高电势所采用

的氧化剂有软锰矿(MnO_2)或空气中的氧。

图6-8为$Fe^{3+}+e \rightleftharpoons Fe^{2+}$系电势-pH图。图中直线1、2、3分别表示下列平衡反应的电势-pH关系：

$$Fe^{3+}+e \rightleftharpoons Fe^{2+} \qquad ①$$
$$\varphi_{(1)}=0.77+0.06\lg(a_{Fe^{3+}}/a_{Fe^{2+}})$$

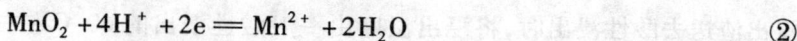

$$MnO_2+4H^++2e \rightleftharpoons Mn^{2+}+2H_2O \qquad ②$$
$$\varphi_{(2)}=1.23-0.12pH-0.031\lg a_{Mn^{2+}}$$

$$O_2+4H^++4e \rightleftharpoons 2H_2O \ (p_{O_2}=21278.25\ Pa) \qquad ③$$
$$\varphi_{(3)}=1.22-0.06pH+0.0148\lg p_{O_2}$$

根据②-2×①便得到软锰矿对Fe^{2+}的氧化反应：

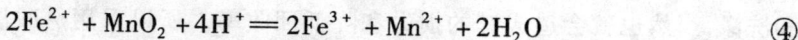

$$2Fe^{2+}+MnO_2+4H^+ \rightleftharpoons 2Fe^{3+}+Mn^{2+}+2H_2O \qquad ④$$
$$\varphi=\varphi_{(2)}-\varphi_{(1)}=0.46-0.12pH-0.03\lg[(a_{Fe^{3+}}/a_{Fe^{2+}})a_{Mn^{2+}}]$$

当pH值一定时，从图6-8就可求出φ值。

从图6-8可以看出，溶液的pH值愈小，φ的值愈大，即Fe^{2+}氧化为Fe^{3+}的趋势愈大。所以采用MnO_2作为Fe^{2+}的氧化剂时，宜在酸性溶液中进行氧化。国内某厂在浸出液含酸10~20 g/L的条件下进行氧化，效果较好。此时溶

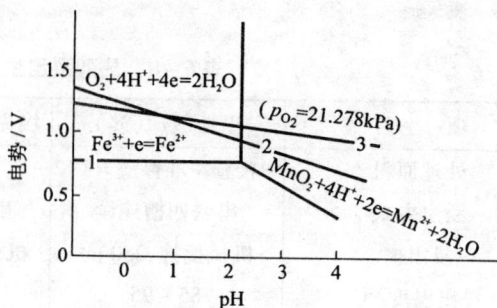

图6-8　$Fe^{3+}+e \rightleftharpoons Fe^{2+}$系电势-pH图

液中硫酸的活度在40℃时为$a_{H^+}=0.08\sim0.12$，60℃时为$a_{H^+}=0.07\sim0.11$。如果取$a_{H^+}=0.1$，则pH=1，代入φ式，便得到反应④平衡时（$\varphi=0$）的平衡常数：$(a_{Fe^{3+}}/a_{Fe^{2+}})a_{Mn^{2+}}=10^{11.4}$。

锌电解液中锰的含量波动在3~5 g/L之间。如果考虑浸出液含锰最高为15 g/L，$a_{Mn^{2+}}=2.5\times10^{-2}$，则反应平衡时：

$$a_{Fe^{3+}}/a_{Fe^{2+}}=(10^{11.4}/2.5\times10^{-2})^{1/2}=3.6\times10^6$$

由此可知，Fe^{2+}被MnO_2氧化程度是很高的。

当$a_{Fe^{3+}}/a_{Fe^{2+}}=1$时，从反应①可知，$\varphi_{(1)}=+0.77$ V。当溶液的电势提高到+0.95 V时，可求出$a_{Fe^{3+}}/a_{Fe^{2+}}=10^3$，假定溶液中$a_{Fe^{3+}}+a_{Fe^{2+}}=100\%$，则$a_{Fe^{2+}}=0.1\%$，$a_{Fe^{3+}}=99.9\%$。所以当溶液的电势值为+0.95 V时，中和至pH=4.5，

则铁可以除去 99.9%。

从上述简单计算实例表明,软锰矿是锌溶液中 Fe^{2+} 很好的氧化剂,各个工厂都乐于采用。但是这一做法也存在许多缺点,首先是要消耗大量的软锰矿,生产 1 吨锌约消耗 15 kg;同时软锰矿也会带来一些其他杂质成分,并且过多的锰离子进入溶液也是不希望的。如某工厂,电解液中 Mn^{2+} 的浓度曾升高到 15 g/L 左右,因溶液的粘度增加,结果槽电压升高,而降低了电流效率。但用空气中的氧代替软锰矿作氧化剂来氧化溶液中的 Fe^{2+},便可以克服这些缺点,现已在许多工厂采用。

由图 6-8,空气中的氧完全可以使溶液中的 Fe^{2+} 氧化为 Fe^{3+}。在中性溶液中空气的氧化能力比 MnO_2 还要强。反应式可写为:

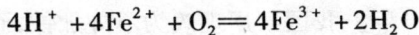

$$4H^+ + 4Fe^{2+} + O_2 = 4Fe^{3+} + 2H_2O$$

Fe^{2+} 氧化为 Fe^{3+} 的反应速率,除了与 Fe^{2+} 本身的浓度及溶液酸度有关外,还与溶于溶液中氧分子的浓度及溶液酸度有关。在温度为 20~80 ℃,pH 为 0~2 的范围内,设一定时间内 Fe^{2+} 氧化的数量为 $d[Fe^{2+}]$,氧化速率可用下式求出:

$$1/4 \cdot d[Fe^{2+}]/dt = 1.32 \times 10^{11} \{[Fe^{2+}]^{1.84}[O_2]^{1.01}/[H^+]^{0.25}\} \exp(-1.76 \times 10^3/RT)$$

从这个反应速率计算式看出,溶液中 $[O_2]$ 愈大,反应速率便愈大。所以在工厂实际中为了提高 $[O_2]$,将空气喷入溶液,产生极细小的气泡。国内某厂在进行针铁矿法沉铁扩大试验中,采用机械搅拌与空气搅拌相结合。用大风口 ($\varnothing$ 14 mm) 风管将供风送至搅拌浆下面,搅拌浆为转盘透平式,转速为 200 r/min,借此浆将空气剪切分散,提高了空气利用系数。不过这种方法的动力消耗大。

Fe^{2+} 的氧化速率反比于 $[H^+]^{0.25}$。当溶液的酸度愈低,即 pH 值愈大时,Fe^{2+} 的氧化反应速率便愈大。当 pH < 1.9 时,溶液中的 Fe^{2+} 几乎不被空气中的 O_2 所氧化。所以各工厂在采用空气进行 Fe^{2+} 的氧化过程中,一般需加入焙砂进行预中和以提高溶液的 pH 值。

根据试验研究,在用空气进行氧化时,Cu^{2+} 的存在有利于反应加速进行。有人曾测定过铁和铜的氧化电势随 pH 值变化的情况。当 pH 大于 2.5 时,Cu^{2+}/Cu^+ 的电势大于 Fe^{3+}/Fe^{2+} 的电势,结果便可使 $Cu^{2+} + Fe^{2+} = Fe^{3+} + Cu^+$ 反应从左向右进行。反过来,当 pH 小于 2.5 时,由于 Cu^{2+}/Cu^+ 的电势小于 Fe^{3+}/Fe^{2+} 的电势,这个反应便会逆向进行。所以当溶液 pH 值大于 2.5 时,溶液中的 Cu^{2+} 可以直接氧化 Fe^{2+}。从 Fe^{2+} 的氧化反应速率来说,当 Cu^{2+} 的浓度为 0.001、0.003、0.01 mol/L 时,这个氧化反应速率正比于 $[Cu^{2+}]^{0.28}$。

关于用空气中的氧来使浸出液中的 Fe^{2+} 氧化为 Fe^{3+} 的方法,虽然已在一些工厂采用,但对于氧化过程的基本原理还有待进一步研究,同时对其生产技术条件也有待更好地掌握。

用中和法沉淀铁的同时,溶液中的 As 与 Sb,Ge 可以与铁共沉淀。所以在生产实践中,如果溶液中的 As,Sb,Ge 的含量比较高时,为了使它们完全沉淀,必须保证溶液中有足够的铁离子。溶液中的铁含量应为 As + Sb 总量的 10 倍以上,当 Sb 含量高时要求更高一些。在 As + Sb 高含量的情况下,溶液中铁含量不够时,应该向溶液中加入含铁的物质,以得到 Fe,As,Sb 共同沉淀的结果。这就是一般湿法炼锌厂在锌焙砂浸出时,往往加入 $FeSO_4$ 的原因。但加铁屑制备 $FeSO_4$ 的方法有许多缺点,如每生产一吨电锌平均耗铁屑 20 kg,耗 H_2SO_4 60 kg,制备 $FeSO_4$ 耗电 2 kWh,增加渣量 80 kg。我国某厂现改为不外加铁,而将圆锥分级后的大粒焙砂进行高温高酸浸铁,然后将其返往酸性浸出,这样可以提高冲矿液的含铁量,且可避免 Fe,As,Sb,Ge 在系统中的循环积累。为实现中性浸出水解除杂质不外加铁,使溶液中的 As 和 Sb 浓度都可降到 0.2 mg/L,对混合锌精矿和冲矿液成分必须要求:混合锌精矿成分(%)为:Fe 8 ~ 12,As + Sb < 0.5(Sb < 0.005),Ge < 0.005;冲矿液成分(g/L)为:Fe_T 0.8 ~ 1.6,Fe^{2+} < 0.05,As < 0.1。

当然,在采用铁矾法除铁的炼锌工艺中,可以通过调节沉矾后液的 Fe^{3+} 含量来调整中浸过程中所需的 Fe 量。

关于氢氧化铁除砷、锑的作用可以简述如下:

氢氧化铁是一种胶体,因为胶体微粒带有电性相同的电荷,所以相互排斥而不易沉降。$Fe(OH)_3$ 在不同的酸度下因吸附的离子不同,带的电荷也不相同。在溶液 pH < 5.2 时,它吸附 Fe^{3+} 而带正电;在 pH > 5.2 时它带负电,其等电点在 pH = 5.2 附近。由于在 pH < 5.2 时,$Fe(OH)_3$ 胶粒带正电,AsO_4^{3-},SbO_4^{3-} 将成为其反离子。一般说溶液中各种负离子都可以成为"反离子"从而被胶核所吸引,其中一部分可以进入胶团内和胶团一起运动。在工业浸出液中,可成为反离子的物质很多,如 SO_4^{2-},OH^-,AsO_4^{3-},SbO_4^{3-},SiO_3^{2-},GeO_3^{2-} 等,但它们进入胶团吸附层的数量将取决于这些离子的浓度和电荷的大小,浓度大、电荷高的更易进入吸附层,浓度和电荷相比电荷作用更大。因此进入氢氧化铁胶粒吸附层的负离子将主要是 SO_4^{2-},AsO_4^{3-},SbO_4^{3-},也会有少量的 SiO_3^{2-} 和 OH^- 等。

砷、锑只有在溶液酸度很高的情况下方能以阳离子 As^{5+},Sb^{5+} 的形式存在。对于中性浸出,终点 pH 控制在 5.2 以上的溶液,砷、锑将主要以配位离子、

270

AsO_4^{3-} 和 SbO_4^{3-} 形式存在,金属砷、锑离子将是极少的。尽管溶液中 AsO_4^{3-}、SbO_4^{3-} 的浓度较 SO_4^{2-} 低得多,但其在电荷方面却占有极大优势,故可以被氢氧化铁胶核吸附在表面层中。

思 考 题

铁酸锌是影响锌浸出率的主要因素,采取那些措施可以提高锌的直接浸出率?

6.2.1.6 从含铁高的浸出液中沉铁的方法

浸出渣采用热酸浸出,可使铁酸锌的锌浸出率达 90% 以上,显著提高了金属的提取率,但大量铁、砷等也转入溶液,使浸出液中的含铁量高达 30 g/L 以上。这种含铁高的浸出液不能返回中性浸出工序进行中和沉铁。为了从含铁高的溶液中沉铁,自 1960 年以来,先后在工业上应用的沉铁方法有黄钾铁矾法、转化法、针铁矿法、赤铁矿法。这些方法与传统的水解法比较是铁的沉淀结晶好,易于沉降、过滤和洗涤。目前国内外采用黄钾铁矾法的最多,其他都只在少数工厂采用。

从高浓度 $Fe_2(SO_4)_3$ 溶液中沉铁的方法决定于 $Fe_2O_3 - SO_3 - H_2O$ 系的平衡状态(见图 6-9)。

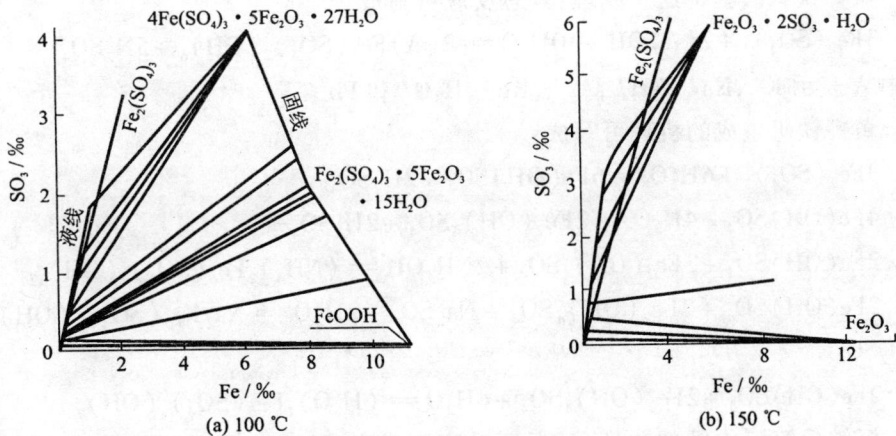

图 6-9

根据 75～200℃ 下 Fe 和 H_2SO_4 的浓度小于 100 g/L 时所作的 $Fe_2O_3 - SO_3 -$

271

H_2O 系的平衡状态图可知,在高价铁溶液内,相应的 $Fe_2(SO_4)_3$ 浓度可能形成一些不同组分的化合物。在非常稀的溶液内($Fe^{3+} < 1$ g/L)形成 $\alpha - FeOOH$(针铁矿),在较浓的溶液中($Fe^{3+} > 20$ g/L)形成 $H_3O[Fe_3(SO_4)_2(OH)_6]$(水合氢黄铁矾),在 175~200 ℃ 高温下随着溶液中硫酸铁浓度的变化而生成不同的铁的化合物。三价铁的浓度低时形成 Fe_2O_3(赤铁矿),三价铁的浓度高时形成 $Fe_2O_3 \cdot SO_3 \cdot H_2O$ 或是 $FeSO_4OH$(铁的羟基硫酸盐)。溶液温度由 100 ℃ 提高到 200 ℃,可使铁在较酸性介质中沉出。

因此从高含量 Fe^{3+} 溶液中沉铁,当采用针铁矿($\alpha - FeOOH$)法和赤铁矿(Fe_2O_3)法时,有一个共同特点,那就是必须大大降低溶液中 Fe^{3+} 含量,也就是要预先将 Fe^{3+} 还原成 Fe^{2+},随后 Fe^{2+} 用空气氧化析出针铁矿或赤铁矿。实践中可采用硫化物(如 ZnS 和 SO_2)将 Fe^{3+} 进行还原。

下面对黄钾铁矾法、针铁矿法和赤铁矿法等沉铁方法进行详细介绍。

(1)黄钾铁矾法

黄钾铁矾法生产工艺流程如图 6-10 所示。为了溶解中浸渣中的 $ZnO \cdot Fe_2O_3$,将中浸渣加入到含 $H_2SO_4 > 100$ g/L 的溶液中,在 85~95 ℃ 下经几小时浸出。浸出后的热酸液含 $H_2SO_4 > 20~25$ g/L,通过加焙砂调整 pH 为 1.1~1.5,再将生成黄钾铁矾的阳离子(NH_4^+,Na^+,K^+ 等)加入,在 90~100 ℃ 下迅速生成沉淀,而残留在高锌溶液中的铁仅为 1~3 g/L。

黄钾铁矾法基于这一原理,其总反应可写成:

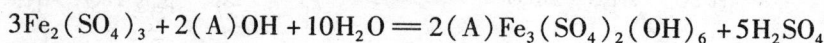

$$3Fe_2(SO_4)_3 + 2(A)OH + 10H_2O = 2(A)Fe_3(SO_4)_2(OH)_6 + 5H_2SO_4$$

式中 A 表示 K^+,Na^+,NH_4^+,Ag^+,Rb^+,H_3O^+ 和 Pb^{2+}。

黄钾铁矾生成的机理可写成:

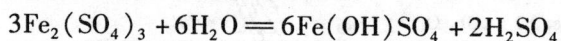

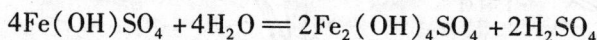

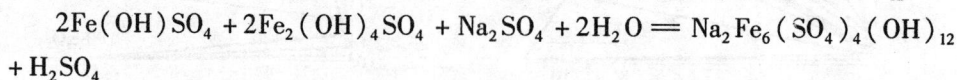

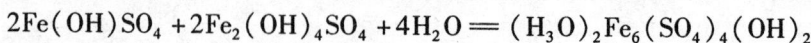

$$3Fe_2(SO_4)_3 + 6H_2O = 6Fe(OH)SO_4 + 2H_2SO_4$$

$$4Fe(OH)SO_4 + 4H_2O = 2Fe_2(OH)_4SO_4 + 2H_2SO_4$$

$$2Fe(OH)SO_4 + 2Fe_2(OH)_4SO_4 + 2NH_4OH = (NH_4)_2Fe_6(SO_4)_4(OH)_{12}$$

$$2Fe(OH)SO_4 + 2Fe_2(OH)_4SO_4 + Na_2SO_4 + 2H_2O = Na_2Fe_6(SO_4)_4(OH)_{12} + H_2SO_4$$

$$2Fe(OH)SO_4 + 2Fe_2(OH)_4SO_4 + 4H_2O = (H_3O)_2Fe_6(SO_4)_4(OH)_2$$

沉铁后溶液中铁的浓度,随温度升高而升高,随 A 离子的增加和酸度的减少而降低。铁矾化合物在形成的同时产生一定的酸,常用焙砂来中和。中和时溶解的铁同样也会发生上述反应而沉淀,但焙砂中的铁酸锌不溶解而留在铁矾渣中。因此,黄钾铁矾法要达到高的锌浸出率,生产流程就比较复杂,包括有五

272

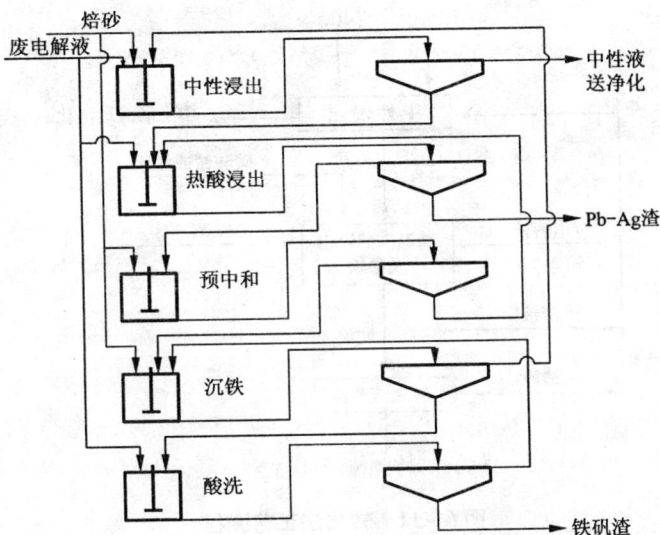

图 6－10　黄钾铁矾法生产工艺流程

个阶段,如图 6－10 所示,即中性浸出、热酸浸出、预中和、沉铁和铁矾渣的酸洗。

芬兰科科拉电锌厂,曾将一次间断浸出改为没有预中和的四段黄钾铁矾法,锌的回收率由 87.5% 提高到 92%。此外,在操作实践中用焙砂做中和剂时,沉铁条件的控制也有问题,尽管 pH 值控制正确,中和总是麻烦的,只要有短时波动就有可能使沉淀和过滤性质恶化。由于不能利用已有的二段洗涤,而使水溶锌损失于渣中,降低了回收率。该厂已于 1973 年改用所谓转化法(混合型黄钾铁矾法)。

转化法是一种改良的黄钾铁矾法。其沉淀速率取决于三价铁浓度在相应平衡值上有多大的浓度,如图 6－11 所示。当溶液中三价铁浓度高于平衡曲线时,就有可能在大气压下浸出铁酸锌并同时沉淀铁。这就是转化法的特点,其基本反应包括铁酸锌的浸出及沉铁两种:

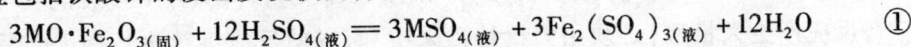

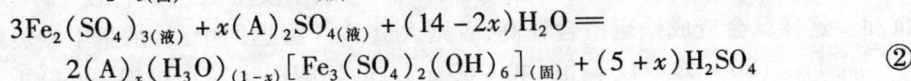

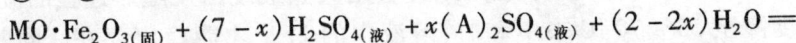

$$3MO \cdot Fe_2O_{3(固)} + 12H_2SO_{4(液)} = 3MSO_{4(液)} + 3Fe_2(SO_4)_{3(液)} + 12H_2O \quad ①$$

$$3Fe_2(SO_4)_{3(液)} + x(A)_2SO_{4(液)} + (14-2x)H_2O =$$
$$2(A)_x(H_3O)_{(1-x)}[Fe_3(SO_4)_2(OH)_6]_{(固)} + (5+x)H_2SO_4 \quad ②$$

$$①+②=③$$

$$MO \cdot Fe_2O_{3(固)} + (7-x)H_2SO_{4(液)} + x(A)_2SO_{4(液)} + (2-2x)H_2O =$$

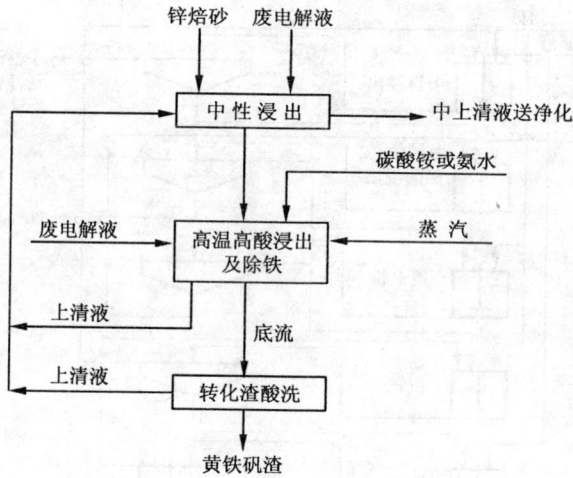

图 6 – 11　转化法工艺流程

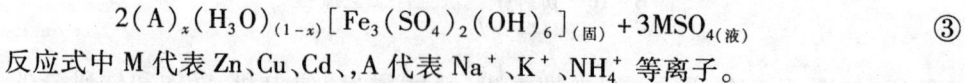

$$2(A)_x(H_3O)_{(1-x)}\left[Fe_3(SO_4)_2(OH)_6\right]_{(固)} + 3MSO_{4(液)} \qquad ③$$

反应式中 M 代表 Zn、Cu、Cd、,A 代表 Na^+、K^+、NH_4^+ 等离子。

　　科科拉电锌厂采用转化法后,处理含 12% Fe 的焙砂时,所产的黄钾铁矾渣只含 1.6% 的 Zn,相当于 99% 的浸出率,而在沉淀物内找不到铁酸锌。

　　转化法将中性浸渣用硫酸及废电解液重新制浆,进行单段高温浸出,锌的浸出率大于 97.5%。铁酸锌被溶解,加入铵或钠盐,铁同时以黄钾铁矾形式沉淀。转化需要 20 h。黄钾铁矾渣是该过程惟一的固体渣。焙砂中含有的铅、银等有价金属仍留在残渣中。该工艺简化了黄钾铁矾工艺流程,提高了锌的回收率。然而转化法只适宜处理含铅低的原料,因为它不能像黄钾铁矾法那样分离出 Pb – Ag 渣来。

　　澳大利亚里斯敦电锌厂发展了低污染黄钾铁矾法。

　　在一般的黄钾铁矾法中,由于热酸浸出液的含酸很高,加之在沉矾过程中发生如下反应:

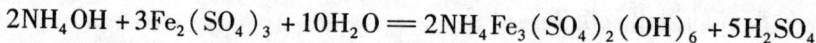

$$2NH_4OH + 3Fe_2(SO_4)_3 + 10H_2O = 2NH_4Fe_3(SO_4)_2(OH)_6 + 5H_2SO_4$$

反应产生大量酸,必须用大量焙砂来中和,以便反应继续进行使 Fe^{3+} 完全沉淀。这样就会造成铁矾渣含锌高,否则大量 Fe^{3+} 将返回中浸,加重中浸负担。

　　高 Fe^{3+}(20 ~ 25 g/L)高酸(40 ~ 60 g/L)的热酸浸出液在高温下(90 ℃)进行预中和时,有大量的 Fe^{3+} 会沉淀下来,便会增大热酸浸出及随后过程的流量。只有将温度降至 55 ~ 70 ℃来中和时,溶液中的 Fe^{3+} 才能稳定存在。同时用

274

[Fe^{3+}]低的中性浸出液来稀释热酸浸出液后,也可以避免沉矾过程中溶液酸浓度的迅速升高,便阻碍沉矾过程的进行,从而可减少沉矾过程中焙砂中和剂的用量。

低污染黄钾铁矾法,克服了常规铁矾法的若干缺点。可进一步回收黄钾铁矾渣中的一些有价金属。通过调整溶液成分,不需要添加任何中和剂就可沉淀黄钾铁矾。该法所产出的铁矾渣对环境污染也较低,还能将它用来生产有用的铁化合物。

可能由于溶液中最终酸度较高的缘故,低污染黄钾铁矾法在沉矾工序中除去氟、锑和镓等杂质的效果较差。杂质均集中在预中和工序与中性浸出工序。然而中性浸出工序的给料溶液含铁量较高,因此在中性浸出阶段能保证达到净化的要求。

低污染黄钾铁矾法与常规铁矾法所产渣的成分比较列于表6-9中。

表6-9 常规铁矾法与低污染铁矾法渣的成分对比

常 规 铁 矾 法			低 污 染 铁 矾 法		
铁矾渣 成分/%	入金属 回收率/%	入相应渣 回收率/%	铁矾渣 成分/%	入金属 回收率/%	入相应渣 回收率/%
Fe 24			30		
Zn 5	94 ~ 97		1.3	98 ~ 99	
Cu 0.3		90	0.04		95
Cd 0.05	44 ~ 97		0.004	97 ~ 98	
Pb 2		75	0.2		>95
Ag 100ppm		75	18ppm		93
Au 4ppm		75			95

黄钾铁矾法主要优点:

① 可获得适于电解的硫酸盐溶液,同时锌、镉、铜的回收率提高。

② 过程十分简单,铁矾是晶体,易于浓缩、过滤、洗涤。过滤速度达到5 ~ 10$t_{残渣}$/(m^2·d),随渣损失的锌低。

③ 铅、银、金富集在二次渣中,适于作炼铅厂的配料或进一步处理。

④ 除铁率可达90% ~ 95%,且因生成黄钾铁矾沉淀,比生成Fe(OH)$_3$或Fe$_2$O$_3$时,产生的硫酸要少,故中和剂用量较少。

⑤ 铁矾渣带走少量的硫酸根,对H$_2$SO$_4$有积累的电锌厂有利。

⑥ 黄钾铁矾中只含少量 Na^+、K^+、NH_4^+ 等,试剂消耗不多。

黄钾铁矾法的缺点是渣量大,需要消耗碱。渣含铁低,随后的处理费用大。按黄钾铁矾法处理锌渣的电锌厂,如锌精矿含铁量按 8% 计,年产 100 kt 锌的工厂,每年渣产量约 53 kt。

低污染黄钾铁矾法的优点:

① 在沉矾过程中不需加中和剂,可沉淀出较纯的铁矾渣,渣含铁较高,含有价金属较少。

② 铁矾渣中有价金属的损失较少,可改善矾渣对环境的污染,且金属回收率高。

其缺点是需将沉铁液稀释,增加沉铁液的处理量,使生产率降低。

(2) 针铁矿法

针铁矿法的化学反应式为:

$$3Fe_2(SO_4)_3 + ZnS + 1/2O_2 + 3H_2O = ZnSO_4 + Fe_2O_3 \cdot H_2O + 2H_2SO_4 + S^0$$

式中 $Fe_2O_3 \cdot H_2O$(或写成 $FeOOH$)是针铁矿。它是一种很稳定的晶体化合物,其晶格能 $U = 13422.88$ kJ/mol,比三水氧化铁的晶格能大。在 3 mol/L 的 $NaClO_4$ 溶液中测得 25 ℃的溶液反应平衡常数的对数为 $lgK = -38.7$,其溶解反应式为

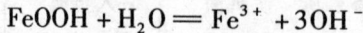

$$FeOOH + H_2O = Fe^{3+} + 3OH^-$$

与反应 $Fe(OH)_3 = Fe^{3+} + 3OH^-$,$lgK = -38$ 比较,两平衡常数很接近,表明它们的溶解度相差不大。随着酸度的增大,与 $FeOOH$ 固相平衡的 Fe^{3+} 浓度也会急剧增大。两相平衡时 Fe^{3+} 的浓度与 pH 值的关系为:$lg[Fe^{3+}] = 3.96 - 3pH$,当 pH $= 2$ 时,$[Fe^{3+}] = 9.12 \times 10^{-3}$。当 pH 值升高到 2 以上时,溶液中的高价铁离子的平衡浓度是很小的,表明绝大部分铁离子已从溶液中沉淀出来。

针铁矿沉铁有两种实施途径:一是 V. M 法,即把含 Fe^{3+} 的浓溶液用过量 15% ~20% 的锌精矿在 85~90 ℃下还原成 Fe^{2+} 状态($2Fe^{3+} + ZnS = Zn^{2+} + 2Fe^{2+} + S^0$),其还原率达 90% 以上,随后在 80~90 ℃以及相应 Fe^{2+} 状态下中和到 pH 为 2~3.5 时被氧化($2Fe^{2+} + 1/2O_2 + ZnO + H_2O = FeOOH + Zn^{2+}$)。此法在比利时的 Balen 厂和 Overpelt 厂采用。另一是 E. Z 法,即将浓的 Fe^{3+} 溶液与中和剂一道加入到加热的沉铁槽中,其加入速度等于针铁矿沉铁速度,故溶液中 Fe^{2+} 浓度低,得到的铁渣组成为:$Fe_2O_3 \cdot 0.64H_2O \cdot 0.2SO_3$。此法已在意大利 PotoVesme 生产应用,生产工艺流程如图 6-12 所示。以上两种沉铁法,不论是哪一种,重要的条件是当沉铁时溶液中 Fe^{3+} 浓度应小于 1 g/L 以及溶液 pH 值应控制在 3~3.5 之间。

针铁矿法渣量较黄钾铁矾低,锌回收率与黄钾铁矾相同,但铜的回收率不如黄钾铁矾法高。针铁矿法流程中硫酸盐平衡问题未获得很好解决,目前主要靠

276

```
                          锌焙砂
                            │
                            ▼
    ┌──────────────────► 中性浸出
    │                       │
    │                     中浸渣
    │                       │
    │                       ▼
    │              ┌──── 预中和 ◄──────────────────────────┐
    │              │       │                                │
    │      ┌───────┼───────┴──────────┐                     │
    │   含铁溶液   ZnS              中浸渣                    │
    │      │       │                  │                     │
    │      ▼       │                  ▼                     │
    │     还 原 ◄──┘         ┌──► 热酸浸出 ──► 热酸浸出液     │
    │      │                 │         │                    │
    │  ┌───┴────┐          酸浸渣      │ ───────────────────┘
    │ 还原后液   渣            │
    │  │  O₂、ZnO │            ▼
    │  ▼      │  ▼       液──► 超高酸浸出
    │ 沉 铁 ◄─┘  送焙烧           │
    │  │                          ▼
    │ ┌┴────┐                  Pb-Ag渣
    │沉铁后液 针铁矿渣
    └──┘
```

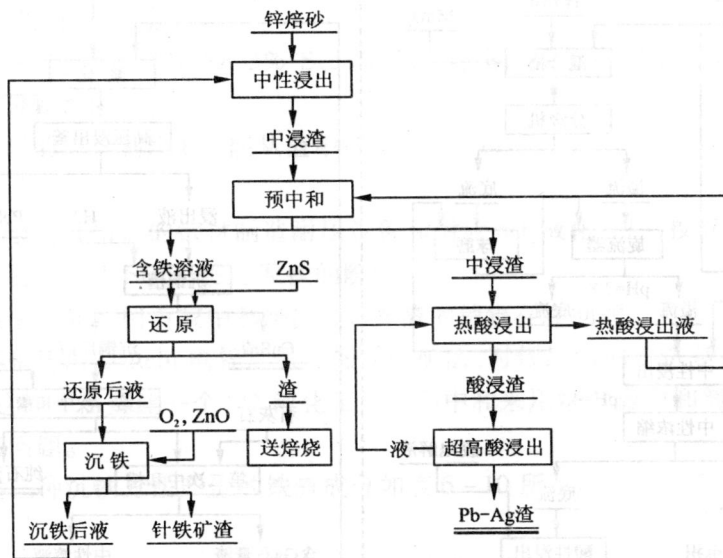

图 6 – 12　针铁矿法沉铁工艺流程

控制焙烧条件、加入含有生成不溶硫酸盐的原料(如铅)、排除硫酸锌溶液以及用石灰中和电解液等办法维持硫酸盐平衡。

针铁矿法沉铁的优点是:

① 铁沉淀完全,溶液最后含 Fe^{3+} < 1 g/L。

② 铁渣为晶体结构,过滤性能良好,过滤速度高达 12 $t_{残渣}$/(m^2·d)。

③ 不需要添加碱,沉铁同时,还可有效地除去 As、Sb、Ge,并可除去溶液中大部分(60% ~ 80%)的氟。

④ E. Z 法较 V. M 法的优点是高浓度的 Fe^{3+} 溶液不需要进行还原处理。

针铁矿法沉铁的缺点是:

① V. M 法中需要对铁进行还原 – 氧化过程,而 E. Z 法中和酸需要较多的中和剂。

② 针铁矿渣含有一些水溶性阳离子和阴离子(12% SO_4^{2-} 或 6% Cl^-)有可能在渣贮存时渗漏而污染环境。

③ 对沉铁过程 pH 值的控制要比黄钾铁矾法严格。

(3) 赤铁矿法

该法沉淀反应为:

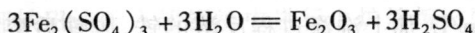

$$3Fe_2(SO_4)_3 + 3H_2O = Fe_2O_3 + 3H_2SO_4$$

中进行,在最好条件下得到的炉渣成分为:FeO 41%、SiO₂ 27%、CaO + MgO 20%,温度为1250~1300℃,焦炭加入量控制在50~75 kg/t。在此基础上,已设计了一个年处理17000 t铅银渣和7000 t黄钾铁矾渣的工业规模试验厂。

思 考 题

1. 比较几种沉铁方法的技术条件与结果,其优缺点如何?

2. 已知含$ZnSO_4$ 30%的水溶液中含有0.01 mol/L的Fe^{2+},能否用中和沉淀法使铁呈$Fe(OH)_3$的形态沉淀下来?

6.2.1.7 硅酸盐在浸出时的变化、胶体的产生及凝聚剂

锌焙砂中的二氧化硅有两种形态:游离态SiO_2及结合态硅酸盐$MO \cdot SiO_2$。游离状态的SiO_2不溶于稀硫酸水溶液中,而结合态的硅酸盐甚至在稀酸中也部分溶解。如在温度为60℃下浸出时,只要硫酸锌溶液pH值小于3.80,$ZnSiO_3$即可溶解;而硅酸铅和硫酸反应生成硫酸铅及游离硅酸,只要溶液的pH值不大于5.5便会发生。

浸出液中硅酸盐的行为随溶液性质的变化而变化,例如pH > 2时$Si(OH)_4$开始聚合成$[Si(OH)_4]_n$,pH < 4时析出的胶状硅酸极少,当pH > 4时则粒状硅酸的析出剧烈增加,当pH达到4.5~4.8时溶胶变为乳胶且凝结长大迅速沉降。所以在中性浸出时控制pH = 5左右是适宜的,可以促使硅胶迅速凝结完全与氢氧化物一道沉淀,溶液中硅酸含量可降到0.2~0.3 g/L。但是当焙砂中可溶硅特别高时,用一般浸出法仍会导致大量硅胶的产生,使矿浆难以澄清、过滤、洗涤。

除了SiO_2在浸出时产生胶体外,$Fe(OH)_3$也是一种胶体。当溶液的pH < 5.2时,产生的$Fe(OH)_3$胶核很快发展成为胶团。这种胶团带正电荷,吸水性强,使澄清过滤发生困难。如果将矿浆的pH值提高到5.2时,便达到$Fe(OH)_3$胶体的等电点,此时的$Fe(OH)_3$沉淀才不带电,吸水程度最低,凝结最好,是使$Fe(OH)_3$相互凝结并从溶液中沉淀下来的最好条件。由于硅胶的等电点是pH = 2~2.5,故在中性浸出时随着矿浆的pH值从2开始升高时,硅胶带负电荷,可以促使$Fe(OH)_3$沉淀。

综上所述,大量的铁或硅进入浸出液,都会产生胶体,给浸出后的液固分离及杂质的共沉淀带来不利影响,这是湿法炼锌难以处理含SiO_2和Fe高的原料的原因。但上述几种以晶体形态沉铁的方法出现后,湿法处理高铁精矿已无困难了。关于高硅精矿也有了不少研究成果。我国西南地区蕴藏着大量含SiO_2较高的氧化铅锌矿,如何进行冶炼是值得研究的课题。下面简单介绍几种国外处

理高硅原料的方法。

巴西一电锌厂采用向中性浸出的热矿浆中加入硫酸铝的方法处理一种含钙的硅酸盐矿石(35% Zn)。矿浆中的硅酸胶粒原被负电荷包围,加入硫酸铝后,便被铝颗粒的正电荷所中和,引起硅胶凝结。这样使胶粒的过滤操作得到解决。同时在浸出操作中,废电解液与矿石是按浸出槽容量的三分之一分批加入的,满槽后抽走三分之一,这样连续加九批料才算完成一个浸出周期,锌的回收率可达到92%,否则湿渣量将达到矿石量的六倍。

澳大利亚电锌公司用一个简单有效、类似于一般湿法炼锌的过程来处理单一氧化矿。在1974年对一种菱锌矿($ZnCO_3$)及异极矿[$Zn_4(SiO_7)(OH)_2 \cdot H_2O$]的混合矿床(脉石为石灰岩及砂岩),进行了半工业试验。矿石平均含锌25%,SiO_2的含量为30%~40%。将细磨到65%~80%为-200目(0.074 mm)的矿石,在串联的三个浸出槽中,用150 g/LH_2SO_4和50 g/LZn的废电解液浸出。浸出温度为40~50℃,整个浸出时间4.5 h。最后一槽溢流出的矿浆进入三个连续搅拌的中和槽内,加石灰石中和至矿浆的pH值约等于4.3。浸出时也生成硅胶与硅酸,但矿浆在酸浸(pH=2)条件下足够稳定,避免了硅的聚合。在完成浸出前,矿浆便迅速中和,溶解的硅与Fe、As等其他杂质迅速沉淀,得到一种容易过滤的矿浆。这些试验表明,对于这种原料只要控制pH<2,硅胶与硅酸便不会凝聚产生胶团,迅速中和到pH=4.5便会迅速凝结长大而沉降。所以石灰石应细磨,要求90%为-325目(0.044 mm),否则反应能力差,达不到迅速中和的目的,或者要消耗更多的石灰石。

还有人研究过硅质锌矿的快速浸出法。该法的基本原理是通过限制浸出时的给水量,而从许多硅酸物料中有效地排除二氧化硅。用酸溶解硅酸盐时,根据加水量的多少,可以发生下述两种反应。加入过量的水:

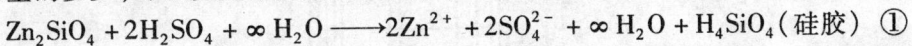

$$Zn_2SiO_4 + 2H_2SO_4 + \infty H_2O \longrightarrow 2Zn^{2+} + 2SO_4^{2-} + \infty H_2O + H_4SiO_4(硅胶) \quad ①$$

限制水量:

$$Zn_2SiO_4 + 2H_2SO_4 + 12H_2O \longrightarrow 2(ZnSO_4 \cdot 6H_2O) + H_4SiO_4(硅胶) \quad ②$$

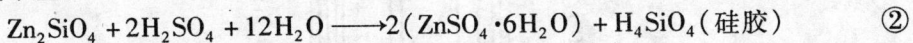

然后部分水合硫酸锌同硅酸进一步反应:

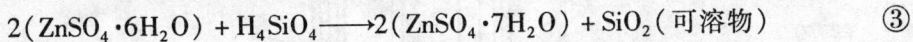

$$2(ZnSO_4 \cdot 6H_2O) + H_4SiO_4 \longrightarrow 2(ZnSO_4 \cdot 7H_2O) + SiO_2(可溶物) \quad ③$$

②+③得

$$Zn_2SiO_4 + 2H_2SO_4 + 12H_2O \longrightarrow 2(ZnSO_4 \cdot 7H_2O) + SiO_2 \quad ④$$

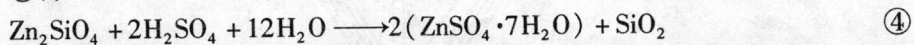

反应④产生的硫酸盐消除了剩余的水分或只留下了少量的水。二氧化硅的水化或产生脱水的二氧化硅,虽然其形态及水合程度仍有争议,但是它是一种易于过滤的硅质渣。所以根据反应④提出的快速浸出,系统中的水量不应超过反应生成金属硫酸盐充分水合的需要。这样便可以根据硅质锌矿的主要金属成分,来

控制避免形成硅胶的适当水量。快速浸出的操作要点,是将预先加水配制好的硫酸,与硅质锌矿迅速捣和,任其反应,直至物料凝结成易碎的团块,所有锌立即溶解。将浸出渣在常温下老化 24 h,再加一定的水浆化,使可溶硫酸锌进入溶液,然后过滤,滤渣为粒状,容易洗涤与过滤。

为了加速浸出矿浆的澄清与过滤速度,提高设备生产率,在湿法冶金中常使用各种凝聚剂。凝聚剂一般为高分子非离子型的线型聚合物,如丹宁酸、二丁基苯磺酸钠、树脂等。我国各湿法炼锌厂所采用的国产三号凝聚剂,就是一种人工合成的聚丙烯酰胺聚合物。在生产中使用获得了良好的效果。如锌焙砂中性浸出时,加入 5～20 mg/L 三号凝聚剂,可提高沉降速率 12 倍。

6.2.1.8 锌浸出车间的主要设备、技术条件及技术经济指标

（1）锌浸出车间的主要设备

除了就地浸出、堆浸和渗滤浸出是在矿山附近浸出外,冶炼厂采用的矿浆搅拌浸出设备有空气搅拌和机械搅拌两类浸出槽。这两类浸出槽的结构见图 6-14 和图 6-15。

浸出过程采用的其他设备,有各种液固分离设备和流体输送设备。以株洲冶炼厂年产 10 万吨的湿法炼锌厂为例,浸出车间的各种设备列于表 6-11 及表 6-12 中。浓缩槽的结构如图 6-16 所示。

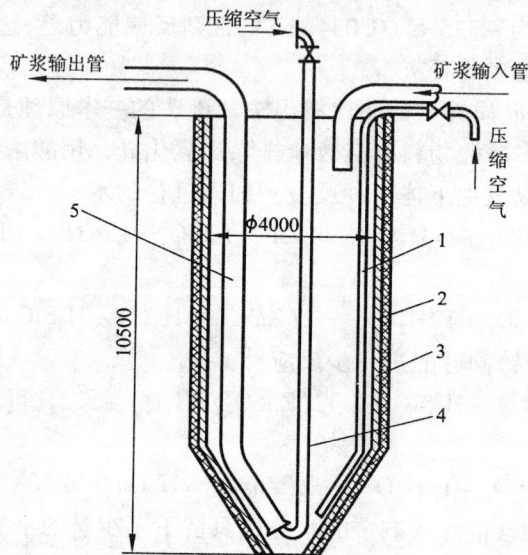

图 6-14　空气搅拌浸出槽

1—搅拌用风管　2—混凝土槽体　3—防腐衬里　4—扬升器用风管　5—扬升器

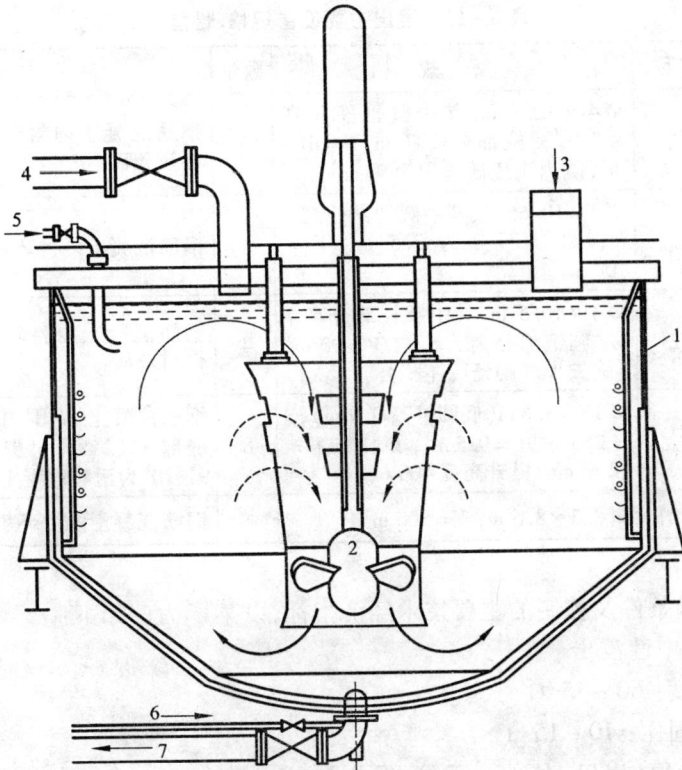

图6-15 机械搅拌浸出槽

1—浸出槽 2—螺旋搅拌器 3—焙砂装料口 4—废电解液给液管
5—蒸汽管 6—压缩空气管 7—矿浆泄出管

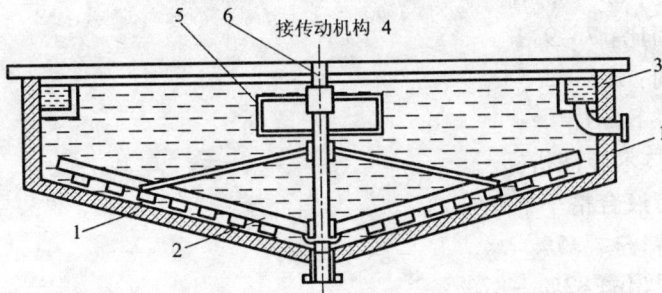

图6-16 浓缩槽结构图

1—槽体 2—耙臂 3—溢流沟 4—传动装置 5—缓冲圆筒 6—中心轴

表 6 – 11　浸出主要设备规格、性能

序号	设备名称	技 术 规 格	数量	材　质
1	氧化槽	$\varnothing 4 \times 10.5$ m,其中圆锥部分高 3.5 m,圆柱部分高 7 m,$V = 100$ m^3(除内砌瓷砖体积为 90 m^3)	2	钢筋混凝土内衬环氧玻璃布,再衬瓷砖
2	中性浸出槽	$\varnothing 4 \times 10.65$ m,其中圆柱部分高 7 m,圆锥部分为 3.5 m,$V = 100$ m^3	4	钢筋混凝土内衬环氧玻璃布
3	酸性浸出槽	$\varnothing 4 \times 10.5$ m,其中圆柱部分高 7 m,圆锥部分为 3.5 m,$V = 90$ m^3(除去了内砌瓷砖体积)	4	钢筋混凝土内衬环氧玻璃布,再衬瓷砖
4	浓缩槽(附浓密机)	$\varnothing 18 \times 3.6$ m(底圆锥高 0.9 m),$S = 255$ m^2,$V = 925$ m^3,$\varnothing 18$ m,$n = 12$ r/min,提升高度 400 mm	8	钢筋混凝土,周围内衬生漆布,底部 1#、2#、5# 衬瓷板,3#、4#、9#、10# 为耐酸混凝土护层
5	废液贮槽	$\varnothing 8.7 \times 8.5$ m,$V = 500$ m^3		钢筋混凝土内衬环氧玻璃布

(2)技术条件及控制的主要技术经济指标,以某厂为例如下:

A. 一次中性浸出

浸出温度:60 ~ 75 ℃

浸出液固比:10 ~ 15∶1

终点 pH 值(出口 pH 值):5.0 ~ 5.2

浸出时间:30 ~ 60 min

搅拌及扬升风压:1.5 ~ 1.8 kg/cm²

浸出液成分(g/L):$Fe^{2+} \leqslant 0.02$,As≤0.003

B. 二次酸性浸出

浸出温度:65 ~ 85 ℃

浸出液固比:7 ~ 9∶1

浸出时间:1.5 ~ 2.5 h

终酸:1 ~ 5 g/L

C. 主要技术经济指标

中性上清液合格率≥85%

渣含酸溶锌≤7.5%

焙砂锌浸出率82% ~ 87%

矿粉浸出渣渣率40% ~ 45%(对于精矿而言)

3# 凝聚剂单耗 0.8 ~ 1.2 kg/t析出锌

锰粉单耗 15 ~ 20 kg/t析出锌

表 6-12　浸出渣过滤与干燥工序主要工艺设备及其规格

序号	设备名称	规　格　型　号	数量	材　　　质
1	木耳过滤槽（包括槽、浆化槽）	$3.6 \times 3 \times (2.4 + 2.0)$ m, $V = 33$ m³	17 个	钢筋混凝土内衬环氧玻璃布,棱锥部分衬瓷砖
2	木耳过滤机	每片过滤面积 10 m², 每台 14 片,过滤面积 140 m²	7 台	木夹板,U 型管是直径为 38 mm 不锈钢管,条型 3 个片骨架,外面覆盖平纹过滤机布
3	圆盘过滤机	LY51 - 25/6, S = 51 m², 转速 11 r/min	8 台	中心轴为磷青铜,扇式叶片为不锈钢
4	矿粉浸出渣干燥窑	$\varnothing 2.2 \times 12$ m, $V = 45.6$ m³, 斜率 5%, 转速 5 r/min	3 台	圆锥为钢板,窑中部挂链条,33 环组成一幅,每台窑内挂链条 72 幅,每幅长度 3500 mm,窑尾 1~2 m 处焊高 100~150 mm 长 1000 mm 的导板 9 块
5	氧化锌浸出渣干燥窑	$\varnothing 2.2 \times 12$ m, $V = 45.6$ m³, 斜率 5%, 转速 2.2 r/min	4 台	同矿粉浸出渣干燥窑

6.2.2　硫化锌精矿高压氧浸

硫化锌精矿高压氧化酸浸,是将硫化锌精矿不经焙烧,在充氧高温高压下浸出,直接转化成硫酸锌溶液和元素硫的工艺过程。

该法 20 世纪 60 年代始于加拿大舍利特高尔顿公司,1977 年建立了一座日处理 3 吨锌精矿的中间试验工厂。1981 年元月建成的加拿大科明科公司的特雷尔锌厂,是世界上第一个采用硫化锌精矿高压氧化酸浸的工厂,其规模为每年 3.5 万吨。1983 年又在梯敏斯炼锌厂扩建一年产 2.0 万吨的车间。

硫化精矿酸浸的热力学,可以通过 $MS - H_2O$ 系电势 - pH 图来表示。对于硫化锌来说,其电势 - pH 图如图 6-17。它的酸溶反应要求在具有较高氧化电势的酸性溶液中进行,故实际上它是在加压氧和高温的条件下用硫酸浸出。在这个有氧作用的过程中,由于溶液的 pH 值不同可能有下列四种基本反应发生,并各自得到不同的氧化产物:

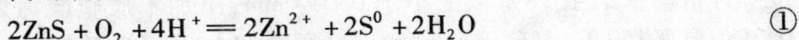

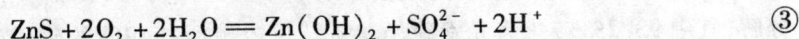

$$2ZnS + O_2 + 4H^+ = 2Zn^{2+} + 2S^0 + 2H_2O \qquad ①$$

$$ZnS + 2O_2 = Zn^{2+} + SO_4^{2-} \qquad ②$$

$$ZnS + 2O_2 + 2H_2O = Zn(OH)_2 + SO_4^{2-} + 2H^+ \qquad ③$$

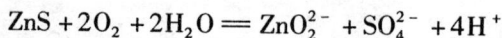

$$ZnS + 2O_2 + 2H_2O = ZnO_2^{2-} + SO_4^{2-} + 4H^+ \qquad ④$$

动力学实验研究得到如下的生产依据：

(1) 温度升高，浸出反应速率增加。但是当温度提高到硫的熔点(46 ℃)时，产生的熔融 S^0 包裹在 ZnS 颗粒表面，阻碍浸出反应进一步发生，使反应时间延长达 8 h，才能得到较好的浸出效果。实验中又发现熔融 S^0 的粘度在 153 ℃ 时最小，其值为 6.6×10^{-3} Pa·s；同时温度高于 200 ℃ 时，S^0 氧化为 SO_4^{2-} 的速率大为增加。

(2) 溶液中 Fe^{3+} 的存在对浸出反应起着加速作用，Fe^{3+} 本身被还原为 Fe^{2+}，Fe^{2+} 又被 O_2 进一步氧化为 Fe^{3+}。该反应的阶段是浸出过程的控制阶段。显然浸出的反应速率与 Fe^{2+} 的氧化速率紧密相关。

(3) 浸出反应是 ZnS 矿

图 6-17 ZnS-H_2O 系电势-pH 图(25 ℃)

粒表面进行的多相反应。生产中要求精矿细磨到 -0.044 mm 粒子应占 98%，并且需要添加一种表面活化剂——木质磺酸盐，以降低熔融硫的表面张力，同时还要加强搅拌，以磨掉元素硫的包裹。

生产上所采用的硫化锌精矿高压氧化酸浸工艺流程如图 6-18 所示。生产的技术条件为：

锌精矿细磨至 98% 以上小于 0.044 mm，添加木质磺酸钙为精矿重量的 0.2%，温度 150 ℃，氧分压 6.3 kg/cm²(总压 11 kg/cm²)，酸锌摩尔比 1.18，高压氧化酸浸 2 小时，Zn、Cu、Cd 的浸出率分别为 97%、70%、88%。有 91% 的硫被分解，其中 93.2% 转化为元素硫，6.8% 转化成硫酸盐，9% 的硫以硫化物形态进

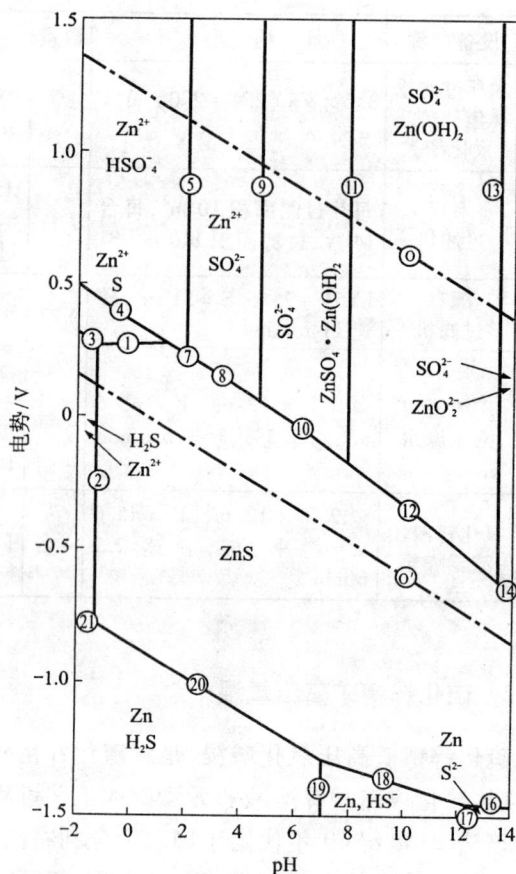

286

入浸出渣。

硫化锌精矿高压氧化酸浸的优点是：

(1)有价金属回收率高。

(2)硫的利用灵活,元素硫便于贮存与运输。一般每生产一吨锌产硫酸 1.8～2 t,产出元素硫约 0.6 t 左右。

(3)工艺流程简单,节省基建投资,减少占地面积。若建一个年产 6 万吨的锌厂,高压浸出比焙烧—浸出流程可减少投资 20%～25%。

(4)经浮选分离元素硫后的尾矿约为精矿的 24% 左右,渣率小,有90% 以上的铅和银富集在此渣中,有利于回收与利用。

图 6－18　硫化锌精矿直接浸出流程

该法缺点：渣中的重金属离子与硫酸根将对环境造成污染,对设备材质要求高,要求能耐磨耐腐蚀。

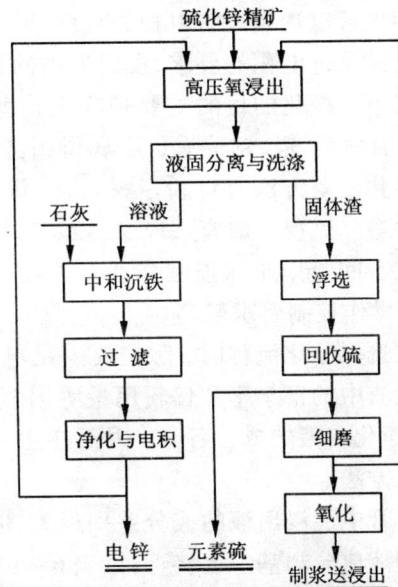

思　考　题

硫化精矿直接浸出生产元素硫的条件如何控制?

6.3　浸出液的净化

浸出的结果只能得到一种含有多种金属离子的溶液。这种复杂溶液,将给下一步电积法提取锌带来困难,必须在电积前将锌以外的杂质离子分离出来。

重金属湿法冶金中采用的净化方法很多,下面以湿法炼锌为例,着重讨论置换法。关于溶剂萃取法将在 6.5 中进行叙述。

6.3.1　硫酸锌浸出溶液的成分及其净化方法

锌焙砂用各种浸出方法浸出后,产出的硫酸锌中性浸出液的成分列于表 6－13。

从表 6－13 所列数据可以看出,各个工厂的浸出液成分波动范围较大,这主要是原料成分的差异产生的。即使在同一厂内,如精矿成分发生变化,则浸出液

287

的成分也会发生变化。另外,表中虽未列出 In、Ge 等杂质的含量,但有时它们的含量不仅可以达到危害电积的程度,而且在经济上也是必须回收的,应该注意。

为满足锌电积的要求,浸出液中的铜、镉、钴、镍等有害杂质必须净化至允许含量之下。净化的目的主要是除去这些杂质和残留在溶液中的砷、锑、锗等杂质;同时使铜、镉、钴等有价金属得到富集,以便进一步回收。

净化主要方法有锌粉 – 锑盐法、锌粉 – 砷盐法、锌粉 – 黄药法、锌粉 – β – 奈酚法等。流程一般有一段、二段、三段和四段之分,视溶液杂质含量而定。作业方式有间断作业和连续作业。连续净液的优点是生产率高,易于实现自动化,但操作控制要求较高。

在选择净化流程时,除主要满足电解工序对新液的要求外,还要考虑杂质在净化渣中的富集率和锌粉用量等因素。由于各厂处理的原料不同、浸出流程不同、净化前液的成分各异,因而在生产实践中根据具体情况可选用各种不同的净化方法。

尽管中性浸出液的成分差别很大,但是采取各种净化方法以后,得到送去电积的新液成分却基本上接近,见表 6 – 14。

表 6 – 13 与表 6 – 14 所列编号是同一工厂,由此可知,经过净化以后得到的新液,杂质 Cu、Cd、Co、Ni、As、Sb 等的含量,大都降低到 1 mg/L 以下。

表 6 – 13　锌焙砂中性浸出液的成分(g/L)

工厂编号	Zn	Cu	Cd	Ni	Co	As	Sb	Fe	Cl
1	150	0.7	0.7	—	0.025	—	—	0.01	—
2	145	0.09	0.55	0.002	0.011	0.00002	0.0004	0.01	—
3	160	0.327	0.275	0.002 ~ 0.003	0.009 ~ 0.011	0.0006		0.016	0.05 ~ 0.10
4	178	0.464	0.580	0.0008	0.036	—	—	0.004	20
5	195	0.630	0.930	—	0.007	—	—	0.005	

表 6 – 14　净化后的新液成分(g/L)

工厂编号	Zn	Cu	Cd	Ni	Co	As	Sb	Fe	Cl
1	170	0.0001	0.0005		0.0002	0.00001	—	0.015	—
2	144	0.0001	0.0003	0.0002	0.0004	微	微	0.0002	—
3	170	<0.0002	0.00028	0.00005	0.0002	微		0.025	0.05 ~ 0.1
4		微	微		0.0003	—	—	0.003	—
5			0.0005		0.0006	—	—	0.007	—

世界各国湿法炼锌厂净化大多采用砷盐法和反向锑盐法,以达到深度净化的目的。表6-15所列是硫酸锌溶液净化的几种代表方法。这些净化方法按原理可分为两类:(1)加锌粉置换除 Cu、Cd,在有其他添加剂存在时,加锌粉置换除钴;(2)加特殊试剂(如黄药、β-奈酚)形成难溶化合物沉钴。

表6-15 硫酸锌溶液净化的几种代表方法

流程类别	第一段	第二段	第三段	第四段
黄药净化法	加锌粉除 Cu、Cd 得 Cu - Cd 渣,送去提取 Cd 并回收 Cu	加黄药除 Co,得 Co 渣送去提 Co		
逆锑净化法	加锌粉除 Cu、Cd 得 Cu - Cd 渣,送去回收 Cu、Cd	加锌粉和 Sb_2O_3 除 Co,得 Co 渣送去提 Co	加锌粉除 Cd	
砷盐净化法	加锌粉和 As_2O_3 除 Cu、Co、Ni,得 Cu 渣送回收	加锌粉除 Cd,得 Cd 渣,送去提 Cd	加锌粉除反溶 Cd,得 Cd 渣送返回第二段	再进行一次加锌粉除 Cd
β-奈酚法	加锌粉除 Cu、Cd 得 Cu - Cd 渣,送去提取 Cd 并回收 Cu	加亚硝基-β-奈酚除 Co 得 Co 渣,送回收 Co	加锌粉除复溶 Cd	活性炭吸附有机物
合金锌粉法	加 Zn - Pb - Sb 合金锌粉除 Cu、Cd、Co	加锌粉除 Cd	加锌粉	

6.3.2 锌粉置换法的一般原理

从热力学上讲,只能用较负电性金属置换出溶液中较正电性金属。表6-16列出了金属的标准电极电势及置换过程中金属的平衡电势。置换法的反应式如下:

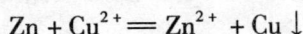

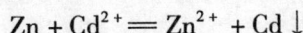

$$Fe + Cu^{2+} = Fe^{2+} + Cu \downarrow$$
$$Zn + Cu^{2+} = Zn^{2+} + Cu \downarrow$$
$$Zn + Cd^{2+} = Zn^{2+} + Cd \downarrow$$

置换的极限程度决定于它们间的标准电势差,即标准电动势 $\varphi^{\ominus}$。如锌粉置换铜的电势差为:

$$\varphi = \varphi_{Cu^{2+}/Cu} - \varphi_{Zn^{2+}/Zn}$$

$$= \varphi_{Cu^{2+}/Cu}^{\ominus} - \varphi_{Zn^{2+}/Zn}^{\ominus} + 0.0591/2\lg(a_{Zn^{2+}}/a_{Cu^{2+}})$$

当反应达到平衡时, $\varphi = 0$

$$\varphi^{\ominus} = 0.337 - (-0.763) = 0.0295\lg(a_{Zn^{2+}}/a_{Cu^{2+}})$$

$$a_{Cu^{2+}} = 10^{-38} \cdot a_{Zn^{2+}}$$

如果以浓度代替活度,则有关金属的平衡电极电势如表6-16所示。当置换反应的两种金属的平衡电极电势相等时,置换反应便停止。如含Zn150 g/L的溶液中的Cu的平衡电极电势达到-0.752 V时,则溶液中Cu^{2+}的浓度降低的限度可以按下式计算出来。

从 $-0.752 = +0.337 + 0.0591/2\lg[Cu^{2+}]$ 可求出 $[Cu^{2+}] = 1.404 \times 10^{-37}$ mol/L,即 0.892×10^{-35} g/L。

表6-16　置换过程中金属的平衡电势(V)

电极反应	$\varphi^{\ominus}$	$\varphi_{平衡}$	$\varphi_{平衡}$
$Zn^{2+} + 2e = Zn$	-0.763	-0.755(100 g/L)	-0.752(150 g/L)
$Cd^{2+} + 2e = Cd$	-0.403	-0.482(600 mg/L)	-0.752(2×10^{-7} mg/L)
$Cu^{2+} + 2e = Cu$	+0.337	+0.32(300 mg/L)	-0.752(3.18×10^{-36} mg/L)
$Co^{2+} + 2e = Co$	-0.277	-0.356(10 mg/L)	-0.752(5×10^{-12} mg/L)
$Ni^{2+} + 2e = Ni$	-0.250	-0.388(1 mg/L)	-0.752(1.5×10^{-17} mg/L)
$SbH_3 = Sb + 3H^+ + 3e$	+0.51	+0.752(pH = 5, $p_{SbH_3} = 206.65$ Pa)	+0.752(pH = 4, $p_{SbH_3} = 202.65$ Pa)
$AsH_3 = As + 3H^+ + 3e$	+0.6	+0.752(pH = 5, $p_{AsH_3} = 0.5573 \times 10^{-2}$ Pa)	+0.752(pH = 4, $p_{AsH_3} = 557.28$ Pa)
$3H_2O + 2Sb = Sb_2O_3 + 6H^+ + 6e$	-0.152		

(　)内的数字为平衡浓度与分压

在一般锌湿法冶金过程中,浸出液中的锌浓度约为150 g/L,锌的电极反应的平衡电势为-0.752 V(见表6-16)。当溶液中的杂质Cd、Cu、Co、Ni等离子的平衡电势值达到-0.752 V时,溶液中的杂质离子浓度是很低的,也就是说从热力学上来说,这些杂质都能被锌置换完全。

6.3.3　影响置换过程的因素

6.3.3.1　锌粉质量

置换反应是在锌粉表面进行的,因此锌粉的表面积愈大,溶液中的杂质离子与锌粉接触的机会就愈多,这样才有利于加速置换反应。在采用一次加锌粉除铜、镉时,一般要求锌粉的粒度应通过 0.125 ~ 0.15 mm。但是过细的锌粉容易漂浮在溶液表面,也不利于置换反应的进行。在工厂实践中要想控制铜与镉的分别沉淀时,可以采用不同粒度的锌粉。开始采用粒度较粗的锌粉置换出铜,而保留镉,然后再加细小的锌粉沉镉。

锌粉的化学成分应该纯净,否则又将带入杂质,也减少了锌粉的有效置换成分。ZnO 根本不起置换作用,只会增加锌粉的消耗。所以生产锌粉用的金属锌或其他锌原料应该较纯,同时应避免氧化。

置换过程锌粉的消耗各工厂有所差别,除了溶液中杂质的含量不同外,也与锌粉的纯度及粒度有关。纯度低及粒度粗的锌粉,消耗就大些。一般认为,提高锌粉用量,可以使溶液中 Cu、Cd 的残余浓度更为降低,置换过程也更为加速。但是过多加入锌粉的效果并不显著。为了得到低的残余铜量,加二倍理论量的锌粉是适当的。如果要使溶液中锗的浓度将到 0.28 mg/L,便需要加入五倍理论量的锌粉。从工厂实践得知,为了防止已沉淀的镉由于锗的存在而反溶,加入过量锌粉尤其是必要的。生产 1 t 电锌的锌粉消耗量为 30 ~ 50 kg。为了降低锌粉消耗,有的工厂采用两段逆流净化或逆流沸腾净化。

6.3.3.2 搅拌速度

溶液中的 Cu^{2+} 和 Cd^{2+} 要从溶液中向锌粉表面扩散,互相接触后才会发生置换反应。当置换反应发生以后,铜、镉便沉积在锌粉表面;另外当锌粉自身溶解时,锌粉粒子附近的溶液 pH 值显著升高,在锌粉表面形成 $Zn(OH)_2$ 的薄膜,这些都会阻碍置换反应的继续发生。增大搅拌速度,能使锌粉表面的沉淀物及时除去,暴露出锌粉的新表面;另外加强搅拌更有利于被置换离子的扩散。这些都有利于加速置换反应的进行。但是搅拌速度对加速反应也有一定的限度,这个限度与搅拌器和设备结构的几何形状有关,超过这个限度,反应速率就不再取决于离子的扩散,而是取决于化学反应速率。置换过程的搅拌方式应该采用机械搅拌而不是采用空气搅拌,否则带入的氧会使已经沉淀下的铜,特别是镉发生反溶($Cd + 2H^+ + 1/2O_2 = H_2O + Cd^{2+}$),同时易使锌粉氧化而出现钝化现象。

6.3.3.3 置换过程进行的温度

锌粉对于铜、镉等金属元素的置换反应,都是放热反应,因而升高温度,虽然可以加速离子的扩散,有利于提高置换反应速率与完全程度,但在热力学上却不利于过程的进行;同时温度升高,锌粉的溶解增多,增加了锌粉的消耗。另外过高的温度也会促使镉反溶。由于镉在 40 ~ 55 ℃ 之间有同素异形体的转变点,所以加锌粉置换除 Cu、Cd 过程的温度应适当,一般控制在 40 ~ 55 ℃ 之间。至于高温除钴将在后面解释。

6.3.3.4　中性浸出液的成分

中性浸出液的锌浓度、酸度、杂质含量及固体悬浮物等,均影响置换反应的进行。

锌浓度降低时,发生置换反应的锌粉表面的扩散层厚度便减薄,从而加速反应。但是会使 H/H^+ 和 Zn/Zn^{2+} 之间的电势差增大,便有利于 H_2 的析出而增大锌粉消耗量。故最好采用中等浓度(150 - 180 g/L)的浸出液进行作业。

随着溶液酸度的增加,H/H^+ 的电势趋向于更正的数值,Cu/Zn 微电池的作用使 H^+ 更强烈还原,而铜的沉淀就受到影响,同时镉的反溶解也会增加。在用二倍过量锌粉的条件下,要使溶液中残存的铜含量降到 1 mg/L,就必须使 pH 值保持在 3 以上。当溶液含铜高,要优先沉铜保镍时,便将中性溶液用废电解液酸化,使溶液含有 H_2SO_4 0.1 ~ 0.2 g/L,然后再加锌粉。

溶液中的杂质 As、Sb 等的存在,不仅增加锌粉的消耗,也促使镉的反溶。当 As、Sb 含量较高,且溶液 pH 较低时,易析出有害气体(即 AsH_3、SbH_3),其反应式如下:

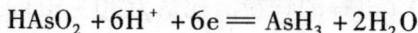

$$HAsO_2 + 6H^+ + 6e = AsH_3 + 2H_2O$$

$$\varphi = -0.18 - 0.0591pH - 0.0591/6 \ \lg p_{AsH_3}$$

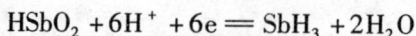

$$HSbO_2 + 6H^+ + 6e = SbH_3 + 2H_2O$$

$$\varphi = -0.14 - 0.0591pH - 0.0591/6 \ \lg p_{SbH_3}$$

在锌粉置换的条件下($a_{Zn^{2+}} = 1$, $p_{AsH_3} = p_{SbH_3} = 101.325$ kPa,生成 AsH_3 的平衡 pH = 9.81,生成 SbH_3 的平衡 pH = 10.5)即在溶液 pH 为 5 的条件下,肯定要生成 AsH_3 和 SbH_3。所以 As、Sb 杂质须在中性浸出时沉淀完全。

6.3.3.5　添加剂的作用

加锌粉置换沉镉中,特别是置换沉钴中,添加剂起着很重要的作用。例如置换沉镉,当溶液中没有足够的 Cu 时,沉镉的效果很差,必须加入少量 $CuSO_4$ 作为催化剂。但是加入过多的硫酸铜,便有很多的铜来减低氢的超电压,而析出更多的氢。镉的置换过程反而减慢,同时锌粉和 $CuSO_4$ 的消耗也会增加。所以在正常情况下,置换沉镉时,若溶液中的铜不足,便应补加到溶液含铜 0.2 ~ 0.25 g/L 为好。

置换沉钴除了加入硫酸铜之外,还需加入其他添加剂。

综上所述,一次净化除 Cu、Cd 应控制的技术条件为:温度 40 ~ 65 ℃,上清液含铜、镉比为:Cu:Cd = 1:3 ~ 4,锌粉用量为铜、镉理论量的 4 ~ 5 倍,锌粉粒度小于 0.18 mm,含锌大于 98%,一次净化后液含 Cd < 1 mg/L。要求净液完后,立即进行液固分离,以阻止海绵镉复溶。

思 考 题

铜被铁置换沉淀可使浸出液中的铜浓度降至很低。设稀硫酸溶液中亚铁离子的活度系数为 0.2,溶液离开置换沉淀槽时为 25 ℃,含铁 0.6 g/L,试估算出口液流中残铜浓度。

6.3.4 锌粉置换除钴

从 Co/Co^{2+} 与 Zn/Zn^{2+} 的标准电极电势来看,溶液中的 Co^{2+} 应该可以被锌粉置换出来,溶液中钴的起始浓度可以降到 5×10^{-12} mg/L,见表 6-16。但是根据研究证实,即使溶液中钴的起始浓度很高,加入过量的锌粉,置换过程的温度也高,溶液也稍微加以酸化,并加入一定量的氢超电压相当高的阳离子(如加入镉 0.8 g/L,在 10 A/cm² 时的氢超电压为 0.981 V),也不能使溶液中残余的钴量降到符合锌电积所要求的程度,因为锌和钴的电势都为负值。只有当锌的析出电势绝对值 $|\varphi_{Zn}|$,大于钴的析出电势绝对值 $|\varphi_{Cu}|$,即 $|\varphi_{Zn}| > |\varphi_{Cu}|$ 时,锌粉置换钴的反应便会不断进行。

在硫酸锌溶液中,锌粉置换钴的电池反应式为:

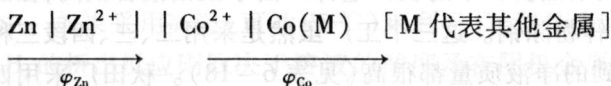

$$Zn \mid Zn^{2+} \mid\mid Co^{2+} \mid Co(M) \quad [M 代表其他金属]$$

$$\xrightarrow{\quad\varphi_{Zn}\quad} \xrightarrow{\quad\varphi_{Co}\quad}$$

这对电池反应的 $|\varphi_{Zn}|$ 与 $|\varphi_{Co}|$,是随溶液中该离子的浓度、溶液的温度以及作为阴极金属的性质而发生变化的。溶液的温度及离子浓度对 φ 的影响列于表 6-17。

表 6-17 温度及离子浓度对 φ_{Zn} 及 φ_{Co} 的影响

电极	浓度 (mol/L)	析出电势(V)			φ(V)
		25 ℃	50 ℃	75 ℃	
Zn^{2+}/Zn	2.9	-0.769	-0.750	-0.30	-0.749
	1.53	-0.800	-0.780	-0.747	-0.757
Co^{2+}/Co	0.5	-0.501	-0.420	-0.346	-0.280
	3.4×10^{-4}	-0.75 以上	-0.58 ~ -0.52	-0.45 ~ -0.40	-0.379

说明:1)钴的浓度很稀时,由于溶液电阻大析出电势的测定值是不准的。2)φ 值为 25 ℃时以浓度代活度的电极电势计算值。

在硫酸锌溶液中,三价锑的水溶物为 $HSbO_2$ 与 SbO_2^-,当有锌粉存在时,被置换成金属锑,并与析出的钴形成金属间化合物(如 $CoSb$、$CoSb_2$ 等)。由于形成了这些化合物,降低了二价钴离子的析出超电压,从而有利于锌粉置换除钴反应的进行,这从钴在锌与锑上析出电势的比较(见表 6 – 19),可以充分说明这一点。

从表 6 – 19 可以看出,50 ℃以上,二价钴离子在锑上析出的 $|\varphi_{Co}|$ 要比在锌粉上析出的 $|\varphi_{Co}|$ 小得多,故 Co^{2+} 容易析出些。锑含量过少,与锌形成的微电池少,无助于 Co^{2+} 的析出。锑含量过高,会与钴形成 Sb – Co 微电池,又促使钴复溶。故锑含量过低过高都不利,一般加入同 Co 相等的 Sb_2O_3。

合金锌粉中的铅的作用主要在于防止 Co 复溶。虽然锌粉中有锑时,除钴效果较好,但在单独有锑存在的条件下,在锌粉表面上析出的钴会有再溶的倾向;同时在有大量 Cu^{2+} 存在的情况下,Co 的复溶加快,使除钴受到影响。在合金锌粉中有 Pb 存在的条件下,可以抑制 Co 的复溶,这是因为 Pb 是不溶解的,而且 Pb 的电化学性不活泼,可以认为它没有以阴极金属参与电化学反应,所以 Pb 在 Zn 粉表面上形成凹凸不平的状态,在一定程度上阻止了 Zn 的溶解,使电极反应 Zn ∣ Zn^{2+} ∣ ∣ Co^{2+} ∣ Co(M) 不停止,从而防止了 Co 的复溶。

表 6 – 19 Co^{2+} 在 Zn 与 Sb 上的析出电势与温度的关系

阴极金属	φ_{Co}/V		
	25 ℃	50 ℃	75 ℃
Zn	>0.85	0.82	0.72
Sb	>0.88	0.50	0.47

Pb 含量过低,不能很有效地防止 Co 的复溶,但是 Pb 含量过高时,不免会减少合金锌粉中 Zn 的含量,从而减少 Zn – Co 微电池数,易引起钴在锑、铜上的复溶,故铅的含量过低过高都不利。铅锑合金锌粉最佳成分为 Pb 3% ±,Sb 0.3% ±。

锑盐净化主要工艺包括,第一段低温(55 ℃)加锌粉除 Cu、Cd,第二段高温(85 ℃)加锌粉与锑盐净化剂除 Co 及其他杂质。

美国大瀑布电锌厂采用酒石酸锑钾连续一段净化除 Cu、Cd、Co。乌斯基卡敏诺哥尔斯克铅锌联合企业,曾拟制了加锑酸钠的两段逆流除 Cu、Cd、Co 的流程。这些工厂得到的净液成分见表 6 – 20。

表 6－20　乌斯基卡敏诺哥尔斯克厂和美国大瀑布厂的净液成分

净液成分/$(mg \cdot L^{-1})$	Cu	Cd	Co	As	Sb
乌斯基卡敏诺哥尔斯克厂（哈）	0.25	2.5	1.5	0.1	0.2
大瀑布厂（美）	—	0.001	0.002	—	—

锑盐净化与砷盐净化比较具有如下优点：

（1）不需要加铜，在第一段中已除去镉，减少了镉进入钴渣，镉的回收率比砷盐净化（60%）高。

（2）铜、镉先除后，加锑除钴的效果更好，含钴 60 mg/L（一般为 15 mg/L）也能达到好的效果。

（3）由于 SbH_3 容易分解，产生有毒气体的可能性较小。

（4）锑的活性大，添加剂消耗少。

6.3.5　黄药除钴

黄药是一种有机试剂，包括黄酸钾（C_2H_5OCSSK）和黄酸钠（$C_2H_5OCSSNa$）等。黄药除钴的实质是有硫酸铜存在的条件下，溶液中的硫酸钴与黄药起作用，形成难溶的黄酸钴沉淀。其原理为：

乙基黄酸按下式离解：

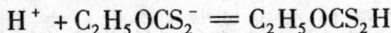

$$H^+ + C_2H_5OCS_2^- = C_2H_5OCS_2H$$

其平衡

$$pH = 2 - lg[C_2H_5OCS_2H] + lg[C_2H_5OCS_2^-] \qquad ①$$

而乙基黄酸盐按下式离解：

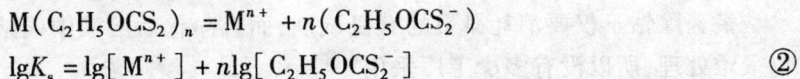

$$M(C_2H_5OCS_2)_n = M^{n+} + n(C_2H_5OCS_2^-)$$

$$lgK_s = lg[M^{n+}] + nlg[C_2H_5OCS_2^-] \qquad ②$$

将②式代入①式便得到

$$pH = [2 + 1/n \, lgK_s] - lg[C_2H_5OCS_2H] - 1/n \, lg[M^{n+}]$$

$$= pH^\ominus - lg[C_2H_5OCS_2H] - 1/n \, lg[M^{n+}] \qquad ③$$

当 $[C_2H_5OCS_2H] = [M^{n+}] = 1$ 时，利用各离子乙基黄酸盐的 K_s（见表 6－21），可算出标准 $pH^\ominus$ 值。

表 6 – 21　某些金属的黄酸盐的溶度积

黄　酸　盐	溶　度　积	黄　酸　盐	溶　度　积
$Cu(C_2H_5OCS_2)_2$	5.2×10^{-20}	$Fe(C_2H_5OCS_2)_3$	10^{-21}
$Cd(C_2H_5OCS_2)_2$	2.6×10^{-14}	$Co(C_2H_5OCS_2)_2$	5.6×10^{-9}
$Zn(C_2H_5OCS_2)_2$	4.9×10^{-9}	$Co(C_2H_5OCS_2)_3$	$10^{-13} \sim 10^{-14}$
$Fe(C_2H_5OCS_2)_2$	8×10^{-8}		

　　由于 Zn^{2+} 和 Co^{2+} 的黄酸盐平衡 pH^0 值（分别为 -2.16 和 -4.13）相差不大，要达到彻底净化除 Co^{2+} 是困难的，为此在生产中采用添加 $CuSO_4$ 来作氧化剂的方法来除钴。

　　在 $CuSO_4$ 存在下，溶液中的 Co^{2+} 与黄药作用，形成难溶的黄酸钴沉淀。反应式如下：

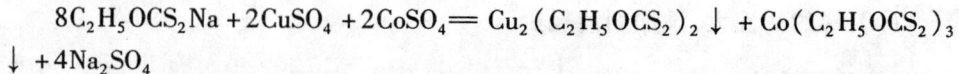

$$8C_2H_5OCS_2Na + 2CuSO_4 + 2CoSO_4 \Longrightarrow Cu_2(C_2H_5OCS_2)_2 \downarrow + Co(C_2H_5OCS_2)_3$$
$$\downarrow + 4Na_2SO_4$$

从上式可知，$CuSO_4$ 起了使 Co^{2+} 氧化为 Co^{3+} 的作用。

　　黄药也能与其他金属 Cu、Cd 等作用，为了减少黄药的消耗，应该在预先除去其他杂质（Cu、Cd、As、Sb、Fe 等）后，再加黄药除 Co。

黄药除钴技术条件为：

（1）温度 40~50 ℃。温度过高，黄药会分解；温度过低，反应速率太慢。

（2）溶液 pH 5.2~5.4。pH 值低时，黄药易发生分解反应，用量增大，降低除 Co 效果。pH 值高时，溶液中的锌发生水解反应而沉淀。

（3）黄药用量为理论量的 10~15 倍，硫酸铜消耗量为黄药的 1/5。

（4）每槽净化时间 15~30 min。

黄药除钴不仅要消耗昂贵的有机试剂，而且净化后溶液中残钴较高，黄酸钴也很难处理，所以没有多少工厂采用。

6.3.6　β – 萘酚除钴

　　这种净化方法是将被净化的溶液打入净化槽中，加入碱性 β – 萘酚，然后加入 NaOH 和 HNO_3，或者加入预先制备的钠盐溶液，搅拌 10 min 后，再加废电解液使溶液的酸度达到含 H_2SO_4 0.5 g/L 为止，再继续搅拌 1 h，净化过程便告结束。主要的化学反应如下：

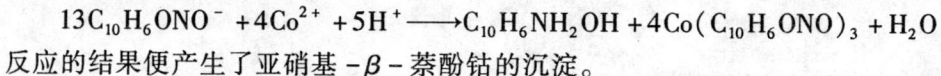

$$13C_{10}H_6ONO^- + 4Co^{2+} + 5H^+ \longrightarrow C_{10}H_6NH_2OH + 4Co(C_{10}H_6ONO)_3 + H_2O$$

反应的结果便产生了亚硝基 – β – 萘酚钴的沉淀。

亚硝基 - β - 萘酚钴作业条件：

(1)温度 65 ~ 75 ℃。

(2)酸度为 0.5 g/L H_2SO_4。

溶液中过剩的 β - 萘酚必须用活性炭吸附除去,以免其对电解产生不良影响。

β - 萘酚除钴虽然能获得质量较高的净液,但试剂昂贵,还需要活性炭来吸附残余试剂,故采用此法的工厂很少。

思 考 题

试比较从硫酸锌溶液中沉钴的方法。

6.3.7 硫酸锌溶液净化除氟、氯

在湿法炼锌厂中除了处理锌焙砂外,还处理各种烟尘和氧化锌粉等各种含锌物料。这些物料含的氟和氯比焙砂多,在浸出时氟和氯差不多全部进入溶液。它们对于锌电积都是有害杂质,如腐蚀阴阳极、降低电锌质量,使剥锌发生困难等。所以如果锌溶液中氟、氯含量超过 100 mg/L,就必须在送去电积前进行净化。

6.3.7.1 净化除氯

常用的除氯方法有硫酸银沉淀法、铜渣除氯法、离子交换法等。

(1)硫酸银沉淀除氯是往溶液中添加硫酸银与其中的氯盐作用,生成难溶的氯化银沉淀,其反应为:

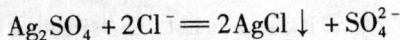

$$Ag_2SO_4 + 2Cl^- = 2AgCl \downarrow + SO_4^{2-}$$

该方法操作简单,除氯效果好,但银盐价格昂贵,银的再生实收率低。

(2)铜渣除氯是基于利用铜及铜离子(Cu^{2+})与溶液中的氯离子(Cl^-)相互作用,生成难溶的氯化亚铜(Cu_2Cl_2)沉淀,而从溶液中除去氯,反应式为:

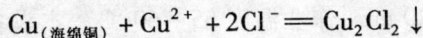

$$Cu_{(海绵铜)} + Cu^{2+} + 2Cl^- = Cu_2Cl_2 \downarrow$$

所用铜渣,要求含 Cu15%。可以采用两段净化除铜、镉时产出的铜渣,也可以用从铜、镉渣中回收镉后所产出的铜渣。

操作条件:温度 45 ~ 60 ℃,溶液酸度 5 ~ 10 g/L,Cu^{2+} 2 ~ 3 g/L,鼓风搅拌至溶液中含 Cl^- < 100 mg/L 为止。

(3)离子交换除氯是利用离子交换树脂的可交换基团与电解液中的氯离子发生交互反应,使溶液中氯离子吸附在树脂上,而树脂上相应的可交换离子进入溶液。国内某厂采用国产 717 号强碱性阴离子树脂,除氯率达 50%。

6.3.7.2 净化除氟

除氟的方法除采用多膛焙烧炉来焙烧氧化锌外,还有采用硅胶、钙盐除氟的。

（1）多膛炉焙烧除氟

氧化锌多膛炉焙烧除氟和氯,就是燃料燃烧使炉料达到一定温度,并使吸附分子获得能量,摆脱氧化锌的吸附而解吸,氟、氯的化合物分子进入到炉气中而达到脱除的目的。

作业条件为:温度 650 ~ 680 ℃,抽力严格控制第一层为 9.80665 ~ 19.6133 Pa。脱氟率可达 90% ~ 92%,脱氯率在 60% 以上。

（2）硅胶除氟

基本原理是在酸性溶液中,氟以氢氟酸（HF）分子状态与硅酸聚合,并结合在硅酸胶体上。若在中性或碱性溶液中,氢氟酸则不参加硅酸的组成,经水淋洗后,即可脱氟,而硅胶再生。脱氟率可达 26.6% ~ 53.8%。

（3）石灰乳除氟

其原理是氟与钙生成难溶化合物氟化钙（CaF_2）。但是净化作业过程如果是在中性溶液内进行,溶液中的氟将与硫酸锰作用,生成 ZnF^+ 与 MnF^+ 型配离子,使之无法达到除氟的目的。

6.3.8 锌浸出液净化的设备及生产实践

净化过程主要设备是净化槽,有流态化净化槽和机械搅拌槽。槽的容积一般为 50 ~ 100 m^3,目前也趋于大型化。如美国帮克尔赫尔电锌厂扩建的净化槽为 150 m^3;芬兰科科拉电锌厂的净化槽容积为 200 m^3,加拿大两个电锌厂采用直径 9 m 容积为 220 m^3 的净化槽。净化的操作过程也已逐步由间断改为连续。我国湿法炼锌厂采用连续流态化净化槽除铜、镉,运转多年取得了较好的成绩。其设备结构如图 6 - 19。

流态化净液槽的主要技术性能如下:生产能力每台 60 ~ 80 m^3/h,有效容积 20 m^3;槽内溶液停留时间 15 ~ 20 min,作业温度 55 ~ 60 ℃。本设备具有强化过程,连续作业,生产能力大,结构简单,使用寿命长及劳动条件好等优点。

某些工厂锌浸出液净化的生产数据列于表 6 - 22 中。

净化后的过滤设备采用压滤机和管式过滤器等。近几年来,为了避免镉和钴的反溶,许多工厂改用浓缩槽。比利时连续逆锑净化工厂,采用一种过滤面积为 30 m^2 的立式压滤机,连续操作并完全自动化。日本彦岛电锌厂的净化过程,锌粉是自动加入的,净化后溶液的 pH 值连续测定,并能自动放液,β - 萘酚等试剂的加入都采用电子计算机控制。

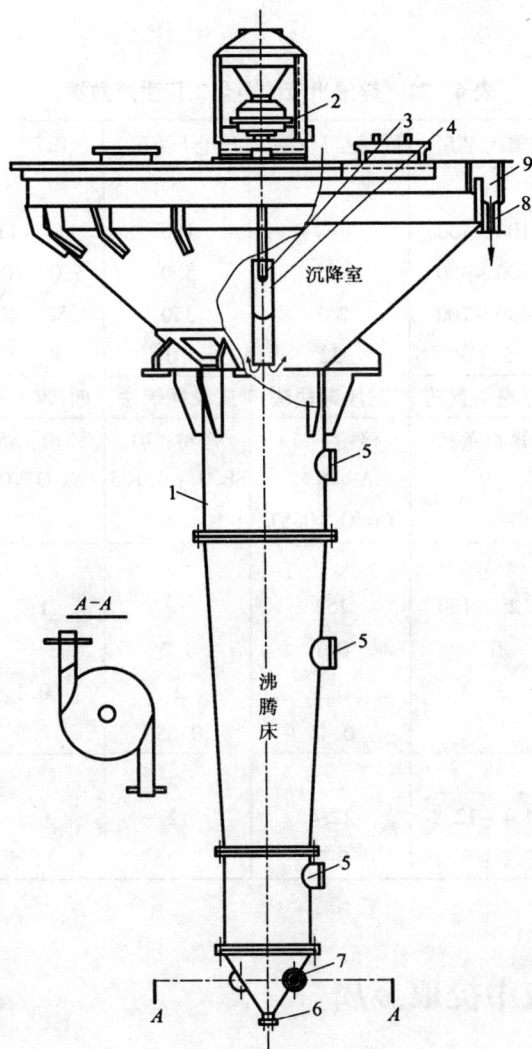

图 6 – 19 流态化除铜镉槽

1—槽体 2—加料圆盘 3—搅拌机 4—下料圆筒
5—窥视孔 6—放渣口 7—进液口 8—出液口 9—溢流沟

图中文字：沉降室 沸腾床 A—A

　　我国某湿法炼锌厂已在净化除钴过程中采用一种管式过滤机。这种过滤机与一般板框压滤机相比,可节约大量板框材料(木材或钢材)及滤布,而且可以改善劳动条件,减轻劳动强度。但是操作维修不便,需要一定数量的高级合金钢,同时对含硫酸钙高的溶液进行过滤时,容易被硫酸钙结晶堵塞,因此还有待进一步完善。

表 6-22 锌浸出液的净化工厂生产数据

项 目	国内某厂	科科拉厂(芬)	巴仑厂(比)	秋田厂(日)	阿弗柏厂(比)
中性浸出液成分					
$Zn/(g \cdot L^{-1})$	100~130	147	160	110~115	150~160
$Cu/(mg \cdot L^{-1})$	100~400	491	500	500~1000	400~500
$Cd/(mg \cdot L^{-1})$	400~700	348	350	250~400	400~600
$Co/(mg \cdot L^{-1})$	5~18	32	10	8~10	20~30
净化方法	锌粉-黄药	三段砷盐法	三段逆锑法	四段砷盐法	二段逆锑法
试剂消耗 /$(kg \cdot t^{-1})$	锌粉黄药	锌粉:443 As_2O_3:2 $CuSO_4$:0.57	锌粉:70 Sb_2O_3:0.125	锌粉:35.4 As_2O_3:0.7	锌粉
净液成分:					
$Zn/(g \cdot L^{-1})$	125~130	152	—	112	—
$Cu/(mg \cdot L^{-1})$	0.5	0.1	0.2	—	0.2
$Cd/(mg \cdot L^{-1})$	2~8	0.5	2	0.1	<1
$Co/(mg \cdot L^{-1})$	1~2	0.45	0.25	0.8	<1
Cu-Cd渣成分/%					
Cu	4~12	22.4	12	6.1	—
Cd	3~8	0.7	10	11.5	—

6.4 从水溶液中提取金属

从重金属水溶液中提取金属,常用的有铁屑置换法、中和沉淀法、电解沉积法和氢还原法。在此只讨论硫酸锌溶液的电积过程。

6.4.1 锌电积的电极反应

电解沉积锌的过程是将已经净化的硫酸锌溶液(简称新液),连续不断地从电解槽的进液端送入电解槽中,以铅银合金板(含银1%)作阳极,压延铝板作阴极,当通过直流电时,铝板阴极上析出金属锌($Zn^{2+} + 2e = Zn$),阳极上放出氧气($H_2O - 2e = 2H^+ + 1/2O_2$)。总的电化学反应为:

$$ZnSO_4 + H_2O \xrightarrow{\text{直流电}} Zn + H_2SO_4 + 1/2O_2$$

随着过程的不断进行,电解液中的含锌量不断减少,而硫酸含量不断增加。因此应加入净化后的含锌高含酸低的中性硫酸锌溶液,以维持电解槽内电解液中锌及硫酸的浓度不变,并稳定电解系统中溶液的体积。阴极上的析出锌每隔一定周期(24 h)取出来,将锌片剥下送去熔化铸锭。阴极铝板经过清刷处理后,再装入电解槽中继续进行电解沉积。

6.4.1.1 阴极过程

在电解液中,带正电荷的离子,除锌离子外,还有氢离子和微量杂质金属离子(M^{n+}),通直流电时,在阴极上的主要反应有:

$$2H^+ + 2e = H_2 \uparrow \qquad \varphi^{\ominus}_{H^+/H_2} = 0$$

$$\varphi_{H_2} = \varphi^{\ominus}_{H_2} + RT/F \ln p_{H^+}$$

$$Zn^{2+} + 2e = Zn \qquad \varphi^{\ominus}_{Zn^{2+}/Zn} = -0.763 \text{ V}$$

$$\varphi_{Zn^{2+}/Zn} = \varphi^{\ominus}_{Zn^{2+}/Zn} + RT/2F \ln a_{Zn^{2+}}$$

在工业生产条件下,若锌电解液成分为 $H_2SO_4(\gamma = 0.13)$ 120 g/L,$Zn(\gamma = 0.53)$ 55 g/L(相应离子活度 $a_{Zn^{2+}} = 0.0424$,$a_{H^+} = 0.142$),在40℃时平衡电势分别为:

$$\varphi_{Zn^{2+}/Zn} = \varphi^{\ominus}_{Zn^{2+}/Zn} + RT/2F \ln a_{Zn^{2+}}$$
$$= -0.763 + 0.063/2 \lg 0.0424$$
$$= -0.806 \text{ V}$$

$$\varphi_{H^+/H_2} = \varphi^{\ominus}_{H^+/H_2} + RT/F \ln a_{H^+}$$
$$= 0 + 0.063 \lg 0.142$$
$$= -0.053 \text{ V}$$

氢的平衡电势较锌为正,从热力学的观点看,在阴极上应该析出的是氢而不是锌。但实际上由于氢离子在阴极上析出时的超电压很大,结果使得氢离子在阴极上的析出电势值比锌更负,从而使锌离子优先在阴极上放电析出。

氢和锌的析出电势分别为:

$$\varphi_{H_2} = \varphi^{\ominus}_{H_2} + RT/F \ln a_{H^+} - \eta_{H_2}$$
$$\varphi_{Zn} = \varphi^{\ominus}_{Zn} + RT/2F \ln a_{Zn^{2+}} - \eta_{Zn}$$

当电解液中含 H_2SO_4 120 g/L,Zn 55 g/L,电解温度40℃,电流密度为500 A/m^2 时,由实验得知,在锌电极上氢的超电压 $\eta_{H_2} = 1.105$ V,锌的超电压 $\eta_{Zn} = 0.03$ V。将 H_2 和 Zn 析出的超电压数值代入,得到的析出电势值为:

$$\varphi_{H_2} = -0.053 - 1.105 = -1.158 \text{ V}$$

$$\varphi_{Zn} = -0.806 - 0.03 = -0.836 \text{ V}$$

氢的超电压随着电流密度的增大而增大。电解液的温度下降,往电解液中添加适量的骨胶也能增大氢的超电压。溶液中杂质(如铜、锑、铁、钴等)的存在会大大降低氢的超电压。氢在不同金属上的超电压如表 6 - 23 所示。

表 6 - 23   298 K 时氢在不同金属上的超电压

电流密度 /$A \cdot m^{-2}$	金属 的 超 电 压 /V											
	Al	Zn	Pt(光铂)	Au	Ag	Cu	Bi	Sn	Pb	Ni	Cd	Fe
100	0.825	0.746	0.068	0.390	0.7618	0.584	1.05	1.0767	1.090	0.747	1.134	0.5571
500	0.968	0.926	0.186	0.507	0.83	–	1.15	1.1851	1.168	0.890	1.211	0.7000
1000	1.066	1.064	0.228	0.588	0.8749	0.801	1.14	1.2230	1.179	1.048	1.216	0.8184
2000	1.176	1.168	0.355	0.688	0.9397	0.988	1.2	1.2342	1.217	1.130	1.228	0.9854
5000	1.237	1.201	0.573	0.770	1.03	1.186	1.21	1.2380	1.235	1.208	1.246	1.2561

电解液中其他的阳离子,它们会对锌电积产生很大的干扰。这是由于这些阳离子中绝大多数的标准还原电势比锌更正,并且它们析出时的超电压较低,所以杂质离子的浓度必须降低到一个很低的水平才能防止它们的析出。

6.4.1.2　阳极过程

锌电积阳极过程产生两个结果:一是氧气的析出,二是电解液酸度的增大,即

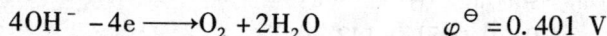

$$4OH^- - 4e \longrightarrow O_2 + 2H_2O \qquad \varphi^\ominus = 0.401 \text{ V}$$

或

$$2H_2O - 4e \longrightarrow O_2 + 4H^+ \qquad \varphi^\ominus = 1.229 \text{ V}$$

它们消耗约占通过阳极电量的 98%。

在电流作用下,由于氧的超电压(约为 0.5 V)的存在,在上述两反应出现之前,首先发生铅的阳极溶解,并形成 $PbSO_4$ 覆盖在阳极表面上:

$$Pb - 2e = Pb^{2+} \qquad \varphi^\ominus_① = -0.126 \text{ V} \qquad ①$$

$$Pb + SO_4^{2-} - 2e = PbSO_4 \qquad \varphi^\ominus_② = -0.356 \text{ V} \qquad ②$$

形成的 $PbSO_4$ 一部分溶解于电解液中,其溶解度随温度和硫酸浓度而变,如表 6 - 24 所示。在未被 $PbSO_4$ 覆盖的阳极表面上,铅可直接氧化成 PbO_2,即:

$$Pb + 2H_2O - 4e \longrightarrow PbO_2 + 4H^+ \qquad \varphi^\ominus_③ = 0.655 \text{ V} \qquad ③$$

随着金属铅自由表面接近完全消失,即发生:

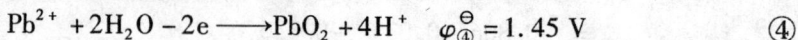

$$Pb^{2+} + 2H_2O - 2e \longrightarrow PbO_2 + 4H^+ \qquad \varphi^\ominus_④ = 1.45 \text{ V} \qquad ④$$

待铅阳极基本上为 PbO_2 覆盖后,即进入正常的阳极反应。结果在阳极上放出

O_2，而使电解液中的 H^+ 浓度增加，并与未放电的 SO_4^{2-} 结合，不断地产生H_2SO_4，其产量约为析出锌量的 1.5 倍。

表 6-24 硫酸铅在硫酸溶液中的溶解度

硫酸浓度/%	不同温度下溶液中 $PbSO_4$ 含量/$(mg\cdot L^{-1})$			
	0 ℃	25 ℃	35 ℃	50 ℃
0.5	2.0	2.5	4.3	11.5
5.0	1.6	4.0		10.3
10.0	1.2	1.6	3.8	9.6
20.0	0.5	1.2	2.8	8.0
30.0	0.4	1.2	2.0	4.6
40.0	0.4	1.2	1.8	2.8

阳极上放出的氧，消耗于三个方面：

(1)大部分氧由阳极表面形成气泡，并吸附少量的酸和水(微粒)逸出电解槽形成酸雾，使设备腐蚀，劳动条件恶化。

(2)一部分与电解液中的硫酸锰起化学反应：

$$2MnSO_4 + 3H_2O + 2.5O_2 = 2HMnO_4 + 2H_2SO_4$$

反应生成的高锰酸根离子(MnO_4^-)使白色硫酸锌溶液变成紫红色。同时高锰酸根继续与硫酸锰作用，即：

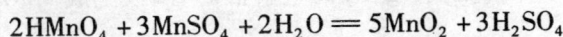

$$2HMnO_4 + 3MnSO_4 + 2H_2O = 5MnO_2 + 3H_2SO_4$$

该反应生成的二氧化锰一部分沉于槽底，形成阳极泥，可返回浸出作氧化剂；一部分附于阳极表面，形成比较致密的 MnO_2 薄膜，加强了 PbO_2 的强度而保护阳极不受腐蚀。阳极的抗腐蚀性取决于在铅-银阳极板表面上保持一稳定的 PbO_2/MnO_2 覆盖层。为此，铅-银阳极必须在 1.9 V 以上的电压下操作，并要求电解液含 $Mn^{2+}3\sim5$ g/L；

(3)小部分氧与阳极表面作用，参与形成氧化铅(PbO_2)阳极膜，造成阳极钝化而起不溶性阳极的作用，可保护阳极不受腐蚀。

在锌电积的不同条件下，实测的阳极电势如表 6-25 所示。

表 6 – 25　阳极电势与电流密度及温度的关系

电流密度 /(A·m⁻²)	铅阳极			铅银阳极(1% Ag)		
	25 ℃	50 ℃	75 ℃	25 ℃	50 ℃	75 ℃
200	2.04	1.98	1.90	1.99	1.92	1.89
400	2.07	2.01	1.95	2.02	1.96	1.90
600	2.09	2.02	1.96	2.03	1.97	1.92
1000	2.12	2.05	1.98	2.05	2.00	1.94

注：铅及铅 – 银合金阳极均预先在 1 mol 硫酸溶液中造膜。

由表 6 – 25 可见，氧的析出电势比平衡电势要高，而且随阳极材料不同而有所差异。如用含 Ag 0.78% 和含 Ca ~2% 的铅阳极时，阳极电势比含 Ag 1% 的铅阳极又可下降 0.12 V，而且腐蚀现象也可减少。

由于 Pb – Ag 阳极的阳极电势较低，形成的 PbO_2 较细而致密，导电性较好，耐腐蚀性较强，故在工厂中普遍采用。

在锌电积时，阳极还会发生许多其他反应，如：

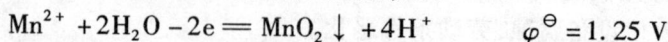

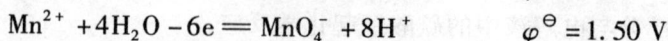

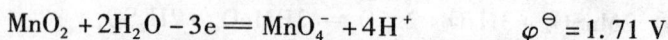

$$Mn^{2+} + 2H_2O - 2e = MnO_2 \downarrow + 4H^+ \qquad \varphi^{\ominus} = 1.25 \text{ V}$$

$$Mn^{2+} + 4H_2O - 6e = MnO_4^- + 8H^+ \qquad \varphi^{\ominus} = 1.50 \text{ V}$$

$$MnO_2 + 2H_2O - 3e = MnO_4^- + 4H^+ \qquad \varphi^{\ominus} = 1.71 \text{ V}$$

在正常条件下，氧的析出占阳极总电流 ~98%，而 Mn^{2+} 氧化成 MnO_2 约占 1%。但在电积含 Mn^{2+} 高(如 >9 g/L)的电解液时，阳极生成 MnO_2 的电流效率可高达 ~20%。

铅阳极反应关系到阳极寿命及阴极锌的质量。Cl^- 的氧化析出 Cl_2 促使阳极腐蚀和污染车间空气，故必须降低电解液中的氯离子含量。

由于铅及其氧化产物具有不同的体积密度(cm^3/g)，如铅为 0.09，PbO_2 为 0.11，$PbSO_4$ 为 0.16，因此在铅阳极表面的 PbO_2 层中难免存在有孔隙，甚至脱落。在正常生产下，形成 $PbSO_4$ 的反应②仍有少量进行。这些都使阳极寿命缩短，并使电锌质量降低。

6.4.2　杂质在电积过程中的行为

在生产实践中，常常由于电解液含有某些杂质而严重地影响析出锌的结晶状态、电积过程的电流效率和电锌质量。其中杂质金属离子在阴极放电析出是影响锌电积过程的主要因素。

杂质金属离子能否在阴极上析出，取决于其平衡电势的大小。当电解液中

306

锌离子浓度为 55 g/L($a_{Zn^{2+}} = 0.0424$)时,按能斯特公式计算某些杂质离子放电的最低浓度。表 6 - 26 为锌及常见杂质的标准还原电势、一般含量及放电最低浓度数据。

表 6 - 26　杂质离子与锌同时放电的最低浓度

M^{n+}	$\varphi^{\ominus}/V$	一般含量/$(mg \cdot L^{-1})$	放电平衡浓度/$(mg \cdot L^{-1})$
Zn^{2+}	-0.763	$(50 \sim 60) \times 10^3$	55×10^3
Cd^{2+}	-0.403	$0.3 \sim 2$	3.19×10^{-9}
Cu^{2+}	$+0.34$	$0.5 \sim 0.05$	1.43×10^{-34}
Ni^{2+}	-0.25	$0.1 \sim 2$	1.13×10^{-14}
Co^{2+}	-0.277	$0.1 \sim 3$	9.25×10^{-14}
Fe^{2+}	-0.44	$10 \sim 20$	2.82×10^{-8}
Pb^{2+}	-0.126	$0.04 \sim 0.1$	2.58×10^{-18}
As^{2+}	$+0.25$	$0.05 \sim 0.1$	2.36×10^{-49}
Sb^{2+}	$+0.15$	$0.05 \sim 0.1$	4.56×10^{-44}
Ge^{2+}	-0.15	$0.005 \sim 0.1$	4.70×10^{-40}

从表 6 - 26 可见,杂质在阴极上析出不可避免。因此,要提高电锌质量,必须加强硫酸锌溶液的净化,降低溶液中杂质含量,并设法提高电流效率。

铜、镍、钴、砷、锑、锗是降低析出锌的表面质量及电流效率的杂质。

钴是一种有害的杂质之一,特别有 Ge 存在时危害更甚。由于钴引起阴极锌的腐蚀(即烧板),使锌腐蚀成黑色的斑点,并愈往贴紧铝板一面愈严重,形成喇叭形的圆孔。钴对锌阴极的腐蚀是由于在阴极表面形成局部的微电池所致。在微电池中氢电极为正极,锌电极为负极。由于氢在钴粒上的超电压较低,从而促进了微电池的反应。

镍的腐蚀作用与钴相似,且由于氢在镍上的超电压比在钴上还要低,因而它的腐蚀作用较钴更严重。特别是同时存在其他杂质(如 Co、Sb)时就更甚。钴与镍降低电流效率除了由于微电池的作用外,还由于氢在钴或镍上的超电压较低所致。

锑、锗与砷在不同程度上影响电积过程。实践证明,锗最有害,锑次之。它们都能使锌起皱纹,严重时产生蜂窝状或海绵状沉积物。Sb、Ge 和 As 的有害影响,是由于生成了一些挥发性的氢化物。这些氢化物生成之后,立即被电解液分解产生氢气和相应的离子,这些离子又能重新放电,重复上述过程。例如 Ge^{4+} 的过程为:

$$Ge^{4+} + 4e \longrightarrow Ge$$

$$Ge + 4H \longrightarrow GeH_4$$
$$GeH_4 + 4H^+ \longrightarrow Ge^{4+} + 4H_2 \uparrow$$

同样,Sb 和 As 也发生类似的反应,不同的只是为三价氢化物 SbH_3 与 AsH_3。同时由于微小的氢气泡在电极锌表面上吸附,使得继续沉积的锌含有大量的气体,形成疏松发黑状态,易被溶液中的硫酸所溶解,严重地降低电锌质量与电积过程的电流效率。

铜是正电性金属,因而容易在阴极上析出。同时它又能与锌形成微电池,使锌复溶。形成呈圆形透孔、周边不规则的"烧板"。由于铜为正电性金属,因而铜在阴极析出后不发生再溶解现象,从而降低了阴极锌的化学质量。

铅与镉这两种金属由于它们的阴极析出电势与锌相比较正些,因此能在阴极上析出。但氢在这些金属上的超电压较高,对电流效率影响不大,但会降低析出锌的化学质量。

铁和锰一般不在阴极析出,不会影响析出锌的物理质量和化学质量,而是在阴阳极之间进行氧化 – 还原反应消耗电能,使锌反溶,降低电流效率。如铁的氧化 – 还原反应为:

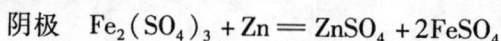

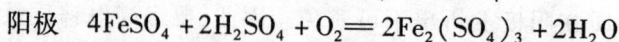

阴极　$Fe_2(SO_4)_3 + Zn = ZnSO_4 + 2FeSO_4$

阳极　$4FeSO_4 + 2H_2SO_4 + O_2 = 2Fe_2(SO_4)_3 + 2H_2O$

锰离子的作用类似于铁,另外,七价锰离子的存在使砷、锑危害更严重。

锰离子的存在对电积过程也有有利的一面。生成的 MnO_2 粘附在阳极表面上,对阳极起保护作用,而且可吸附多种金属离子(如 Fe、Co、Cu、Sb、碱土金属及其他金属离子),从而使被吸附的这些离子沉于槽底,减少了这些杂质的危害性。故现代电锌生产都要求电解液含一定量的锰离子,一般是 3 ~ 5 g/L,也有一些工厂控制锰含量在 12 ~ 14 g/L,个别高达 17 g/L。

比锌更负电性的钾、钠、钙、镁等的硫酸盐总量可达 20 ~ 25 g/L,其中镁为 3 ~ 17 g/L,它们含量过多时,会增大溶液粘度,增大电阻,增加电能消耗。钙、镁含量过高时,易析出结晶,阻塞管道,影响操作,因而需定时抽出部分电解液脱除这些杂质。

电解液中的氯和氟离子是腐蚀阴、阳极的阴离子杂质。氯离子在阳极氧化成氯酸盐,严重腐蚀阳极:

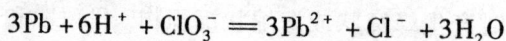

$$3Pb + 6H^+ + ClO_3^- = 3Pb^{2+} + Cl^- + 3H_2O$$

增加溶液中铅含量,使析出锌含铅增加,降低锌的品级,同时缩短阳极寿命。

当有二氧化锰存在时,可抑制 Cl^- 的有害作用:

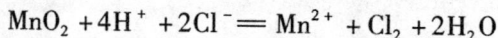

$$MnO_2 + 4H^+ + 2Cl^- = Mn^{2+} + Cl_2 + 2H_2O$$

氟离子能破坏阴极铝板表面的氧化铝膜,使析出锌与铝板新鲜表面形成锌铝合金,发生锌铝黏结,致使锌片难于剥离。同时也造成阴极铝板消耗增加。

为改善剥离情况,往电解液中加酒石酸锑钾,发生如下反应:

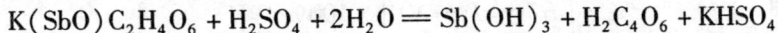

$$K(SbO)C_2H_4O_6 + H_2SO_4 + 2H_2O = Sb(OH)_3 + H_2C_4O_6 + KHSO_4$$

反应后生成的氢氧化锑胶状物质,略带正电性,附着在阴极铝板表面上,使锌析出时,避免与铝板新鲜表面形成铝锌合金。

由以上分析可以看出,各种杂质对电流效率、电能消耗及析出锌质量的影响均很大,因此各工厂都特别重视电解液的质量。表6－27为锌的电解液中杂质的允许含量及一些工厂的实际数据。

表6－27 工业电解液杂质容许含量及工厂数据

溶液组成	允许含量 /($mg \cdot L^{-1}$)	工厂实际成分/($mg \cdot L^{-1}$)					
		1	2	3	4	5	6
Co	<0.1	0.25	1	<0.1	<0.2	0.45	0.010
Ni	<0.1	—	2	<0.01			0.012
Fe	<20	10	30	10	10	28	6
Cu	0.05	0.1	0.2	0.2	<0.1	0.1	—
Pb	0.04						—
Cd	<0.3	0.3	2.5	<0.1	<0.1	0.5	0.4
As	0.05	0.01	0.24			0.02	—
Sb	0.05	0.01	0.3				0.008
Ge	0.005	0.08	0.04	—		—	<0.004
Mn(g/L)	1~2	3~4	2.5~5				
F	50	135	50	1.0		—	—
Cl	100	135	200	17	<67	—	—

思 考 题

总结一下表6－27所列各种杂质对锌电积过程电极反应的影响。

6.4.3 电流效率、槽电压及电能消耗

6.4.3.1 电流效率及其影响因素

电流效率是指在电积过程中金属在阴极上沉积的实际量与在相同条件下按法拉第定律计算得出的理论量之比,可用下列公式计算:

$$电流效率\% = \frac{阴极上的实际产物量(锌)}{按法拉第定律计算所得锌量} \times 100\%$$

即　　　　$\eta_i = [B/(q \cdot I \cdot \tau \cdot N)] \times 100\%$

式中　η_i——电流效率,%;

　　　τ——电解沉积的时间,h;

　　　B——在电解沉积时间内的实际析出锌产量,g;

　　　N——电解槽数;

　　　q——锌的电化当量,1.22 g/(A·h)。

　　生产实践中,由于阴阳极之间短路,电解槽漏电,阴极化学溶解以及其他副反应的发生都会使电流效率降低,随各工厂的具体条件不同,锌电积的电流效率波动在89%～92%之间。

　　影响电流效率的因素有:电解液中的锌、酸含量,电解液的温度,电流密度,电解液的纯度,漏电影响,析出周期(电解沉积的时间),添加剂的使用情况。为了提高电流效率,视情况可采取如下措施:

　　(1)提高电流密度。提高电流密度,可增大极化作用,使氢的超电压增加,在一定程度上也减少其他有害杂质的影响。另外在保证溶液中锌离子浓度足够的情况下,提高电流密度还有利于得到均匀的金属沉积物。

　　电流密度的选择与电解液的组成、温度、溶液的循环情况等有密切的关系。电流密度愈大,则溶液含锌量必须升高,因而酸度可以增大,温度可以高些,同时必须加速溶液的循环量。目前,一般采用的电流密度为350～600 A/m²。

　　(2)控制好电解液的温度。由于电流通过电解槽时,使得溶液温度升高,电流密度愈大,这种效应就愈显著。因此,工业生产上常设有电解液的冷却装置,以便控制溶液的温度。现在各厂电解液的温度均控制在30～40 ℃的范围内。提高温度能降低电解液的比电阻,是目前节电的重要措施。但另一方面则降低了氢的超电压。同时,在使用含杂质多的溶液操作时,应保持较低的温度。对于高电流密度的电解,由于保证了足够高的氢超电压,可以使温度适当升高。

　　(3)加速电解液的循环。电解液的循环作用,一是保持电解液在槽内必须的浓度,二是使电解液有足够好的对流来降低扩散层的厚度。显然,电流密度的增加,就要求电解液的循环量加大。循环流量按下式计算:

$$Q = I \cdot g \cdot \eta_i \cdot N/(P_1 - P_2)$$

式中　Q——加入一个电解槽的中性电解液量(新液量),l/h;

　　　I——通过电解槽的电流强度,A;

　　　q——电化当量,锌的电化当量为1.22 g/(A·h);

　　　η_i——电流效率,%;

N——串联电解槽数；

P_1——新液含锌，g/L；

P_2——电解液含锌，g/L。

（4）控制好电解液成分。电解液含锌高时，有利于提高阴极的扩散电流，从而有利于锌的沉积，可得到高的电流效率。在 $500 \sim 550 \ A/m^2$ 的电流密度下，维持电解液含锌 $45 \sim 55 \ g/L$，可以有较高的电流效率。若电解液含锌低，则硫酸浓度相对增大，使阴极附

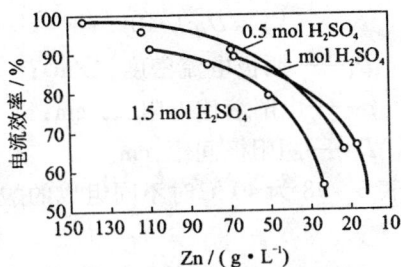

图 6-20　在不同酸度时电解液中锌
含量与电流效率之间的关系

近的锌离子浓度发生贫化现象，造成阴极上析出锌的反溶解。此外，氢的析出电势也随溶液中锌离子浓度的降低而降低，使得氢可能在阴极放电析出。提高酸度使氢的析出电势向正方移动，将有利于氢的析出，使电流效率降低。

（5）合理使用添加剂。锌的析出，有时形成树枝状，对提高电流效率不利。在此情况下，常常往电解槽中加入骨胶，使带有正电性的胶质吸附在阴极锌的结晶突起面上，使这里的电阻增大；但骨胶加入过多，又会使锌片发脆。骨胶的加入量应控制在 $0.01 \sim 1 \ g/L$。

当电解液存在少量杂质时，往往造成析出锌的严重复溶（即烧板）现象。为了抑制杂质的有害行为，应添加表面活性物质以便减少析出锌的反溶。

生产证实：有镍存在时（60 mg/L），加入胶仅 10 mg/L，比不加添加剂时锌的反溶速率降低 27 倍；加入 $10 \ mg/L \ \beta -$ 萘酚，则降低 27 倍；加入皂根 10 mg/L，也能降低 13 倍。加入量增大，锌反溶的速率降低反而减慢，若加入太多，甚至会引起锌反溶速率的增加。实验证明，在电解液中存在镍、钴时，添加剂的作用较大，而铜、锑存在时，添加剂的作用较小。

6.4.3.2　槽电压

槽电压就是电解槽内相邻阴阳极之间的电压降数值。一个电解槽的电压由下列部分构成：理论分解电压（$V_{理}$）、超电压（η）、电解液电阻电压降（$V_{液}$）、阴、阳极电阻电压降（$V_{极}$）、阳极泥电阻电压降（$V_{泥}$）及接触点电阻电压降（$V_{接}$），即

$$V_{槽} = V_{分} + V_{极} + V_{液} + V_{泥} + V_{接}$$

硫酸锌的分解电压 $V_{分}$ 包括理论分解电压（$V_{理}$）和超电压（η），即

$$V_{分} = (\varphi_{O_2}^{\ominus} + 2.303RT/F \ \lg a_{OH^-} + \eta_{O_2}) - (\varphi_{Zn}^{\ominus} + 2.303RT/2F \ \lg a_{Zn^{2+}} - \eta_{Zn})$$
$$= (\varphi_{O_2}^{\ominus} + 2.303RT/F \ \lg a_{OH^-}) - (\varphi_{Zn}^{\ominus} + 2.303RT/2F \ \lg a_{Zn^{2+}}) + (\eta_{O_2} + \eta_{Zn})$$

可见硫酸锌的分解电压与电流密度、电解液温度及锌、酸含量等有关，一般为 $2.4 \sim 2.8 \ V$。

阴阳极间电解液电阻压降可由下式计算：

$$V_{液} = D_k \rho L \cdot 10^{-4}$$

式中 D_k——阴极电流密度，A/m^2；

      ρ——电解液比电阻，$\Omega \cdot cm$；

      L——阴阳极间距，cm。

表 6－28 为 40 ℃时不同组成的酸性硫酸锌溶液的比电阻值。

表 6－28   在 40 ℃下硫酸锌溶液的比电阻($\Omega \cdot cm$)

硫酸浓度 /($g \cdot L^{-1}$)	溶液含锌量/($g \cdot L^{-1}$)			
	40	60	80	100
100	2.88	3.14	3.47	3.37
110	2.65	2.92	3.23	3.49
120	2.44	2.70	3.00	3.25
140	2.16	2.38	2.65	2.96
160	1.96	2.16	2.39	2.64
180	1.81	1.99	2.20	2.42
200	1.69	1.85	2.04	2.25

电解液中的杂质离子和胶等会增大电解液的比电阻。电解液电阻电压降约为 0.4 ~ 0.6 V。

阴、阳极板电阻电压降，包括极板、导电棒、导电头及接触点的电阻电压降，大约各为 0.02 V 左右。为了降低阴阳极的电阻电压降，必须注意保证接触点的导电良好。

阳极泥的电阻电压降随着电解的进行和阳极泥的增厚而增加，大概在 0.12 ~ 0.17 V 之间，并与阳极泥的结构、性质、电流密度有关。所以应该定期刷洗阳极泥以降低阳极泥电阻。

表 6－29 所示是里斯敦电锌厂的槽电压平衡数据。该厂采用的联合添加剂为：胶 25 mg/L，β - 萘酚 25 mg/L，Sb 0.15 mg/L。槽电压一般波动在 3.4 ~ 3.6 V 之间。

6.4.3.3 电能消耗

湿法炼锌每生产 1 t 锌消耗电能 3800 ~ 4000 kWh，而电积过程占到 3000 到 3500 kWh。

表6-29　里斯敦电锌厂槽电压平衡表

项　　　目		V	%
阴　极	1. 可逆阴极电压	-0.819	
	2. 阴极超电压	-0.062	
	3. 添加剂的作用	-0.001	
	阴极总电压	-(-0.882)	25.4
阳　极	1. 可逆阳极电压	+1.217	
	2. O_2析出的超电压	+0.84	
	3. 添加剂的作用	-0.216	
	阳极总电压	+1.841	53.2
分解电压合计		+2.723	78.6
电解液电阻电压降		+0.594	17.1
阳极泥电阻电压降		+0.15	4.3
槽电压共计		3.457	100

注: 电解液成分: Zn 44 g/L, H_2SO_4 99 g/L, Mn 11 g/L, Co 10 mg/L, 电流密度为 526 A/m^2。

计算公式为:
$$W = (实际消耗的电能/析出锌产量) \times 1000$$
$$= V/(q \cdot \eta_i) \times 1000$$

式中　W——每吨阴极锌直流电单耗, kWh;

　　　V——槽电压, V;

　　　q——锌的电化当量, 1.22 g/(A·h);

　　　η_i——电流效率, %。

阴极锌直流电单耗是湿法炼锌的重要技术经济指标之一。根据 1985、1995 和 2000 年世界各锌厂的调查, 每吨阴极锌直流电单耗分别为 3181、3191、3203 kWh, 变化不大。这部分能耗占整个生产锌锭的总能耗的 80% 左右, 占湿法炼锌成本的 20% 左右, 可见降低每吨阴极锌直流电单耗是降低生产成本重要的一方面, 必须采取一切措施降低槽电压并努力提高电流效率。

目前各炼锌厂的电流效率都为 90±2%, 槽电压为 3.2±0.2 V, 则吨锌电耗为 3000~3200 kWh。饭岛电锌厂电积过程的槽电压分布如表 6-30 所示。为了降低槽电压, 该厂采取了措施, 这些措施使电耗下降的效果见表 6-31。

表6-30 饭岛电锌厂槽电压平衡

项 目	电 压/V	所 占 比 例/%
分解电压(含超电压)	2.6~2.7	75~78
阳极泥电压降	0.2~0.3	6~9
电解液电压降	0.438~0.641	12.5~18.5
接触点电压降	0.017~0.020	0.5~0.6
槽电压	3.458	

表6-31 饭岛电锌厂降低槽电压的措施

类 别	措 施	1977~1984 年间的改进	吨锌电耗下降/kWh
降低电解液电阻	提高电解液温度	30 ℃→40 ℃	321
	提高 H_2SO_4 浓度	150 g/L→166 g/L	30
	控制 Mg^{2+} 浓度	14 g/L→9 g/L	—
	缩短阳极中心距	75 mm→67 mm	27
降低阳极泥电阻	缩短阳极清理周期	44 d→22 d	126
	除去电解液中的石膏		
降低电流密度	增加槽装极板数	48 片→56 片	—

思 考 题

1. 影响锌电积过程电流效率的因素有哪一些?

2. 在锌电积过程中槽电压 E 和电流效率 η 均随电流密度 D 而变化,举例如下:

$D/A \cdot m^{-2}$	E/V	$\eta/\%$
100	2.5	80
200	2.7	90
500	3.0	94
1000	3.5	96

(a)对上述四种电流密度来说,分别计算每公斤锌所消耗的电能各是多少?

(b)为了得到成本最低的结果,对电流密度的选择应如何考虑?

6.4.4　锌电解车间的主要设备及生产实践

锌电解车间的主要设备有：电解槽、阴极、阳极、供电设备、载流母线、电解液冷却设备及剥锌机等。

电解槽的数目及大小取决于所选用的电解参数及生产规模。近年来由于采用大阴极板和机械化剥锌,电解槽的尺寸也随之增大。电解槽按制作材料分类主要有钢筋混凝土电解槽、塑料电解槽、玻璃钢电解槽等。电解槽的长度由选定的电流密度、阴极板数量及极间距离而确定,宽度和深度由阴极板面积确定。槽子一般长 2~4.55 m,宽 0.8~1.2 m,深 1~2.5 m。同时,为了保证电解液的正常循环,阴极边缘到槽壁的距离一般为 60~100 mm。槽深按阴极下缘距槽底 400~600 mm 考虑,以便阳极泥平静地沉积在槽底。槽底为平底型和漏斗型。电解槽内装入的阴极片数在 12~40 片之间。

在我国,电解槽大都用钢筋混凝土制成,内衬厚 6 mm 的软聚氯乙烯塑料或用环氧玻璃布作防腐层,但施工和检漏较困难。

图 6-21 为电解槽的结构图。

电解槽一般按行列组合,配置在一个水平上,构成供电回路系统。电路按槽与槽串联、槽内电极并联的方法连接。一个车间内的电解槽的配置原则是：紧凑而便于操作和维修,供电供液线路最短,而漏电可能最小。

导电极用铜板或铝板做成,一般连接列与列之间的导电板用铜板,而电解槽至供电所之间的导电板用铝板。

电解车间的直流电来自整流间。整流设备有汞弧整流器和硅整流器。由于硅整流器的整流效率高(98%),没有汞毒气发生,操作维护也方便,现在所有工厂均采用硅整流器。

电解槽内采用单槽供液方式。

多数工厂的阳极是由 Pb-Ag(0.5%~1%)合金制成,其制造工艺简单,但

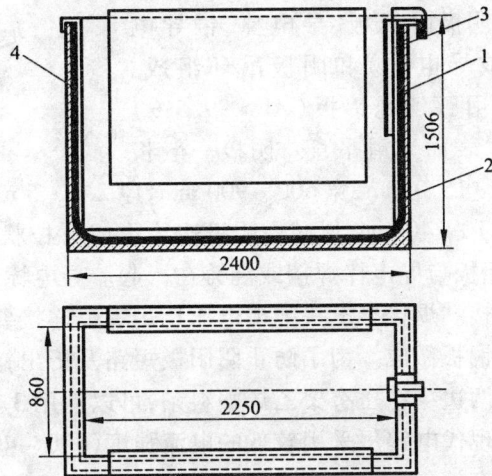

图 6-21　电解槽结构图
1—槽体　2—软聚氯乙烯衬里
3—溢流堰　4—沥青油毛毡

由于含银较高而造价较高。近年来铅银钙(Ag 0.25%,Ca 0.05%)合金阳极、铅银钙锶(Ag 0.25%,Ca 0.05% ~1%,Sr 0.05% ~0.25%)合金阳极被越来越多的电积生产厂家所重视。这种阳极具有强度高,耐腐蚀,使用寿命长(6~8年),造价低,使用时表面形成的PbO_2及MnO_2较致密,使析出锌含铅低,降低阳极电势,从而降低电能消耗等优点,但其制造工艺较复杂。

阳极尺寸由阴极确定,一般长900~1077 mm,宽620~718 mm,厚5~6 mm,重50~70 kg,长与宽约小于阴极20 mm。一个电解槽所装阳极数比阴极多一片或相等。某厂所用阳极结构如图6-22所示。

阳极导电铜棒酸洗包锡后浇铸在铅银合金中。阳极平均寿命为38个月,每吨电锌耗铅约为0.7~2 kg。

阴极由极板、导电棒、铜导电头(或导电片)和阴极吊环组成。极板用压延纯铝板(Al > 99.5%)制成,表面光滑平直。阴极一般长

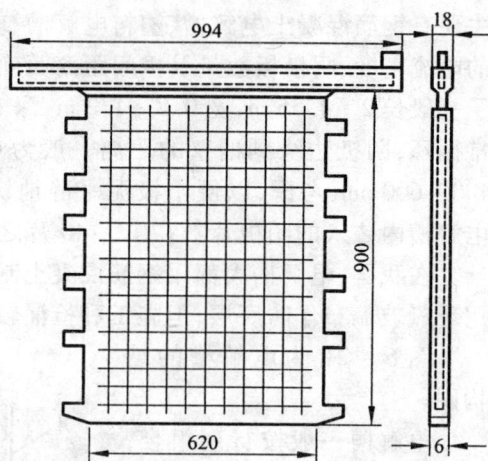

图6-22 阳极

1020~1520 mm,宽600~900 mm,厚2.5~5 mm,重10~12 kg,其尺寸通常比阳极宽10~40 mm,以减少阴极边缘形成树枝状结晶。阴极导电棒用铝或硬铝制成,铝板与导电棒焊接或浇铸在一起。导电棒与导电头用螺钉连接,也可用铆钉或焊接。焊接导电头的槽电压比用螺钉连接要低。导电头一般用厚为5~6 mm的紫铜板做成。为了防止阴阳极短路及析出锌包住阴极周边,造成剥锌困难,阴极的两边缘粘压有聚乙烯塑料条,可以使用3~4个月不脱落。

现代电锌厂采用较低的电流强度(300~400 A/m²),延长剥锌周期为48 h,增大有效阴极面积到1.6、2.3、2.6 m²,甚至扩大为3.2 m²,电解槽的尺寸也相应扩大到4.55×1.23×2.15 m³。图6-23所示为某厂所用的阴极。

锌电积时,由电解液等的电阻而产生焦耳热。虽然电解液通过蒸发及辐射散热,但发热量仍然要超过散失的热量。因此电解槽内的电解液温度会升高。正常的电积过程必须维持一定的温度,所以要对电解液进行冷却。电解液的冷却方式可分为两种,即槽内分别冷却与槽外集中冷却。目前槽内分别冷却方式已被槽外集中冷却所代替。此时,槽内电解液的循环速度约比原来增大10倍。

目前采用的集中冷却设备有强制通风冷却塔与真空蒸发冷冻机两类。

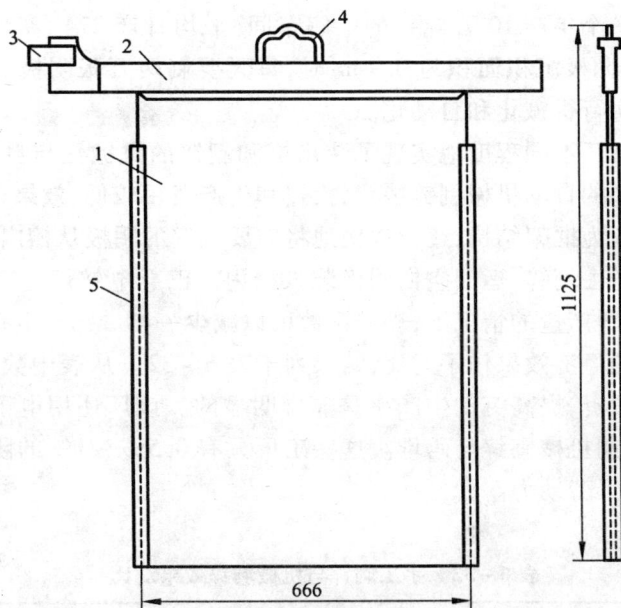

图 6 – 23　阴极

1—阴极铝板　2—导电棒　3—导电片　4—提环　5—聚乙烯绝缘边

强制通风冷却塔是使电解液加入电解槽之前,先从上至下通过一个冷却空塔,在该塔的下部强制鼓风,使空气在与溶液逆流运动的过程中,带走大量蒸发的水分,达到降低电解液温度的目的。这种设备构造简单,便于清理塔内结垢。缺点是动力消耗大,受地区条件限制,同时还受季节和空气湿度的限制。这种冷却塔可作成长方形或圆形。如比利时一电锌厂的冷却塔就是长方形,长 8 m,宽 4 m,高 8 m,最大送风量为 220 000 m^3/h,每小时喷洒溶液 160 ~ 200 m^3,水分蒸发量为加入的新电解液量的 9% ~ 14%,循环电解液的给液量约为加入新电解液量的 10 ~ 20 倍。

电解液的真空蒸发冷却过程,就是将电解液从高位槽通过 1、2、3 级串联的蒸发器,利用一定压力的蒸汽从喷嘴中高速(1200 m/s 以上)喷出,在蒸发器内造成一定的负压(96 ~ 98 kPa),使流经蒸发器内的电解液在低温下沸腾,水的汽化带走大量热量,于是流出的电解液温度下降。蒸发的水量约为加入新电解液量的 10%,电解液的温度从 40 ~ 50 ℃可降到 29 ~ 35 ℃。

由于蒸发带走了电解液中的部分水分,这就允许在洗涤锌渣时多加水,从而可以提高锌的回收率。

锌电解车间的正常操作主要是出装槽与剥锌,过去都是用人工操作,劳动强度很大。例如一个年产 10 万吨锌的电解车间,平均日产 274 t。当电流密度为 600 A/m^2,每个阴极沉积面积为 0.9 m^2 时,每天要剥两万张阴极。所以电解车间的操作必须实行机械化和自动化。

现在许多工厂不同程度地实现了装出槽和剥锌的机械化与自动化,其中比利时巴仑电锌厂的自动机械剥锌装置,投资和生产费用较低,效果也较好。该厂出装阴极的吊车为框架结构,逐行逐槽地将需要剥锌的阴极从槽内提出来,装在极片运输车上送去剥锌,运回空白阴极装入槽内。巴仑电锌厂还采用 2.6 m^2 的大型阴极,在同样产量的情况下,剥锌次数可以减少一半。巴仑电锌厂对机械剥锌和手工剥锌的经济效果作了对比,结果列于表 6－32。从表中数据看,机械剥锌对节约基建投资,提高劳动生产率是非常明显的。该厂还用电子计算机控制吊车装出槽,控制机械剥锌与码堆。这些工厂只有 0.5% ～1% 的阴极需要用人工剥,大大节约了劳动力。

表 6 －32　手工剥锌与机械剥锌效果对比

项　　目	单　　位	手工操作	机械剥锌
产量	t/a	70000	70000
电流密度	A/m^2	320	400
沉积时间	h	48	48
电解槽数	个	400	160
每槽装阴极数	个	44	44
每个阴极面积	m^2	1.3	2.6
每个电解槽阴极总面积	m^2	57	114
占地面积	%	100	61
铅的消耗量	%	100	82
铝的消耗量	%	100	66
每人每班剥锌量	t/(人·班)	6.7	22.5

锌电解车间由于电极反应而放出 H_2 和 O_2,带出一些细小的电解液珠,在车间内形成酸雾,严重危害工人的身体健康和腐蚀厂房设备。正常操作要求车间内空气中的 H_2SO_4 与 $ZnSO_4$ 含量分别低于 0.02 mg/L 与 0.004 mg/L。为了达到这个要求,必须加强车间通风。如加拿大埃克斯塔尔电锌厂,电解车间内的空气每小时完全更换 6.5 次,车间内空气中 H_2SO_4 的含量一般小于 1 mg/m^3。此外,还采用下列添加剂:各种胶、硅酸盐(水玻璃)、甲酚,其共同的作用是在电解槽

318

的液面上形成稳定的泡沫层,以减少电积过程所产生的酸雾。日本秋田电锌厂用加大豆粉的方法来防止酸雾甚为有效。国内各工厂采用皂角防止酸雾也收到了良好效果。荷兰布德尔电锌厂采用一种离子表面活性物质来消除酸雾,使车间空气中的 H_2SO_4 含量从 13 mg/m³ 降到小于 1 mg/m³。为了改善阴极锌析出形态和质量,各电锌厂还采用不同种类和数量的添加剂,如表 6-33 所示,其部分作用前已述及。

表 6-33 锌电积的添加剂种类及消耗量(kg/t锌)

工 厂	胶	水玻璃	甲酚	$SrCO_3$	β-萘酚
鲁尔(德国)	0.021	0.8	0.021	5.74	—
科科拉(芬兰)	0.118	0.98	0.041	9.86($BaCO_3$)	—
秋田(日)	0.10	0.045(大豆粉)	—	—	0.05
埃克斯塔尔(加)	0.026~0.032	—	0.018~0.032	3.6~5.5	—
国内某厂	0.4~0.6	—	—	0.2~0.25	—

各工厂均采用联合添加剂,其作用错综复杂,有待深入研究。

有些电锌厂的技术经济指标列于表 6-34。

表 6-34 某些电锌厂的技术经济指标

技术经济指标	鲁尔厂(德国)	巴仑厂(比)	科科拉(芬兰)	蒙格罗港(意)	秋田厂(日)	埃克斯塔尔厂(加)	国内某厂
电流密度/A·m⁻²	597	375	660	600	490	~500	500~520
槽电压/V	3.5	3.3~3.55	—	—	3.55	3.5	3.2~3.3
电解液温度/K	307	—	306	310	310	308	311~315
同极距/mm	—	90	—	70	70	38(异极距)	62
沉积锌周期/h	24	48	24	24	48	24	24
电解液成分/g·L⁻¹							
Zn	55~60	45	61.8	67	50	60	60
H_2SO_4	200	160	180	116	118	200	<200
电流效率/%	91.8	~90	90	92	88~90	90	89~91
直流电耗/(kWh·t$_{Zn}^{-1}$)	3239	3200	3219	3430	3300	—	2900~3000
电锌质量/%							
Zn	99.995	99.995	99.995	99.995	99.997	99.995	99.99
Pb	0.0015	0.002	0.0010	0.0011	0.0017	0.002	<0.005

一些重金属水溶液的电积技术条件综合列于表6-35中。

表6-35 水溶液电积条件

金属	锌	镉	铜	锰	钴	镍
电解液主成分	$ZnSO_4$ + H_2SO_4	$CdSO_4$ + H_2SO_4	$CuSO_4$ + H_2SO_4	$MnSO_4$ + H_2SO_4 + $(NH_4)_2SO_4$	$CoSO_4$ + H_2SO_4 + $(NH_4)_2SO_4$	$NiSO_4$ + H_2SO_4 + Na_2SO_4
电解液组成 (给液)	Zn 50~70 kg/m^3 H_2SO_4 150~200 kg/m^3	Cd 60~80 kg/m^3 H_2SO_4 80~100 kg/m^3	Cu 25~35 kg/m^3 H_2SO_4 30~48 kg/m^3	Mn 25~35 kg/m^3 $(NH_4)_2SO_4$ 10~30 kg/m^3 pH = 7.2 ~7.6	Co 25~50 kg/m^3 $(NH_4)_2SO_4$ 10~30 kg/m^3 pH=4~6	阳极液 Ni 60 kg/m^3 H_2SO_4 50 kg/m^3 阴极液 Ni 90 kg/m^3 Na_2SO_4 150 kg/m^3
添加剂	胶、甲酚、大豆蛋白	胶	胶、硫脲	SO_2 0.1 kg/m^3 蚁酸、胶	$CoCO_3$ (pH 调整用)	—
温度/℃	30~45	20~35	30~57	35~40	45~64	—
电解槽	钢筋混凝土内衬聚氯乙烯	同 Zn	同 Zn	同 Zn	使用隔膜	铅阳极使用隔膜
电流密度 /($A \cdot m^{-2}$)	400~700	70~150	100~200	350~500	150~350	220
槽电压/V	3.3~3.7	2.4~2.6	2.0~2.3	5.0~5.3	3.0~5.5	3.7
电流效率/%	80~92	80~95	70~92	60~65	75~90	96~97
电能消耗 /($kWh \cdot t_{Zn}^{-1}$)	3200~3500	1800~2800	200~2500	8000~9900	4200~4700	<4000
析出金属纯度/%	99.98~99.99	99.96 ~99.98	99.98	99.96~99.97	99.86 (0.03%Ni)	99.96

6.5 铜(镍)的湿法冶金

6.5.1 概述

自20世纪60年代美国亚利桑那兰彻斯公司兰鸟矿(Ranchers Bluebird)开始溶剂萃取–电积法的工业化操作以来,铜的湿法冶金有了很大的发展。现在全世界用溶剂萃取–电积法生产的铜已占全球矿产铜量的20%左右,而且仍在不断发展中。取得迅速发展的原因之一是贫铜溶液萃取剂的研制成功及其与生物浸出的配合使用,使大量不适于用火法处理的低品位氧化矿、废矿堆及浮选尾矿能够进行有效浸出并经萃取富集成适于电积的溶液;其次处理硫化铜矿的搅拌浸出法的发展以及对火法熔炼的环保法规的加强,促使人们从湿法冶金中寻求处理硫化铜矿的途径。

铜的湿法冶金可分为低品位(难选的)硫化矿和氧化矿的处理以及硫化精矿的处理两大类。氧化铜矿物可被酸或氨溶液直接溶解,现普遍应用的是用稀硫酸溶液(或电积提铜后的废液)浸出。当矿石中含有硫化铜时,可在稀硫酸溶液中配入硫酸高铁进行浸出。对于含铁和钙、镁碳酸盐高的矿石,为了选择性地浸出铜和减少溶剂消耗,可用氨液进行浸出。湿法冶金的一个更大的进展是在镍钴冶金中采用了高压氧氨浸出以及随后的高压氢还原新技术。高压湿法冶金的发展使硫化矿物以较快的速度直接浸取,从而为硫化矿以及其他难浸矿物的提取技术开辟了一条新途径。

硫化铜精矿湿法冶炼的方法主要有:

(1)焙烧–浸出–电积法

将精矿进行硫酸化焙烧,焙烧矿用含硫酸的电解废液浸出,并在浸出的同时净化除铁,浸出液送去电积,产出电解铜。该流程存在渣含铜高、试剂消耗大、回收率较低、生产成本高等缺点,现在很少有工厂采用。

(2)细菌浸出法

借助于某些微生物的生物催化作用使浸出剂中 $Fe_2(SO_4)_3$ 不断再生,而利用 H_2SO_4 及 $Fe_2(SO_4)_3$ 将矿石中有价金属溶解出来。此法的优点是基建费用省,生产成本低,但生产周期长。

(3)氯化浸出法

用氯化铁或氯化铜浸出硫化铜精矿,得到含有氯化亚铜的溶液和析出元素硫,其反应如下:

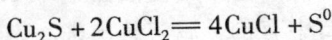

$$Cu_2S + 2CuCl_2 =\!= 4CuCl + S^0$$

$$CuFeS_2 + 3CuCl_2 = 4CuCl + 8FeCl_2 + 4S^0$$

$$2CuFeS_2 + 6FeCl_3 = 2CuCl + 8FeCl_2 + 4S^0$$

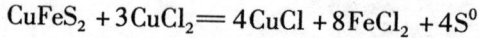

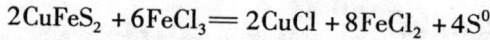

然后,从浸出液中用电积法提取铜,并使溶液再生。此法还可以综合回收精矿中的硫、铁及铅、锌等伴生金属。

(4)高压浸出法

用加氧的氨溶液直接浸出复杂硫化铜精矿,如铜镍钴复杂硫化精矿,并综合回收铜、镍和钴。

图6-24为浸出-萃取-电积提铜工艺原则流程。

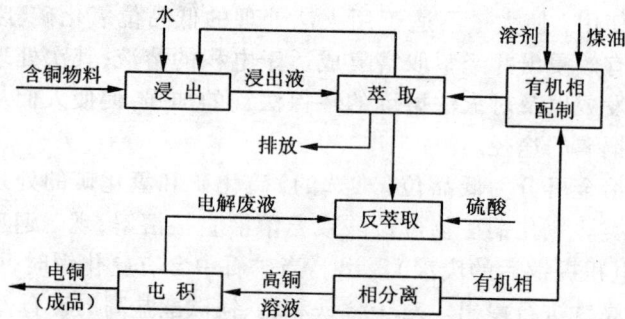

图6-24 浸出-萃取-电积提铜工艺原则流程

该流程主要由三个单元作业组成。浸出是用酸性或氨性溶液将矿石或其他物料的铜从固体溶解到溶液之中。根据铜矿资源及矿石矿物组成和品位等特点,可采用就地浸出、堆浸、槽浸、常压及高压搅拌浸出等浸出方法。浸出时贵金属保留在残渣中,含量高的残渣必须进行处理以回收贵金属。溶剂萃取是通过特效的铜萃取剂与浸出溶液的接触实现铜从溶液中分离和富集,产出适于直接电积的电解液。最后用不溶阳极电积生产高纯(99.9% Cu)电解铜。

6.5.2 细菌浸出

近年来,生物冶金取得了长足进展,可用于处理某些贫矿、老矿坑中的残余氧化矿和尾矿、量小而分散的富矿,成为采掘工业和冶金工业扩大资源和综合利用的有效途径之一。世界上从数量巨大的低品位矿及废矿石中生产的铜已占产量的16%,美国有26%的铜产自细菌浸出法。细菌浸出已成为一个重要的冶金方法。

细菌浸出是借助于某些微生物的生物催化作用使浸出剂中 $Fe_2(SO_4)_3$ 不断再生,而利用 H_2SO_4 和 $Fe_2(SO_4)_3$ 将矿石中有价金属溶解出来。表6-36为常用硫菌种及其基本特征。

表 6-36 某些硫杆菌的基本特征

种 名	生长条件：最适范围		可氧化的基质及电子供体	电子受体	氧化代谢产物
	pH	温度/℃			
氧化亚铁硫杆菌	0.5~6.0	15~35	金属硫化物，H_2S	O_2	SO_4^{2-}，H_2O，Fe^{3+}
	2.5	2.5	S，$S_2O_3^{2-}$，Fe^{2+}		
氧化硫杆菌	0.5~6.0	10~37	H_2S，S，$S_2O_3^{2-}$	O_2	SO_4^{2-}，H_2O
	2.0~3.5	28~30			
脱氮硫杆菌	4.0~9.5	10~37	S，$S_2O_3^{2-}$	O_2，NO_3^-	SO_4^{2-}，H_2O，N_2
	7	28~30			
那不勒斯硫杆菌	3.0~8.5	8~37	H_2S，S，$S_2O_3^{2-}$	O_2	SO_4^{2-}，H_2O
	6.2~7.0	28			
酸热硫化叶菌	0.9~5.8	55~85	S	O_2	SO_4^{2-}，H_2O
	2~3	70~75			

6.5.2.1 细菌在浸出过程中的作用

细菌在浸出过程中有直接和间接两种作用：

（1）细菌的直接作用。认为在硫化矿床的酸性水溶液中生活的氧化铁硫杆菌，能将矿石中的低价铁、硫氧化成高价，以取得维持生命的能源。在此过程中破坏了矿石中的晶格，使矿石中的金属变为硫酸盐而转入溶液中。

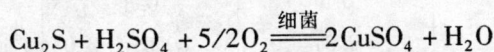

$$CuFeS_2 + 4O_2 \xrightarrow{\text{细菌}} CuSO_4 + FeSO_4$$

$$Cu_2S + H_2SO_4 + 5/2O_2 \xrightarrow{\text{细菌}} 2CuSO_4 + H_2O$$

（2）细菌间接催化作用。金属硫化矿在有氧和水存在的条件下，将缓慢地氧化为硫酸亚铁和硫酸：

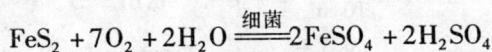

$$FeS_2 + 7O_2 + 2H_2O \xrightarrow{\text{细菌}} 2FeSO_4 + 2H_2SO_4$$

在酸性介质中，硫酸亚铁的氧化是困难的，但在细菌催化作用及有氧和硫酸存在的条件下，$FeSO_4$ 就可以迅速地氧化成 $Fe_2(SO_4)_3$：

$$4FeSO_4 + 2H_2SO_4 + O_2 \xrightarrow{\text{细菌催化}} 2Fe_2(SO_4)_3 + 2H_2O$$

$Fe_2(SO_4)_3$ 是许多金属硫化矿的良好浸出剂：

$$2Fe_2(SO_4)_3 + Cu_2S = 2CuSO_4 + FeSO_4 + S^0$$
$$FeS_2 + Fe_2(SO_4)_3 = 3FeSO_4 + 2S^0$$

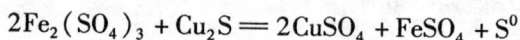

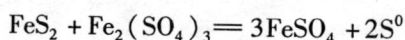

硫化矿在溶解时所生成的元素硫在细菌的催化下,被氧化为硫酸:

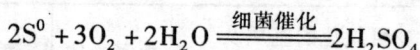

$$2S^0 + 3O_2 + 2H_2O \xrightarrow{\text{细菌催化}} 2H_2SO_4$$

上述反应循环进行,生成的 $Fe_2(SO_4)_3$ 和 H_2SO_4 可以反复溶解金属硫化矿,还可以溶解氧化矿,如:

$$Cu_2O + Fe_2(SO_4)_3 + H_2SO_4 = 2CuSO_4 + 2FeSO_4 + H_2O$$

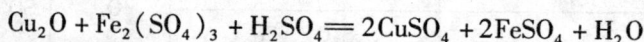

由此可见,细菌的催化作用能使整个浸出过程加速。

6.5.2.2 影响细菌浸出的主要因素

细菌浸出主要用于处理含铜很低(0.5% ~ 2% Cu)的、难选的复合矿石或废矿石。通过细菌的催化作用,上述硫化铜矿的浸出将成为可能。细菌浸出的速度与浸出液中细菌的浓度及其活性有密切关系。在浸出过程中要创造有利于细菌生长繁殖和保持活性的条件,其主要因素有:

(1)培养基

细菌需要在一定的营养基中,才能迅速的繁殖起来,培养基的种类及应用对象列于表6-37。

表6-37 培养基的种类

试剂/g	氧化铁杆菌和氧化铁硫杆菌		氧化硫杆菌	
	培养基1	培养基2	培养基3	培养基4
$(NH_4)_2SO_4$	0.15	3.0	0.2	0.2
KCl	0.05	0.1		
K_2HPO_4	0.05	0.5	KH_2PO_4 0.4	KH_2PO_4 3
$MgSO_4 \cdot 7H_2O$	0.50	0.5	0.5	0.03
$Ca(NO_3)_2$	0.01	0.01	$CaCl_2 \cdot 2H_2O$ 0.03	$CaCl_2 \cdot 2H_2O$ 0.2
$5MH_2SO_4$		1 mL	硫粉 1.0	硫粉 1.0
$FeSO_4 \cdot 7H_2O$	10%(质量/容积) 10 mL	14.78%(质量/容积) 10 mL	0.01	0.001
蒸馏水	1000 mL	700 mL	1000 mL	100 mL

(2)酸度

各种硫杆菌都有其最适宜的 pH 范围,见表6-36。氧化亚铁硫杆菌最适宜的 pH 值为 1~3。pH 值过高时,Fe(Ⅱ)及 Fe(Ⅲ)会以不同形式沉淀,这就使作为其能源之一的 Fe(Ⅱ)减少,不利于细菌生长和保持活性,同时也降低了能够氧化硫化物的 $Fe_2(SO_4)_3$ 的浓度。此外,这些细小沉淀附着于矿石表面,将妨碍细菌与矿石接触,从而降低浸出速度,所以应该控制溶液的 pH 值小于 2。

(3)温度

温度对细菌的繁殖和生存有着很大的影响。氧化亚铁硫杆菌在 25 ~ 30 ℃时,细菌活力强、生长快、浓度高、浸出快。温度低于 10 ℃,细菌繁殖慢,活性下降;高于 45 ℃,细菌中酶活性降低;在 50 ℃以上,蛋白质凝固而导致细菌死亡。

(4)氧气的供给

从细菌浸出的反应可见,氧的参与是必不可少的条件。因此,持续供给氧气是细菌不断生长、繁殖和保持活性的必要条件。

除了机械搅拌溶液或加速溶液渗滤循环以强化供氧之外,一般还往溶液中补充通入空气。补充空气可使铁的氧化速度提高,因为过度供氧也会影响细菌的活性。一般控制供气速度为 $0.05 ~ 0.1 m^3/(m^3 \cdot min)$

(5)阴、阳离子的影响

细菌生长需要某些微量元素如 K^+、Mg^{2+}、Ca^{2+} 等。天然水中这些离子的含量已能满足需要,但其浓度也不宜过高。而某些离子特别是重金属离子对细菌还有毒害作用,其浓度须加以限制。细菌对有关离子的极限耐受浓度见表 6 - 38。但通过适当的适应性培育,可以显著地提高细菌对有害离子的耐受浓度到如下数值(g/L):Zn^{2+} 119,Ni^{2+} 72,Co^{2+} 30,Mn^{2+} 40,U_3O_8 12,Cu^{2+} 56,Fe^{2+} 160。

表 6 - 38　细菌可耐受的某些离子的浓度极限

离　子	Na^+	Ca^{2+}	Cd^{2+}	Cu^{2+}	Ag^+	NH_4^+	Cl^-	AsO_4^{2-}	F^-
耐受浓度 /$g \cdot L^{-1}$	6.67	2.93	8.77	0.45	0.20	2.13	12.05	7.78	0.034

(6)矿石粒度的影响

矿石粒度影响到铜矿物表面的暴露程度及其氧化反应动力学。原则上粒度细小有利于浸出速度和浸出完全程度的提高,但过细的矿料不仅增大磨料费用,而且浸出过程中其粒度还不断减小而产生细泥,后者将粘附于矿粒和细菌将妨碍它们的直接接触,从而使生物浸出速度下降。

综上所述,为了获得最佳的细菌作用,浸出进行的条件应使细菌得以繁殖,此外浸出剂(及其细菌)和固体良好接触对于加速浸出也是必须的。

6.5.2.3 细菌浸出生产实践

低品位硫化铜矿和含铜废石的生物浸出提铜在国外已实现了大规模的产业化。美国在 20 世纪 80 年代后期靠发展大规模的堆浸出和废石堆浸－萃取－电积工艺形成了 62.3×10^4 t 铜的生产能力,实现了铜的稳定增长。

智利近年来铜矿的微生物堆浸发展较快,用这种方法生产的金属铜量已达 30×10^4 t,占该国铜产量 20%。日本铜矿虽不多,但用原位浸出法浸出小坂铜矿中的铜已生产多年。

国内 1985 年在德兴铜矿开始 2000 t 级的含铜废石细菌堆浸试验,所用低品位矿石取自废石场,废石平均含 Cu 0.121%、Fe 4.48%、S 3.77%,现已建成 2000 t/a 阴极铜的试验工厂。试验流程如图 6－25 所示。

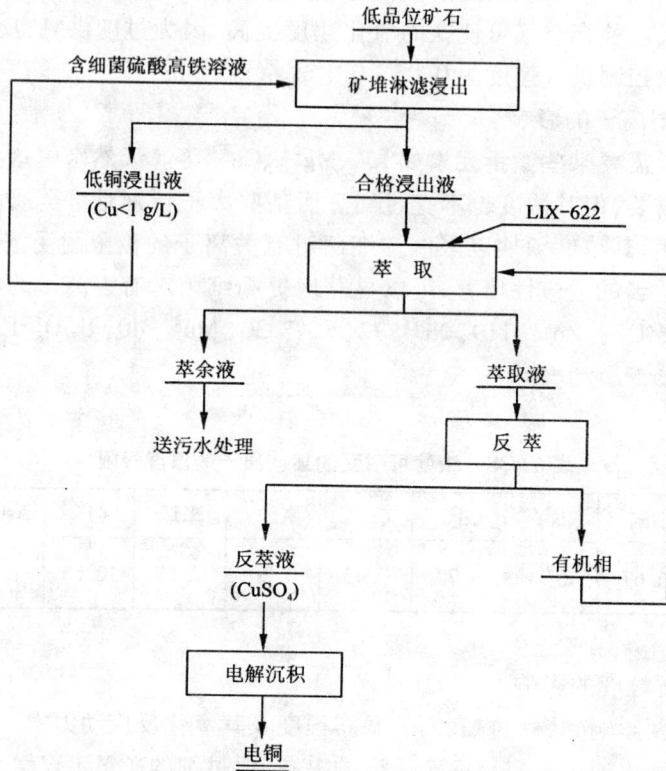

图 6－25　试验工艺流程

细菌浸出的方法随矿石品位和存在状况的不同而分就地浸出、废矿及矿石堆浸两种,但实质上是相同的工艺。矿石经破碎以暴露出铜矿物,浸出剂(稀硫酸溶液,常含细菌)借重力而在矿块之间淋沥。这两种方法的主要要求是需要不渗漏的基底(天然的或人工的)以便在其上汇集荷载溶液,并要求伴生岩石不消耗过多的硫酸。现分述如下:

(1)就地浸出,先用炸药将矿石就地破碎,不用一般采矿方法移动矿石;然后将含细菌及 Fe^{2+} 的稀硫酸注入进行浸出,用泵将含铜溶液抽到地面进行提铜。此法可用于处理低品位地表矿床,或处理地下矿床。

(2)废矿堆浸是将采矿采出的低品位废矿石(0.4% Cu)堆成大堆(以百万吨计)用含细菌及 Fe^{2+} 的稀硫酸(1-5 g/L H_2SO_4)进行喷淋浸出,流出含铜1~2 g/L 的溶液。此法的浸出周期在五十年以上。但可采用机械化操作,故投资少,生产费用低。

含铜较高(1% Cu)的地表氧化矿石可以破碎到 10~30 cm 的块度并堆积起来堆浸(10 万至 50 万吨规模),采用 2~10 g/L H_2SO_4 的稀硫酸浸出,产出溶液含铜 2~7 g/L,浸出周期短,为 100~180 天,故矿堆中偶或存在的硫化矿物中铜的回收率较低。

细菌浸出得到的溶液浓度都低,含铜 1 g/L 左右,金属回收一般用铁置换法提铜或用有机溶剂萃取提铜。萃取铜后的溶液加入硫酸以补偿伴生岩石消耗的酸,然后返回布液系统继续进行浸出。反萃液用电积法制取纯铜。

细菌浸出硫化矿的优点:

(1)它能处理某些难处理的精矿。这些精矿含有不同的有价金属,不能用传统的技术分离。例如分散细粒的浸染型铜矿和铅、锌矿;

(2)它能处理较低品位的精矿;

(3)它能在矿山产生废酸,这种废酸可以用来处理氧化物料;

(4)它能在矿山进行浸出,不需要运输,从而减少了运输成本;

(5)它具有低的建设费用和操作费用,铜的生产成本低;

(6)它不产生空气污染问题。

缺点是反应时间长,生产周期长。

表 6-39 列出了一般自然条件下某些细菌浸出工厂的简要情况。

表6-39 一般自然条件下细菌浸出工厂

矿山名称		智利 Quebtaba Blanco	Gibraltar	中国德兴
生产阴极铜能力/(kt·a^{-1})		75	6	2
投产时间			1987	1996
环境条件	海拔高度/m	4400		约50
	纬 度		52°31′	约28°
	最高气温/℃		夏季浸出液温度16℃	39.4
	最低气温/℃	-20	-34 冰冻期10月至5月 无霜期5个月 冬季浸出液温度5℃	-7
	年平均降雨/mm	100		雨量充沛
矿石特点	矿物组成	以斑铜矿为主的原生矿,以辉铜矿、铜蓝为主的次生矿	硫化矿和氧化矿	废石
	储量/kt	原生矿2.5×10^5,次生矿89000	硫化矿117000 氧化矿1000	
	矿石平均品位/(Cu%)	原生0.5,次生1.3	硫化矿0.1%~0.12% 氧化矿0.75%	~0.09%
	冬季防冻措施	滴淋管理入矿堆	滴淋管理入矿堆	
浸出	矿石破碎粒度/mm	-6 mm的粒级占80%	硫化矿60,氧化矿10	不破碎
	矿石准备	破碎后加硫酸滚筒制粒		
	堆场面积/km^2	170×104		喷淋面积70~100
	堆高/m	8层×6 m		
	布液方式	滴淋管	滴淋管和灌浸	喷淋
	喷淋密度/(L·h^{-1}·m^{-2})			喷淋液量7500^3/d
	浸出周期/d	210		
	富铜液浓度/(g·L^{-1})	3.5	0.6~0.9	浸出液浓度0.25~0.45
	浸出回收率/%	85	43	年浸出率10%
萃取电积	萃取配置	2级萃取+1级反萃,3系列	串并联,1级萃取+1级萃取+1级反萃	2级萃取+1级反萃
	电积电流密度/(A·m^{-2})		320	
	电流效率/%		85	
	萃取铜回收率/%		90	

思 考 题

您认为细菌浸出有发展前途吗？为什么？

6.5.3 碱浸

苛性钠、碳酸钠、氨水、硫化钠等是碱性浸出时常用的试剂。碱性试剂一般比酸性试剂反应能力弱，而浸出选择性比酸浸出高。浸出液中杂质少，对设备腐蚀少，但其浸出率比酸浸出低。在重金属湿法冶金中常用的碱溶剂是氨水和 Na_2S 水溶液。前者多用于 Cu、Ni、Co 矿物的浸出，后者用于 Sb、Hg 的硫化矿，也是浸出硫化矿中的砷杂质的一种好溶剂。下面仅对 Cu、Ni、Co 矿物的氨浸进行讨论。

氨浸的目的是使矿物中的镍、钴、铜能最大限度地溶入氨溶液中。依据原料的不同可分为常压氨浸和高压氧氨浸，现分述如下：

6.5.3.1 常压氨浸

常压氨浸是用 NH_3 及 CO_2 在有空气存在的条件下，浸出还原焙烧后的矿石中的镍、钴，以供下一步提取镍、钴。例如，对含镍较低的红土矿，经过还原焙烧后使其中的镍钴最大限度地还原成金属，之后即可采用常压氨浸的方法处理。

为了说明氨浸的基本原理，现对 $t = 298$ K、$C_{NH_3} = 6$ mol/L、$C_{Ni(NH_3)_n^{2+}} = 10^{-1}$ mol/L、$C_{Co(NH_3)_n^{2+}} = 10^{-3}$ mol/L、$C_{Fe(NH_3)_n^{2+}} = 10^{-1}$ mol/L 条件下绘制的 $M - NH_3 - H_2O$ 系电势 – pH 图分别叙述如下：

由 $Ni - NH_3 - H_2O$ 系的电势 – pH 图（图 6 – 26）可知：在氨性溶液中，由于形成了 $Ni(NH_3)_n^{2+}$，大大地扩大了镍以离子形态存在于溶液中的稳定区域。在 $Ni - H_2O$ 系中，Ni^{2+} 的水解 pH 值为 6.6，而在氨性溶液中 $Ni(NH_3)_n^{2+}$ 的水解 pH 值可推移到 12，从而在氨性浸出液的 pH $\approx$ 10 时，镍主要以 $Ni(NH_3)_n^{2+}$ 形态存在。

图 6 – 27 表明：在氨性溶液中，同样可扩大钴以配离子状态存在的稳定区域。例如在 $Co - H_2O$ 系中，Co^{2+} 的水解 pH 值为 7.8，Co^{3+} 的水解 pH 值只有 0.8，形成配离子后分别推移到 12 和 13；在 $Co - H_2O$ 系中，空气不能使 Co^{2+} 氧化为 Co^{3+}，但形成氨配离子后，由于落在氧线之下，就可用空气使 $Co(NH_3)_n^{2+}$ 氧化为 $Co(NH_3)_n^{3+}$ 了。当浸出液的 pH $\approx$ 10 时钴主要以 $Co(NH_3)_n^{2+}$ 和 $Co(NH_3)_n^{3+}$ 的形态存在。

由图 6 – 28 可见，Fe^{2+} 形成 $Fe(NH_3)_n^{2+}$ 后，水解 pH 值同样提高。但与图 6 – 26 和图 6 – 27 相比，$Fe(NH_3)_n^{2+}$ 的稳定区仍相当小。空气中的氧就足以使 Fe

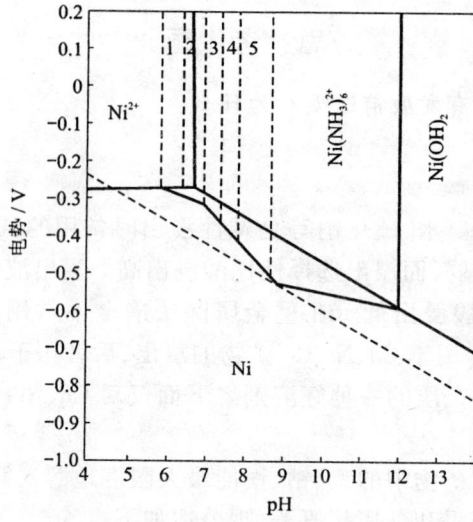

图 6 - 26 Ni - NH₃ - H₂O 系电势 - pH 图

1—$Ni(NH_3)^{2+}$ 2—$Ni(N_3)_2^{2+}$ 3—$Ni(NH_3)_3^{2+}$ 4—$Ni(NH_3)_4^{2+}$ 5—$Ni(NH_3)_5^{2+}$

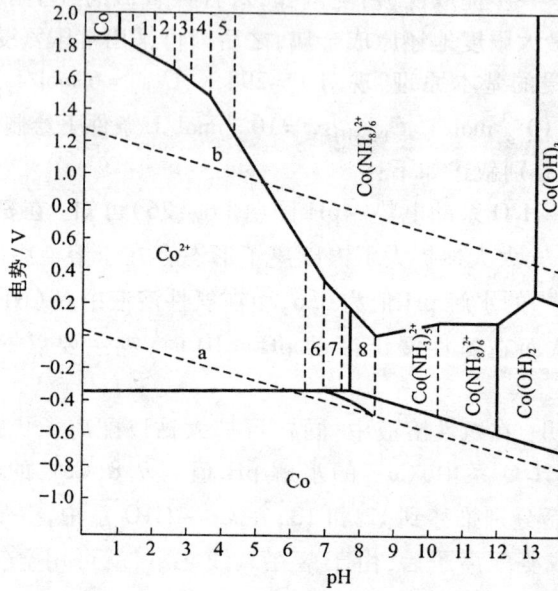

图 6 - 27 Co - NH₃ - H₂O 系电势 - pH 图

1—$Co(NH_3)^{3+}$ 2—$Co(NH_3)_2^{3+}$ 3—$Co(NH_3)_3^{3+}$ 4—$Co(NH_3)_4^{3+}$

5—$Co(NH_3)_5^{3+}$ 6—$Co(NH_3)_2^{2+}$ 7—$Co(NH_3)_3^{2+}$ 8—$Co(NH_3)_4^{2+}$

$(NH_3)_n^{2+}$ 氧化,并水解成 $Fe(OH)_3$。所以对红土矿还原焙砂来说,采用氨性水溶液浸出流程可以有效地选择提取镍和钴。

在水解生成 $Fe(OH)_3$ 时,矿粒就可能被这种絮状沉淀物包裹,从而阻碍其中 Ni-Co-Fe 合金的溶解。因此,在充气浸出之前,需要有一个不通空气的预浸出过程,使铁呈 $Fe(NH_3)_4^{2+}$ 状态稳定地存在于溶液中,以免在颗粒的表面上生成 $Fe(OH)_3$ 沉淀而引起 Ni-Co-Fe 合金的钝化。在后来的充气浸出时,$Fe(NH_3)_4^{2+}$

图 6-28 Fe-NH₃-H₂O 系电势-pH 图

从溶液中水解沉淀,不至于在矿粒表面上就地浸出与沉淀,因而影响较少。

常压氨浸时,已被还原的金属镍、钴生成镍氨和钴氨配合物进入溶液。金属铁则先生成二价铁氨配合物进入溶液,然后被氧化成三价,再水解生成 $Fe(OH)_3$ 沉淀。$Fe(OH)_3$ 沉淀时,会吸附大量的钴氨配合物和少量的镍氨配合物,造成钴、镍的损失。同时,铁的溶解及氧化会放出大量的热,造成浸出温度难以控制。因此,还原焙烧是应尽可能控制最低的金属铁的生成,这是极为重要的。

由于 $NH_3-CO_2-H_2O$ 体系具有缓冲溶液性质,尽管 NH_3、CO_2 的浓度在较大范围内变化,但溶液的 pH 值仍为 10 左右。从 $Co-NH_3-H_2O$、$Ni-NH_3-H_2O$ 系的电势-pH 图可知,在 $pH \approx 10$ 左右时,钴主要呈 $Co(NH_3)_5^{2+}$、$Co(NH_3)_6^{2+}$,氧化后则形成 $Co(NH_3)_6^{3+}$,镍主要呈 $Ni(NH_3)_6^{2+}$ 状态存在。因此,常压氨浸的反应可表示如下:

$$Ni + 0.5O_2 + 6NH_3 + CO_2 = Ni(NH_3)_6^{2+} + CO_3^{2-}$$

$$Co + 1.5O_2 + 12NH_3 + 3CO_2 = 2Co(NH_3)_6^{3+} + 3CO_3^{2-}$$

$$Fe + 0.5O_2 + nNH_3 + CO_2 = Fe(NH_3)_n^{2+} + CO_3^{2-}$$

$$Fe(NH_3)_n^{2+} + 0.5O_2 + 5H_2O = 2Fe(OH)_3 + 2(n-2)NH_3 + 4NH_4^+$$

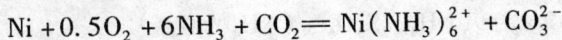

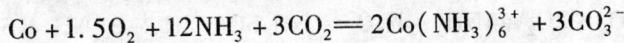

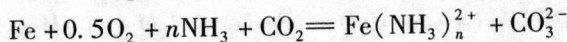

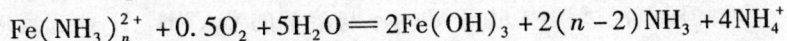

6.5.3.2 高压氧氨浸

加压浸出的突出优点是能把精矿中的硫转换成元素硫。1977 年,舍利特·高尔登矿业公司与科明科(Cominco)公司联合进行了加压浸出和回收元素硫的半工业试验。90 年代初,新疆阜康冶炼厂成为第一次在我国采用加压浸出处理高镍锍的工厂。

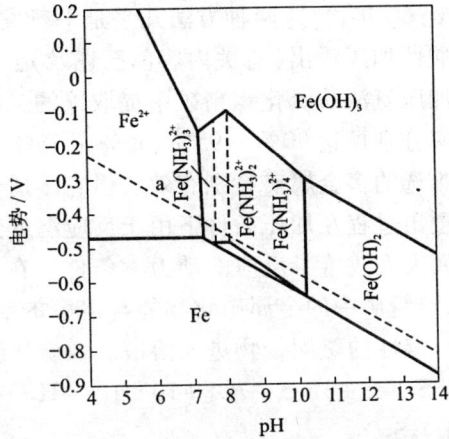

采用加压浸出来处理铜镍硫化矿、硫钴精矿或镍锍可分为氨浸和酸浸两类。20 世纪 60 年代,这两种方法几乎是平行发展的。70 年代后建立的生产厂,大多采用酸性加压浸出(有关内容前已述及)。

加压氨浸从硫化镍精矿中提取镍的工艺比较简单,对环境污染轻,镍、钴、铜回收率分别可达 90% ~ 95%、50% ~ 75%、88% ~ 92%,还能回收大部分硫,对处理难选的多金属矿特别有效。但它不适于处理含贵金属高的镍精矿。

浸出过程在加压条件下由于反应温度升高和水溶液中参加反应的气体浓度加大而大大改善了反应的动力学条件。在一定的压力和温度条件下,当有氧存在时,镍精矿中的金属硫化物能与溶解的氧、氨和水反应,使其中的镍、铜、钴等生成可溶性的氨配合物进入溶液。镍硫化物的反应为:

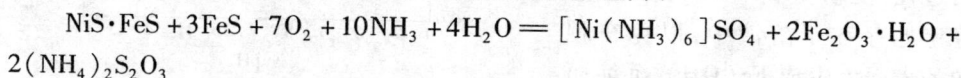

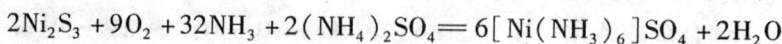

$$NiS \cdot FeS + 3FeS + 7O_2 + 10NH_3 + 4H_2O = [Ni(NH_3)_6]SO_4 + 2Fe_2O_3 \cdot H_2O + 2(NH_4)_2S_2O_3$$

$$2Ni_2S_3 + 9O_2 + 32NH_3 + 2(NH_4)_2SO_4 = 6[Ni(NH_3)_6]SO_4 + 2H_2O$$

钴硫化物的反应与镍硫化物的相似。

铜硫化物的反应为:

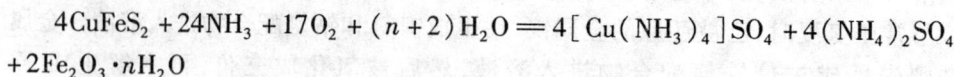

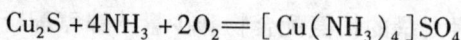

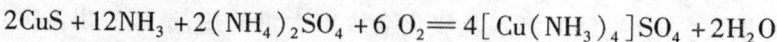

$$4CuFeS_2 + 24NH_3 + 17O_2 + (n+2)H_2O = 4[Cu(NH_3)_4]SO_4 + 4(NH_4)_2SO_4 + 2Fe_2O_3 \cdot nH_2O$$

$$Cu_2S + 4NH_3 + 2O_2 = [Cu(NH_3)_4]SO_4$$

$$2CuS + 12NH_3 + 2(NH_4)_2SO_4 + 6 O_2 = 4[Cu(NH_3)_4]SO_4 + 2H_2O$$

合金中的金属反应为:

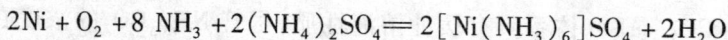

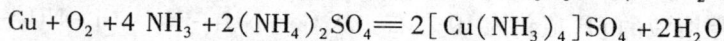

$$2Ni + O_2 + 8NH_3 + 2(NH_4)_2SO_4 = 2[Ni(NH_3)_6]SO_4 + 2H_2O$$

$$Cu + O_2 + 4NH_3 + 2(NH_4)_2SO_4 = 2[Cu(NH_3)_4]SO_4 + 2H_2O$$

反应过程中生成的铁配合离子很不稳定,转变为不溶于水的三氧化二铁而留于渣中;金属硫化物中的硫经过 $S^{2-} \rightarrow S_2O_3^{2-} \rightarrow (S_2O_3^{2-})_n \rightarrow SO_3NH_2^- \rightarrow SO_4^{2-}$ 等一系列的反应,最终氧化成硫酸盐和氨基磺酸盐,反应为:

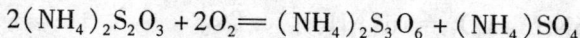

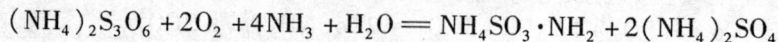

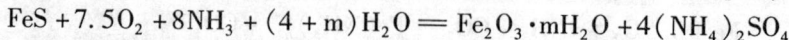

$$2(NH_4)_2S_2O_3 + 2O_2 = (NH_4)_2S_3O_6 + (NH_4)SO_4$$

$$(NH_4)_2S_3O_6 + 2O_2 + 4NH_3 + H_2O = NH_4SO_3 \cdot NH_2 + 2(NH_4)_2SO_4$$

$$FeS + 7.5O_2 + 8NH_3 + (4+m)H_2O = Fe_2O_3 \cdot mH_2O + 4(NH_4)_2SO_4$$

在加压氨浸过程中,由于 FeS_2 不与溶解的 O_2、NH_3、H_2O 起反应,因此,包裹在 FeS_2 中的镍、钴、铜也就难以浸出。

由上述反应可见,硫化矿的浸出必须有足够的氧以促进硫和低价铜的氧化。而氧气和氨在水中的溶解度随温度的升高而降低,其数值分别见表 6 - 40、表 6 - 41。研究表明,提高氧分压和提高温度可提高浸出率。然而,在常压下,提高温度将导致氧和氨在水中的溶解度降低,而不利于浸出,所以要采用加压浸出。

332

表 6 – 42 是 Cu^{2+}、Ni^{2+}、Co^{2+} 的氨配离子生成反应的 lgK_f 值及 $\varphi^{\ominus}_{M(NH_3)_n^{2+}/M}$ 值。

表 6 – 40　氧气在水中溶解度

温度 $t/℃$	0	20	30	40	50	60
溶解度/($cm^3\ O_2 \cdot cm^{-3}\ H_2O$)	0.049	0.038	0.026	0.023	0.021	0.019

表 6 – 41　NH_3 在水中溶解度

P_{NH_3}/atm[①]	不同温度下每 100 g 水中的 NH_3 溶解量/g						
	10 ℃	20 ℃	30 ℃	40 ℃	60 ℃	80 ℃	100 ℃
1	40.6	34.6	29.1	24	14.4	6.1	0
6	—	74.6	62	64	41.9	31.4	22
8	—	94.6	73.5	62	47.5	36.4	26.7
10	—		87	70.2	52.2	40.6	30.8

① 1 atm = 1.01325×10^5 Pa

表 6 – 40　$M(NH_3)_n^{2+}$ 氨配离子生成反应的 lgK_f 值和 $\varphi^{\ominus}_{M(NH_3)_n^{2+}/M}$

一些离子的氨的配位数(n)		0	1	2	3	4	5	6
lgK_f	Cu^{2+}	–	4.15	7.65	10.54	12.68	–	–
	Ni^{2+}	–	2.80	5.04	6.77	7.96	8.71	8.74
	Co^{2+}	–	2.11	3.47	4.52	5.28	5.46	4.84
$\varphi^{\ominus}_{M(NH_3)_n^{2+}/M}$	Cu^{2+}	0.337	0.214	0.111	0.026	– 0.038	–	–
	Ni^{2+}	– 0.241	– 0.324	– 0.390	– 0.441	– 0.477	– 0.499	– 0.500
	Co^{2+}	– 0.267	– 0.329	– 0.378	– 0.409	– 0.431	– 0.436	– 0.481

6.5.3.3　氨浸生产实践

氨浸生产大都采用逆流浸出流程。对矿石的湿法浸出来说,既要使矿石中的金属浸出率高,又要保证得到尽可能浓的金属成品液,逆流浸出流程就能较好地满足这一要求。例如红土矿的还原焙砂采用三段逆流浸出,其流程见图 6 – 29。段数的划分是以段间有一个浸出设备和一个液 – 固分离过程为标志的。

由沸腾炉产出的焙砂粒度为 – 3 mm,这种粒度对浸出来说还嫌过大。因此在浸出前先应在球磨机中磨碎到 – 0.074 mm 占 80% 以上。在磨矿时配入成分

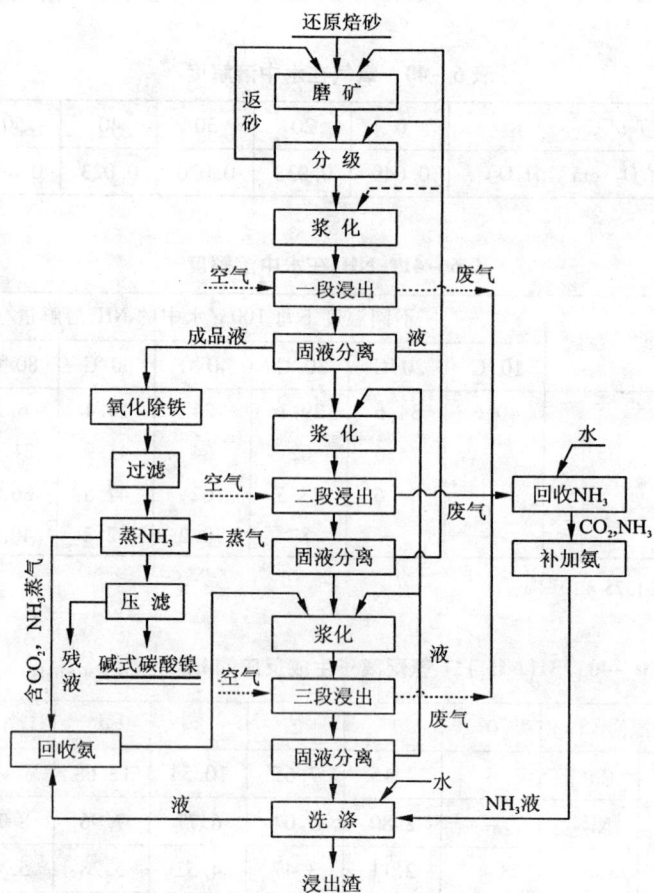

图 6−29 三段逆流浸出流程

为 NH_3 90 g/L、CO_2 60 g/L 的浸出液。在球磨机内应保持还原性气氛,防止 Fe^{2+} 在磨矿机中氧化水解生成 $Fe(OH)_3$ 沉淀。在磨矿的过程中,由于矿石被破碎,不断露出新的表面,可促进焙砂中的 Fe、Co、Ni 迅速溶解。换言之,球磨机本身就起到一个预浸出设备的作用。

一般三段逆流浸出的工艺条件如下:压力 1.5 kg/cm²,每段浸出时间为 1.5 h,浸出液成分 NH_3 90 ± g/L、CO_2 60 ± g/L。温度在第一段浸出时为 333 ~ 343 K,第二、三段为 318 ~ 323 K,液固比 4:1。

浸出渣的洗涤是用一定量的洗液把包含在渣粒表面或颗粒孔洞内部的浸出液溶洗出来,以回收镍、钴、氨和碳酸铵等金属和试剂。

334

镍钴氨配合物的热稳定性都比较差,尤其在 $NH_3 - CO_2 - H_2O$ 系中 $Ni(NH_3)_6CO_3$、$Co(NH_3)_6CO_3$、$(NH_4)_2CO_3$ 等的稳定性更差。它们在加热时按下列化学式分解:

$$2Ni(NH_3)_6CO_3 + 2H_2O \longrightarrow Ni(OH)_2 \cdot NiCO_3 \cdot H_2O \downarrow + 12NH_3 + CO_2$$

$$[Co(NH_3)_6]_2(CO_3)_3 + 3H_2O \longrightarrow 2Co(OH)_2 \downarrow + 12NH_3 + 3CO_2$$

$$(NH_4)_2CO_3 \longrightarrow 2NH_3 + CO_2 + H_2O$$

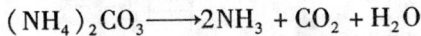

蒸氨过程就是基于上述两个性质,用蒸气使成品液加热到沸点以上(386 ~ 393 K),使溶液中的氨配离子和 $(NH_4)_2CO_3$ 受热分解,并使游离的 NH_3 和 CO_2 在溶液中的溶解度大为降低。这样 NH_3 和 CO_2 进入气相,随蒸气离开溶液。镍以碱式碳酸盐,钴以氢氧化物沉淀出来。

澳大利亚克威那拉镍精炼厂采用氧压氨浸法处理卡尔古利熔炼厂的高镍锍(%): Ni 72,Cu 5,Co 0.6,Fe 0.7,S 20,其中几乎不含贵金属。其工艺流程见图 6 - 30。各工序主要技术参数见表 6 - 41。主要设备尺寸见表 6 - 42。

表 6 - 41　各主要工序参数

工序名称		温度 /℃	压力 /MPa	有关物料名及组成						
				名称	Ni	Cu	Co	NH_3	$S_{不饱和}$	$(NH_4)_2SO_4$
浸出①④	调节	80 ~ 85	0.8	溢流/g·L⁻¹	55 ~ 60	4 ~ 6	1	120	4 ~ 6	350
	最终	85 ~ 90	0.85	终浸渣/%	0.9	0.12	0.15 ~ 0.2			
脱铜②	蒸氨	110		CuS 渣/%	1	60			S20	
	H_2S	90		脱铜后液/ g·L⁻¹	Cu < 0.002 ~ 0.005,渣含 Ni 约 10%					
氧化水解④		245 ~ 250	4 ~ 4.12	净化后液/ g·L⁻¹	$S_{不饱和}$ < 0.005,氨基磺酸盐 < 0.05					
氢还原	晶种	115 ~ 120	2.5	料液/g·L⁻¹	45 ~ 50			23 ~ 24		150 ~ 250
	长大③④	200 ~ 205	3.1 ~ 3.4	料液/g·L⁻¹	50 ~ 60	0.001	1	30 ~ 35	0.005 ~ 0.05	350
	反浸	120		浸出原液/ g·L⁻¹	< 1			5		200

①镍浸出率:调节为 85% ~ 90%,最终为 7% ~ 10%;②除铜率大于 90%;③加氨基磺酸苯;④浸出 7 ~ 9 h,氧化水解 0.5 h,晶种长大 3 ~ 4 d。

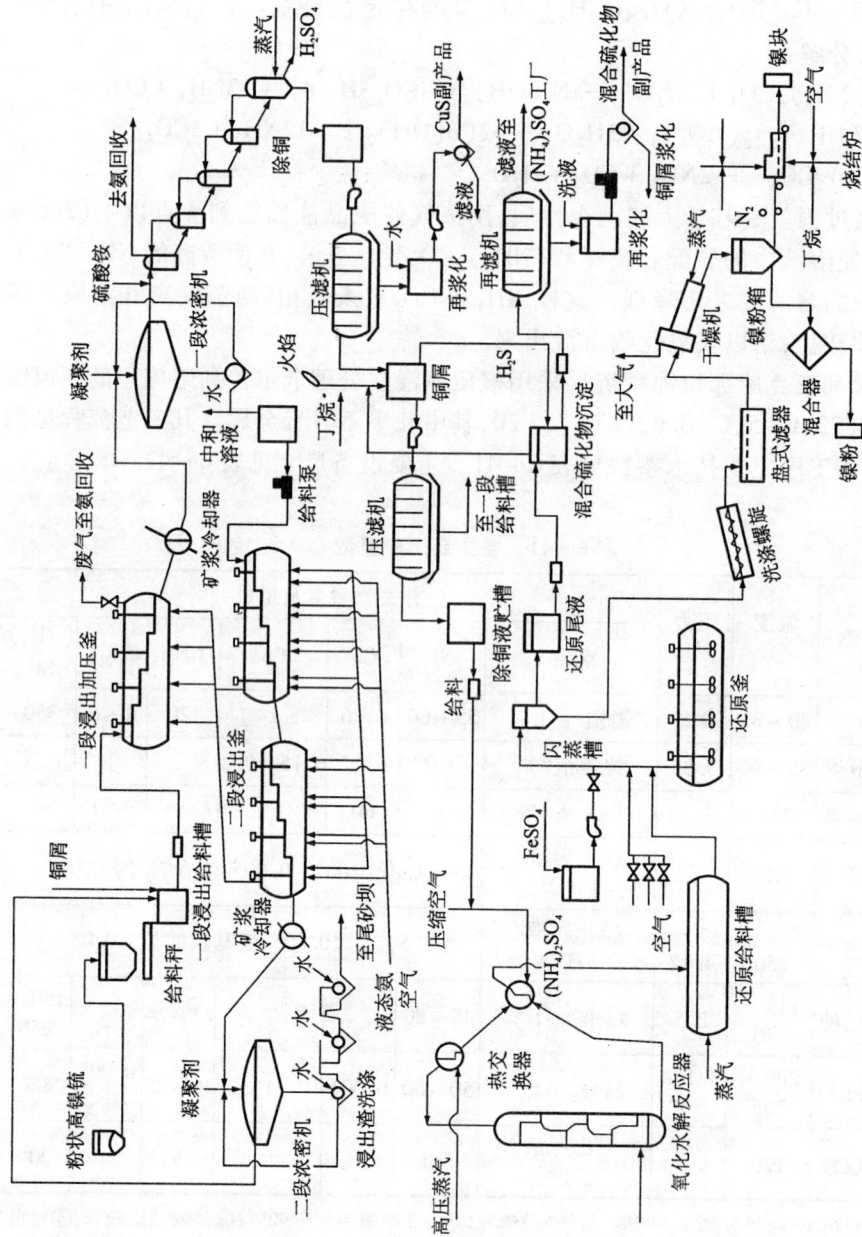

图6-30 克威那拉镍精炼厂流程

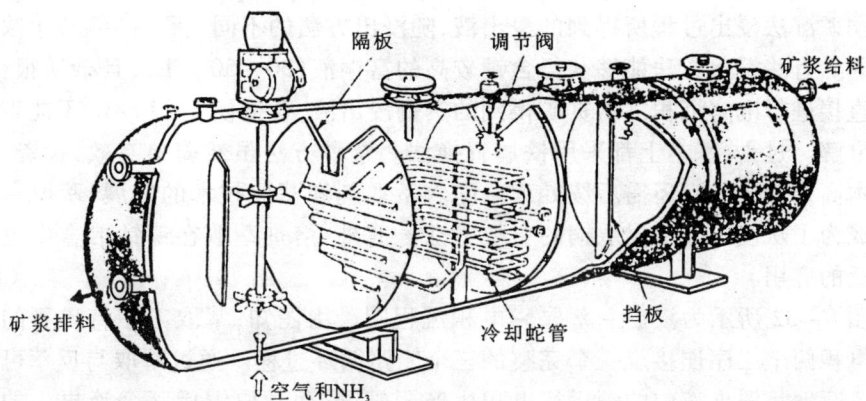

图6-31 高压氧氨浸釜剖视图

表6-42 主要设备尺寸

名　　称	数量	主要尺寸/m	材　　料	备　　注
浸出釜	6台	$\varnothing 4.1 \times 17.7$	内衬5 mm不锈钢	4室配冷却管
蒸氨锅	4台	$\varnothing 2.75 \times 3.36$	钢板	串联,后2台配机械搅拌
氧化水解塔	1座	$\varnothing 1.68 \times 18.3$	钢板	
氢还原釜	5台	$\varnothing 2.3 \times 9.6$	内衬5 mm不锈钢	并联,间歇,4×74 kW搅拌浆, $22\ \mathrm{m^3 \cdot 台^{-1}}$,充满系数60%
闪蒸槽	2个	$\varnothing 6 \times 9$	内衬5 mm不锈钢	
螺旋洗涤槽	1个	$\varnothing 0.33 \times 2.4$	钢板	

　　氨浸法的特点是能选择性浸出铜、镍、钴而不溶解其他杂质,对含铁高及以碳酸盐脉石为主的铜、镍矿物宜采用氨浸出,且在常压下浸出时,自然铜和金属镍的浸出速度相当快。其主要缺点是钴的提取率低。因此,采用氨浸对较贫的钴原料比较适宜。

思　考　题

氨浸适于处理什么原料?为什么

337

6.5.4 有机溶剂萃取

铜矿湿法浸出过程所得到的浸出液,随浸出方法的不同,所含的铜离子浓度也不同。有些浸出方法能够获得含铜较高的富铜液(30～50 g/L),且杂质很少,则可直接进行电解沉积。从贫矿得到的贫铜浸出液,含铜仅1～7 g/L,不能直接用于电解。过去,基本上都采用铁屑置换法。这种方法虽然简单有效,投资少,但成本高,产品不纯,还需后续处理。随着萃取剂和萃取技术的发展,萃取－电积法成为了从浸出液中提取铜的主要方法。此外,溶剂萃取在镍钴冶金中也得到广泛的应用。

图6－32所示为浸出－萃取－电积流程图。由图知,萃取工序将矿石的浸出与电积两个工序连接成一个完整的三个闭路循环过程。通过萃取与反萃可以源源不断地将浸出液中的铜运往电积生产阴极铜,而萃取铜后萃余液再生的硫酸又可以返回堆场浸出。从理论而言,该工艺从矿石中溶解铜直接产出阴极铜是不消耗硫酸,过程的酸耗主要是脉石及矿石其他杂质的溶解造成。良好的萃取工艺必须具备三个要素:萃取剂、稀释剂、萃取设备。

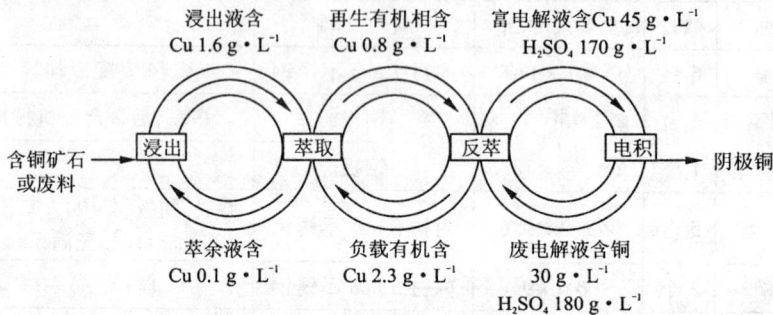

图 6 – 32　浸出 – 萃取 – 电积流程图

6.5.4.1 萃取剂

溶剂萃取中的关键是选择合适的萃取剂。常用的工业萃取剂主要有四大类,即中性萃取剂、酸性萃取剂(阳离子萃取剂)、碱性萃取剂(阴离子萃取剂、胺型萃取剂属于此类)和螯合萃取剂。

常用铜萃取剂见表6－43。

表 6 - 43　常用铜萃取剂性能

名　　称	Acorga P - 5100	Acorga PT - 5050	Acorga M5615	Acorga M5639	Acorga M5640	Lix84	Lix984	Lix622
类　　别	醛肟	醛肟	醛肟	醛肟	醛肟	醛肟	醛肟 + Lix84	醛肟
密度/$(g \cdot cm^{-3})$ (25 ℃)	0.97 ~ 0.98	0.91 ~ 0.93	0.91 ~ 0.93	0.91 ~ 0.93	0.95 ~ 0.97	0.90 ~ 0.91	0.91 ~ 0.92	0.92 ~ 0.93
粘度/$(MPa \cdot s)$ (25 ℃)	<200	<200	<200	<200	<200			<200
闪点/℃	>60	>62	>62	>62	>62			90
饱和容量/$(g \cdot L^{-1})$ (1% V)	0.55 ~ 0.58	0.55 ~ 0.58	0.55 ~ 0.58	0.54 ~ 0.58	0.55 ~ 0.59	0.47 ~ 0.48	0.52	0.55 ~ 0.57
萃取平衡时间 15 s (25 ℃)　　30 s	85 95	>85 >95	>80 >95	>85 >95	>85 >95	(60s)93	(60s)95	(60s)95
反萃平衡(25 ℃)	(15s)95	95	95	95	95			
萃取等温点有机相含铜/$(g \cdot L^{-1})$	>4.5	>4.2	>4.4	>4.4	>4.4	>3.9	>4.29	>5.0
25 ℃水相含铜/$(g \cdot L^{-1})$	<1.5	<1.8	<1.6	<1.6	<1.7			
反萃等温点有机相含铜/$(g \cdot L^{-1})$	<2.5	<2.2	<2.6	<2.4	<2.3			
25 ℃水相含铜/$(g \cdot L^{-1})$	>32.5	>32.7	>32	>32	>32			
铜/铁选择性	>500	>2000	>1000	>1000	>2000		>2000	>2000
相分离时间/s	<60	<60	<60	<60	<60	<60	<90	<90
生产公司	捷利康公司					汉高公司		

其中,LiX622 和 LiX984 因其分离速度快,萃取效率高成为现在国内外使用较多的萃取剂。

镍钴冶金中广泛应用的萃取剂有 P204、P507、N235、N263、N509、N510 等。

P204[二(2 - 乙基己基)磷酸]和 P507[异辛基膦酸单异辛酯]属于酸性萃取剂,反应过程主要是阳离子交换。如从废可伐合金(29% Ni、17% Co、54% Fe)中回收镍钴工艺中,P204 用来除铁,使铁进入有机相,镍、钴在萃余液中;P507 用来分离镍、钴,在萃余液中回收镍,而在反萃后液中提取钴盐。

N235[三烷基胺 - 叔胺]和 N236[氯化甲基三烷基胺 - 季胺]属于碱性萃取剂,反应机理主要是阴离子交换。例如 N235 用来在镍电解氯化镍阳极液中除

去 Fe^{3+}、Cu^{2+}、Co^{2+}，使杂质呈配合阴离子（如 $CuCl_4^{2-}$ 等）而被叔胺萃取，Ni^{2+} 仍留在水相中。反之，在氯化钴电解液中，也用来分离镍和钴，使钴进入有机相。

N509[5、8 二乙基 -7 羟基 6 -十二烷基酮肟]和 N510[2 -羟基 -5 -仲辛基 -二苯甲酮肟]属于螯合萃取剂，即在萃取过程中可生成具有螯环的萃合物。如 N509 可用于萃取回收铜、镍，实现与铁的分离，但 N509 对铜的选择性较差，以后又研制成功了萃取效果更好的 N510。

萃取剂种类繁多，在选择时除考虑经济因素外，应注意它对金属萃取的选择性好，容易实现金属的分离提纯，且有良好的动力萃取性能，平衡速度快；在水相中的溶解度要小，且不与水相生成稳定的乳化物，以免影响相的聚结；萃取剂的化学稳定性要好，不发生降解，且有较大的萃取容量；同时，容易与稀释剂互溶，混合时有良好的聚结性能。

6.5.4.2　稀释剂

在溶剂萃取中稀释剂是溶解萃取剂和改质剂的有机溶剂，通常在有机相中占 80% 以上。此外，稀释剂能降低有机相粘度、改善有机相的分散与聚结，而且对萃取剂的最大负荷能力、操作容量、动力速度、金属离子的选择性及相分离都有影响。

工业上常用的稀释剂有煤油、苯、甲苯、二乙苯、四氯化碳、氯仿等。其中煤油因其价格低，对各种萃取剂均有较大溶解能力而应用最为普遍。

铜溶剂萃取常用稀释剂的性能见表 6 -44。目前镍钴萃取工业中使用的稀释剂与铜萃取工业用的稀释剂大体相同。

表 6 -44　铜溶剂萃取常用稀释剂的性能

指　标	稀　释　剂				
	Escaid100	Shel140	260	工业煤油	DSR3
芳烃含量/%	20	6.0	13.9		7.78
烯烃含量/10^{-6}			204.9		1.7
硫含量/10^{-6}			153		0.42
闪点（20 ℃）	76.2	61.0	70.5	>40	47
密度/（$g \cdot cm^{-3}$）	0.79	0.785	0.79	0.84	0.79
沸点/℃	192.6	185.9	195	140	179
粘度/（$Pa \cdot s$）（52 ℃）	0.00178		0.0015	0.00252	0.00135
生产厂家	埃克索	壳牌	上海炼油厂	各炼油厂	

用煤油作稀释剂,必须预先进行磺化处理,除去煤油中的不饱和烃。磺化就是利用烯烃易发生加成作用的性质,用浓硫酸处理煤油:

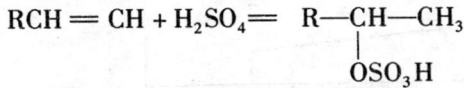

$$RCH = CH + H_2SO_4 = \underset{\underset{OSO_3H}{|}}{R-CH-CH_3}$$

反应生成的单烷基硫酸酯可溶于水,也可溶于过量的硫酸中,从而将其与饱和烃分离。所得的磺化煤油是一种浅黄色液体,其成分为 $C_{13}H_{28} \sim C_{15}H_{32}$ 的烷烃混合物。

用煤油作稀释剂,萃取后被萃取的化合物不能很好溶解而出现第三相时,可加入磷酸三丁酯(TBP)作添加剂以抑制第三相的生成。

6.5.4.3　萃取设备

萃取设备必须保证不相溶的两相充分混合接触,而又可以实现两相的彻底分离。萃取设备的种类很多,如混合–沉清器、塔式萃取器等。混合–沉清器是一种常用类型,设备包括混合室和澄清室的单元组成(如图6–33),每一单元为一级,两种液体通过设备作对流运动。根据实际需要采用多级萃取,如图6–34所示。

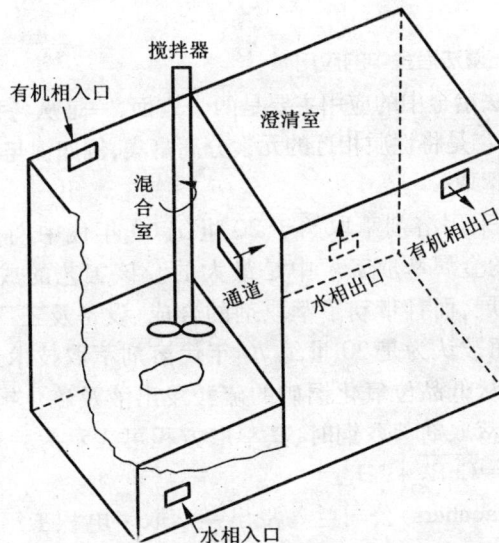

图 6–33　箱式混合–澄清器的一级示意图

341

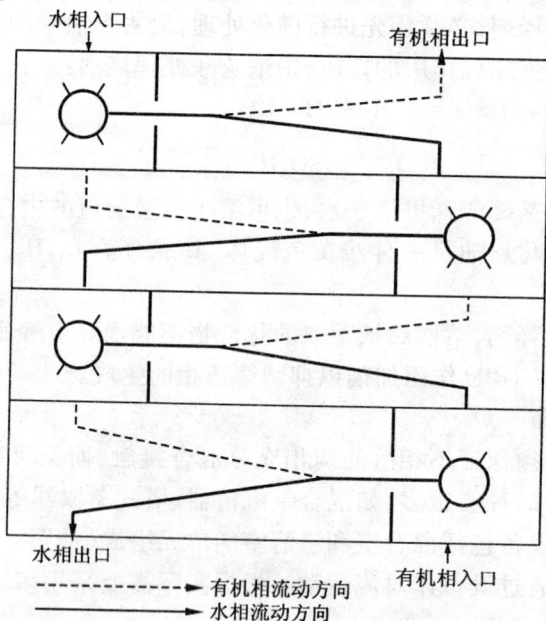

图 6-34　四级箱式混合-澄清器示意图

6.5.4.4　溶剂萃取在湿法冶金中的应用

溶剂萃取在湿法冶金中的应用主要是两个方面,一是从各种浸出液及废水中提取和回收有价金属;二是将性质相近的元素分离富集,例如镍与钴的分离提取。

（1）铜的溶剂萃取

湿法炼铜领域采用溶剂萃取始于 20 世纪 60 年代中期,并迅速实现了工业化,其规模在已有的金属萃取工厂中是最大的。该工艺的成功应用不仅推动了湿法炼铜技术的发展,而且带动了萃取剂的合成、设备及工厂设计及萃取理论各个领域的发展,因而被认为是 20 世纪 70 年代溶剂萃取技术最伟大的成就。

工业上主要是从低品位氧化铜矿的硫酸浸出液及硫化铜矿的氨浸液中萃取铜。当采用羟肟类萃取剂萃取铜时,其萃取方程可表示为:

$$2HR + Cu^{2+} \rightleftharpoons CuR_2 + 2H^+$$

美国兰彻斯(Ranchers)公司兰鸟浸出-萃取-电积工厂是世界第一家铜萃取工厂,浸出系统由 9 个面积约 5600 m^2,深为 0.6 m 的浸出池和体积为 $21 \times 61 \times 1.8$ m 的氯丁橡胶衬里的贮液池组成。露天开采矿石,能力为每天 1100 t。矿石运往浸出池,每池浸出周期 15 d,累计浸出 135 d。浸出液含铜 1.8~2.4 g/L,泵入贮液池,再经矽藻土过滤后进入萃取原液槽。有机相由 9.5% LiX64N 与 Napolem470 煤油组成,萃取相比 O/A 约为 2.5/1,澄清室面积为 82 m^2,澄清速率为 5.7 $m^3/(m^2 \cdot h)$。反萃剂为废电解液,含铜约 30 g/L,含硫酸 140 g/L,反萃液含铜 34 g/L 送电解。再生有机相含铜为 0.15 g/L,典型生产数据列于表 6-45。

表 6-45　典型生产数据

物料名称	流量/$(m^3 \cdot min^{-1})$	含量/$g \cdot L^{-1}$			
		Cu	H_2SO_4	Fe	Fe^{3+}
浸出液	6.53	0.65	7.9	2.4	2.1
循环溶液	1.27	1.85	3.5	2.4	2.1
萃取厂料液	4.67	3.02	4.5	2.4	2.1
萃余液	4.67	0.40	8.8	—	—
负荷有机相	10.05	1.37			
反萃后有机相	10.05	0.15			
富电解液	2.40	34.2	142.5	2.6	2.0
废电解液	2.40	29.1	150.1	—	—

(2)P204 萃取分离镍、钴

在酸性介质中萃取分离金属的顺序是:

$$Fe^{3+} > Zn^{2+} > Cu^{2+} > Mn^{2+} > Co^{2+} > Ni^{2+} > Mg^{2+} > Ca^{2+}$$

用 P204 萃取钴时,Co^{2+} 置换萃取剂中的 H^+,放出 H^+ 离子引起 pH 的变化。为了保持水相的 pH 值稳定,应使用 P204 的碱性盐作为萃取剂。

从硫酸溶液中分离镍、钴的过程是:用 P204 的碱性盐(Na^+ 或 NH_4^+ 盐)从浸出液中萃取钴,镍大部分留在水相中。稀释剂用煤油,在有机相中添加 TBP 防止产生第三相。含钴的有机相在 pH = 5 下用水洗涤后,用硫酸、硝酸或盐酸反萃回收钴,从萃余液中回收镍,实现镍、钴分离。

萃取和反萃的反应如下:

P204 与 NaOH 或 NH_4OH 平衡:

$$(RO)_2PO(OH)_{(or)} + NaOH_{(aq)} = (RO)_2PO(ONa)_{(or)} + H_2O$$

萃取钴:

$$2(RO)_2PO(ONa)_{(or)} + CoSO_{4(aq)} = [(RO)_2PO \cdot O]_2Co_{(or)} + Na_2SO_{4(aq)}$$

反萃取:

$$[(RO)_2PO \cdot O]_2Co_{(or)} + 2HNO_{3(aq)} = 2(RO)_2PO(OH)_{(or)} + Co(NO_3)_{2(aq)}$$

P204 在碱性介质中分离镍、钴的过程是:用硫酸浸出含镍、钴物料,然后用 NH_4OH 将浸出液的 pH 调到 pH = 11,鼓入空气把溶液中的钴氧化成 Co^{3+},最后用 0.3~0.6 mol/L P204 + 5% TBP 的煤油组成的有机相萃取钴,镍留在水相中。有机相中的钴用 5% HNO_3 反萃。萃取和反萃的反应方程式如下:

钴氨盐的生成:

$$Co^{2+} + 5NH_3 + H_2O \xrightarrow{空气氧化} [Co(NH_3)_5H_2O]^{3+}$$

Na_2CO_3(或 NH_4OH)与 P204 平衡:

$$2(RO)_2PO(OH)_{(or)} + Na_2CO_{3(aq)} = 2(RO)_2PO(ONa)_{(or)} + H_2O + CO_2\uparrow$$

$$(RO)_2PO(OH)_{(or)} + NH_4OH_{(aq)} = (RO)_2PO(ONH_4)_{(or)} + H_2O$$

萃取钴:

$$[Co(NH_3)_5H_2O]^{3+}_{(aq)} + 3(RO)_2PO(ONa)_{(or)} = [Co(NH_3)_5H_2O]^{3+}[(RO)_2PO\cdot O]^-_{3(or)} + 3Na^+_{(aq)}$$

反萃取钴:

$$[Co(NH_3)_5H_2O]^{3+}[(RO)_2PO\cdot O]^-_{3(or)} + 8H^+_{(aq)} = Co^{3+}_{(aq)} + 5NH^+_{4(aq)} + 3[(RO)_2PO(OH)]_{(or)} + H_2O$$

6.5.5 高压氢还原

从镍、钴硫化矿高压浸出液中提取镍和钴,通常采用高压氢还原法。工业上制取镍粉钴粉也用此法。

6.5.5.1 镍钴高压氢还原的热力学

用氢从金属盐溶液中还原析出金属的反应式可表示为

$$M^{n+} + n/2H_2 \longrightarrow M + nH^+$$

该式向右进行的必要条件是

$$\Delta G^{\ominus} = -23060n(\varphi_{M^{n+}/M} - n\varphi_{H^+/H_2}) < 0$$

即

$$\varphi_{M^{n+}/M} > n\varphi_{H^+/H_2}$$

由上式可见,标准电势比氢为正的金属,只要在溶液中有一定的离子浓度,便可用氢使之还原析出。然而对于电势比氢为负的金属,为使氢还原反应能实现,必须使 $\varphi_{M^{n+}/M}$ 变正而使 φ_{H^+/H_2} 变负,直到其差值($\varphi_{M^{n+}/M} > n\varphi_{H^+/H_2}$)为正时才可进行。

由电势与活度的关系式($\varphi_{M^{n+}/M} = \varphi^{\ominus}_{M^{n+}/M} + RT/nF\ln a_{M^{n+}}$;$\varphi_{H^+/H_2} = -0.0591\text{pH} - 0.0295\lg p_{H_2}$)可知:$\varphi_{M^{n+}/M}$ 值随 $a_{M^{n+}}$ 的提高而变正,相反 φ_{H^+/H_2} 值随 pH 值和 p_{H_2} 的提高而变负(见图 6-35)。但是 pH 值和 p_{H_2} 对 φ_{H^+/H_2} 的影响在程度上是有差别的。关系式表明,影响氢还原电势的主要因素是溶液的 pH 值,而 p_{H_2} 的影响相对较小,p_{H_2} 增加一百倍使 φ_{H^+/H_2} 降低的幅度,只相当于 pH 值增加一个单位的影响。

因此,对镍这样具有负电势的金属来讲,要用氢还原提取,就得采取以下两个措施:

(1)提高溶液的 pH 值和增大氢的分压,以降低氢的电压;

(2)增大溶液中金属离子的浓度,以提高金属的电势。

在生产上比较容易实现的措施要算提高溶液的 pH 值了。然而溶液的 pH 值提高后,将引起金属离子的水解而生成 Ni(OH)$_2$ 沉淀,导致溶液中金属离子浓度的下降,影响氢还原的进行。为了解决这个矛盾,生产中经常选择某种配合剂,使之与金属离子形成比较稳定的配合物。这些配合物即使在较高的 pH 值下,也不会水解沉淀,从而比较容易地维持还原所必须的热力学条件。对 Ni、Co 离子而言,较好的配合剂是 NH$_3$,因为它不仅可以防止金属离子的水解,而且还能按下式

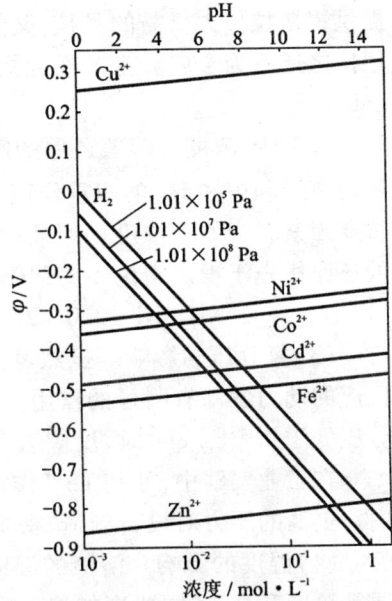

图 6-35 $\varphi_{M^{n+}/M}$ 与 M^{n+} 浓度的关系以及 φ_{H^+/H_2} 与 pH 的关系

$$NH_3 + H^+ \Longrightarrow NH_4$$

或

$$Ni(NH_3)_n SO_4 + H_2 \longrightarrow Ni + (NH_4)_2 SO_4 + (n-2)NH_3$$

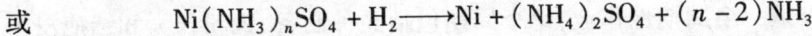

来中和氢还原反应时所放出来的 H$^+$,使溶液的 pH 值不致降低。不然溶液 pH 值的降低将造成氢电势的升高,对反应不利。

但由于 Cu、Ni、Co 形成氨配离子后,使金属从相应的配合离子析出时的电极电势,比从相应的金属离子析出时的电极电势变得更负。也就是,在镍盐溶液中,加入 NH$_3$ 后,$\varphi_{Ni^{2+}/Ni}$ 和 φ_{H^+/H_2} 都向负的方向移动,然而它们的变化幅度随溶液中 NH$_3$ 和 Ni 的含量之比的不同而有所差异。理论上计算确定,当 NH$_3$/Ni(摩尔比)= 2.0 ~ 2.5 时,$\varphi_{Ni^{2+}/Ni}$ 和 φ_{H^+/H_2} 的差值最大。

6.5.5.2 影响镍氢还原的主要因素

(1)催化剂的影响。在硫铵体系的溶液中,镍氢还原是一个气-液-固的多相反应过程。在过程中,提供新相表面是反应的先决条件,即反应速度取决于固体催化剂所提供的表面积。

在镍氢还原工业上大都采用 FeSO$_4$ 作催化剂。向净化后的溶液中加入 FeSO$_4$,由于溶液的 pH 较高,FeSO$_4$ 会水解生成 Fe(OH)$_2$。它是固体小颗粒,既能

提供镍微粒长大所需的晶核,又能将镍离子吸附到自身表面上,然后起催化剂作用使之还原为金属。生产经验指出,$FeSO_4$的加入量以溶液中含 Fe^{2+} 在 $1 \sim 1.5$ g/L 为宜。

(2)NH_3 浓度对镍氢还原的影响。如上述,NH_3 在过程中起着形成稳定的镍氨配离子和中和 H^+ 的双重作用。此外溶液中的 NH_3 浓度又是影响镍钴分离的重要因素。当 NH_3 浓度达到某一定值时,镍的还原优先于钴,若超过此值,则钴的还原优先于镍。理论和实践确定,镍氢还原的最佳摩尔比值在下列范围:

$$NH_3/Ni = 2.0 \sim 2.5$$

(3)氢分压的影响。虽然氢分压对镍氢还原的热力学条件影响不大,但对反应的动力学却有明显的作用。研究表明,提高氢分压可使还原速度加快,当氢分压低于 0.5 kg/cm² 时,反应速度急剧降低。

在工业实践中,使用 Fe^{2+} 作催化剂时,氢分压应保持在 $15 \sim 20$ kg/cm² 范围内。更高的压力对设备制造、密封的要求较高,不经济。

(4)温度的影响。溶液的温度不仅影响反应速度,而且也影响晶核的数量。通常温度升高,还原速度加快,并且在加入同量催化剂时生成的晶核增多。生产上反应温度多控制在 $170 \sim 191$ ℃之间。

6.5.5.3 氢还原镍的设备和实践

氢还原是在高压釜中实现的。高压釜有立式和卧式两种,均用机械搅拌。现在多用卧式。其结构与浸出釜大致相似,不同的只是还原釜不分室,釜内设蛇形管加热器或用夹套加热。

氢还原镍是一个周期性作业,每个周期包括晶种制备、镍粉长大和结疤浸出等三个步骤。

(1)晶种制备。在还原高压釜内,在高温下向含有催化剂的晶种料液通入氢,使溶液中金属离子还原成大量金属粉末。此粉末作为以后还原长大的晶核。还原结束,停止搅拌,让晶种沉淀下来,然后打开排料闸门,将上清还原尾液排出。

(2)镍粉长大。将净化后液压入存有晶种的还原釜中,边搅拌边通入氢气进行还原,使还原出来的镍不断沉积在晶种的表面上,晶粒逐渐长大。每一批料液还原到一定程度后便停止搅拌,使之澄清,随后将上清液排出,接着加入新的一批料液,如此反复进行 $40 \sim 50$ 次。为了减轻机械搅拌的负荷,在长大到 $20 \sim 25$ 次后,每隔几次就要排出部分镍粉。在长大作业完成后,在开动搅拌机的情况下将镍粉和尾液一起排出,经减压降温槽后送澄清分离。镍粉经洗涤后再送加工处理。

(3)结疤浸出。此作业是用含 Ni < 1 g/L 的硫酸铵溶液在加温和鼓入空气

346

的条件下,把沉积到釜壁和搅拌器上的镍疤浸出。一般操作两个周期才进行一次浸出。

氢还原产出的镍粉成分(%)大致如下:

$Ni + Co > 99.2$,$Co \leqslant 0.5$,$Cu \leqslant 0.15$,$Fe \leqslant 0.50$,$Pb \leqslant 0.005$,$P \leqslant 0.002$,$S \leqslant 0.002$,$C \leqslant 1.0$。这些镍粉放入间接加热回转窑中,在氮或还原性气氛保护下烘干和冷却,然后加入粘合剂拌匀并压团。团块在氢焰下烧结成具有一定强度的镍块,作为产品出售。

尾液经浓缩后,加硫酸使镍和钴以 $NiSO_4 \cdot (NH_4)_2 SO_4 \cdot 6H_2O$ 和 $CoSO_4 \cdot (NH_4)_2 SO_4 \cdot 6H_2O$ 复盐析出,过滤送提钴,其母液返回作碱式碳酸盐浸出之用。

6.5.6 铜电积

用电解的方法从富铜液中沉积金属是湿法生产铜的最后工序。铜电积属于不溶性阳极电解,在阳极上进行水的分解析出 O_2,即

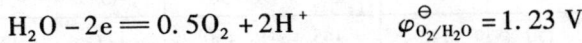

$$H_2O - 2e = 0.5O_2 + 2H^+ \qquad \varphi^{\ominus}_{O_2/H_2O} = 1.23 \text{ V}$$

阴极过程与电解精炼的相同,即 Cu^{2+} 在阴极上获得电子而析出金属铜,即

$$Cu^{2+} + 2e = Cu \qquad \varphi^{\ominus}_{Cu^{2+}/Cu} = 0.34 \text{ V}$$

电积的总反应为

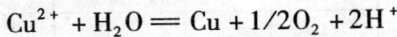

$$Cu^{2+} + H_2O = Cu + 1/2O_2 + 2H^+$$

由反应看出,每析出 1 mol 的铜便产生 1 mol 的 H_2SO_4。在浸出 – 萃取 – 电积流程中,电积产出的贫铜酸用于反萃,不存在酸的处理问题。

铜电积时,电流效率较低,仅为 77% ~ 92%。铁离子在电积过程中反复氧化和还原是造成电流效率低的重要原因。铁离子引起的另一问题是,它们会使得阴极挂耳在溶液淹没线按下述反应而腐蚀:

$$2Fe^{3+} + Cu^0 \longrightarrow 2Fe^{2+} + Cu^{2+}$$

所以,必须将铁除去,以免铁在电解液中循环积累。传统的方法是定期抽部分废电解液开路,现在发展了离子交换和膜技术除铁。

在实际条件下,槽电压可达 1.8 ~ 2.5 V,因此电耗高达 1700 ~ 2250 kWh/(t·Cu),为铜电解精炼的 10 倍。

萃取 – 电积时,影响阴极铜质量的主要因素是反萃液中夹带的有机物以及由阳极铅腐蚀造成的阴极铜污染。目前生产实践中,除去有机物的最有效方法是使用介质过滤和浮选。对于控制阴极含铅,可以采用具有更小腐蚀速率的三元合金如 Pb – Ca – Sn。镀有 Au、Pt 或 Ir 的钛极当然是最理想的阴极材料,其阴极铜的质量可以达到 99.999%,但这种阴极的投资太大。

表 6 – 45 列出国外几家典型工厂的电积车间生产指标。这些工厂共同特点

是采用 Pb – Ca 合金阳极,并在较高的电流密度下作业。

6.5.7 高镍锍阳极电解

硫化镍阳极隔膜电解属于可溶阳极电解,它以硫化镍板作阳极,以镍始极片(或钛种板)作阴极。在通电电解过程中,硫化镍阳极溶解,镍及铁、铜、钴、铅、锌等元素以离子状态进入溶液中,同时溶液中的镍离子在阴极上析出,形成阴极产物——电镍。

表 6 – 46　部分工厂电积车间操作技术指标

工厂名称		冈鲍德尔	科德尔科丘几出卡马特	萨尔瓦多尔	圣马纽尔	本托瓦利	恩昌加	蒂龙
年产量/(t·a^{-1})		7500	15000	125000	43000	6000	82000	20000
富电解液/(g·L^{-1})	Cu	45	50	45	50	45	50	45
	H$_2$SO$_4$	150	142	145	150	127	157	150
废电解液/(g·L^{-1})	Cu	32	35	35	33	30	35	35
	H$_2$SO$_4$	170	165	170	170	150	180	165
电解液温度/℃		45	42	45	45	45	45	45
电解槽系列		1	3	4	2	1		
每列槽数		52	150	92	94	50	688	84
每槽阳极数		34	61	64	61	31	61	61
每槽阴极数		33	60	63	60	30	60	60
阳极材料		Pb – Ca – Sn	Pb – Ca – Sn – Al	Pb – Ca – Sn	Pb – Ca – Sn	Pb – Ca	Pb – Ca – Sn	Pb – Ca – Sn
阴极材料		永久不锈钢	永久不锈钢	始极片	永久不锈钢	始极片	始极片	始极片
阴极尺寸/mm			910 × 1000		1000 × 1000	1070 × 860	950 × 950	950 × 950
极间距/mm		95	108		95	102	100	100
电流密度/(A·m^2)		250	195		312	224	180	210
电流效率/%		85	92		94	90	88	92

6.5.7.1　电极过程

在镍电解阴极过程中,存在以下三类反应:

$$Ni^{2+} + 2e = Ni$$

$$2H^+ + 2e = H_2$$

348

$$M^{2+} + 2e = M (M 代表杂质金属离子)$$

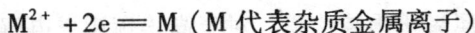

在生产条件下,氢的析出电流一般占电流消耗的 0.5% ~ 10%。因此,为了保证镍电解精炼的经济技术指标和产品质量,防止和减少氢的析出是很重要的。

镍电解阴极液中所含铜、钴、铁、锌等杂质金属离子,虽然其含量很低,但由于其标准电势比镍正或与镍接近,加之有些元素能与镍形成固溶体合金,造成上述杂质较易在镍阴极上与镍共同析出,影响电镍质量。因此,输入的阴极新液必须经过预先净化处理,以控制溶液中的杂质在允许的范围内。

镍硫化物阳极板主要由 Ni_3S_2 组成,此外还有少量以镍为基础的金属合金相、Cu_2S、FeS 等。电解时,阳极主反应是 Ni_3S_2 相的溶解:

$$Ni_3S_2 - 2e = Ni + 2NiS$$
$$NiS - 4e = 2Ni^{2+} + 2S$$

同时,其他杂质也发生溶解,如

$$Cu_2S - 4e = 2Cu^{2+} + S$$

镍硫化物阳极电解时,由于阳极电势较高,会发生将已氧化成的单体硫进一步氧化成硫酸:

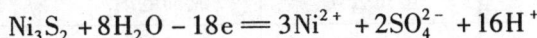

$$Ni_3S_2 + 8H_2O - 18e = 3Ni^{2+} + 2SO_4^{2-} + 16H^+$$

同时还会发生以下反应:

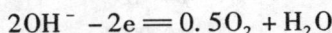

$$2OH^- - 2e = 0.5O_2 + H_2O$$

后两式是电解造酸反应,因此,电解时阳极液的 pH 值会逐渐降低。在电解生产过程中取出的阳极液,其 pH 值在 1.8 ~ 2.0 左右,所以在返回作为阴极液时,除了要脱除溶液中的杂质外,还需要调整酸度。造酸反应所消耗的电流为6% ~ 7%。这是造成高镍锍电解中,阴极、阳极液中 Ni^{2+} 不平衡的原因之一。

6.5.7.2 高镍锍阳极钝化及其防治方法

研究表明,高镍锍阳极钝化的原因可能与下列因素有关:

(1)高镍锍阳极成分的影响。当电流密度超过一定值时,铁、镍、钴均比较容易钝化。因此,如果高镍锍中含有过高的铁、钴,特别是金属化的铁、镍、钴较高时,由于阳极氧化过程中形成相应的氧化层(如 $\gamma - Fe_2O_3$ 等),覆盖在电极表面,阻碍镍的正常溶解,并使槽电压急剧升高,出现钝化现象。

(2)高镍锍质量的影响。如果高镍锍阳极铸造过程中有夹渣和气孔,由于渣和空气的导电性能很差,致使槽电压升高。

(3)电解液成分的影响。电解液中某些杂质(如磺酸根离子)的存在将阻碍镍的溶解和 Ni^{2+} 在硫层中的扩散,导致槽电压升高,发生阳极钝化。

在工业实践中,为使钝态阳极重新活化,常采用氯化物电解质溶液或硫酸盐与氯化物的混合溶液。在现代电解精炼中,曾研究过采用周期反向电解技术来消除阳极的钝化,以破坏金属氧化物钝化膜。对于高镍锍阳极电解,严格控制阳极的化学组成及铸造质量,也是防止阳极钝化的重要措施。

6.5.7.3　镍硫化物阳极电解的生产实践

硫化镍阳极隔膜电解工艺是我国目前最主要的电解镍生产工艺。

在电解过程中,为了防止阳极溶解下来的 Co^{2+}、Cu^{2+}、Fe^{2+} 等杂质离子及 H^+ 在阴极上析出,硫化物阳极电解过程采用在阴极上套上隔膜袋的隔膜电解工艺。用隔膜袋将电解槽分为阴极区和阳极区两部分,将阴极和阳极隔开。经过净化的纯净电解液从高位槽流入隔膜袋(即阴极区),袋内的液面始终高于阳极区的液面,并保持一定的液面差,使阴极液依靠静压差通过隔膜袋微孔渗入到阳极区的速度大于在电流作用下杂质从阳极移动向阴极的移动速度,阻止阳极液进入阴极区,从而维持了隔膜内电解液的纯净,保证了电镍的质量。

硫化镍阳极电解工艺流程如图 6-36 所示。硫化镍阳极电解的技术操作条件见表 6-47。

表 6-47　硫化镍阳极电解技术条件

项　目	金川公司	成都电冶厂	重庆冶炼厂
阴极液组成 /(g·L⁻¹)			
Ni	70 ~ 75	60 ~ 65	60 ~ 70
Cu	≤0.0003	≤0.0003	≤0.0003
Fe	≤0.004	≤0.0006	≤0.0005
Co	≤0.02	≤0.015	≤0.001
Zn	≤0.00035	≤0.0003	≤0.0003
Pb	≤0.0003	≤0.0008	≤0.00005
Cl⁻	70 ~ 90	70 ~ 90	120 ~ 130
Na⁺	≤40	45 ~ 50	<50
H_3BO_3	4 ~ 6	>50	8 ~ 15
有机物	<0.7	<1	<1
pH 值	4.5 ~ 5.0	2 ~ 2.5	2 ~ 2.5
电流强度/kA	13	4.1	5
电流密度/(A·m²)	230	180 ~ 210	170 ~ 200
电解液温度/K	338 ~ 343	333 ~ 338	338
同极中心距/mm	190	190	190 ~ 200
电解液循环量/(L·A⁻¹·h⁻¹)	0.065	0.08	0.085
阳极周期/d	9 ~ 10	9 ~ 10	6 ~ 9
阴极周期/d	4 ~ 5	3	6 ~ 7
阴阳极液面差/mm	30 ~ 50	30 ~ 50	50 ~ 60

硫化镍阳极板　　　　　　　合金阳极板　　钴车间、铜电解、贵金属溶液

隔膜电解　　　　　　　　　　　造液

始极片　残极　阳极泥　电镍　阳极液　溶液　　残极　阳极泥　海绵铜

碳酸镍浆化液 → 氧化中和除铁

管式过滤器

　　　　　　　　　　　　　　　高镍铁渣 → 酸溶　← 硫酸

镍精矿+阳极泥 → 沸腾除铜

　　　　　　　　　　　　氯酸钠+碳酸钠 → 黄钠铁矾除铁

管式过滤器

　　　　　　　　　　→ 铜渣（用氯气全浸工艺）　　压滤机

氯气+碳酸镍浆化液 → 除钴

管式过滤器　　　　　　　　　　　　　滤渣（返料仓）　溶液

　　　　　　　　　　→ 钴渣（提钴原料）

合格溶液

铁盘管加温

新液

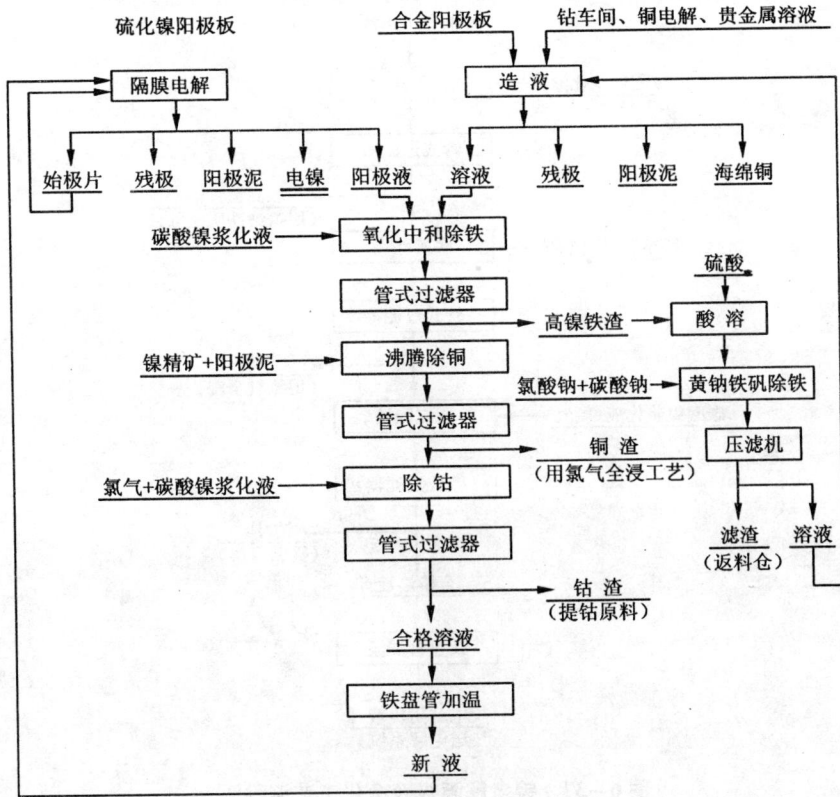

图 6-36　硫化镍阳极电解工艺流程

在硫化镍阳极电解过程中,镍在阳极上溶解的同时,还有一系列的杂质元素与镍一起进入到阳极液中,某厂阳极液的成分如下:

元素	Ni	Cu	Fe	Co	Zn	Pb	pH
g/L	>70	0.4~0.8	0.2~0.6	0.1~0.25	0.001~0.0015	0.001~0.002	1.5~2

为了防止杂质元素在阴极上析出,产出合格电镍,阳极液必须净化除杂质,才能返回电解流程作阴极电解液。阳极液净化的目的是除去铁、钴、铜和铅、锌等微量杂质元素。

阳极液净化通常采用除铁、除铜、除钴"三段净化"工艺,其流程见图 6-37 所示。

目前所采用的硫化镍阳极电解液净化工艺具有工序多、渣量大等缺点。因

混合阳极液

碳酸镍浆化液 → 氧化中和除铁

管式过滤器

→ 高镍铁渣
（用黄钠铁矾法除铁）

镍精矿+阳极泥 → 沸腾除铜

管式过滤器

→ 铜渣
（用氯气全浸）

碳酸镍浆化液+氯气 → 通氯除钴

管式过滤器

→ 钴渣
（提钴原料）

合格溶液

钛盘管加温

电解阴极液
（送电解系统）

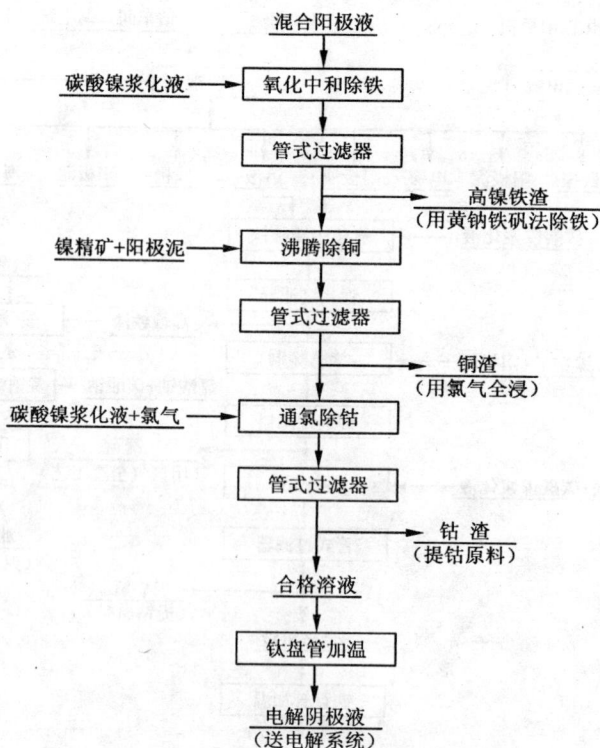

图 6-37　镍电解阳极液净化工艺流程图

此,国内外都做过大量无渣作业的溶剂萃取净化工艺的研究。但终因溶液处理
量太大,萃取设备占地多,萃取剂用量大等问题,至今没能在国内工业生产中
应用。

（1）净化除铁。工业上常用的除铁方法有赤铁矿法、针铁矿法、黄钠铁矾法
及中和法四种。在镍电解阳极液净化中,除赤铁矿法外,其他三种方法不可能截
然分开,而是以不同程度同时进行。只是一般阳极液中含铁、酸均较低,可以认
为以中和法为主。

除铁过程包括亚铁离子的氧化和三价铁的水解反应:

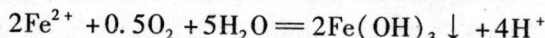

$$2Fe^{2+} + 0.5O_2 + 5H_2O = 2Fe(OH)_3 \downarrow + 4H^+$$

除铁过程中有 H^+ 生成,可加入 $NiCO_3$ 作中和剂。

（2）净化除铜。国外镍电解厂多采用镍粉置换除铜的方式。部分厂家为了
加速镍粉除铜反应,在加入镍粉的同时,还添加硫磺粉,使铜成 CuS 沉淀,从而

352

降低了置换除铜对镍粉活性的要求。我国镍冶炼厂则采用比较独特的硫化镍精矿并添加少量阳极泥(主要成分是硫磺)的除铜工艺。该工艺的优点是除铜操作时可同时提高溶液中镍离子浓度,采用原料和副产物作置换剂,省去了镍粉制备工序,既方便又经济,缺点是渣量大,除铜后液含铜有所回升。

硫化镍精矿加阳极泥除铜反应如下:

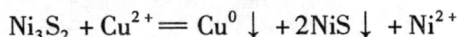

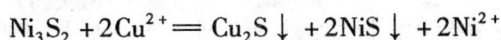

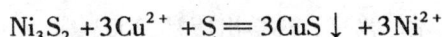

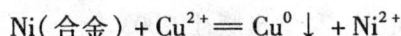

$$Ni_3S_2 + Cu^{2+} = Cu^0 \downarrow + 2NiS \downarrow + Ni^{2+}$$

$$Ni_3S_2 + 2Cu^{2+} = Cu_2S \downarrow + 2NiS \downarrow + 2Ni^{2+}$$

$$Ni_3S_2 + 3Cu^{2+} + S = 3CuS \downarrow + 3Ni^{2+}$$

$$Ni(合金) + Cu^{2+} = Cu^0 \downarrow + Ni^{2+}$$

硫化镍精矿加阳极泥除铜的技术操作条件见表6-48。

表6-48 硫化镍精矿加阳极泥除铜的技术操作条件

项目	金川公司	成都电冶厂
溶液 pH 值	2.5 ~ 3.5	2.5 ~ 3.0
反应温度	333 K	323 ~ 333 K
镍精矿:溶液含铜量	(3.5 ~ 4.0):1	(4 ~ 5):1
镍精矿:阳极泥	4:1	
镍精矿:硫化钠		5:1
镍精矿:硫磺粉		10:1
除铜后液含铜	≤0.003 g/L	0.001 ~ 0.002 g/L

(3)净化除钴

除钴的基本原理与除铁相似,但 Co^{2+} 较 Fe^{2+} 难氧化,Co^{3+} 较 Fe^{3+} 难以水解沉淀。因此,除钴要比除铁困难,需要比空气更强的氧化剂。

净化除钴采用氯气作氧化剂,$NiCO_3$ 作中和剂,反应如下:

$$2Co^{2+} + Cl_2 + 3NiCO_3 + 3H_2O = 2Co(OH)_3 \downarrow + 3Ni^{2+} + 2Cl^- + 3CO_2$$

除钴是净化最后一道工序,为了保证电解液和净化质量,必须控制好除钴通氯前溶液的 pH 值和溶液的氧化还原电势。

主要参考文献

[1]　彭容秋等. 重金属冶金学. 长沙：中南工业大学出版社,1991

[2]　朱祖泽等. 现代铜冶金学. 北京：科学出版社,2003

[3]　彭容秋等. 铅锌冶金学. 北京：科学出版社,2003

[4]　赵天从等. 有色金属提取冶金手册.　北京：冶金工业出版社

[5]　任洪九等. 铜镍卷. 北京：冶金工业出版社,2000

[6]　彭容秋. 铅锌镉铋卷. 北京：冶金工业出版社,1992

[7]　赵天从等. 锡锑汞卷. 北京：冶金工业出版社,1999

[8]　任洪九等. 有色金属熔池熔炼. 北京：冶金工业出版社,2001

[9]　李洪桂等. 湿法冶金学. 长沙：中南大学出版社,2002

[10]　黄位森. 锡. 北京：冶金工业出版社,2002

[11]　何焕华等. 中国镍钴冶金. 北京：冶金工业出版社,2000

重金属冶金学

（第二版）

彭容秋　主编

□ 责任编辑　秦瑞卿
□ 责任印制　文桂武
□ 出版发行　中南大学出版社

　　　　　　社址：长沙市麓山南路　　　　邮编：410083
　　　　　　发行科电话：0731-8876770　　　传真：0731-8710482

□ 印　　装　长沙市宏发印刷有限公司

□ 开　　本　730×960 1/16　□ 印张 22.75　□ 字数 417 千字
□ 版　　次　2004 年 1 月第 1 版　□ 2012 年 7 月第 3 次印刷
□ 书　　号　ISBN 978-7-81061-808-3
□ 定　　价　45.00 元